항공정비사 표준교재
Aircraft Maintenance Engineer Handbook

개정판

항공기 엔진

Aircraft Engine for AMEs

제2권 (가스터빈엔진)
Volume 2 (Gas-turbine Engine)

국토교통부

발/간/사

1948년, 첫 민간 항공기가 역사적인 비행을 시작한 이래 우리나라는 세계 7대 항공운송 강국으로 성장했습니다. 현재 세계 177개 도시와 379여개의 항공노선으로 연결 되어 있고, 작년 한 해 만도 1억 2,337만 명의 여객과 427만 톤의 화물을 실어 날랐습니다. 특히, 지난 가을에는 국제민간항공기구(ICAO) 이사국 7연임 달성에 성공함으로써 국제항공 무대에서도 우리나라의 위상은 더욱 높아졌습니다.

국내 항공 산업이 나날이 성장해감에 따라 우리 국토교통부에서는 보다 체계적으로 항공종사자를 양성하고자 2015년 12월부터 항공정비사, 조종사, 항공교통관제사 등을 위한 「항공종사자 표준교재」를 발간하여 왔습니다.

특히 항공정비사를 위한 표준교재는 2015년 12월 초판 발간 후부터 지금까지 많은 예비 항공정비사와 교육 업계의 꾸준한 관심을 받아왔으며, 긍정적인 평가와 동시에 때로는 새로운 교육내용에 대한 건의도 있었습니다.

이에 힘입어 최근 헬리콥터 정비사를 위한 교육교재와 항공전자분야의 전문정비사 양성을 위한 항공전자 · 전기 · 계기(심화) 교재를 발간하였고,

더불어 기존 항공정비사 교육교재 또한 새롭게 바뀐 항공안전법규와 정비기술의 발전 동향을 반영하여 새롭게 개편하였습니다.

이번에 발간하는 제2판 항공정비사 표준교재는 이전의 항공기 형식에는 없던 첨단소재, 동력장치, 전기전자 시스템 등을 갖춘 초대형 항공기의 출현에 따른 새로운 시스템, 장비 및 절차 등을 학습할 수 있도록 최신 동향을 반영 하는 데에 중점을 두었으며,

더불어 초판 교재 중 이해가 어려웠던 용어들을 작업현장에서 실제 사용하는 용어로 수정함과 동시에 한글과 원어를 같이 표기하여 학습자의 이해도를 높이고, 그림자료 또한 국내 작업현장의 자료 등을 활용하는 등 실제 교재 이용자의 다양한 건의사항을 충분히 검토하고 반영하여 학습 편의성을 높일 수 있도록 노력하였습니다.

바라건대, 본 개정판을 통하여 항공정비사를 꿈꾸는 학생, 교육기관의 교수, 현업에 종사하는 항공정비사들에게 교육의 표준 지침서가 되어 우리나라 항공정비 분야의 기초를 튼튼히 하고 저변을 확대하는 데 크게 기여하기를 바랍니다.

끝으로 이 책을 개정 발간하는데 아낌없는 노력과 수고를 하신 개정 집필자, 연구자, 감수자 등 편찬진에게 진심으로 감사드리며 내실 있고 좋은 책을 만들기 위해 노력하신 항공정책실 항공안전정책과장 이하 직원들의 노고에 감사를 표합니다.

항공정책실장 **김 상 도**

표준교재 이용 및 저작권 안내

표준교재의 목적

본 표준교재는 체계적인 글로벌 항공종사자 인력양성을 위해 개발되었으며 현장에서 항공안전 확보를 위해 노력하는 항공종사자가 알아야 할 기본적인 지식을 집대성하였습니다.

표준교재의 저작권

이 표준교재는 「저작권법」 제24조의2에 따른 국토교통부의 공공저작물로서 별도의 이용허락 없이 자유이용이 가능합니다.

다만, 이 표준교재는 "공공저작물 자유이용허락 표시 기준(공공누리, KOGL) 제3유형 "에 따라 공개하고 있으므로 다음 사항을 준수하여야 합니다.

1. 공공누리 이용약관의 준수 : 본 저작물은 공공누리가 적용된 공공저작물에 해당하므로 공공누리 이용약관(www.kogl.or.kr)을 준수하여야 합니다.
2. 출처의 명시 : 본 저작물을 이용하려는 사람은 「저작권법」 제37조 및 공공누리 이용조건에 따라 반드시 출처를 명시하여야 합니다.
3. 본질적 내용 등의 변경금지 : 본 저작물을 이용하려는 사람은 저작물을 변형하거나 2차적 저작물을 작성할 경우 저작인격권을 침해할 수 있는 본질적인 내용의 변경 또는 저작자의 명예를 훼손하여서는 아니 됩니다.
4. 제3자의 권리 침해 및 부정한 목적 사용금지 : 본 저작물을 이용하려는 사람은 본 저작물을 이용함에 있어 제3자의 권리를 침해하거나 불법행위 등 부정한 목적으로 사용해서는 아니 됩니다.

표준교재의 이용 및 주의사항

이 표준교재는 「항공안전법」 제34조에 따른 항공종사자에게 필요한 기본적인 지식을 모아 제시한 것이며, 항공종사자를 양성하는 전문교육기관 등에서는 이 표준교재에 포함된 내용 이상을 해당 교육과정에 반영하여 활용할 수 있습니다.

또한, 이 표준교재는 「저작권법」 및 「공공데이터의 제공 및 이용 활성화에 관한 법률」에 따른 공공저작물 또는 공공데이터에 해당하므로 관련 규정에서 정한 범위에서 누구나 자유롭게 이용이 가능합니다.

그리고 「공공데이터의 제공 및 이용 활성화에 관한 법률」에 따라 이 표준교재를 발행한 국토교통부는 표준교재의 품질, 이용하는 사람 또는 제3자에게 발생한 손해에 대하여 민사상 · 형사상의 책임을 지지 아니합니다.

표준교재의 정정 신고

이 표준교재를 이용하면서 다음과 같은 수정이 필요한 사항이 발견된 경우에는 항공교육훈련포털(www.kaa.atims.kr)로 신고하여 주시기 바랍니다.

- 항공법 등 관련 규정의 개정으로 내용 수정이 필요한 경우
- 기술된 내용이 보편타당하지 않거나, 객관적인 사실과 다른 경우
- 오탈자 및 앞뒤 문맥이 맞지 않아 내용과 의미 전달이 곤란한 경우
- 관련 삽화 등이 누락되거나 추가적인 설명이 필요한 경우

※ 주의 : 표준교재 내용에는 오류, 누락 및 관련 규정 미반영 사항 등이 있을 수 있으므로 의심이 가는 부분은 반드시 정확성 여부를 확인하시기 바랍니다.

목 차

CONTENTS

PART 01 가스터빈엔진 일반 1-2

1.1 일반적인 요구사항 ······ 1-2
1.2 가스터빈엔진 형식과 구조 ······ 1-6
1.3 공기흡입구 ······ 1-8
1.4 액세서리부분 ······ 1-9
1.5 압축기부분 ······ 1-10
1.6 디퓨저 ······ 1-16
1.7 연소실부분 ······ 1-16
1.8 터빈 부분 ······ 1-21
1.9 배기 부분 ······ 1-28
1.10 가스터빈엔진 베어링과 씰 ······ 1-31
1.11 터보프롭엔진 ······ 1-33
1.12 터보샤프트엔진 ······ 1-35
1.13 터보팬엔진 ······ 1-36
1.14 터빈엔진의 작동원리 ······ 1-37
1.15 추력 ······ 1-38
1.16 가스터빈엔진의 성능 ······ 1-40

PART 02 엔진연료 및 연료조절계통 2-2

2.1 연료계통 요구조건 ······ 2-2
2.2 기본 연료계통 ······ 2-4
2.3 터빈엔진 연료계통-일반적인 요구사항 ······ 2-4
2.4 물 분사계통 ······ 2-16
2.5 연료조정장치의 정비 ······ 2-17
2.6 엔진 연료조정장치 구성 ······ 2-18
2.7 연료량 지시장치 ······ 2-26

Gas Turbine Engines

PART 03 흡기 및 배기계통 3-2

3.1 터빈엔진 흡기계통 ··· 3-2
3.2 터보차저를 장착한 배기 계통 ··· 3-8
3.3 역추력장치 ··· 3-11
3.4 에프터버너/추력증가장치 ··· 3-14
3.5 추력벡터링 ··· 3-14
3.6 엔진소음감소 ··· 3-15
3.7 터빈엔진 배출물 ··· 3-17

PART 04 엔진 점화계통 4-2

4.1 터빈엔진 점화계통 ··· 4-2
4.2 터빈 점화계통 검사 및 정비 ··· 4-7
4.3 점화계통 구성품의 장탈, 정비 및 장착 ··· 4-8

PART 05 엔진시동계통 5-2

5.1 서론 ··· 5-2
5.2 가스터빈엔진 시동장치 ··· 5-2
5.3 전기시동기와 시동 - 발전기 시동계통 ··· 5-4
5.4 공기터빈 시동기 계통 ··· 5-8

목 차

CONTENTS

| 가스터빈엔진 |

PART 06 윤활 및 냉각계통 6-2

6.1 엔진 윤활계통의 근본 목적 ······ 6-2
6.2 터빈엔진 윤활유 요구조건 ······ 6-3
6.3 터빈엔진 윤활계통 ······ 6-6
6.4 터빈 윤활계통의 구성품 ······ 6-7
6.5 전형적인 건식섬프 압력조절터빈 윤활계통 ······ 6-18
6.6 전형적인 건식섬프변압 윤활계통 ······ 6-20
6.7 터빈엔진 습식섬프 윤활계통 ······ 6-21
6.8 터빈엔진 오일계통의 정비 ······ 6-22
6.9 터빈엔진 냉각 ······ 6-23

PART 07 프로펠러 7-2

7.1 일반 ······ 7-2
7.2 프로펠러 기본원리 ······ 7-3
7.3 프로펠러 공기역학 ······ 7-4
7.4 프로펠러의 위치 ······ 7-9
7.5 프로펠러의 형식 ······ 7-10
7.6 프로펠러 조속기 ······ 7-13
7.7 비행기에서의 프로펠러 적용 ······ 7-18
7.8 정속 프로펠러 ······ 7-20
7.9 프로펠러 보조계통 ······ 7-24
7.10 프로펠러 점검 및 정비 ······ 7-27
7.11 프로펠러의 진동 ······ 7-29
7.12 프로펠러의 균형 조절 ······ 7-33
7.13 프로펠러의 장탈 및 장착 ······ 7-37
7.14 프로펠러의 서비스 작업 ······ 7-38

7.15 프로펠러 오버홀 ······ 7-40
7.16 프로펠러의 고장탐구 ······ 7-42
7.17 터보프롭엔진과 프로펠러 조정계통 ······ 7-43

PART 08 엔진 장탈 및 교환 8-2

8.1 서론 ······ 8-2
8.2 엔진의 장탈 사유 ······ 8-2
8.3 엔진 장탈 및 장착 절차 ······ 8-6
8.4 파워플랜트 외부 점검 및 교환 ······ 8-8
8.5 가스터빈엔진 장탈 및 장착 ······ 8-10
8.6 터보팬 파워플랜트 장탈 ······ 8-13
8.7 터보팬 파워플랜트 장착 ······ 8-15
8.8 리깅, 검사 및 조절 ······ 8-16
8.9 터보프롭엔진 장탈 및 장착 ······ 8-19
8.10 엔진마운트 ······ 8-20
8.11 엔진의 저장정비 및 저장 ······ 8-21
8.12 엔진 저장정비 및 환원 ······ 8-24
8.13 엔진 수송컨테이너 ······ 8-25
8.14 저장 엔진에 대한 검사 ······ 8-25
8.15 가스터빈엔진에 대한 저장정비 및 저장해제정비 ······ 8-26

PART 09 화재방지 계통 9-2

9.1 서론 ······ 9-2
9.2 엔진 소화시스템 ······ 9-9

9.3 화재감지시스템 정비 …… 9-13
9.4 화재감지시스템 고장탐구 …… 9-16
9.5 소화시스템 정비 …… 9-16
9.6 보잉777 항공기 화재 감지 및 소화 시스템 …… 9-17
9.7 APU 화재 감지 및 소화시스템 …… 9-24

PART 10 엔진 정비 및 작동 10-2

10.1 구조 검사 …… 10-2
10.2 터빈엔진 정비 …… 10-4
10.3 연소실 및 터빈 부분 검사 …… 10-8
10.4 재조립 …… 10-13
10.5 엔진의 정격추력 …… 10-15
10.6 터빈엔진 계기 …… 10-16
10.7 터빈엔진의 작동 …… 10-19
10.8 엔진 정지 …… 10-21
10.9 터빈엔진의 고장탐구 …… 10-22
10.10 터보프롭엔진의 작동 …… 10-22
10.11 터빈엔진의 교정 …… 10-23
10.12 배기가스 온도계통에 대한 고장탐구 …… 10-27
10.13 회전속도계에 대한 고장탐구 …… 10-28

01 가스터빈엔진 일반

General of Gas Turbine Engines

1.1 일반적인 요구사항
1.2 가스터빈엔진 형식과 구조
1.3 공기흡입구
1.4 액세서리 부분
1.5 압축기 부분
1.6 디퓨저
1.7 연소실 부분
1.8 터빈 부분
1.9 배기 부분
1.10 가스터빈엔진 베어링과 씰
1.11 터보프롭엔진
1.12 터보샤프트엔진
1.13 터보팬엔진
1.14 터빈엔진의 작동 원리
1.15 추력
1.16 가스터빈엔진의 성능

1 가스터빈엔진 일반

General of Gas Turbine Engines

1.1 일반적인 요구사항 (General Requirements)

항공기에 필요한 양력(Lift)을 만들기 위해서는 날개에 충분한 속도를 주기 위한 추력(Thrust)이 필요하거나, 또는 수직 이륙을 위해서는 항공기 무게를 이겨 내기 위한 충분한 추력이 있어야 한다. 항공기가 수평비행을 유지하기 위해서는 항공기 항력과 반대 방향으로 동일한 추력을 제공해야 한다. 이러한 추력(Thrust) 또는 추진력(Propulsive Force)은 적합한 형식의 항공기 열기관에 의해서 만들어지게 된다. 모든 열기관은 공통적으로 엔진을 통과하는 유체인 공기흐름에 의해서 열에너지(Heat Energy)를 기계 에너지(Mechanical Energy)로 변환시킨다. 모든 열에너지는 대기압보다 상대적으로 높은 작동 압력(Working Pressure)이 있는 사이클의 한 점에서 방출된다.

추진력은 작동 유체(공기)를 다시 대기로 배출시킴으로써 얻어진다. 이 공기는 엔진 내에서 사용되는 공기와 반드시 동일하지는 않다. 항공기가 추진되는 반대 방향으로 공기를 방출함으로써 추력이 발생된다. 이것은 뉴턴의 운동 제3법칙(Newton's Third Law of Motion)의 적용이다. 모든 작용에는 반대 방향의 동일한 반작용이 있다는 것이다. 그래서 공기가 항공기의 뒤쪽으로 방출됨에 따라 항공기는 이 운동법칙에 의해서 앞쪽으로 이동하게 된다. 이 운동법칙의 잘못된 이해는 공기가 항공기 뒤편에서 밀기 때문에 앞쪽으로 이동하게 된다는 것이다. 이것은 사실이 아니다. 우주 공간에서의 로켓은 밀어 줄 수 있는 공기가 없지만, 그럼에도 불구하고 뉴턴의 운동 제3법칙을 이용해서 추력을 만들어 낼 수 있다. 로켓을 제외하고, 연소가스를 가속시켜 방출하는 모든 형태의 항공기 동력장치에 있어서 대기는 추진을 위해 사용되는 주요한 유체(공기)이다. 로켓은 연소를 위해 연료와 산소를 공급해야 하고 대기에 의존하지 않는다. 로켓은 연소에 필요한 연료와 산소를 공급해 주고 있으며,

공기를 사용하기보다는 산화제(Oxidizer)를 탑재하고 있으므로 대기를 이용하지 않는다. 배기노즐을 통해 매우 빠른 속도로 연소 가스 부산물(Gaseous Byproducts of Combustion)을 방출하고(작용), 로켓은 반대 방향으로 추진된다(반작용).

왕복엔진이나 터보프롭엔진에 의해서 힘을 얻는 항공기의 프로펠러는 회전에 의해서 많은 양의 공기를 비교적 저속으로 가속시킨다. 적은 양의 공기를 고속으로 가속시켜서도 동일한 크기의 추력을 얻을 수 있다. 추진력을 위해 사용되는 유체(공기)는 프로펠러를 회전시키는 기계 에너지를 만들기 위한 엔진 내부에서 사용되는 공기와는 다른 것이다.

터보제트(Turbojet), 램제트(Ramjet), 그리고 펄스제트(Pulsejet)는 작은 양의 공기를 고속으로 가속시키는 엔진들이다. 이들은 추진력을 위해 사용되는 유체(공기)와 엔진 내부에 사용되는 것이 동일하다. 터보제트라는 용어는 가스터빈엔진(Gas Turbine

Engine)이라고 일컬어지지만, 항공기에 사용되는 가스터빈과의 차이는 모든 가스가 엔진 코어(Core)를 통과하는 가스터빈의 형태라고 말할 수 있다.

터보제트, 램제트, 그리고 펄스제트는 소음과 연료소비량으로 인하여 최신 항공기에는 거의 사용되지 않는다. 일반적인 소형 항공기는 주로 수평대향형 왕복피스톤엔진 (Horizontally Opposed Reciprocating Piston Engine)을 사용한다. 반면에 일부 항공기는 아직도 성형 왕복피스톤엔진(Radial Reciprocating Piston Engine)을 사용하고 있지만 아주 제한적이다.

대부분 항공기는 추력을 위한 동력으로 가스터빈 엔진 형태를 사용한다. 이 엔진들은 일반적으로 터보프롭(Turboprop)엔진, 터보샤프트(Turboshaft)엔진, 터보팬(Turbofan)엔진, 그리고 소수의 터보제트(Turbojet)엔진이다. '터보제트(Turbojet)'는 터빈엔진에 대한 이전의 용어이다. 지금의 터빈엔진과는 매우 다른 형태이며, 대부분 터빈엔진을 설명하기 위해 사용되는 용어는 '가스터빈엔진(Gas Turbine Engine)'이다. 앞에서 언급된 엔진의 네 가지 모두는 가스터빈 계열에 속한다.

모든 항공기 엔진은 효율성(Efficiency), 경제성(Economy), 그리고 신뢰성(Reliability)과 같은 일반적인 요구 조건을 충족시켜야 한다. 연료소비량에서 경제적이어야 할 뿐만 아니라, 항공기 엔진은 초기 조달비용과 유지비가 경제적이어야만 한다. 그리고 효율과 마력당 중량비(Weight-to-horsepower Ratio)가 엄격히 부합되어야 한다. 신뢰성 측면에서는 고장 없이 고출력을 지속적으로 낼 수 있는 능력(Sustainability)이 있어야 한다. 이것은 오버홀 사이에 장기간 동안 작동할 수 있는 내구성(Durability)을 갖추어야 한다. 가능한 소형이면서도 정비하기 쉽게 접근할 수 있어야 한다. 가능한 진동이 없어야 하고 다양한 속도와 고도에서 광범위하게 출력을 낼 수 있어야 한다.

이러한 요구 조건들을 감당하기 위해서는 다양한 기후와 악천후 속에서도 적절한 시기에 점화플러그가 점화될 수 있도록 화염을 전달하는 점화계통(Ignition System)의 사용은 필수적이다. 엔진이 작동되는 상태에서는 자세, 고도, 또는 기후 조건에 관계없이 엔진 연료공급장치(Fuel Delivery System)는 연료/공기의 정확한 비율로 계량된 연료를 엔진에 공급한다. 엔진이 작동 상태일 때에는 적절한 압력으로 오일을 공급하여 작동되는 모든 부품을 윤활하거나 냉각시키기 위한 오일계통(Oil System)도 필요하다. 또한,

작동 중일 때 엔진의 진동을 흡수하는 진동감쇄장치(Vibration Damping & Isolation System)도 갖추어야 한다.

1.1.1 출력과 무게(Power and Weight)

모든 항공기를 추진시키는 동력장치의 유효출력은 추력이다. 따라서 왕복엔진은 제동마력(bhp, brake horsepower)으로 규정되며, 가스터빈엔진은 추력마력(thp, thrust horsepower)으로 규정된다.

$$\text{추력마력 (thp)} = \frac{\text{추력} \times \text{항공기 속도(m.p.h)}}{375\ mile-pounds\ per\ hours}$$

시간당 375 mile-pound의 값은 다음과 같은 기본적인 마력 공식에서 유도된다.

$$1hp = 33{,}000\ feet\text{-}lb\ per\ minute$$

$$33{,}000 \times 60 = 1{,}980{,}000\ feet\ \ lb\ per\ hour$$

$$\frac{1,980,000}{5,280 ft/mile} = 375 \ mile\text{-}pound \ per \ hour$$

1마력은 분당 33,000 ft-lb 또는 시간당 375 mile-pound와 같다. 정지 상태에서, 추력은 약 시간당 2.6 lbs로 계산된다.

만약 가스터빈이 4,000 lbs의 추력을 내고 있고, 엔진이 장착된 항공기는 500 mph로 날아가고 있다고 하면, thp는

$$\frac{4,000 \times 500}{375} = 5,333.33 \ thp$$

1.1.2 연료 경제성(Fuel Economy)

항공기 엔진의 연료 경제성을 나타내는 기본적인 매개변수(Parameter)는 일반적으로 연료소비율(SFC: Specific Fuel Consumption)이다. 가스터빈 엔진의 연료소비율은 측정된 연료흐름(lb/hr)을 추력(lb)으로 나눈 것이며, 왕복엔진은 제동마력(brake horsepower)으로 나눈 것이다. 이 값을 추력당연료소비율(TSFC: Thrust Specific Fuel Consumption)과 제동비연료소모율(BSFC: brake specific fuel consumption)이라고 부른다. 등가연료소비율(Equivalent Specific Fuel Consumption)은 터보프롭엔진에서 사용되며, 측정된 연료흐름(lb/hr)을 터보프롭의 등가축마력으로 나눈 것이다. 연료소비율을 기준으로 여러 엔진을 비교할 수 있다. 저속에서는 왕복엔진과 터보프롭엔진이 터보제트엔진 또는 터보팬엔진보다 더 경제적이지만 고속에서는 프로펠러 효율의 손실로 인해 400mph 이상의 고속에서는 터보팬 엔진보다 경제성이 떨어진다.

1.1.3 내구성과 신뢰성(Durability and Reliability)

내구성과 신뢰성은 일반적으로 서로 다른 것을 포함하고 있다고 언급하기 어렵기 때문에 동일한 요소로 간주된다. 간단히 말하면 신뢰성은 평균 결함 발생시간(Mean Time between Failures), 내구성은 평균 오버홀 시간(Mean Time between Overhauls)으로 매길 수 있다. 항공기 엔진은 광범위하게 변하는 다양한 비행 자세와 악천후 상태에서도 지정된 정격(Specific Rating)으로 비행할 수 있을 때 신뢰성이 있는 것이다.

감항당국, 엔진 제작사, 그리고 기체 제작사로 부터 공히 공인을 받아야 동력장치 신뢰성의 표준이 될 수 있다. 엔진 제작사는 설계, 조사, 그리고 시운전으로 제품의 신뢰성을 보장한다. 제조 과정과 조립 절차는 엄격하게 관리되고 유지되며, 각 엔진은 공장 출고 전에 시운전 검사를 받게 된다.

내구성(Durability)이란 요구된 신뢰성이 유지되는 범위에서의 엔진 수명(Engine Life)을 말한다. 엔진이 형식시험 또는 보증시험을 성공적으로 마쳤다는 것은 오버홀이 요구되기 전까지는 오랜 기간 동안 정상 상태로 작동될 수 있다는 뜻이다. 그러나 오버홀 주기로 정해진 시간 간격은 없으나, 엔진 정격(Rating)에 명시되거나 묵시되어 있다. 오버홀 주기(TBO, Time Between Overhauls)는 엔진 온도, 고출력 상태로 작동된 엔진 사용 시간, 그리고 정비했던 시기 등의 운영 조건(Operating Condition)에 따라 달라진다. 권고된 오버홀 주기는 엔진 제작사에 의해 정해진다.

신뢰성과 내구성은 엔진 제작사에 의해 수립되지만,

엔진의 지속적인 신뢰성은 정비(maintenance), 오버홀(overhaul), 그리고 운영자(operating personnel)에 의해서 결정된다. 세심한 정비와 오버홀 방법, 주기적인 검사와 비행 전 검사(preflight inspections), 그리고 제작사가 정해준 운용 한계를 엄격히 준수하면 엔진고장(engine failure)은 거의 발생하지 않는다.

1.1.4 작동 유연성(Operating Flexibility)

작동 유연성이란 엔진이 원활하게 작동하면서, 저속(idling)에서 최대출력(full-power)에 이르기까지 모든 속도범위에서 요구되는 성능을 제공하는 엔진의 능력이다. 또한 항공기 엔진은 대기조건의 모든 변화에 따라 광범한 작동 에 대응하여 효율적으로 작동되어야 한다.

1.1.5 소형화(Compactness)

항공기의 적절한 유선형(streamlining)과 균형(balancing)을 위해서는 엔진의 모양과 크기는 가능한 한 작아야 한다. 단발 항공기의 엔진 모양과 크기를 작게 하면 조종사의 시야확보가 유리하고, 항력(drag)을 줄일 수 있는 장점이 있다.

중량제한(Weight limitations)은 소형화 요건과 밀접한 관계가 있다. 엔진이 더 길어지고 폭이 넓어지면 비중량(specific weight)을 허용한계 내에서 유지하기가 더욱 어렵게 된다.

1.1.6 동력장치 선택(Powerplant Selection)

엔진의 비중량(specific weight)과 비연료소비율은 앞에서 설명되었지만, 특정한 설계 요건에 적합한 최종적인 동력장치(powerplant) 선택은 분석적인 관점에서 논의될 수 있는 것 이상의 요소들에 기준을 두어야 한다.

순항 속도가 250mph를 초과하지 않는 항공기를 위한 동력장치의 통상적인 선택은 왕복엔진이다. 저속범위에서 경제성이 요구되는 경우, 종래(conventional)의 왕복엔진이 선택되는데, 그 이유는 탁월한 효율(excellent efficiency)과 비교적 저렴한 비용(low cost) 때문이다.

고고도 성능이 요구되는 경우, 터보 과급기(turbo-supercharged)를 장착한 왕복엔진을 선택하게 되는데, 그 이유는 30,000feet 이상의 고고도에서 정격출력(rated power)을 유지할 수 있기 때문이다. 터보프롭엔진(turboprop engine)은 순항속도가 180~350mph의 범위에서 작동성능이 우수하다. 터보프롭엔진이 주어진 엔진 출력에서 연료하중(fuel load) 또는 유상하중(payload)을 더 크게 할 수 있는 이유는 왕복엔진에 비해 중량(pound of weight)당 더 많은 출력을 생성하기 때문이다. 350mph에서 마하(Mach) 0.8~0.9 속도에서는 터보팬엔진(turbofan engines)이 일반적으로 사용되며, 마하(Mach) 1 이상의 속도에서는 후기연소기(after-burner)를 장착한 터보제트 엔진(turbojet engines) 또는 저바이패스 터보팬엔진(low-bypass turbofan engine)이 사용된다..

1.2 가스터빈엔진 형식과 구조 (Type and Construction)

왕복엔진에서는 흡입, 압축, 연소, 그리고 배기의 기능이 같은 연소실에서 모든 것이 이루어진다. 결과적으로 이들 각각은 연소 사이클의 각 과정 동안에 연소실 공간을 차지해야 한다. 가스터빈엔진의 중요한 형태는 각각 분리된 부분이 각기 다른 기능을 담당하고 있으며, 그리고 모든 기능은 단절되지 않고 동시에 이루어진다.

전형적인 가스터빈엔진은 다음과 같은 부분으로 되어 있다.

(1) 공기흡입구(Air Inlet)
(2) 압축기 부분(Compressor Section)
(3) 연소실 부분(Combustion Section)
(4) 터빈 부분(Turbine Section)
(5) 배기 부분(Exhaust Section)
(6) 액세서리 부분(Accessory Section)
(7) 시동, 윤활, 연료공급, 그리고 방빙, 냉각, 여압과 같은 보조 목적에 필요한 계통

모든 터빈엔진의 주요 구성 부품은 기본적으로 비슷하다. 그러나 현재 사용되고 있는 다양한 엔진의 구성부품 명칭은 각 제작사의 사용 용어에 따라 다소 차이가 있다. 이런 차이점들은 해당 정비메뉴얼에 반영되어 있다. 가스터빈엔진을 구성하는 데 영향을 주는 가장 큰 요소는 엔진에 설계된 압축기 또는 압축기의 형태이다.

가스터빈엔진에는 항공기를 추진하고 동력을 공급하는데 사용되는 네 가지 형식의 엔진이 있다. 그들은 터보팬(Turbofan), 터보프롭(Turboprop), 터보샤프트(Turboshaft), 그리고 터보제트(Turbojet)이다.

'터보제트(Turbojet)'라는 용어는 항공기에서 사용되는 모든 가스터빈엔진을 설명하기 위하여 사용된다. 가스터빈 기술이 발전되면서 순수 터보제트엔진 보다는 다른 형식의 엔진들이 개발되었다. 터보제트엔진이 갖고 있는 문제점은 여객기가 마하 0.8의 비행 속도 범위에서의 소음과 연료소비율이다. 이들의 문제점으로 인하여, 순수 터보제트엔진의 사용은 매우 제한되었다.

그래서 거의 모든 여객용 항공기는 터보팬엔진을 사용한다. 이 엔진은 앞부분에 대형 팬이 회전되도록 개발되었으며, 엔진 추력의 약 80%를 만들어 낸다. 이 엔진은 이러한 속도 범위에서 매우 조용하고 더 좋은 연료소비율을 갖는다. 터보팬엔진은 엔진에 하나 이상의 축을 갖고 있으며, 대부분은 2축 엔진이다. 이것은 축을 구동시키는 압축기와 터빈, 그리고 또 다른 축을 구동시키는 압축기와 터빈이 있다는 것을 의미한다. 2축으로 된 엔진은 2개의 스풀(Spool =압축기+축+압축기를 구동시키는 터빈)을 사용한다. 2스풀 엔진에는 고압스풀과 저압스풀이 있다. 저압스풀은 일반적으로 팬 단계(Fan stage)와 팬을 구동하는 터빈 단계(Turbine stage)를 포함한다. 고압스풀은 고압압축기, 축, 그리고 고압터빈으로 구성한다. 이러한 스플은 엔진의 코어(Core)를 형성하며, 연소부분이 그 속에 위치하고 있다.

터보팬엔진은 저바이패스(low-bypass) 또는 고바이패스(high-bypass) 엔진이 될 수 있다. 엔진의 코어 주위를 지나는 공기의 양으로 바이패스비(bypass ratio)가 결정된다. (그림 1-1)에서 보는 것과 같이, 일반적으로 팬을 구동시킨 공기는 엔진의 내부 코어를

통과하지 않는다. 바이패스비(Bypass Ratio)는 엔진 코어를 흐르는 공기의 양에 대해 팬을 바이패스하여 흐르는 공기의 양이다.

$$\text{바이패스비}(BPR) = \frac{100(lb/sec-FlowFan)}{20(lb/sec-FlowCore)} = 5:1$$

일부 저바이패스 터보팬엔진은 0.8마하 이상의 속도 범위에서 군용기로도 사용되고 있다. 이러한 엔진은 추력을 증가시키기 위해 추진보조장치(Augmenter) 또는 후기연소기(Afterburner)가 사용된다. 더 많은 연료노즐과 화염홀더(Flame Holder)를 추가하여, 배기계통에 추가로 연료가 분사되고 연소되어 짧은 시간에 추력이 증가되도록 한다.

터보프롭엔진은 감속기어박스를 통해 프로펠러를 회전시키는 가스터빈엔진이다. 이 형식의 엔진은 300~400 mph 속도 범위에서 가장 효율적이고 다른 항공기에 비해 떠 짧은 활주로를 이용할 수 있다. 가스터빈엔진에 의해 발생되는 에너지의 약 80~85%는 프로펠러를 가동시키기 위해 사용된다. 이용 가능한 에너지의 나머지는 배기로 방출되어 추력을 만든다. 엔진 축에 의해서 발생되는 마력과 방출되는 추력에서 발생되는 마력의 합을 상당축마력(Equivalent Shaft Horsepower)이라 한다.

항공기에서의 터보샤프트엔진은 헬리콥터 변속기를 회전시키는 축에 마력을 전달하도록 제작된 가스터빈엔진이거나 보조동력장치(APU, Auxiliary Power Unit)이다. 보조동력장치는 항공기에 탑재되어 전기와 블리드공기(Bleed Air)를 공급해 주며, 비행 중에 대체 발전기 역할을 한다. 터보샤프트엔진은 다양한 모양과 형태, 그리고 다양한 마력 범위로 출시되고 있다.

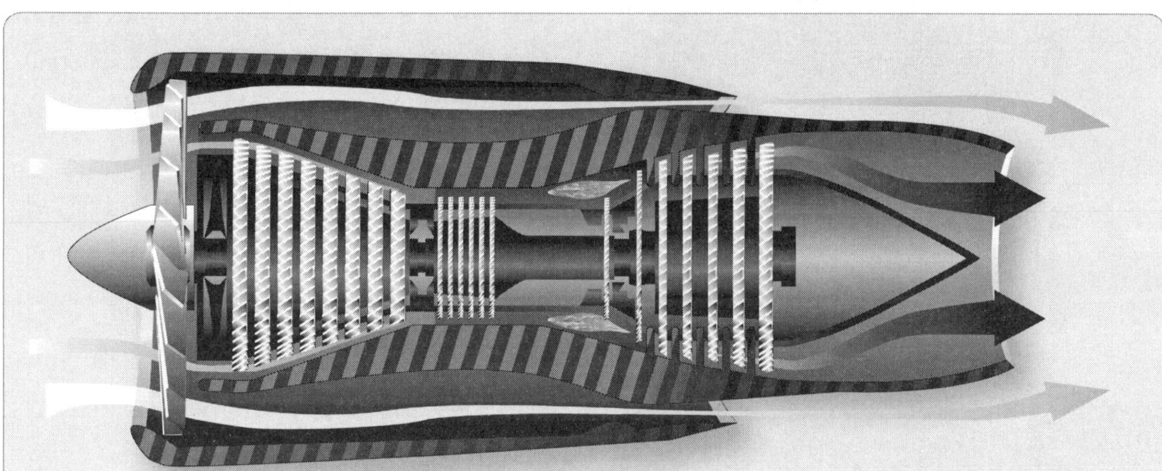

[그림 1-1] 터보팬 엔진 구성도(Turbofan engine with separate fan and core)

1.3 공기흡입구(Air Entrance)

공기입구는 압축기에 공기가 유입될 때에 발생되는 항력이나 램 압력에 의한 에너지의 손실이 최소치가 되도록 설계되어 있다. 즉 압축기로 들어가는 공기의 흐름은 최대의 작동효율을 얻을 수 있도록 난류(Turbulence)가 없어야 한다. 적절한 설계는 압축기의 입구압력에 대한 출구압력을 증가시킴으로써 실질적으로 항공기 성능에 기여한다.

또한, 이것을 압축기의 압력비(Compressor Pressure Ratio)라고 말한다. 이 비율은 출구압력을 입구압력으로 나눈 것이다. 엔진을 통과하여 지나가는 공기의 양은 다음 세 가지 요소에 달려 있다.

(1) 압축기 회전속도(RPM)
(2) 항공기 전진속도(Forward Speed)
(3) 대기(주위의 공기) 밀도(Density)

[그림 1-2] 터보팬 흡입구(Typical turbofan inlet)

공기흡입구 형태는 가스터빈엔진의 형식에 따라 다르다. 고(High)바이패스 터보팬엔진 흡입구는 터보프롭엔진 흡입구 또는 터보샤프트엔진 흡입구와는 완전히 다르다. 가스터빈 동력을 받는 대형항공기는 거의 항상 터보팬엔진이 장착되어 있다. 이러한 엔진 형식의 공기흡입구는 엔진의 앞부분(A Flange)에 볼트로 장착되어 있다. 이들 엔진은 날개 또는 나셀(Nacelle), 후방동체, 그리고 일부는 수직안정판(Vertical Fin)에 장착된다.

(그림 1-2)에서는 전형적인 터보팬 흡입구를 보여주고 있다. 최신 터보팬엔진의 거대한 팬은 유입되는 공기가 접촉되는 항공기의 첫 부분이므로, 결빙 방지 장치가 반드시 구비돼야 한다. 이것은 흡입구 앞전(Leading Edge)에 형성된 얼음이 떨어져 나가 부딪쳐서 팬을 손상시키는 것을 방지한다. 엔진 압축기로부터 공급되는 따뜻한 공기는 흡입구를 관통하는 덕트(duct)를 통해 들어가서 얼음의 생성을 방지한다. 만약 공기 흐름을 곧게 하기 위해서 인넷가이드베인(Inlet Guide Vane)이 사용되고 있다면, 역시 베인들 내부로도 방빙 공기가 흐르게 한다. 또한, 흡입구는 다소의 소음 감소 재료(Sound-reduction Material)가 사용되며, 팬 소음을 흡수하여 더욱 엔진 소음을 줄여준다.

터보프롭과 터보샤프트는 엔진으로 들어가는 얼음이나 파편을 걸러내는 필터링 효과를 도와주기 위해 인넷스크린(Inlet Screen)을 사용할 수 있다. 디플렉터 베인(Deflector Vane)을 사용하고 흡입구 테두리(Lip)를 가열하는 것은 얼음이 생성되어 큰 덩어리가 엔진으로 들어가는 것을 막기 위한 것이다.

군용기의 분리된 입구는 표면 마찰로 인한 압력 저하가 작도록 매우 짧은 덕트 사용을 허용하고 있다. 군용기는 마하 1 이상의 속도에서 비행할 수 있지만, 엔진을 통과하는 공기 흐름은 항상 마하 1 이하가 되어야 한다. 엔진에서의 초음속 공기 흐름은 엔진이 파괴될 수 있다. 수축형(Convergent)과 확산형(Divergent) 덕트를 사용함으로써, 공기 흐름은 엔진에 들어가기 전에 아음속으로 떨어지도록 조절된다. 초음속 흡입구는 공기가 엔진으로 들어가기 전에 마하 1보다 느려진 공기가 엔진에 천천히 유입되도록 한다.

1.4 액세서리 부분(Accessory Section)

가스터빈엔진 액세서리 부분은 여러 가지 기능을 갖고 있다. 첫째 기능은 엔진을 작동하고 제어하는 데 필요한 액세서리를 장착하기 위한 공간(Mounting Space)을 제공해 준다. 일반적으로 항공기에 관련된 전기발전기, 유압펌프와 같은 액세서리들도 포함된다. 둘째 기능은 오일 저장소(Oil Reservoir) 또는 오일 섬프(Oil Sump)로서의 역할과 액세서리 구동기어와 감속기어 하우징(Housing) 기능이다.

액세서리의 배열과 구동은 항상 가스터빈에 있어서 매우 중요한 문제로 여겨 왔다. 터보팬에서 구동되는 액세서리는 일반적으로 엔진의 아랫부분에 있는 액세서리기어박스에 장착된다. 액세서리기어박스의 장소는 어느 정도 다르지만, 대부분의 터보프롭과 터보샤프트는 엔진의 뒤쪽 부분에 있는 액세서리케이스에 장착된다.

모든 가스터빈엔진의 액세서리 부분의 구성품들은 기본적으로 동일한 목적을 갖고 있지만, 그것들은 종종 세부적인 구조와 명칭에서 광범위하게 다르다.

액세서리 부분의 기본적인 요소는 다음과 같다.

(1) 엔진 구동 액세서리를 위하여 기계 가공된 장착 패드가 있는 액세서리케이스(Accessory Case)

(2) 액세서리케이스 안에 들어 있는 기어열(Gear Train)

액세서리케이스(Accessory Case)는 오일 저장소로서의 기능을 하도록 설계된다. 만약 오일탱크가 사용되고 있다면, 일반적으로 베어링과 구동기어를 윤활하기 위해 사용되었던 오일의 배유(Scavenging)와 배수 목적으로 앞쪽의 베어링 지지대(Bearing Support) 아래쪽에 섬프(Sump)가 있다. 또한, 액세서리케이스에는 기어열과 베어링에 오일을 뿌려 주고 윤활하기 위해 적절한 배관 또는 뚫어진 통로가 구비되어 있다.

기어열은 액세서리 구동축 기어(Tower Shaft) 기어 커플링을 통해서 엔진 고압압축기에 의해 구동되는데, 기어박스의 기어와 고압압축기는 스플라인(Spline)으로 연결되어 있다. 케이스 안에 있는 감속기어장치는 각 엔진 액세서리나 구성품에 적절한 구동 속도를 제공해 준다. 로터 작동 회전속도가 매우 높기 때문에, 액세서리 감속기어비는 비교적 높다. 액세

[그림 1-3] 터보프롭 액세사리 케이스
(Typical turboprop accessory case)

서리 구동장치는 액세서리케이스의 장착 패드 구멍에 장착된 볼베어링에 의해 지지되고 있다. (그림 1-3)

1.5 압축기 부분(Compressor Section)

가스터빈엔진의 압축기 부분은 많은 기능을 갖고 있다. 첫째 기능은 연소실에서 필요 하는 충분한 양의 공기를 공급하는 것이다. 특히 그 목적을 충분히 달성하기 위해서는 공기흡입구 덕트로 부터 많은 량의 공기를 받고, 받은 공기에 압력을 증가시켜서 필요한 양과 압력으로 연소실에 보내 주어야 한다. 둘째는 엔진과 항공기에 여러 가지 목적을 위하여 블리드공기(Bleed Air)를 공급하는 것이다. 블리드공기는 엔진의 여러 압력단계에서 뽑아내서 쓸 수 있다. 물론, 블리드 배출구의 정확한 위치는 특수한 작업을 수행하기 위한 압력과 온도에 따라 달라진다. 이 배출구들은 공기가 배출될 어떤 특정한 단계에 인접한 압축기케이스의 작은 구멍이다. 그러므로 여러 가지 크기의 압력으로 적절한 단계 안쪽으로 구멍을 뚫어서 이용할 수 있다. 종종 공기는 맨 끝이나 가장 높은 압력 단계에서 뽑게 되는데, 이 지점의 압력과 온도가 최대가 되기 때문이다.

때에 따라서는 이렇게 높은 압력의 공기를 냉각시킬 필요가 있다. 객실 여압이나 기타 다른 목적으로 사용된다면, 열이 과도하여 불쾌하거나 유해하기 때문에 공기는 객실에 보내기 전에 공기조화장치를 거쳐서 보내진다.

블리드공기는 다음과 같이 매우 다양한 곳에 활용된다.

(1) 객실 여압, 가열과 냉각 (Cabin Pressurization, Heating, and Cooling)
(2) 제빙과 방빙 장비 (De-icing and Anti-icing Equipment)
(3) 엔진의 공압 시동 (Pneumatic Starting)
(4) 보조구동장치 (Auxiliary Drive Unit)

1.5.1 압축기 형식(Compressor Types)

현재 터빈엔진에서 사용되고 있는 압축기의 중요한 형식은 원심식(Centrifugal Flow)과 축류식(Axial Flow)이다. 원심압축기로 유입되는 공기를 취해서 원심력으로 공기를 바깥 방향(Outward)으로 가속시켜서 목적을 달성시킨다. 축류압축기의 공기는 원래의 들어온 방향으로 계속해서 흘러가는 동안에 압축되므로, 회전에 의해서 발생되는 에너지 손실을 방지할 수 있다.

이들 두 형식의 압축기에 있는 구성품들은 각각 연소용 공기에 대한 압축 기능을 갖고 있다. 압축기에 있어서 단계는 압력을 상승시키기 위하여 고안된다.

1.5.1.1 원심압축기(Centrifugal-flow Compressors)

(그림 1-4)에서 보는 것과 같이, 원심압축기는 임펠러(Rotor), 디퓨저(Stator), 그리고 압축기 매니폴드(Manifold)로 구성된다. 원심압축기는 약 8:1로 압축할 수 있어서 단계당 압력 상승이 매우 크다. 대체로 원심압축기는 효율과의 관계로 인하여 2단계로 제한되고 있다. 두 가지 주요한 기능적 요소는 임펠러와 디퓨저이다. 비록 디퓨저는 분리되는 부품이고 내부에 위치해 있으며, 매니폴드에 볼트를 장착되어 있지만, 전체 조립품(디퓨저와 매니폴드)을 종종 디퓨저라고

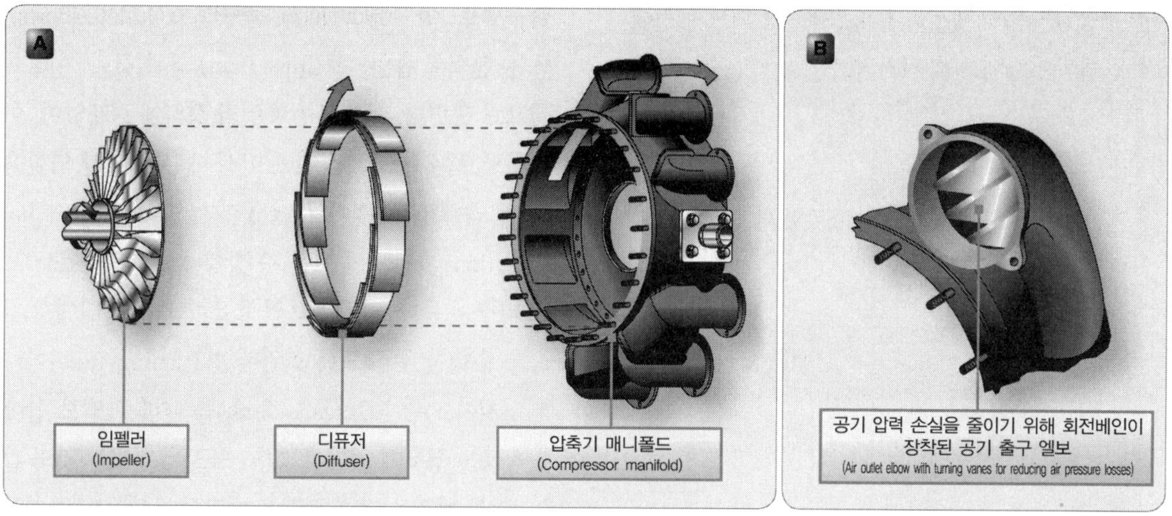

[그림 1-4] (A) 원심식 압축기 구성품 (B) 공기출구엘보(Air outlet elbow)

도 부른다. 압축기를 이해하고 분류상 이 부품들은 분리해서 취급하고 있다. 임펠러는 알루미늄합금으로 단조 하고, 열처리하여 마찰이 적고 난류와 흐름저항이 최소가 되도록 매끄럽게 기계 가공하여 사용한다. 대부분의 형식은 하나의 단조품으로 만들어진다. (그림 1-5)에서 이 형식의 임펠러를 보여 주고 있다.

공기를 받아서 디퓨저 바깥쪽으로 가속시키는 기능을 가진 임펠러는 단면흡입식(Single Entry type)과 양면흡입식(Double Entry type)의 두 가지가 있다. 이 두 가지 형식 사이의 주요한 차이점은 임펠러 크기와 덕트구조 배열이다. 양면흡입식은 적은 직경을 갖고 있지만, 충분한 공기 흐름을 위하여 더 빠른 회전속도로 작동된다.

(그림 1-5)에서 보듯이, 단면흡입식 임펠러 중심(Impeller Eye) 또는 유도베인(Inducer Vane)에 직선으로 덕트구조를 쉽게 배열할 수 있지만, 반대로 양면흡입식은 후방 부분 공기 흐름을 좋게 하기 위해서 더 복잡한 덕트구조를 갖는다. 비록 단면흡입식은 공기를 받아들이는 데 조금은 효율적이지만, 양면흡입식과 같은 양의 많은 공기를 보내기 위해서는 직경이 커져야만 한다. 물론, 이러한 것은 엔진의 전체적인 직경을 증가시키게 된다.

양면흡입압축기의 엔진에는 덕트구조에 속하는 공기실(Plenum Chamber)이 있다. 이 공기실은 양면흡입압축기에 있어서 공기가 엔진 축에 대하여 거의 직각으로 들어가게 하기 위하여 반드시 필요한 것이다. 그러므로 좋은 흐름을 주기 위해서는 압축기에 들어가기 전에 정상적인 압력의 공기가 엔진 압축기를 둘러싸고 있어야 한다. 공기실에 필요한 것으로 때때로 보조 공기흡입도어(Air-intake Door)나 블로우인-도어(Blow-in Door)가 쓰인다. 지상에서 엔진을 작동하는 동안에 엔진에서 공기흡입구로 들어오는 공기 흐름 보다 더 많은 공기량을 필요로 하는 경우, 블로우인-도어를 통해서 엔진 내부로 공기가 들어가게 한다. 엔진을 작동하지 않을 때는 스프링 작용에 의하여 공기흡입도어는 닫히게 되어 있다. 그렇지만 작동하

[그림 1-5] 단면 임펠러(Single-entry impeller)

는 동안은 엔진 내부의 압력이 대기압보다 떨어질 때는 언제든지 자동으로 열린다. 이륙 또는 비행하는 동안에는 엔진 내부에 있는 램 공기압은 도어가 스프링 힘으로 닫혀 있도록 도와준다.

디퓨저는 다수의 베인으로 되어 매니폴드로의 확산통로(Divergent Passage)를 만들어 주는 원통의 공간(Annular Chamber)이다. 디퓨저 베인은 임펠러에 의하여 최대 에너지가 전달되도록 설계된 각도로 매니폴드에 공기를 직선으로 보낸다. 또한 디퓨저 베인은 연소실에서 사용하기에 알맞은 속도와 압력으로 매니폴드에 공기를 보내 준다. (그림 1-4A)에서 보는 것과 같이, 디퓨저를 통과하고 그다음 매니폴드를 지나는 공기 흐름의 통로를 표시하는 화살표의 방향에 유의한다.

(그림 1-4A)에서 보는 것과 같이, 압축기 매니폴드는 내부 부품인 디퓨저로부터 공기흐름을 연소실로 보내 준다. 매니폴드는 공기가 균일하게 나누어지도록 각 연소실 마다 한 개씩의 출구를 갖고 있다. 압축기 출구엘보는 각각의 출구에 볼트로 고정되어 있다. 이러한 공기 배출구는 덕트 모양으로 되어 있고 공기 출구덕트(Air Outlet Duct), 출구엘보(Outlet Elbows), 또는 연소실 흡입덕트(Inlet Duct) 등과 같이 여러 이름으로 불린다. 사용되는 용어의 정의에 관계없이, 이 출구덕트는 확산 과정에 있어서 매우 중요한 역할을 한다. 즉 확산 과정이 끝난 곳에서 방사 방향(Radial Direction) 흐름의 공기를 축 방향(Axial Direction)으로 바꾸어 준다. 출구엘보의 효율이 좋은 상태에서 기능을 수행할 수 있도록 회전베인(Turning Vane)이나 케스케이드베인(Cascade Vane)을 때때로 엘보 안에 장착하는 경우가 있다. (그림 1-4B)에서 보는 것과 같이, 이들 베인은 방향 전환을 매끄럽게 만들어 공기압의 손실을 줄여 준다.

1.5.1.2 축류압축기(Axial-flow Compressor)

축류압축기는 로터(Rotor)와 스테이터(Stator) 2개의 중요한 부분으로 되어 있다. 로터는 스핀들(Spindle)에 고정되어 있는 블레이드로 되어 있다. 이들 블레이드는 각도나 날개골 형상(Airfoil Contour)에 의해서 프로펠러와 같은 방법으로 공기를 후방으로 밀어 보낸다. 고속으로 회전하는 로터는 압축기 입구에서 공기를 받아서 다음의 여러 단계로 밀어 보낸다. 로터의 역할은 각 단계에서 공기의 압축을 증가시키고 여러 단계를 통해서 뒤로 보낸다. 입구에서 출구로 공기는 축의 통로를 따라 흐르고 단계마다 약 1.25:1의 비율로 압축시킨다. 로터의 작용은 각 단계에서 공기 압축을 증가시키고 여러 단계를 통해 뒤쪽 방향으로 공기를 가속시킨다. 이 증가된 속도에 의해서 에너지는 속도에너지 형태로 압축기로부터 공기로 전달된다. 스테이터 베인은 각 단계에서 디퓨저로 작용하고 부분적으로 빠른 속도를 압력으로 변환시킨다. 각각의 연속적 스테이터와 로터의 짝은 압력 단계를 만든다. 블레이드의 열의 수(단계)는 필요한 공기량과 전체 압력상승에 의해서 결정된다. 압축기 압력비는 압력 단계의 수에 따라 증가된다. 현재 사용되는 대부분의 엔진은 최대 16단계이고 그 이상도 사용된다.

스테이터는 원형으로 감싸진 케이스의 안쪽에 차례대로 장착된 베인들의 열들이 있다. 고정되어 있는 스테이터 베인들은 로터축을 따라서 반지름 방향으로 퍼져 있으며 로터 블레이드들의 각 단계 다음에 촘촘하게 조립된다. 일부 경우에는 안쪽에 스테이터 베인들이 조립된 압축기 케이스가 수평 방향으로 둘로 나누어진다. 위나 아래의 반쪽(Upper or Lower Half) 어느 것이든 스테이터와 로터에 대한 검사나 정비를 위하여 장탈할 수 있다. 스테이터 베인의 기능은 공기 흡입구 덕트나 각 앞단계에서 공기를 받아들이고 압력을 상승시켜서 다음 단계에 적절한 속도와 압력으로 보내 준다. 또 압축기 블레이드들의 최대 효율을 얻기 위해 각 로터 단계로 흐르는 공기의 방향을 조절한다. (그림 1-6)에서 보는 것과 같이, 대표적인 축류압축기의 로터와 스테이터 요소들을 보여 주고 있다. 고정되어 있거나 움직일 수 있는 인넷가이드베인(Inlet Guide Vane)이 첫째 단계의 로터 블레이드 보다 앞에 장착될 수도 있다.

인넷가이드베인은 적당한 각도로 첫 번째 로터 단계 안으로 공기를 보내 주고 압축기로 들어가는 공기에 소용돌이(Swirling Motion)를 준다. 엔진 회전방향에 있어서, 이러한 미리 소용돌이를 주는 것은 첫 단계 로터 블레이드들에 항력을 감소시켜 압축기의 공기역학적 특성을 향상시킨다. 인넷가이드베인은 휘어진 형상의 강철 베인이며, 보통 안쪽과 바깥쪽 쉬라우드(Shroud)에 용접으로 고정되어 있다.

압축기 끝의 출구에 있는 스테이터베인은 난류를 제거하기 위하여 공기 흐름을 똑바르게 흐르도록 유도한다. 이러한 베인들을 스트레이트닝 베인(Straightening Vanes) 또는 아웃렛 베인(Outlet Vane)이라 부른다. 축류압축기의 케이스는 스테이터를 지지하고 공기가 흘러가는 축 방향의 외벽을 형성할 뿐만 아니라 여러 용도의 압축공기를 배출할 수 있도록 해준다.

일반적으로 스테이터는 부식이나 침식되지 않는 강철로 만들어진다. 대부분 베인들을 고정시키기 쉽도록 적절한 재료로 만들어진 띠로 둘러싸인다. 베인은

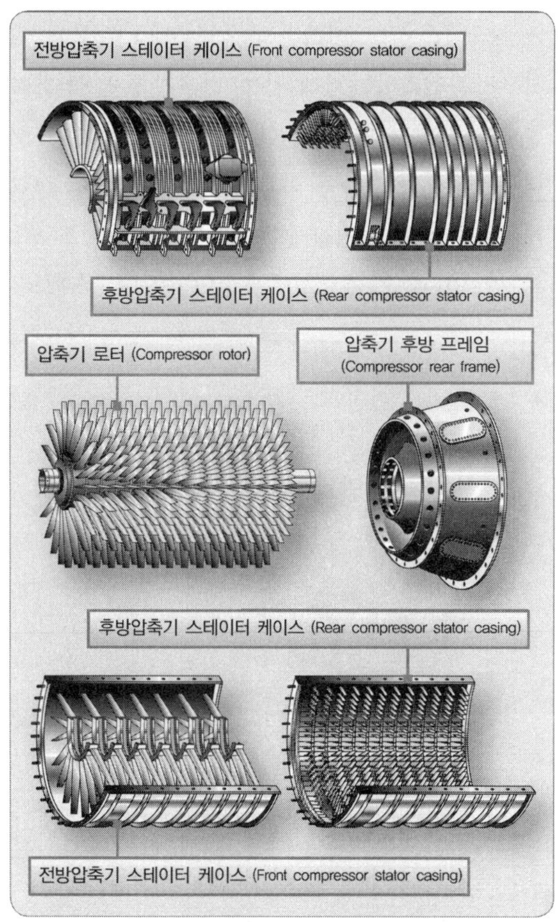

[그림 1-6] 축류형 압축기 구성도
(Rotor and stator elements of a typical axial-flow compressor)

쉬라우드에 용접되어 있고, 바깥쪽 쉬라우드는 반지름 방향의 고정나사에 의해 압축기 하우징 안쪽 벽에 단단히 고정되어 있다.

로터 블레이드들은 보통 스테인리스강으로 제작되고 후방 단계에서는 티타늄으로 제작된다. 로터 디스크 림(Rotor Disk Rim)에 블레이드를 고정시키는 방법은 설계에 따라 다르지만, 전구 형태(Bulb type) 또는 전나무 형태(Fir-tree type)에 의해서 디스크에 고정된다. (그림 1-7) 이때 블레이드들은 별도의 방법으로 제자리에 고정시킨다. 압축기 블레이드 끝은 두께가 얇게 가공되며, 이것을 블레이드 프로파일(Blade Profile)이라 한다. 이러한 형상은 블레이드가 압축기 하우징과 접촉하여 블레이드나 하우징에 생기는 심각한 손상을 방지한다. 이러한 상태는 로터 블레이드가 너무 헐겁거나 베어링 상태가 나빠서 로터축을 잘 지지하지 못할 때 발생될 수 있다. 비록, 블레이드 프로파일이 이러한 가능성을 크게 줄여 주지만, 때때로 마찰에 의한 스트레스(Stress) 때문에 블레이드가 부러지는 경우가 있으며, 압축기 블레이드나 스테이터 베인에 커다란 손상을 주는 원인이 된다.

케이스 직경이 감소함에 따라 뒤로 갈수록 원통 모양의 작동 공간(드럼과 케이스 사이 공간)도 점진적으로 작아지기 때문에 입구에서부터 출구까지의 블레이드 길이는 점점 짧아진다. (그림 1-8)과 같이 이러한 형상은 압축기를 통과하는 동안 속도를 거의 일정하게 하며, 공기의 흐름을 일정하게 유지시켜 준다.

로터의 형상은 드럼 형태(Drum-type)나 디스크 형태(Disk-type)를 가지고 있다. 드럼형 로터는 서로 고정하기 위한 플랜지가 붙어 있는 링들로 구성되며, 이것들을 볼트로 고정시켜 전체 어셈블리가 될 수 있도록 한다. 이런 구조 형태는 원심력으로 인한 응력이 작은 저속 압축기에 적당하다.

디스크형 로터는 알루미늄으로 단조 되어 가공된 디스크들을 강철 축 위에 연속적으로 수축끼워맞춤하여

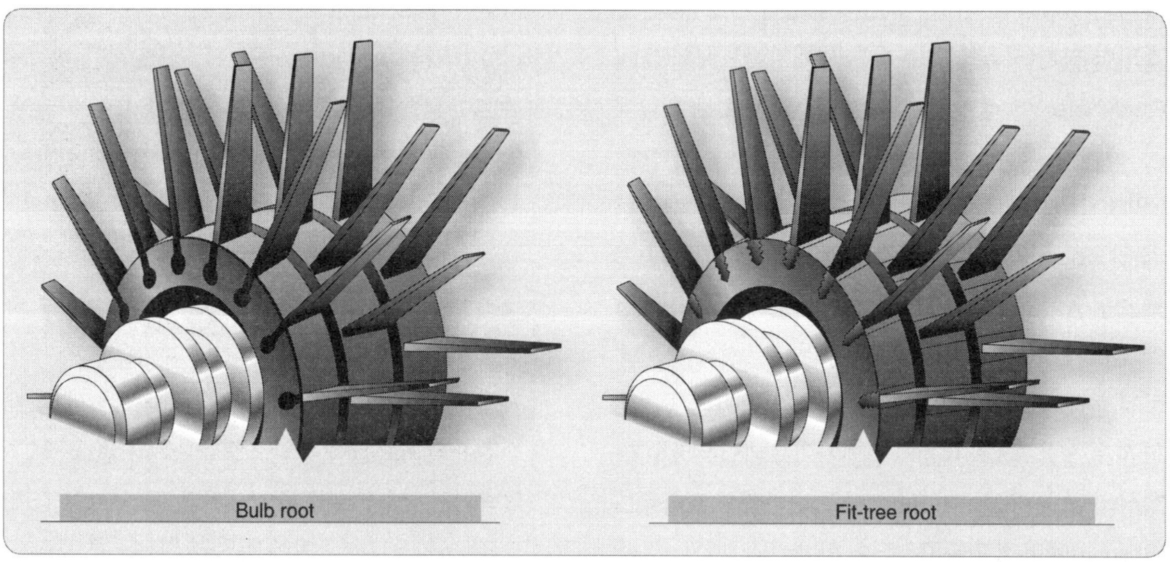

[그림 1-7] 압축기 블레이드 장착 설계 (Common designs of compressor blade attachment to the rotor disk)

조립되며, 로터 블레이드들은 디스크림(Disk Rim) 안쪽으로 비둘기 꼬리 모양(Dovetail)으로 만들어 끼워져 있다. 로터를 구성하는 다른 방법은 단일 알루미늄으로 단조 하여 기계 가공함으로 디스크와 축을 만들고, 터빈축을 결합하기 위한 스플라인과 베어링 지지 표면을 제공하기 위해서는 어셈블리 앞쪽과 뒤쪽에서 강철 토막 축을 볼트로 조여 주는 방법이다. 드럼형과 디스크형의 로터는 (그림 1-8)과 (그림 1-9)에서 각각 볼 수 있다.

엔진의 동일한 축에 압축기 단계(Compressor Stage)와 터빈 단계(Turbine Stage)를 조합시킨 것을 엔진스풀(Engine Spool)이라고 한다. 이 축은 적절한 방법으로 터빈과 압축기 축을 결합시켜서 만들어진다. 엔진 스풀은 베어링에 의해 지지되며, 베어링은 베어링 하우징 내에 정교하게 안착된다.

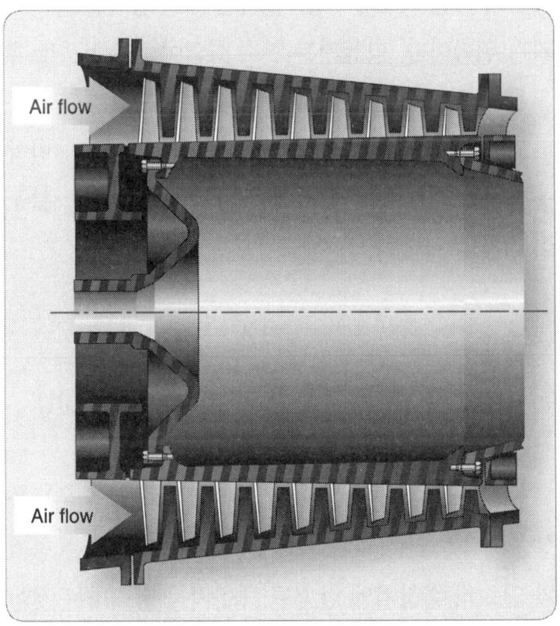

[그림 1-8] 드럼형 로터(Drum-type compressor rotor)

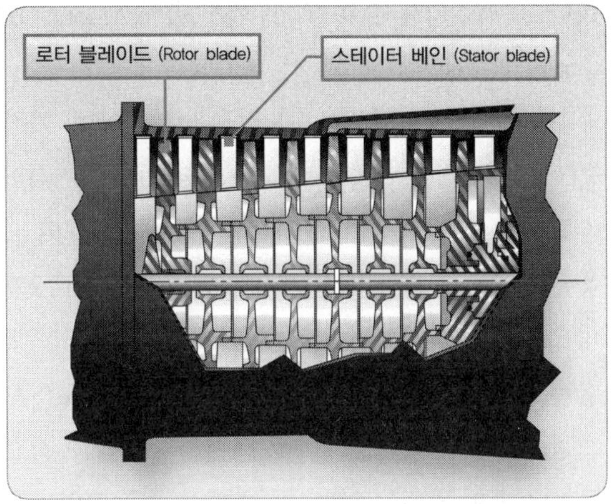

[그림 1-9] 디스크형 로터(Disk-type compressor rotor)

앞에서 설명한 것과 같이, 현재 사용되는 축류압축기는 2가지 형태가 있는데, 단축(Single Rotor/Spool)과 2축(Dual Rotor/Spool)이며, 때때로 솔리드 스풀(Solid Spool)과 스플릿 스플(Split Spool, Two Spool)라고 부르기도 한다.

단축 압축기는 가변 인넷가이드베인(Variable Inlet Guide Vane)을 사용하며, 또한 처음 몇 열은 가변 스테이터베인(Variable Stator Vane)으로 사용된다. 가변 인넷가이드베인(VIGV)과 가변 스테이터베인(VSV) 사이의 주요한 차이점은 로터 블레이드에 대한 위치이다. 가변 인넷가이드베인은 로터 블레이드의 앞쪽에 있고, 가변 스테이터베인는 로터 블레이드의 뒤쪽에 위치한다. 인넷가이드베인과 스테이터베인의 처음 몇 단계의 각도는 가변적으로 움직일 수 있다. 엔진이 작동하는 중에는 공기가 앞쪽으로 들어가서 가변 인넷가이드베인과 가변 스테이터베인에 의해서 적절한 각도로 압축기 안으로 보내지게 된다. 공기는 압축되고 연소실 안으로 보내지고, 각 연소실 라이너(Combustion Liner) 안에 장착된 연료노즐은 연소용 연료를 분사시켜 준다. 이러한 변수들은 엔진 출력레버 위치에 의해서 요구되는 엔진 출력(Amount of Engine Power)에 따라 조절된다.

대부분의 터보팬엔진은 2축 압축기 형태이며, 가장 큰 터보팬엔진은 저압스플(Low-pressure Spool)이라고 부르는 몇 개의 압력 단계와 함께 대형 팬이 사용된다. 이러한 터보팬은 각각의 터빈과 축으로 2개의 압축기가 연결되어 있고, 물리적으로는 2개의 독립된 로터시스템을 갖추고 있다. 수많은 2축 로터시스템들은 서로 반대 방향으로 회전하지만, 기계적으로 연결되어 있지는 않다. 두 번째 스풀은 고압스풀(High-pressure Spool)이라고 불리는 압축기인데, 엔진 연소실로 공기를 공급해 주는 가스제네레이터(Gas Generator)이며 엔진코어(Core of Engine)이다.

이 두 가지 형태의 압축기 장점과 단점은 아래에 정리해 놓았다. 비록 각 형태의 장점과 단점을 갖고 있지만, 각각의 엔진 형식과 크기에 따라 사용된다.

원심압축기의 장점은 다음과 같다.
① 단당 압력 상승이 크다.
② 넓은 회전속도 범위에서 효율이 좋다.
③ 제작이 용이하고 가격이 저렴하다.
④ 무게가 가볍다.
⑤ 시동에 필요한 동력이 작다.

원심압축기의 단점은 다음과 같다.
① 공기 흐름에 대한 전면 면적이 크다.
② 단계 사이의 방향 전환에 따른 손실이 있다.

축류압축기의 장점은 다음과 같다.
① 높은 압력에서 효율이 좋다.
② 공기 흐름에 대비 전면 면적이 작다.
③ 직선 흐름으로 램 효율이 좋다.
④ 단계 수를 증가하여 압력을 상승시킬 수 있다(단계 증가에 따른 손실은 무시할 수 있는 정도)

축류압축기의 단점은 다음과 같다.
① 좁은 회전속도 범위에서만 효율이 좋다.
② 제작이 어렵고 가격이 비싸다.
③ 비교적 무게가 무겁다.
④ 시동에 필요한 동력이 크다. (분리된 압축기에 의해 일부 해결)

1.6 디퓨저(Diffuser)

디퓨저는 압축기 뒤와 연소실 앞의 엔진이 확산되는 부분이다. 이것은 매우 중요한 기능으로 압축기 방출 공기의 빠른 속도를 조금 줄이는 대신 압력을 증가시키기 위함이다. 디퓨저는 연소 화염이 지속적으로 유지될 수 있도록 하기 위하여 더 낮은 속도로 화염이 불타고 있는 연소실 입구 안으로 공기를 보내 준다. 만약 공기가 고속으로 화염 지역을 거쳐 지나간다면, 불꽃이 꺼질 수도 있다.

1.7 연소실 부분(Combustion Section)

연소실에서는 엔진을 거쳐 지나가는 공기의 온도를 상승시키는 연소 과정이 이루어진다. 이 과정은 공기와 연료의 혼합기에 함축된 에너지를 방출하는 것이다. 압축기를 구동시키기 위해 터빈이나 터빈 단계에서 요구되는 이러한 에너지는 중요한 부분이다. 에너지의 약 2/3는 가스제네레이터 압축기를 구동시키기 위해 사용된다. 남은 에너지는 팬, 출력축 또는 프로펠러를 구동시키기 위해 더 많은 에너지가 흡수되도록 나머지 터빈 단계를 거쳐 지나간다. 다만, 순수 터보제트는 고속의 제트 형태로 엔진 뒤쪽으로 방출함으로써 공기가 모든 추력이나 추진력을 발생시키도록 한다. 다른 엔진 형식들은 엔진 뒤쪽으로 방출되는 제트가 어느 정도의 속력을 갖고 있지만, 추력이나 동력의 대부분(Most of the Thrust or Power)은 대형 팬, 프로펠러, 또는 헬리콥터 로터 블레이드를 구동시키기 위하여 추가된 터빈 단계(the Additional Turbine Stages)에서 만들어진다.

물론, 연소 부분의 주요 기능은 공기/연료의 혼합기를 연소시켜서 공기에 열에너지를 증가시키는 것이다. 연소실이 효율적으로 되기 위해서는 다음과 같아야 한다.

- 좋은 연소를 보장하기 위하여 연료와 공기가 잘 혼합되기 위한 수단이 있어야 한다.
- 혼합기를 효율적으로 연소시킨다.
- 터빈 베인/블레이드가 작동 온도에 견딜 수 있도록 고온 연소가스를 냉각시켜야 한다.
- 고온 가스가 터빈으로 전달되어야 한다.

연소실의 위치는 압축기와 터빈 부분 바로 사이에 있다.

연소실은 공기 흐름이 효율적으로 기능할 수 있는 곳에 위치해야 하므로 압축기와 터빈 형식에 관계없이 항상 동일한 축의 둘레에 배치된다.

모든 연소실은 다음과 같은 동일한 기본적인 요소를 갖는다.

(1) 케이스
(2) 구멍이 다수 뚫린 안쪽 라이너
(3) 연료분사장치
(4) 초기 점화를 위한 장치
(5) 엔진이 운전정지 후 연소가 안 된 연료를 배유시키기 위한 연료배출장치

기본적인 연소실 형태는 3가지가 있지만, 세부적으로는 같은 형식이라도 다른 점이 있다.

(1) 캔형(Can Type)
(2) 캔-애뉼러형(Can-annular Type)
(3) 애뉼러형(Annular Type)

1.7.1 캔형 연소실(Can Type Combustor)

캔형 연소실은 터보샤프트와 보조동력장치(APU)에서 사용되는 전형적인 형태이다. (그림 1-10) 개별적으로 캔형 연소실의 바깥쪽은 케이스(Case) 또는 하우

[그림 1-10] 캔형 연소실(Can-type combustion chamber)

징(Housing)으로 구성되며, 그 안에는 구멍이 다수 뚫린 스테인리스강(High Heat Resistant)의 연소실 라이너(Chamber Liner) 또는 안쪽 라이너(Inner Liner)가 있다. (그림 1-11) 라이너 교환이 용이하도록 바깥쪽 케이스는 분리된다.

여러 개의 연소실 캔으로 되어 있는 구형 엔진에는 연소실의 화염 전파관(Interconnector Tube)은 필수적인 부품이다. 각각의 캔은 독립적으로 분리되어 연

[그림 1-11] 연소실 내부
(Inside view of a combustion chamber liner)

소 작용을 하기 때문에 초기 시동을 하는 동안에 연소를 퍼지게 하는 방법이 있어야 한다. 이것은 모든 연소실을 상호 연결(Interconnecting)해 주는 것이다. 그러면 가장 낮은 쪽의 2개 연소실에서 점화플러그에 의해 점화되어 불꽃은 튜브를 타고 인접한 연소실의 혼합가스를 점화시키고, 계속 하여 모든 연소실이 연소할 때까지 계속된다.

(그림 1-12)에서 보는 것과 같이, 비록 화염관의 기본적인 구성 부품은 거의 같을지라도, 서로의 엔진과 엔진 사이 세부적인 구조에 있어서는 다르다. 앞에서 언급한 점화플러그는 통상적으로 2개이고, 캔형 연소실 중 두 곳에 위치해 있다.

연소실 구조에 있어서 다른 중요한 사항은 연소가 안 된 연료를 배출시키는 것이다. 이 배출기능으로 연료 매니폴드, 노즐, 그리고 연소실에서 점성 퇴적물이 생기는 것을 예방해 준다. 이러한 침전물은 연료가 증발된 후 남는 찌꺼기 때문에 생긴다. 가장 중요한 것은 엔진 정지 후 연료가 누적된다면 후화의 위험(Danger of Afterfire)이 뒤따르는 것이다. 연료가 완전히 배출되지 않고 남아 있다가 시동을 시도할 때 점화되어 배

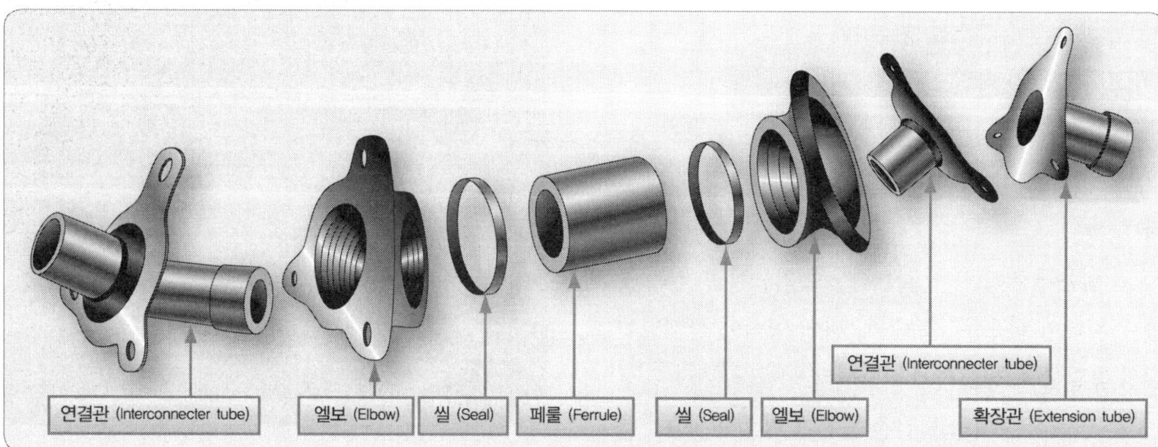

[그림 1-12] 캔 연소실 화염 전파관(Interconnecting flame tubes for can-type combustion chambers)

기온도가 안전 작동 한계치(Safe Operating Limits)를 넘을 가능성이 커지게 된다.

캔형 연소실의 라이너에는 다양한 크기와 형태의 각각의 구멍들은 라이너 안에서 화염 전파 효과와 특정한 목적을 갖는다. (그림 1-10) 연소실로 흡입되는 공기는 적절한 구멍과 루버(Louvers), 그리고 슬롯(Slots)에 의해 두 가지로 분리되어 1차 공기와 2차 공기로 나누어진다. 1차 공기인 연소공기는 연료와 혼합되어 연소실 앞에 라이너 안으로 바로 들어가고 연소된다. 2차 공기인 냉각공기는 바깥쪽 케이스와 라이너 사이를 통과하여 라이너의 뒤쪽의 더 큰 구멍을 통해서 연소가스와 만나서 연소가스의 온도 3,500℉를 1,500℉로 냉각시키는 작용을 한다.

연료 분무가 원활하게 되도록 캔형 연소실 라이너의 입구 끝부분이나 연료노즐 둥근 부분 주위에는 구멍이 뚫려 있다. 또한, 루버(Louver)는 라이너(Liner)의 안쪽 벽을 따라 공기의 냉각 층을 이루도록 라이너의 축 방향을 따라 위치하고 있다. 이러한 공기층은 연소 불꽃이 라이너의 중앙으로 모이도록 하여 화염 형상을 제어하여 라이너 벽이 타는 것을 방지한다. (그림 1-13)에서는 애뉼러 연소실에서 루버를 통과하는 공기 흐름을 보여 주고 있다.

[그림 1-13] 애뉼러 연소실 루버
(Annular combustion chamber liner)

연소실 내부에는 항상 연료노즐을 장착하기 위한 여러 장치들이 있다. 연료노즐은 라이너 안으로 연료를 보내어 미세하게 분무되어 분사되도록 한다. 더 많이 분사되어 분무될수록, 더 빨리 그리고 효과적인 연소 과정이 된다.

현재 사용되는 연료노즐의 두 가지 형태는 연소실 형상에 따라 단식노즐(Simplex Nozzle)과 복식노즐(Duplex Nozzle)이 있다. 이러한 연료노즐의 구조 형상은 제2장 엔진 연료 및 연료 조절계통에서 더 자세히 다룰 것이다.

1.7.2 캔-애뉼러형 연소실 (Can-Annular Type Combustor)

캔-애뉼러 연소실의 점화 플러그는 비록 세부적인 구조는 다르지만, 캔형 연소실에서 사용되는 동일한 기본적인 형태이다. (그림 1-14)

일반적으로 각 연소실 하우징의 보스(Boss)에 2개의 점화 플러그가 장착되어 있다. 점화 플러그는 하우징보다 연소실 안으로 충분히 길게 튀어나와 있어야 한다.

앞에서 언급한 캔형 연소실과 같이 연소실은 엔진 시동 과정을 용이하게 해 주는 돌출된 화염관으로 서로가 연결되어 있다. 이미 설명한 바와 같이, 이러한 화염관은 세부적인 구조는 다르지만 역할은 동일하다.

이러한 형태의 연소실은 최신 엔진에 사용되지 않는다. 각 연소실의 전면은 연료노즐 클러스터(cluster)에 상응하는 6개의 연료노즐이 일직선으로 정렬되어 6개의 구멍을 향하고 있다. (그림 1-14) 이들 노즐은 캔형 연소실에서 언급한 것과 마찬가지로, 흐름분할기

(Flow-divider), 즉 가압밸브(Pressurizing valve)가 필요한 이중 오리피스(Duplex) 형태이다.

각 노즐 둘레에는 미리 소용돌이를 주기 위한 스월베인(Pre-swirl Vane)이 있는데, 연료 분사 시 소용돌이 운동을 만들어, 더 좋은 연료 분무가 되게 하고, 연소가 잘되어 더 높은 효율이 되게 한다.

스월베인은 중요한 두 가지 기능으로 화염이 적절히 잘 전파되도록 한다.

(1) 빠른 화염 속도 - 공기와 연료의 혼합이 잘되어 자연 연소가 되도록 해 준다.

(2) 축 방향으로 느린 공기 속도 - 소용돌이는 불꽃이 과도하게 축 방향으로 이동되는 것을 막아 준다.

연소 초기와 냉각 단계에서는 강한 난류가 필요한데, 스월베인이 이를 제공하기 때문에 화염 전파에 큰 도움을 주고 있다. 1차 공기와 연료 증기의 강력한 기계적인 혼합이 필요하나, 디퓨저에만 의존하기에는 혼합이 너무 늦는 문제가 있다. 그래서 이러한 기계적인 혼합은 다른 방법으로도 만들어 지는데, 대부분의 축류 엔진에서 하는 것처럼, 그 것은 디퓨저 출구에 거친 스크린(Coarse Screen)을 장치하는 것이다.

캔-애뉼러 연소실도 연료배출이 잘되어 차기 시동 시 잔류 연료가 연소되지 않도록 2개 이상의 아래쪽 연소실에 연료배출밸브를 반드시 장착해야 한다.

캔-애뉼러 연소실의 구멍(Hole)과 루버(Louver)를 통한 공기의 흐름은 다른 형태의 연소실과 거의 동일하다. (그림 1-14) 특수한 기류조절장치(Baffling)는 연소실의 공기 흐름을 선회시키고, 난류를 만들어 주기 위해 사용된다. (그림 1-15)에서는 연소용 공기 흐름, 재질을 냉각시키는 공기, 그리고 가스를 냉각시켜 주거나 섞이게 해 주는 양상을 보여 준다. 공기 흐름의 방향은 화살표로 표시되고 있다.

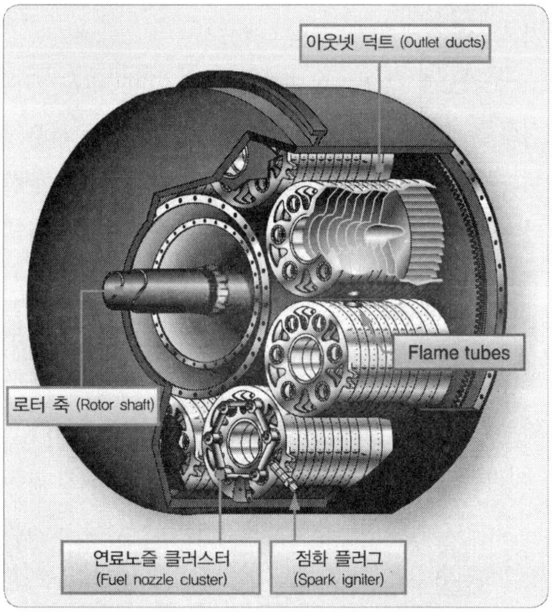

[그림 1-14] 캔-애뉼러 연소실
(Can-annular combustion chamber components and arrangement)

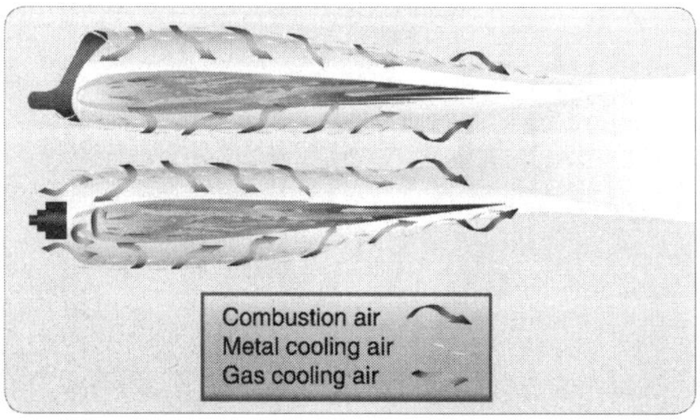

[그림 1-15] 캔-애뉼러 공기흐름
(Air flow through a can-annular combustion chamber)

1.7.3 애뉼러형 연소실 (Annular Type Combustor)

애뉼러 연소실의 기본적인 구성요소는 캔형과 마찬가지로 하우징(Housing)과 라이너(Liner)이다. 라이너는 터빈축 하우징의 바깥쪽 둘레에 모든 방향으로 펼쳐진 분할되지 않은 원형의 쉬라우드(Circular Shroud)로 되어 있다. 연소실은 때때로 세라믹(Ceramic) 재료와 같은 단열 재료(Thermal Barrier Material)로 코팅된 내열 재료(Heat-resistant)로 제작된다. (그림 1-16)에서는 애뉼러 연소실을 보여 주고 있다. 최신의 터빈엔진은 일반적으로 애뉼러 연소실을 가지고 있다. (그림 1-17)에서 보는 것과 같이, 애뉼러 연소실도 연소실의 벽 쪽에 화염이 접촉되는 것을 방지하기 위해 루버(louver)와 구멍(Hole)을 이용한다.

[그림 1-16] 애뉼러 연소실
(Annular combustion with chamber ceramic coating)

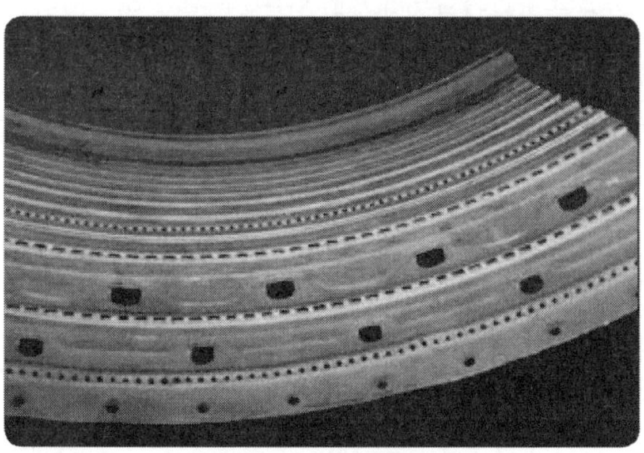

[그림 1-17] 연소실 루버
(Combustion chamber louvers and holes)

1.8 터빈 부분(Turbine Section)

터빈은 배기가스의 운동(속도)에너지(Kinetic Energy)를 압축기와 액세서리를 구동시키는 기계적인 에너지(Mechanical Energy)로 변환시킨다. 이것이 터빈의 유일한 목적이며 배기가스로부터 전체 압력에너지의 약 60~80%를 흡수하게 된다. 터빈에서 흡수되는 정확한 에너지의 양은 구동되는 터빈의 부하에 의해서 결정되며, 이것은 압축기의 크기와 형태, 액세서리의 수, 다른 축 터빈단계의 부하 등에 따라 달라진다. 다른 축 터빈 단계는 저압 압축기(팬), 프로펠러, 그리고 로터 축(Rotor Shaft) 가동 목적으로 사용될 수 있다. 가스터빈엔진의 터빈 부문은 연소실의 다음, 또는 하류 부문에 놓여 있다. 특히 터빈은 연소실 배출구의 바로 뒤에 있다.

(그림 1-18)과 (그림 1-19)에서 보는 것과 같이, 터빈어셈블리는 두 가지 기본 요소로 구성되어 있는데, 터빈 스테이터(Turbine Stator)와 터빈 로터(Turbine Rotor)이다. 스테이터는 다양한 이름으로 불리고 있으며, 터빈 인넷노즐베인(Inlet Nozzle Vane), 터빈 인넷가이드베인(Inlet Guide Vane), 그리고 노즐 다이어프램(Nozzle Diaphragm)이 가장 널리 사용되는 3가지 이름이다.

터빈 인넷가이드베인은 연소실의 바로 뒤쪽, 즉 터빈휠의 바로 앞쪽에 위치하고 있다. 이곳은 엔진에서 금속성분이 접촉하는 가장 높거나 가장 뜨거운 온도이다. 터빈 입구 온도는 제어 되어야 하는데, 그렇지 않으면 터빈 인넷가이드베인이 손상될 것이다.

터빈 노즐의 첫째 목적은, 연소실로부터 발생된 열에너지가 포함된 대량의 공기흐름이 터빈 인넷가이드베인에 전달되면, 터빈 인넷가이드베인은 터빈 로터를 구동시키는 방향으로 대량의 공기가 흐르게 하는 일이다. 터빈 인넷가이드베인에 고정된 베인들은 굽은 모양이며, 가스가 아주 높은 속도로 방출되도록 하기 위하여 수많은 작은 노즐을 형성하도록 일정한 각

[그림 1-18] 터빈 인넷 가이드 베인
(Turbine inlet guide vanes)

[그림 1-19] 터빈 블레이드(Turbine blades)

도로 배열되어 있다. 그러므로 터빈 노즐은 여러 가지의 압력에너지(Pressure Energy) 및 열에너지(Heat Energy)를 터빈 블레이드를 지나면서 기계적 에너지(Mechanical Energy)로 변환시킬 수 있는 속도에너지(Velocity Energy)로 바꿔 주는 역할을 한다.

터빈 노즐의 두 번째 목적은, 가스가 어떤 특정한 각도를 가지고 터빈휠의 회전 방향으로 부딪치게 하는 것이다. 노즐로부터의 가스 흐름은 터빈 블레이드가 회전하는 동안에 블레이드 사이의 통로로 유입되어야 하므로 터빈 회전의 보편적인 방향으로 가스가 유입되도록 하는 것이 기본이다.

터빈 블레이드에는 충동형 터빈블레이드(Impulse Turbine Blade), 반동형 터빈블레이드(Reaction Turbine Blade), 반동-충동형 터빈 블레이드(Reaction-impulse Turbine Blade)의 3가지 형태가 있다. 충동형 터빈블레이드는 버킷(Bucket)으로도 불리는데, 그 이유는 공기흐름이 블레이드 중앙을 가격하면서 에너지의 방향을 변화시키기 때문이며, 그 결과 블레이드가 디스크를 회전하고 최종적으로 터빈 로터가 회전하게 된다. 공기흐름과 터빈 블레이드(or Bucket)와의 충동 효율을 높이기 위해 엔진 오버홀시 및 터빈 노즐어셈블리 조립 시 터빈노즐가이드베인을 항상 잘 조정해 주어야 한다.(그림 1-20)

반동형 터빈 블레이드는 공기흐름을 터빈에 가장 효율적인 특정한 각도로 터빈 블레이드를 빠르게 지나가게 하여 공기역학적 작용(Aerodynamic Action)으로 터빈 로터를 회전하게 한다. (그림 1-20) 그리고 반동-충동형 터빈 블레이드는 충동형(Impulse)과 반동형(Reaction)을 모두 터빈 블레이드 설계에 적용한 것으로 블레이드의 루트부분(Root)에서부터 길이의 절반은 충동형의 형태(Bucket Shape)를, 블레이드 중간

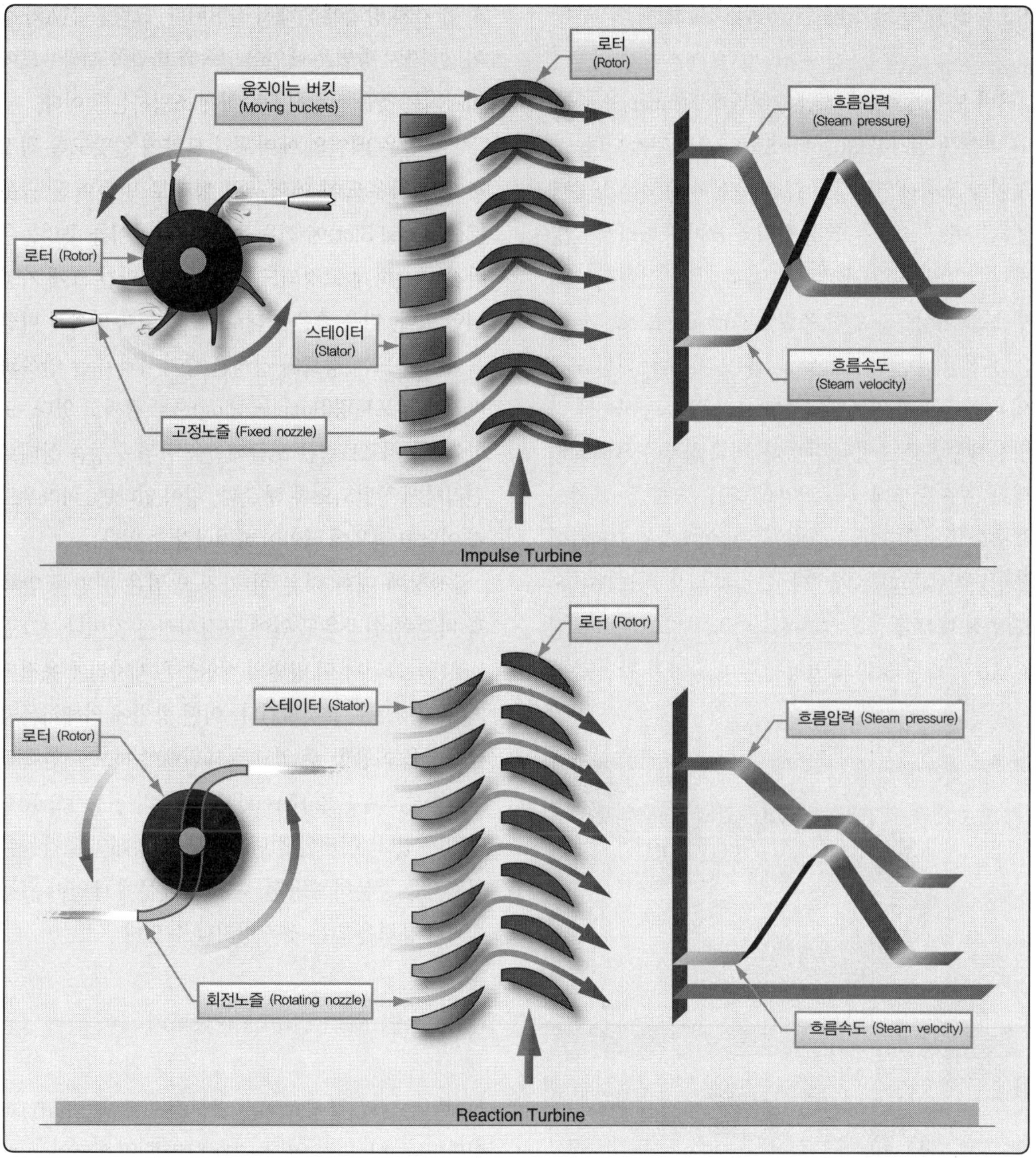

[그림 1-20] 충동 터빈과 반동 터빈(Impulse and reaction turbine blades)

에서 끝단부분(Tip)까지는 반동형 형태(Airfoil Shape) 를 복합적으로 적용한 것이다.

1.8.1 터빈 스테이터 (Turbine Stator)

터빈 노즐어셈블리는 안쪽 쉬라우드(Inner Shroud)와 바깥쪽 쉬라우드(Outer Shroud)로 구성되며, 그 사이에 노즐베인부분이 고정된다. 사용되는 노즐베인의 수량과 크기는 엔진 형식과 크기에 따라서 다양하다. (그림 1-21)에서 보는 것과 같이, 전형적인 터빈 노즐 형상은 느슨한 조립(Feathering Loose Vane)과 용접된 베인(Welded Vane)을 보여 준다. 터빈 노즐의 베인은 안쪽 및 바깥쪽 쉬라우드 또는 링 사이에 다양한 방법으로 조립될 수 있다. 비록 실제 구성품의 배열과 구조 형상에 따라 약간씩 다를지라도 한 가지의 특별한 특성은 모든 노즐베인들이 열팽창을 고려하여 조립되어야 한다는 것이다. 그렇지 않으면 급격한 온도 변화 때문에 금속 성분에 심한 뒤틀림과 휨이 생길 수 있다. 터빈 노즐의 열팽창은 여러 가지 방법 중에서 한 가지 방법에 의해서 실현된다. 그림 1-21A와 같이, 한 가지 방법은 베인이 안쪽과 바깥쪽 쉬라우드에 지지되는 것을 적절히 느슨하게 조립하는 것이다.

[그림 1-21] 터빈 노즐 형태(Typical turbine nozzle vane)

각 베인은 베인의 에어포일 모양에 알맞도록 적절하게 쉬라우드에 에어포일 형태로 만들어진 슬롯(Contoured Slot)에 끼워서 고정된다. 이들 구멍들은 약간 느슨하게 고정되도록 베인보다 약간 크게 가공되어 있다. 더욱 좋은 상태로 지지되도록 안쪽과 바깥쪽 쉬라우드는 강도와 강성을 증가시켜 주는 안쪽과 바깥쪽 서포트링(Support Ring)으로 감싸고 있다. 또한, 이들 서포트링은 노즐베인을 단위 구성품 상태로 편리하게 장탈되도록 해 준다. 링이 없다면, 쉬라우드가 이탈될 경우에 베인이 빠져나갈 수 있다.

열팽창에 대한 다른 한 가지 방법은 베인을 안쪽과 바깥쪽 쉬라우드 안에 고정시키는 것이다. (그림 1-21B) 그러나 이 방법의 베인들은 제자리에 용접되거나 리벳으로 고정시킨다. 어떤 방법에 의해서든지 열팽창을 허용할 수 있도록 대비해야 하므로 안쪽과 바깥쪽 쉬라우드링(Shroud Ring)은 각각 조각으로 절단되어 있다. 이러한 절단과 분리된 형태의 조각들은 열팽창을 충분히 수용할 수 있기 때문에 베인이 뒤틀리거나 응력을 받는 것을 방지할 수 있다.

1.8.2 터빈 로터 (Turbine Rotor)

터빈 로터의 구성요소는 기본적으로 축(Shaft)과 휠(Wheel)이다. (그림 1-22) 터빈휠은 회전하는 디스크에 블레이드들이 장착된 상태에서 동적 균형(Dynamic Balance)이 맞춰진 구성품이다. 디스크는 엔진의 주동력 전달축에 차례대로 장착된다. 터빈 노즐베인을 지난 배기가스는 터빈휠의 블레이드에 작용하여 로터가 매우 빠른 속도로 회전하도록 한다. 고속 회전은 터빈휠에 극심한 원심 하중으로 작용하며, 동시에 상승되는 온도는 재질의 강도를 저하시키는 결과를 초래한다. 결과적으로 터빈이 안전한계(Safe Limits) 내에서 작동될 수 있도록 엔진의 회전속도와 온도는 제어되어야 한다.

터빈 디스크는 블레이드가 장착되지 않은 상태를 말하는 것이다. 터빈 블레이드가 장착되면, 디스크는 터빈휠(Turbine Wheel)이 되는 것이다. 디스크는 터빈 블레이드에 대해 닻(Anchoring)의 역할을 하는 부품이다. 디스크가 축에 볼트나 용접으로 고정되어 있기 때문에 블레이드는 배기가스로부터 얻은 에너지를 로터축에 전달할 수 있게 된다.

디스크 테두리(Disk Rim)는 블레이드를 통과하는 고온 가스에 노출되어 있으며 이 고온 가스로부터 상당한 열을 흡수한다. 더구나 테두리는 전도(Conduction)에 의해서 터빈 블레이드로부터도 열을 흡수한다. 그러므로 테두리의 통상 온도는 높고 디스크의 내부보다 훨씬 높은 온도를 갖고 있다. 이러한 온도 차이 때문에 열응력(Thermal Stress)이 회전응력(Rotational Stress)에 더해지게 된다. 게다가 터빈 블레이드는 고온에 노출되기 때문에 일반적으로 압축기 블레이드보다 작동 중에 손상되기 쉽다. 적어도 부분적이긴 하지만, 앞에서 언급되었던 응력들을 경감하기 위한 다양한 방법들이 사용되고 있다. 한 가지 방법은 디스크 표면과 뒷면에 냉각공기(Cooling Air)를 공급하는 것이다.

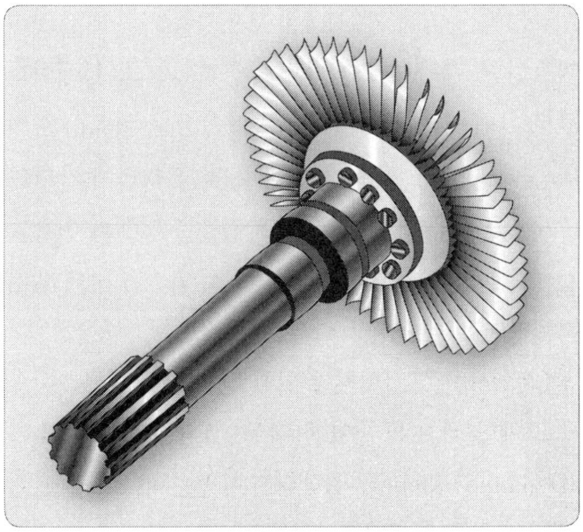

[그림 1-22] 터빈 로터의 구성
(Rotor elements of the turbine assembly)

디스크의 열응력을 해소시키는 또 다른 방법은 블레이드 장착에 관련된 것이다. 블레이드의 루트(Root) 부분과 맞도록 디스크 테두리에 일련의 골(Grooves)이나 홈(Notches)이 파이도록 설계되어 있다. 이들 홈들은 디스크에 블레이드가 장착되도록 하며, 동시에 홈들에 의해 디스크의 열팽창에 대응하도록 공간을 제공해 준다. 디스크가 냉각되었을 때 터빈 블레이드가 움직일 수 있도록 블레이드 루트와 홈 사이에 충분한 양의 간격이 있어야 한다. 엔진이 작동하는 동안에는 디스크가 팽창하면서 상기 간격은 감소된다. 그래서 블레이드 루트 부분이 디스크 테두리에 단단히 고정되도록 해 준다.

일반적으로 터빈축(Turbine Shaft)은 합금강(Steel Alloy)으로 제작된다. (그림 1-22) 터빈축은 가해지는 큰 토크 하중(High Torque Load)을 흡수할 수 있어야 한다. 축을 터빈 디스크에 연결시키는 방법은 여러 가지가 있다. 한 가지 방법은, 축에 접합용으로 튀어나온 부분(Butt or Protrusion)을 디스크와 용접하는 것이다. 또 다른 방법은 볼트로 연결하는 것이다. 이 방법은 디스크 표면의 기계 가공된 면과 맞닿을 수 있는 허브(Hub)를 필요로 한다. 그런 다음 볼트를 축 허브의 구멍을 통해 끼워서 디스크의 나사 구멍에 고정시킨다. 상기 두 가지 방법 중에서도 후자의 방법이 더욱 널리 사용되는 방법이다.

터빈축은 압축기 로터 허브(Compressor Rotor Hub)에 장착되기 위한 적절한 장치가 있어야 한다. 일반적으로 이러한 장치는 축 앞쪽 끝에 있는 스플라인 홈(Spline Cut)에 의해서 이루어진다. 이 스플라인은 압축기와 터빈축 중간에 있는 커플링(Coupling) 속에 끼워지게 되며, 만약 이러한 커플링이 사용되지 않을 때는 터빈축의 스플라인 끝이 압축기 로터 허브의 내부에 있는 스플라인 된 곳과 조립될 수도 있다. 이러한 스플라인 연결 배열(Spline Coupling Arrangement)은 거의 모든 원심압축기 엔진에서 사용되며, 축류압축기 엔진에서는 이들 두 방법 중의 하나가 사용되고 있다. 압축기 블레이드 장착과 유사한 터빈 블레이드 장착에는 여러 방법이 있다. 가장 적절한 방법으로 많이 쓰이고 있는 것은 전나무(Fir-tree) 설계를 이용한 방식이다. (그림 1-23)

각 블레이드는 개별 홈 속에서 여러 방법으로 고정되며, 통상적인 방법으로는 피이닝(Peening), 용접, 고정탭(Lock Tab) 및 리벳으로 고정시킨다. (그림 1-24) 블레이드의 고정을 위해서 리벳을 사용한 터빈휠을 보여 준다.

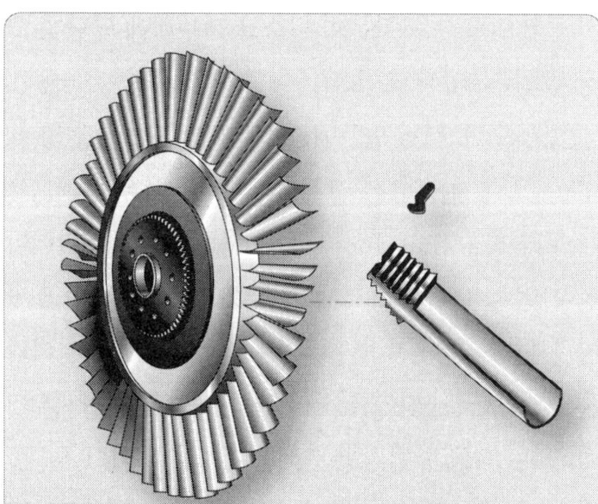

[그림 1-23] 전나무 설계 터빈 블레이드
(Turbine blade with fir-tree design and lock-tab method of blade retention)

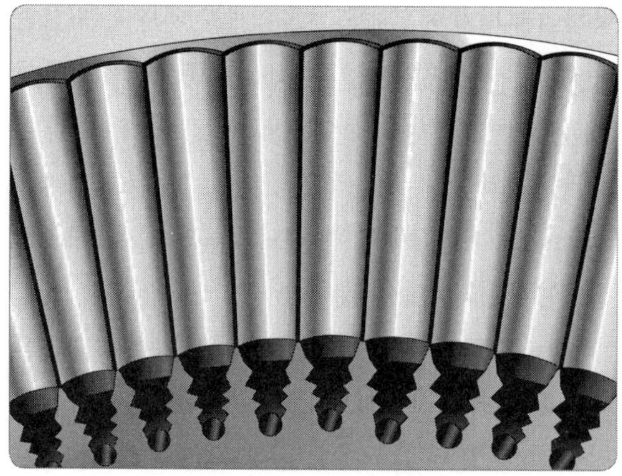

[그림 1-24] 리벳 고정 터빈 블레이드
(Rivet method of turbine blade retention)

블레이드 고정을 위한 피이닝(Peening) 방법은, 여러 방법으로 자주 이용된다. 피이닝을 적용하기 위한 가장 일반적인 방법은 블레이드를 장착하기 전에 블레이드의 전나무 형태의 루트 아래의 조그만 홈(Small Notch)에 들어갈 쐐기(Disk Metal)를 가공하는 것이 필요하다. 블레이드가 디스크에 끼워진 후 블레이드 루트 아래의 조그만 홈에 금속쐐기(Disk Metal)을 끼워 넣어 디스크 홈 속을 채우는 것(흘러들어 간다고 "Flowed" 라고 부름)이다. 이 작업을 수행할 때 이용되는 공구는 센터 펀치(Center Punch)와 비슷하게 생겨 피이닝이라 부른다.

블레이드를 고정시키기 위한 다른 방법은 블레이드를 제작할 때 모든 필요한 구성요소들을 변화시켜 블레이드가 고정되도록 블레이드의 루트 부분을 만들어 내는 것이다. 이 방법은 블레이드 루트의 한쪽 끝이 차단될 수 있도록 끝을 만들어서 한쪽 방향으로만 블레이드를 장착하거나 장탈할 수 있게 되어 있고, 반대편 끝에는 돌출되어 있는 부분(Tang)을 꾸부려서 블레이드를 디스크에 고정시키게 된다.

터빈 블레이드는 합금 성분에 따라서 단조(Forging) 또는 주조(Casting)에 의해서 만들어진다. 대부분의 블레이드는 정밀 주조로 만들어져 요구되는 형상에 맞도록 연삭가공으로 마무리한다. 대부분 터빈 블레이드는 더 좋은 강도와 열 특성을 갖도록 단결정(Single Crystal)으로서 주조된다. 세라믹 코팅과 같은 열 차단 코팅(Heat Barrier Coating), 그리고 냉각 공기 흐름(Cooling Air Flow)으로 터빈 블레이드와 노즐 베인이 좀 더 냉각되게 도와준다. 그래서 배기가스 온

[그림 1-25] 터빈 베인(Turbine vane with cooling holes)

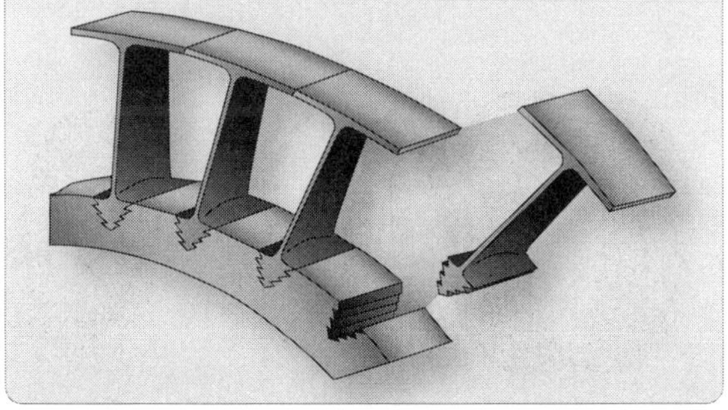

[그림 1-26] 쉬라우드 터빈 블레이드(Shrouded turbine blades)

도를 더 높이고 엔진의 열효율을 증가시킬 수 있는 것이다. (그림 1-25)에서는 냉각을 위한 공기구멍을 낸 터빈 베인을 보여 주고 있다.

거의 모든 터빈은 블레이드의 바깥 둘레 쪽이 막혀 있지 않은(Open) 상태이나, 쉬라우드 터빈(Shroud Turbine)이라고 불리는 제2의 형태가 사용되기도 한다. 실제로 쉬라우드가 달린 터빈 블레이드는 터빈휠의 바깥쪽 둘레에 띠 모양(Band)으로 형성하고 있다. 이것은 효율과 진동 특성을 향상시켜 주고, 단계 중량을 감소시킬 수 있다. 다른 한편으로는 이것이 터빈 회전속도를 제한하게 되고 더욱 많은 수의 블레이드를 필요로 하게 된다. (그림 1-26)

때때로 터빈 로터의 구성에 있어서, 한 단계 이상의 터빈을 이용하는 것이 필요할 때가 있다. 한 개의 터빈으로는 배기가스로부터 받은 회전력이 터빈 및 구성품을 구동시키는 데 충분한 힘이 되지 못할 때가 있기 때문에 추가로 터빈 단계를 증가시키는 것이 필요하게 된다.

터빈의 한 단계(Turbine Stage)는 고정 베인이나 노즐의 한 열(Row of Stationary Vanes)에 뒤이어 회전하는 블레이드 한 열(Row of Rotating Blades)로 이루어진다. 터보프롭엔진의 일부 모델에서는, 다섯 단계 정도의 터빈 단계가 성공적으로 이용되고 있다. 엔진의 구성품을 구동시키기 위해 필요한 휠의 수에 상관없이 언제나 터빈 노즐이 각 휠 앞에 장착되어야 한다는 것은 분명하다.

앞에서 제시한 바와 같이 터빈 단계에 대하여, 종종 사용되는 다단계 터빈휠은 회전 부하가 크게 걸릴 때 제힘을 발휘한다. 또한 지적해야 할 사항은 동일한 부하 상태로 다단계 터빈이 필요하다면, 다단 압축기 로터를 활용하는 것이 더 유리하다는 것이다.

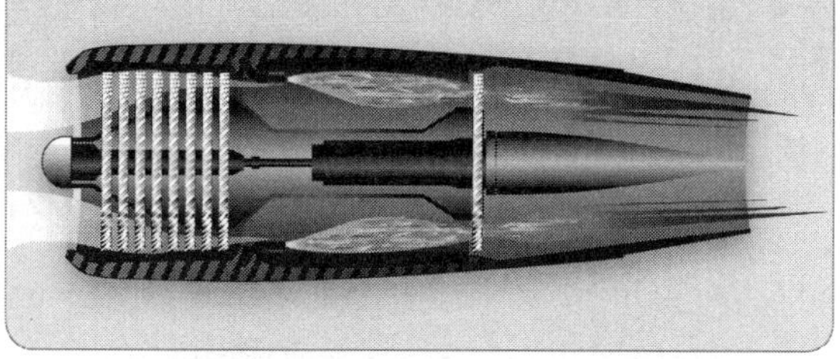

[그림 1-27] 1축 스플 엔진(Single-stage rotor turbine)

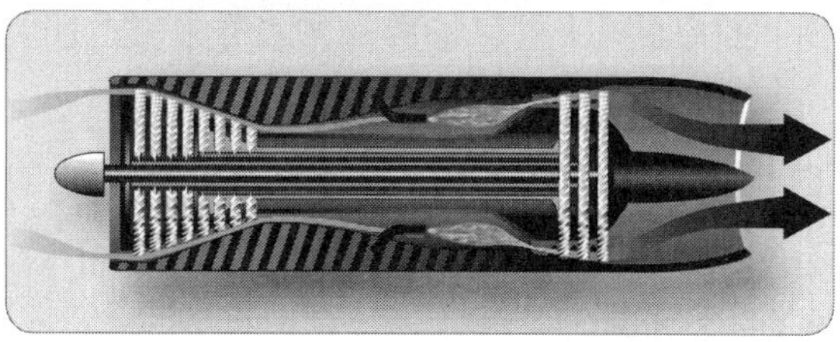

[그림 1-28] 다단계 터빈(Multi-rotor turbine)

1단 로터를 장착한 터빈에서는 추력은 1단 로터에 의해서 발생되며 또 구동되는 모든 부품은 이 단일 휠에 의해서 구동하게 된다. (그림 1-27) 이러한 배열은 주로 무게가 가볍고 소형 구조가 요구되는 엔진에 사용되고 있다. (그림 1-28)에서는 다단 터빈을 보여 주고 있다.

다축 엔진(Multi-spool Turbine)에서는, 각 스플에는 터빈 단계들이 한 짝을 이루고 있다. 터빈 단계는 각 터빈에 장착된 압축기를 구동시킨다. 대부분의 터보팬엔진은 2개의 스플을 갖고 있으며, 저압축(압축 단계의 팬 축과 그것을 구동시키는 터빈)과 고압축(고압 압축기 축과 고압 터빈)이다. (그림 1-28)

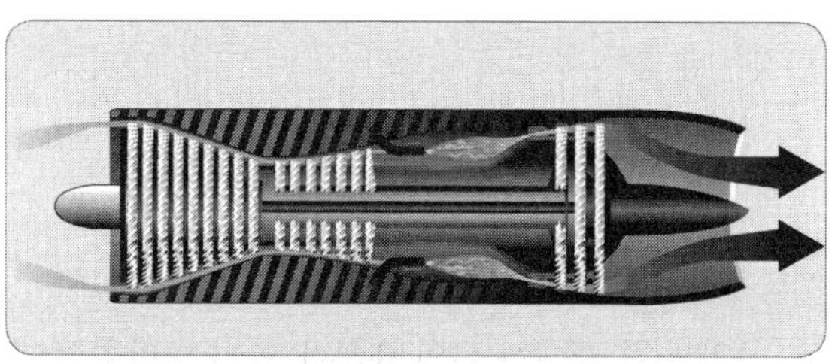

[그림 1-29] 2축 스플 엔진
(Dual-rotor turbine for split-spool compressor)

1.8.3 터빈 케이스 (Turbine Case)

터빈을 이해하는 데 있어서 논의해야 할 나머지 부품은 터빈 케이스(Turbine Case) 또는 하우징(Housing)이다. 터빈 케이스는 터빈휠과 노즐베인들을 둘러싸고 있으며, 동시에 터빈 부분의 스테이터 부품을 직접 또는 간접으로 지지해 주고 있다. 항상 케이스는 연소실과 배기 콘(Exhaust Cone)이 볼트로 장착될 수 있도록 앞쪽과 뒤쪽에 각각 플랜지가 만들어져 있다. (그림 1-30)에서는 터빈 케이스를 보여 주고 있다.

1.9 배기 부분(Exhaust Section)

가스터빈엔진의 배기 부분은 여러 개의 부품으로 구성되어 있다. 비록 각각의 부품들은 개별 목적을 갖고 있으며, 또한 공통적인 기능을 갖고 있다. 그들은 가스가 최종적으로 빠른 속도로 방출시킬 수 있으면서, 동시에 소용돌이가 생기지 않도록 하여 고온 가스를

[그림 1-30] 터빈 케이스(Turbine casing assembly)

후방으로 흐르도록 해 주어야 한다.

여러 가지 기능을 수행하면서 각각의 구성품들은 다음에 설명하는 것처럼 여러 방식으로 가스 흐름에 영향을 준다.

배기 부분은 터빈 부분 바로 뒤쪽에 위치하고 있으며, 가스가 고속의 배기가스 상태로 분출되는 곳이다. 배기 부분은 배기콘(Exhaust Cone), 테일파이프(필요한 경우), 그리고 배기노즐(Exhaust Nozzle)로 구성되어 있다. 배기콘은 터빈으로부터 방출되는 배기가스를 모으고, 점차적으로 연속적인 가스 흐름(Solid Flow of Gas)으로 변환시킨다. 이렇게 함으로써 가스의 속도는 감소되고 압력은 증가된다.

이것은 바깥쪽 덕트와 안쪽에 콘 사이의 확산되는 통로(Diverging Passage)로 인한 것이다. 다시 말하면, 두 부품 사이의 애뉼러 공간(Annular Area)은 뒤쪽 방향으로 증가한다. 배기콘은 바깥쪽 쉘(Shell) 또는 덕트(Duct), 안쪽 콘(Inner Cone), 3~4개의 반지름 방향의 속이 비어 있는 스트러트(Radial Hollow Strut) 또는 핀(Fin), 그리고 바깥쪽 덕트로부터 안쪽 콘을 지지해 주는 스트러트에 장착되는 몇 개의 타이로드(Tie Rod)로 구성된다.

일반적으로 바깥쪽 쉘이나 덕트는 스테인리스강(Stainless Steel)으로 만들어지며, 터빈 케이스 뒤쪽에 있는 플랜지에 장착된다. 이 부품은 배기가스를 모으고 배기노즐로 직접 가스를 보내 준다. 덕트는 배기온도 열전쌍(Exhaust Temperature Thermocouple)를 장착하기 위해 필요한 수만큼의 열전쌍 자리(Boss)와 형상에 맞도록 만들어져야 하고, 또한, 타이로드(Tie Rod)를 지지하기를 위해 삽입 홀이 있어야 한다. 때때로, 타이로드가 없는 경우도 있는데, 이러한 경우는 속이 빈 스트러트는 안쪽 콘을 단순히 지지하기 위

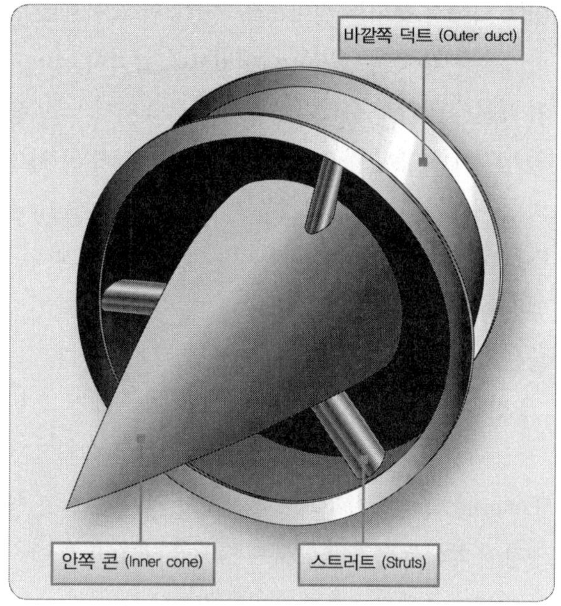

[그림 1-31] 배기부분 구조
(Exhaust collector with welded support struts)

한 목적이어야 하며, 스트러트는 덕트의 안쪽 표면과 안쪽 콘은 각각 점용접(Spot-welded)으로 되어 있다. (그림 1-31)

방사형 스트러트는 실제 두 가지의 기능을 갖고 있다. 방사형 스트러트는 배기덕트 내부의 안쪽 콘을 지지할 뿐만 아니라, 스트러트가 없다면 배기가스가 터빈으로 배출될 때 약 45도의 각도로 선회하는 가스를 직선으로 흐르게 해 주는 중요한 기능을 한다.

가운데 위치한 안쪽 콘(Inner Cone)은 터빈 디스크의 뒤쪽에 바로 가까이에 장착되어 있으며, 가스가 터빈휠을 지나면서 발생되는 가스의 난류를 방지해 주며, 콘은 방사형 스트러트에 의해서 지지되고 있다. 일부 형태에서는 콘의 출구 끝에 조그만 홀을 갖고 있다. 이 홀은 냉각공기가 가스의 압력이 상대적으로 높은 콘의 뒤쪽 끝에서 콘의 내부에 있는 터빈휠의 후면으로 순환되도록 해 준다. 공기의 흐름은 압력 차

이에 의해서 생기는 것이므로 터빈휠의 회전으로 인하여 터빈휠 쪽의 공기는 상대적으로 압력이 낮아지기 때문에 공기의 순환이 생기게 되는 것이다. 터빈휠의 냉각에 사용된 가스는 터빈 디스크와 안쪽 콘 사이의 틈새를 통과함으로써 흐름의 주 경로(Main Path of Flow)로 되돌아오게 되는 것이다. 배기콘은 기본적인 엔진의 맨 끝부분의 부품이다. 나머지 부품인 배기노즐은 통상적으로 항공기 기체 부품으로 간주된다.

일반적으로 테일파이프(Tailpipe)는 다소 유연한 상태로 장착된다. 일부 테일파이프의 밸로우즈(Bellows) 방식은 구조적으로 장착과 정비, 그리고 열팽창에 의해서 움직일 수 있도록 해 준다. 이러한 방식은 주변에 존재하는 응력과 휨을 방지해 준다.

배기콘과 테일파이프로부터의 복사열(Heat Radiation)에 의해서 이들 부품 주변의 항공기 기체부품에 열손상을 줄 수도 있다. 이러한 이유 때문에 절연시켜야 하는 방안이 있어야 한다. 동체 구조물을 보호하기 위한 적절한 방법이 상당수 있으나, 그중에서 가장 널리 쓰이는 두 가지 방법은 단열막(Insulation Blanket)와 단열덮개(Insulation Shroud)이다.

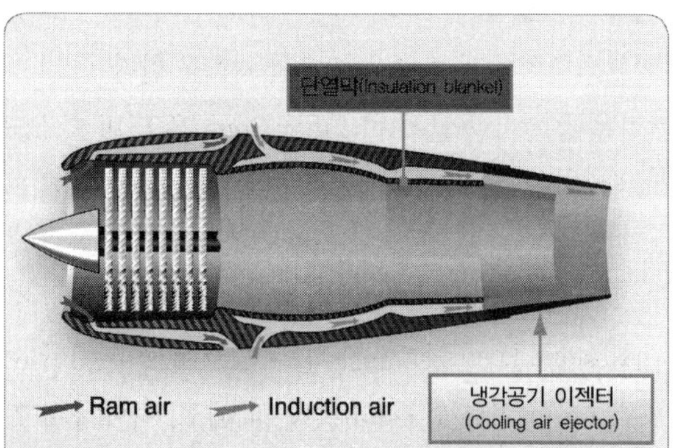

[그림 1-32] 배기부분 단열막
(Exhaust system insulation blanket)

(그림 1-32)와 (그림 1-33)에서 보는 것과 같이, 단열막(Insulation Blanket)은 여러 층의 알루미늄 박판(Foil)으로 구성되어 있고, 각각의 층은 유리섬유(Fiber Glass)나 다른 적절한 재질을 사용하여 층으로 분리되어 있다.

이들 단열막이 복사열로부터 동체를 보호한다고 하지만, 기본적으로는 배기계통으로부터 열 손실을 감소시키기 위해서 상용되고 있다. 열 손실을 줄이는 것은 엔진 성능을 향상시키는 것이다.

배기노즐 설계는 두 가지 형태가 있으며, 아음속 가스는 축소형(Converging)이고, 초음속 가스를 위해서는 확산-축소형(Converging-diverging)이 사용되고 있다. 이러한 사항들에 대해서는 제3장의 '흡입 및 배기계통'에서 자세히 설명되어 있다.

배기노즐 출구는 고정식(Fixed) 면적과 가변식(Variable) 면적을 사용하게 된다. 고정식 면적을 사용하는 형태는 움직이는 부품과 노즐 면적을 조절하는 것이 없기 때문에 매우 간단하다. 고정식 배기노즐의 출구 면적은 엔진 성능에 매우 중요하다.

만약 노즐 면적이 너무 넓으면 추력이 낭비되고, 면적이 너무 작으면 엔진은 쵸크(Choke)나 실속(Stall)이 발생할 수 있다. 가변면적 배기노즐은 추력증가장치(Augmenter)나 후기연소기(Afterburner)를 작동시켰을 때 흐름이 대량으로 증가되기 때문에 사용한다. 후기연소기가 선택되었을 때에는 배기노즐 출구 면적을 넓혀 주어야만 한다. 후기연소기가 꺼졌을 때에는 배기노즐 출구 면적이 작아지도록 닫힌다.

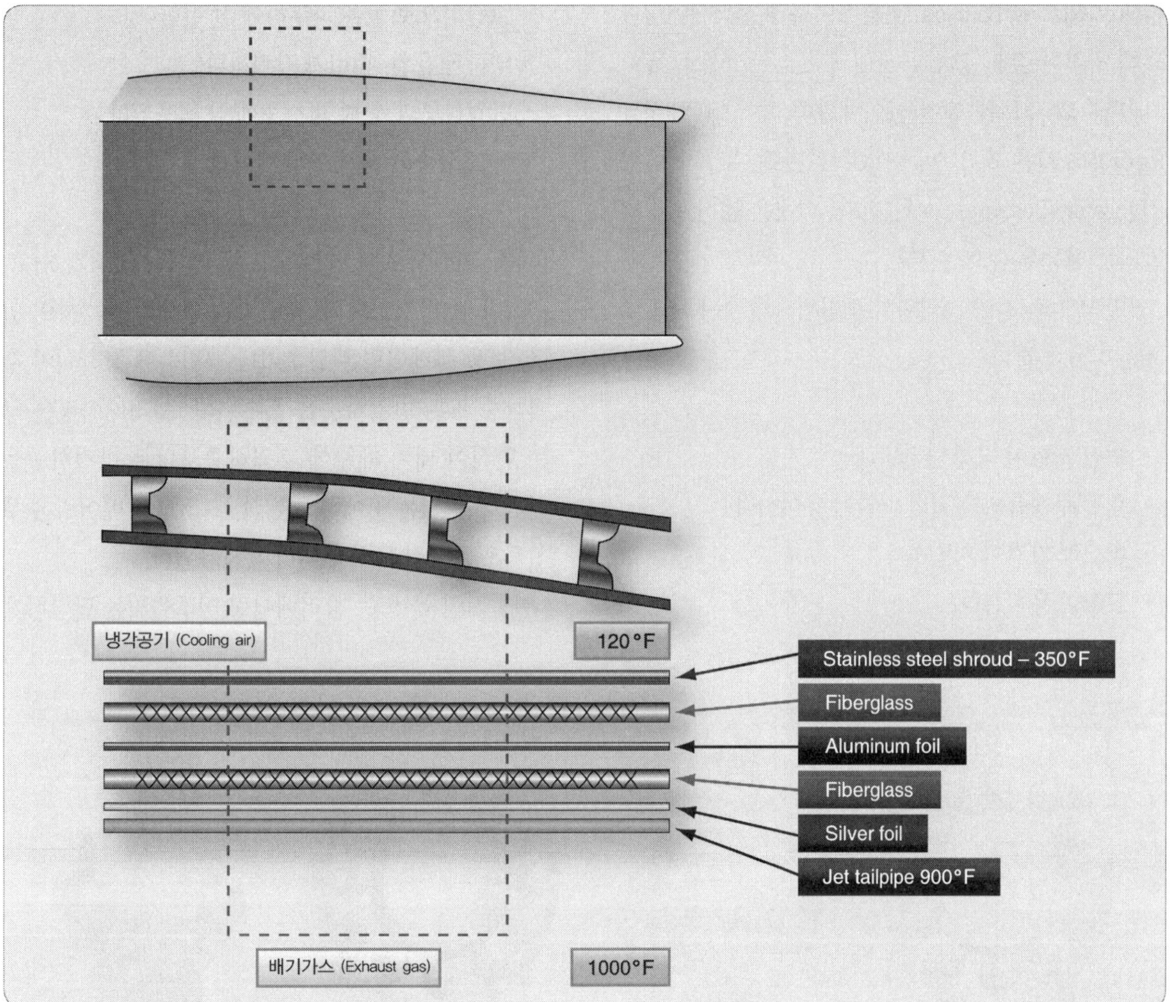

[그림 1-33] 단열막과 온도(Insulation blanket with the temperature)

1.10 가스터빈엔진 베어링과 씰 (Gas Turbine Engine Bearings and Seals)

주 베어링(Main Bearing)은 엔진 회전축을 지지하는 아주 중요한 기능을 한다. 적절하게 엔진을 지지하는데 필요한 베어링 수는 거의 엔진 회전축의 길이(Length)와 중량(Weight)에 의해 결정된다. 길이와 중량은 엔진에 사용되는 압축기 형태에 의해서 직접적으로 영향을 받는다. 당연히 2축 압축기는 더 많은 베어링으로 지지하는 것이 필요하다.

하나의 축을 지지하는 데 필요한 베어링의 최소 수량은 한 개의 깊은 홈 볼베어링(Ball Bearing for Thrust and Radial Loads)과 한 개의 직선 롤러베어링(Roller Bearing for Radial Load)이다. 때때로, 축에 진동이 있거나 지나치게 길면, 한 개 이상의 더 많은 롤러베어링의 사용이 필요하다. 가스터빈 회전축은 감마 베어

링(Antifriction Bearing)인 볼베어링과 롤러베어링에 의해서 지지된다. (그림 1-34)

대다수의 새로운 엔진들은 바깥쪽 레이스(Outside Race)에 얇은 오일 피막으로 감싸진 유압베어링(Hydraulic Bearing)을 사용한다. 이것은 엔진으로 전달되는 진동을 감소시킨다.

일반적으로, 감마 베어링이 광범위하게 사용되는 이유는 다음과 같다.

- 회전 저항이 적게 나타낸다.
- 회전 구성품의 정밀한 배열이 용이하다.
- 비교적 가격이 저렴하다.
- 교환이 용이하다.
- 순간적으로 높은 과부하에 잘 견딘다.
- 냉각과 윤활, 정비가 간편하다.
- 반경하중과 축 방향 하중에 잘 적응된다.
- 온도 상승에 대한 저항이 크다.

주요 결점으로는 외부 물질에 의해 손상되기 쉽고, 주목할 만한 경고도 없이 고장을 일으키는 경향이 있다. 보통 볼베어링은 압축기나 터빈축에 장착되어 추력하중 또는 반경하중을 흡수한다. 롤러베어링은 닿는 면적이 넓기 때문에 추력하중보다는 반경하중을 지지할 수 있는 곳에 장치된다. 그러므로 베어링은 우선적으로 이런 목적에 따라서 사용된다.

전형적인 볼 또는 롤러베어링 어셈블리는 단단하게

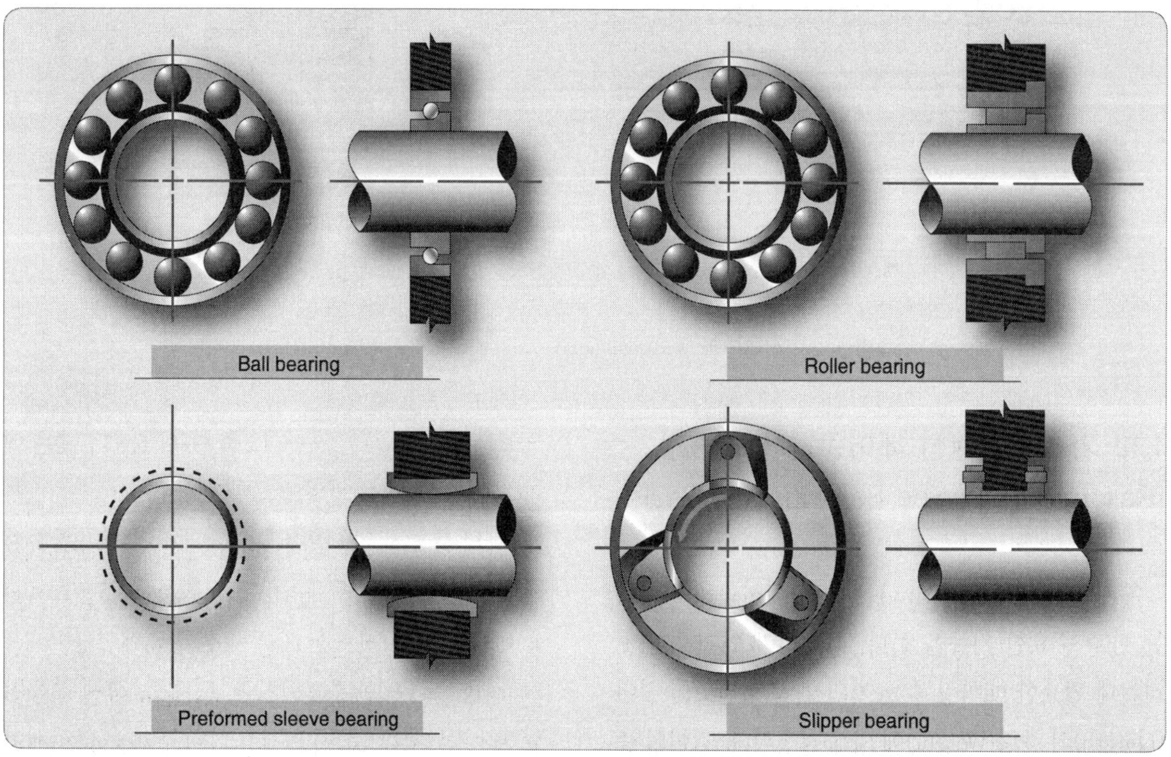

[그림 1-34] 가스터빈 엔진 주 베어링 형태(Types of main bearings used for gas turbine rotor support)

만들어진 베어링 하우징(Bearing Support Housing)의 지지를 받으며, 구조적으로 고속으로 회전하는 로터의 반경하중과 추력하중을 감당할 수 있어야 한다. 베어링 하우징에는 오일씰(Oil Seal)을 포함하고 있어 오일이 정상적인 흐름 통로에서 누설되는 것을 방지한다. 또한, 하우징내로 오일을 공급하여 분사노즐로 베어링의 윤활작용을 지원한다.

통상적인 오일씰은 미로형(Labyrinth-type) 또는 나사형(Thread-type)이다. 또한, 이들 씰들은 압축기 축을 따라 오일이 누설되는 것을 최소화하기 위해 여압을 한다. 미로형 씰은 보통 여압되지만, 나사형 씰은 역방향의 나사에 의존하여 오일 누설을 방지하고 있다. 이들 두 형태의 오일씰은 매우 비슷하며, 다만 나사의 크기가 다르고 미로형 씰은 여압을 한다는 것이 다를 뿐이다. 근래 개발된 엔진에 사용되는 다른 형태의 오일씰은 카본씰(Carbon Seal)이다. 이 씰은 보통 스프링에 의해서 힘을 받고 있으며, 전기모터에 사용되는 카본부러쉬(Carbon Brush)의 재질과 유사하고 적용되는 면에서 유사하다. 회전 표면과 접촉되는 카본씰은 밀폐된 베어링 공간이나 틈새를 만들어 준다. 그러므로 오일은 압축기 공기 흐름 또는 터빈 안으로 축을 따라 새는 것을 막아 준다. (그림 1-35)

볼베어링이나 롤러베어링은 베어링 하우징에 조립되며, 스스로 정렬될 수 있는 특성을 갖고 있다. 만약 베어링이 스스로 정렬되려면, 일반적으로 둥근 링(Spherical Ring)에 안착시켜야 한다. 이것은 베어링 안쪽 레이스(Inner Race)에 응력이 전달되지 않고도 축을 방사상으로 어느 정도 움직일 수 있게 해 준다. 베어링 면은 통상적으로 장착되는 축을 기계 가공한 저널(Journal)에 안착된다. 베어링은 일반적으로 강철 스냅링(Snap Ring)이나 적절한 잠금장치(Locking Device)에 의해서 제자리에 고정된다. 또한 로터축은 베어링 하우징 내의 오일씰이 적절하게 접촉되는 표면(Matching Surface)을 제공해 준다. 이 기계 가공된 표면을 랜드(Land)라고 부르며, 오일씰에 거의 닿을 정도로 아주 가깝게 조립된다.

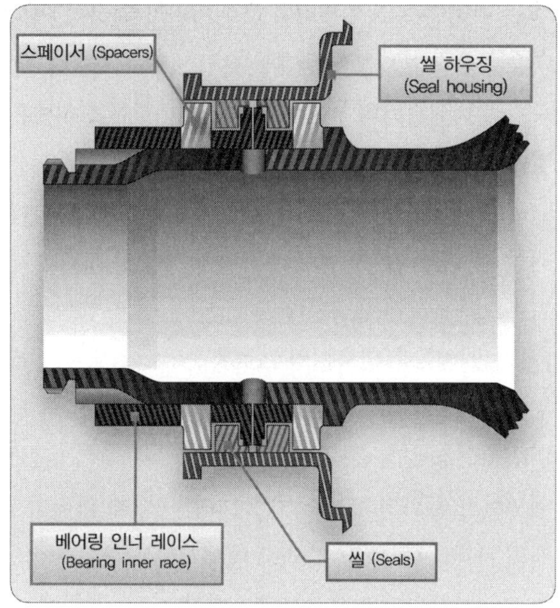

[그림 1-35] 카본 오일 씰(Carbon oil seal)

1.11 터보프롭엔진(Turboprop Engines)

터보프롭엔진(Turboprop)은 가스터빈엔진, 감속기어(Reduction Gearbox), 그리고 프로펠러(Propeller)를 조합시킨 것이다. (그림 1-36) 근본적으로 터보프롭은 가스터빈엔진으로서 압축기, 연소실, 터빈, 그리고 배기노즐 (다 합쳐서 Gas Generator)을 갖고 있으며 모든 구성품들은 다른 가스터빈엔진들과 같은 방식으로 작동된다. 그렇지만 차이점은 보통 터보프롭

엔진의 터빈은 프로펠러를 구동시키기 위하여 에너지를 추출하는 별도의 단계를 갖고 있다는 것이다. 압축기와 액세서리의 구동에 추가하여 터보프롭 터빈은 앞쪽으로 증가된 동력을 축으로 전달하여 기어(Gear Train)들을 구동하고 프로펠러 회전시켜야 한다. 이러한 추가 동력은 터빈에 추가된 단계를 통과하는 배기가스에 의해서 생성된다.

일부 엔진들은 압축기와 프로펠러의 독립된 구동을 위해서 동축(Coaxial Shaft)으로 연결된 멀티로터 터빈(Multirotor Turbine)이 사용된다. 비록 (그림 1-29)에서는 실용화된 3단계 터빈이지만, 5단계 터빈이 2개의 로터, 프로펠러, 그리고 액세서리를 구동시키기 위해서 사용되기도 한다. 또한, 배기가스도 추력에 이용할 수 있는 에너지의 양이 상당히 감소되었지만, 추력 생산을 통하여 엔진 출력에 기여하고 있다.

현재 사용되는 터보프롭엔진의 두 가지 기본적인 형태는 고정터빈(Fixed Turbine)과 자유터빈(Free Turbine)이다. 고정터빈은 가스터빈엔진에서 가스제네레이터와 감속기어박스와 프로펠러까지 기계적으로 연결되어 있다. 자유터빈은 가스제네레이터와 동력터빈과는 단지 공기 흐름으로 연결되어 있다. 프로펠러와 가스터빈엔진의 가스제네레이터와는 기계적으로 연결되어 있지는 않다.

대체로 기체가 시스템을 어떻게 사용하는 지에 따라, 각 시스템에는 장점과 단점이 있다. 일반적 가스터빈과 터보프롭엔진의 기본적인 구성품은 단지 설계 형상만 다소 다르기 때문에, 기본적인 가스터빈과 터보프롭에 필요한 지식만으로 단순히 적용한다.

전형적인 터보프롭엔진은 다음과 같은 어셈블리로 구분될 수 있다.

[그림 1-36] PT6 터보프롭 엔진(PT6 turboprop engine)

[그림 1-37] 터보 사프트 엔진(Turboshaft engine)

(1) 동력 부분 어셈블리 : 터빈엔진의 주요 부품(압축기, 연소실, 터빈, 배기 부분)들이다.

(2) 감속기어 또는 기어박스 어셈블리 : 특별히 터보프롭엔진에서만 사용한다.

(3) 토크미터 어셈블리 : 엔진에서 감속기어 부분의 기어박스로 토크를 전달한다.

(4) 액세서리 구동 하우징 어셈블리 : 압축기 공기흡입구 하우징의 아래에 설치된다. 엔진 RPM과 관련하여 적절한 RPM으로 모든 동력 구동 액세서리를 구동시키는 데 필요한 기어열들이 포함된다.

1.12 터보샤프트엔진 (Turboshaft Engines)

축을 통하여 전달된 동력이 프로펠러가 아닌 다른 것을 작동시키기 위한 가스터빈을 터보샤프트엔진(Turboshaft Engine)이라 한다. (그림 1-37) 출력축(Output Shaft)은 엔진의 터빈과 직접적으로 맞물려 있거나, 또는 축이 배기 흐름에 위치한 자유터빈(Free Turbine)에 의해서 구동된다. 앞의 터보프롭에서 언급했듯이, 자유터빈은 독립적으로 회전한다. 이러한 원리는 현재 생산되고 있는 터보샤프트엔진에 광범위하게 이용되고 있다. 터보샤프트엔진의 출력은 회전축의 동력 출력이기 때문에 추력 대신에 마력(Horsepower)으로 측정되고 있다.

1.13 터보팬엔진(Turbofan Engines)

터보팬(Turbofan) 가스터빈엔진은 프로펠러가 덕트로 둘러싸인 축류팬으로 대체된 것을 제외하면, 이론상으로는 터보프롭엔진과 같다. (그림 1-38) 팬은 첫째 단계 압축기 블레이드 부품 또는 별도의 팬 블레이드 세트로서 장착할 수 있다. 블레이드는 압축기의 맨 앞쪽에 장착된다.

팬엔진의 일반적인 원리는 많은 연료 에너지를 압력으로 변환시키는 것이다. 더 많은 양의 에너지를 압력으로 변환시킴으로써 보다 큰 압력을 얻을 수 있다. 터보팬의 큰 장점 중의 하나는 연료량을 증가하지 않고도 추가적인 추력을 더 낼 수 있다는 것이다. 연료 추가 없는 추력 증가는 결과적으로 항속거리를 증가하여 경제성으로 이어진다. 터보팬엔진에서 보다 많은 연료 에너지를 압력으로 변환시킬 수 있기 때문에, 팬을 구동시키는 힘을 내기 위하여 터빈에 또 다른 단계를 추가해야 한다. 이것은 터빈에 보다 적은 에너지가 남게 되는 것이고, 코어 배기가스로부터는 적은 추력을 내는 것을 의미하는 것이다.

또한, 팬 공기와 코어 공기가 대기로 배출되기 전에 섞이는 혼합 배기노즐(Mixed-exhaust Nozzle)에서의 배기노즐 면적은 보다 더 커져야 한다. 결과적으로 추력의 대부분은 팬이 발생시킨다는 것이다.

팬에 의한 추력은 엔진 코어(가스제네레이터)의 추력 감소분 보다 더 많이 생산된다. 그리고 팬 설계와 바이패스비에 따라 다르겠지만 대체로 터보팬엔진의 전체 추력의 80%를 생산한다.

[그림 1-38] 대형 터보팬 엔진(Turbofan engine)

터보팬엔진에는 두 가지 형태의 배기노즐이 사용된다. 팬에서 방출된 공기는 분리된 팬 노즐(Fan Nozzle)에 의해 덕트 밖으로 배출되거나(그림 1-1), 코어와 팬 배기가 함께 혼합된 노즐(Mixed Nozzle)은 기본 엔진의 바깥쪽 케이스를 따라 만들어진 덕트를 통해 방출시킨다. 팬 공기는 혼합된 노즐(or Common Nozzle)에서 방출되기 전에 배기가스와 혼합되거나, 또는 분리된 노즐에서 미리 혼합되지 않고 직접 대기로 빠져나간다. 터보팬은 항공운송용 항공기에서 가장 널리 사용되는 가스터빈엔진이다.

터보팬은 터보프롭의 높은 작동 효율(High Operating Efficiency)과 높은 추력 능력(High Thrust Capability), 그리고 터보제트의 고속(High Speed Capability)과 고고도 성능(High Altitude Capability) 사이를 절충한 것이다.

1.14 터빈엔진의 작동 원리 (Turbine Engine Operating Principles)

가스터빈엔진에 적용된 원리는 항공기를 움직이는 힘을 제공하는 것과 같은 뉴턴의 제 3의 법칙(작용과 반작용의 법칙)에 기초하고 있다. 이 법칙에 의하면 무엇이든 작용이 있으면 같은 힘으로 반대 방향의 반작용이 있다는 것이다. 그러므로 엔진이 대량의 공기를 가속시킨다면(작용), 그것은 항공기에 대해 힘을 가하는(반작용) 것이다. 터보팬은 다량의 공기를 비교적 더 느리게 가속시켜서 추력을 발생시킨다. 순수 터보제트엔진은 소량의 공기에 큰 가속을 주어 추력을 얻는다. 여기에서의 주요 문제점은 연료소비량과 소음이었다.

다량의 공기는 계속적인 흐름 사이클(Continuous-flow Cycle)에 의해 엔진 내부에서 가속된다. 대기 중의 공기가 흡입구 디퓨저로 들어가는데 이곳에서는 램 효과로 인하여 온도, 압력, 속도 등이 변화되기 쉽다. 압축기는 기계적으로 공기의 압력과 온도를 증가시킨다. 공기는 일정한 압력이 유지하며 연소실에 들어가 연료의 연소에 의해 온도가 상승하게 된다. 팽창된 고온의 공기를 통하여 압축기를 구동하는 터빈으로부터 에너지를 얻고, 또 팽창된 고온 가스를 배기노즐을 통해 빠른 속도로 방출시킴으로 추력 에너지를 얻는다. 엔진에서 분사되는 고속의 고온 가스가 지속적으로 엔진이 장착된 항공기에 가하는 힘에 의해서 추력이 생산된다는 것을 생각해야 할 것이다.

추력의 공식은 힘의 질량(Mass)과 가속도(Acceleration)의 곱에 비례한다는 뉴턴의 제2법칙에서 도출될 수 있다. 이 법칙은 다음 공식으로 표현된다.

$$F = M \times A$$

여기서

F=힘(lb), M=질량(lb/sec), A=가속도(ft/sec^2)

위 공식에서 질량은 무게와 비슷하게 보이지만, 실제로는 서로 다른 양이다. 질량은 어떤 물질의 양을 나타내는 반면에, 무게는 물질의 양에 중력에 의해 당기는 힘이라 볼 수 있다. 표준 상태의 해면상에서의 1 lb의 질량은 1 lb의 무게를 갖는다. 주어진 질량의 가속도를 계산하려면 중력상수가 환산 단위로 사용된다. 중력 가속도는 32.2 feet/sec2 이다. 이것은 자유 낙하하는 1 lb의 물체를 매 초당 32.2 feet/sec2 의 비율로 가속시킬 수 있다는 것을 의미한다. 물체의 무게 1 lb

는 중력에 의해 그 물체에 가해진 실제의 힘이므로, 1 lb의 힘은 1 lb의 물체를 32.2 feet/sec2 의 비율로 가속시킬 것이다.

또한 10 lb의 힘은 32.2 feet/sec2 의 비율로서 10 lb의 질량을 가속시킬 것이다. 이것은 아무런 마찰이나 저항이 없는 것으로 가정한 것이다. 이제 힘(lb)과 질량(lb)에 대한 가속비율 feet/sec2 은 32.2 임이 명백하다. M을 Pound 단위의 질량으로 표시한다면 공식은 다음과 같이 표현될 수 있다.

$$\frac{F}{M} = \frac{A}{g} \quad \text{or} \quad F = \frac{MA}{g}$$

여기서

F=힘, M=질량, A=가속도, g=중력

일을 포함하는 어떤 공식에서든 시간 계수가 고려되어야 한다. 모든 시간 계수는 초(sec), 분(min), 또는 시간(hour) 등의 동일 단위로 갖는 것이 편리하다. 제트추력을 계산하는 용어 '초당 공기의 질량(lb/sec)'은 초(sec)가 중력에서 사용하는 시간 단위이기 때문에 편리하다.

1.15 추력(Trust)

다음의 공식을 이용하여, 50 lb의 질량을 100 feet/sec2로 가속시키는 데 필요한 힘을 계산할 수 있다.

$$F = \frac{MA}{g}$$

$$F = \frac{50lb \times 100feet/sec^2}{32.2feet/sec^2}$$

$$F = \frac{50 \times 100}{32.2}$$

$$F = 155\,lb$$

이것은 질량의 속도가 초당 100 feet/sec 증가된다면 그 추력은 155 lb임을 말해 준다.

터보제트엔진은 공기를 가속시키기 때문에, 다음의 공식이 제트 추력을 구하기 위해 사용될 수 있다.

$$F = \frac{M_s(V_2 - V_1)}{g}$$

여기서

F = 힘(lb),

M_s = 질량($in\ lb/sec$),

V_1 = 입구속도,

V_2 = 배기속도

$V_2 - V_1$ = 속도의 변화(입구속도와 배기속도의 차이)

g = 중력가속도 or $32.2ft/sec^2$

예를 들어 100 lb의 대량의 공기 흐름을 600 feet/sec에서 800 feet/sec의 속력으로 변화시키는데 필요한 추력을 다음 공식에 적용할 수 있다.

$$F = \frac{100(800-600)}{32.2}$$

$$F = \frac{20{,}000}{32.2}$$

$$F = 621\,lb$$

공식에서 보는 바와 같이 초당 대량의 공기 흐름과 공기흡입구로부터 배기 사이의 공기 속도 차이만을 알면 속도 변화에 필요한 힘을 계산하기는 쉽다. 그러므로 엔진의 제트 추력은 대량의 공기를 엔진을 통해 가속시키는 데 필요한 힘과 같아야 한다. 파운드 단위의 추력 기호로 'Fn'을 사용하면 공식은 다음과 같이 된다.

$$F_n = \frac{M_s(V_2 - V_1)}{g}$$

가스터빈엔진의 추력은 두 가지 방법에 의해 증가될 수 있다. 엔진을 지나는 공기의 흐름(Mass Flow)을 증가시키거나 또는 가스 속도(Gas Velocity)를 증가시키는 것이다. 터보제트엔진의 속도가 항공기와 일정하게 유지된다면, 만일 항공기 속도가 증가하면 추력은 감소할 것이다. 왜냐하면 V1 값이 증가할 것이기 때문이다. 그러나 이것은 심각한 문제가 되지 않는다. 항공기 속도가 증가됨에 따라 보다 많은 양의 공기가 엔진으로 들어가게 되고 제트 속도가 증가되기 때문이다. 결과적으로 진추력(Net Thrust)은 증가된 속도에 관계없이 거의 일정하다.

브레이튼 사이클(Brayton Cycle)이란, 추력 생산을 위한 가스터빈엔진의 열역학적 사이클에 대해 주어진 명칭이다. 체적은 변화하고 압력은 일정한 사이클 과정인데, 보통 정압 사이클(Constant-pressure Cycle)이라고 부른다. 최근 용어로는 '연속 연소 사이클(Continuous Combustion Cycle)'이라고 한다. 연속적이고 일정한 네 가지 과정은 흡기(Intake), 압축(Compression), 팽창(Expansion), 배기(Exhaust)이다. 이러한 사이클은 가스터빈엔진에 적용할 때 논의될 것이다.

흡기 과정(Intake Cycle)에서는 공기는 대기압과 일정한 체적으로 들어간다. 여기서 공기는 압력이 증가되고 체적이 감소된 상태에서 다음 과정으로 간다. 압축부(Compression Section)에서는 흡입 과정으로부터 대기압보다 약간 높은 압력과 약간 감소된 체적 상태의 공기를 받는다. 공기는 압축되는 곳인 압축기로 들어가게 되면 압축기의 기계적 작용 때문에 압력은 크게 증가하고 체적은 감소한다. 다음 단계(Expansion)는 연소실에서 연료를 연소시키는 열로서 공기를 팽창시키는 과정이다. 압력은 비교적 일정하게 유지되지만 체적은 현저하게 증가한다. 팽창 가스는 터빈을 통해 뒤로 나가면서 속도에너지(Velocity Energy)가 기계적 에너지(Mechanical Energy)로 변환된다.

수축형 덕트인 배출구에서는 체적을 팽창시키고 압력을 감소시키며 최종적으로 가스 속도를 증가시킨다. 이와 같은 연속 과정을 유지시켜 엔진 내부에서 생성된 힘은 항공기를 앞쪽으로 움직이게 하는 크기는 같고 방향이 반대인 반작용(추력)이다.

"어떤 유체(공기)의 흐름 속도가 주어진 점에서 증가하면, 그 점에서 흐름의 압력은 감소한다."라는 베르누이 원리(Bernoulli's principle)는 축소형과 확산형 공기 덕트의 설계를 통하여 가스터빈엔진에 적용된다.

수축형 덕트(Convergent Duct)는 속도를 증가시키고 압력을 감소시킨다. 확산형 덕트(Divergent Duct)는 속도를 감소시키고 압력을 증가시킨다. 수축형 덕트의 원리는 항상 테일파이프와 배기노즐에 사용된다. 확산형 덕트의 원리는 공기가 천천히, 그리고 가압되는 압축기와 디퓨저에 적용된다.

1.16 가스터빈엔진의 성능 (Gas Turbine Engine Performance)

열효율(Thermal Efficiency)은 가스터빈 성능의 가장 중요한 요소이다. 그것은 연료의 형태로 공급된 화학적 에너지(Chemical Energy)와 엔진에 의해 생산된 순수 일(Net Work)의 비율이다.

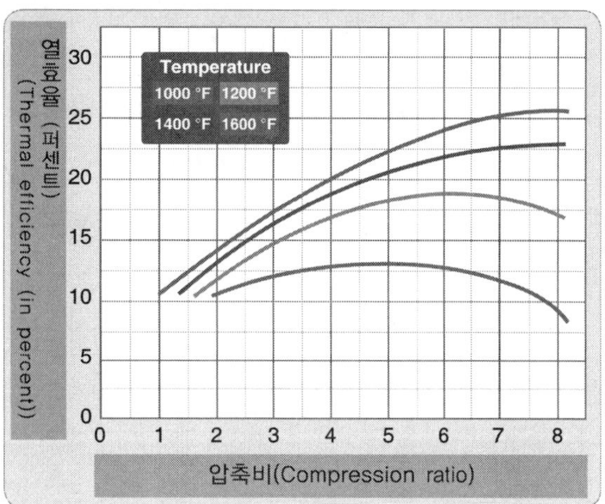

[그림 1-39] 압축기 압축비에 따른 열효율 변화
(The effect of compression ratio on thermal efficiency)

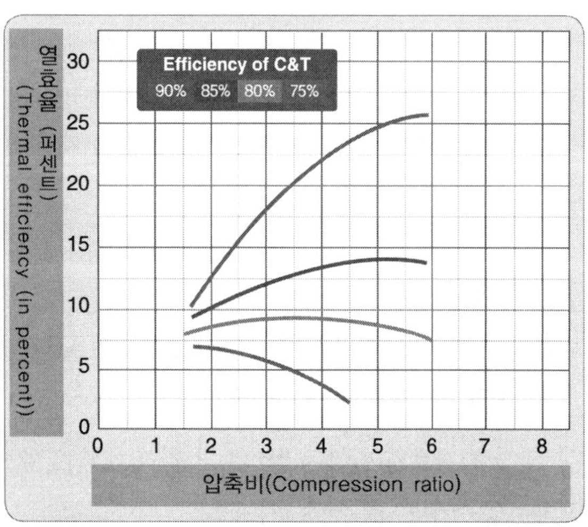

[그림 1-40] 터빈/압축기 효율과 열효율 변화
(Turbine and compressor efficiency vs. thermal efficiency)

열효율에 영향을 주는 가장 중요한 세 가지 요소는 터빈입구온도(Turbine Inlet Temperature), 압축비(Compression Ratio), 압축기와 터빈 부품의 효율(Efficiency)이다. 그 외에 열효율에 영향을 주는 요소는 압축기입구온도(Compressor Inlet Temperature)와 연소효율(Combustion Efficiency)이다.

(그림 1-39)에서는 압축기입구온도, 그리고 압축기와 터빈 부품의 효율이 일정할 때 압축비(압축기 압력비)에 따른 열효율 변화를 보여 주고 있다.

(그림 1-40)에서는 터빈과 압축기입구온도가 일정할 때 압축기와 터빈 부품의 효율이 열효율에 미치는 영향을 보여 주고 있다.

실제 작동에 있어서 압축비가 일정하면 배기온도는 터빈입구온도에 정비례로 변화한다.

RPM은 압축비의 직접적인 측정치이다. 그러므로 RPM이 일정할 때 최대 열효율은 배기온도를 가능한 한 높게 유지시킴으로써 얻을 수 있다. 터빈입구온도가 높으면 엔진 수명이 크게 감소하므로 운영자(Operator)는 계속적 작동을 위해 배기온도가 정해진 온도를 넘지 않도록 해야 한다.

(그림 1-41)에서는 터빈 블레이드 수명에 미치는 영향을 설명해 주고 있다.

앞에서 논의한 것은 압축기입구의 공기 상태가 일정하게 유지된다고 가정한 것이었다. 이것은 터빈엔진의 실제적인 적용이기 때문에 동력을 생산하는 데 있어서 입구 조건을 변화시켜 이에 대한 영향을 분석하는 것이 필요하게 된다. 입구 조건에 영향을 주는 세 가지 중요한 변화는 항공기 속도(Speed of Aircraft), 고도(Altitude), 그리고 대기 온도(Ambient Temperature)이다.

더욱 분석을 간단히 하기 위해 세 가지 변화를 묶어

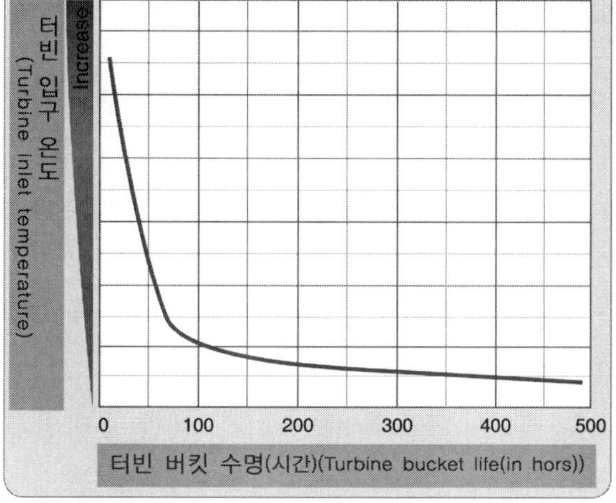

[그림 1-41] 터빈온도의 터빈수명에의 영향
(Effect turbine inlet temperature on turbine bucket life)

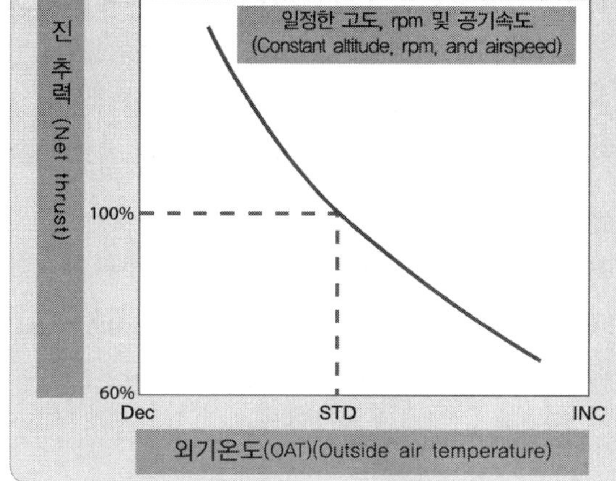

[그림 1-42] 외기온도의 추력에의 영향
(Effect of OAT on thrust output)

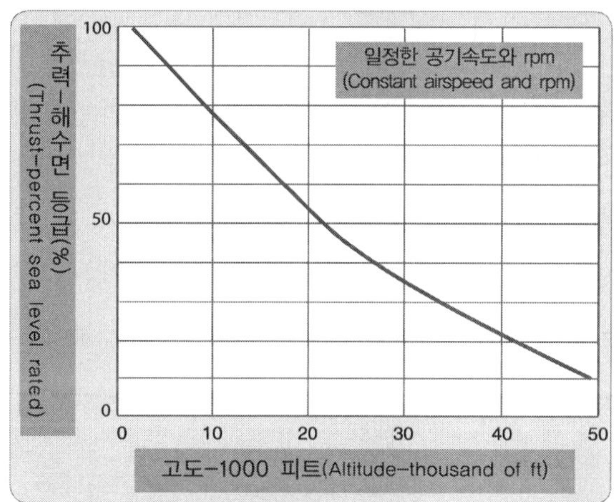

[그림 1-43] 고도와 추력의 영향
(Effect of altitude on thrust output)

하나로 표시할 수 있다. 이를 정체밀도(Stagnation Density)라고 말하는 하나의 변수로서 설명할 수 있다.

터빈엔진에서 생성되는 동력은 압축기 입구에서의 정체밀도에 비례한다. 다음 세 가지 도표는 엔진의 출력 수준에 영향을 주는 고도(Altitude), 공기 속도(Airspeed), 그리고 외기 온도(Outside Air Temperature)의 변화에 따라 밀도가 어떻게 변하는가를 보여 준다.

(그림 1-42)에서는 고도, RPM, 그리고 공기 속도가 일정할 때 외기 온도(OAT)가 감소하면 출력이 빠르게 증가되는 것을 보여 주고 있다. 이러한 증가는 압축기 구동에 필요한 공기량의 파운드당 에너지가 온도에 따라 직접 변화하기 때문에 발생한다.

더욱이 공기의 온도가 낮아지면 밀도가 증가하므로 출력이 증가한다. 밀도 증가는 엔진으로 들어가는 질량 흐름이 증가되기 때문이다.

추력에 대한 고도의 영향도 (그림 1-43)에서 보듯이, 밀도와 온도의 영향과 같이 논의 될 수 있다. 이 경우에 고도 증가는 압력과 밀도의 감소를 일으킨다. 고도가 증가하고 밀도가 감소될 때 온도 감소율은 압력 감소율보다 적다. 비록 온도가 낮아지면 추력이 증가 하지만, 밀도 감소의 영향은 차가운 온도의 영향보다도 더 크다. 최종적인 결론은 고도 증가에 따라 추력 출력은 감소하게 된다.

(그림 1-44)에서는 가스터빈엔진의 추력에 대한 공

기 속도의 영향을 보여 준다. 공기 속도 영향을 설명하기 위해, 비추력(Specific Thrust)과 엔진 공기 흐름의 진추력(Net Thrust)을 생산하기 위해 결합되는 요소들에 대해 공기 속도가 어떤 영향을 미치는가를 이해하는 것이 필요하다.

비추력은 초당 공기 흐름(lb/sec)으로 발생된 진추력(lb)이다. 비추력은 총비추력(Specific Gross Thrust)에서 비램항력(Specific Ram Drag)을 뺀 값이다.

공기 속도가 증가함에 따라 램항력은 빠르게 증가하지만, 배기속도는 비교적 일정하다. 따라서 (그림 1-44)에서 보는 것과 같이, 공기 속도 증가에 따른 영향은 비추력을 감소시키는 결과가 된다.

저속 범위에서 비추력은 공기 흐름 증가보다 빠르게 감소되고, 진추력 감소의 원인이 된다. 공기 속도가 고속 범위로 증가함에 따라 비추력 감소보다 공기 흐름 증가는 훨씬 빠르며, 음속에 도달할 때까지 진추력을 증가시킨다. (그림 1-45)에서 보는 것과 같이, 진추력에 결합된 영향을 보여 주고 있다.

1.16.1 램 회복(Ram Recovery)

항공기 전진 속도의 결과로 엔진 흡입구에서 대기압 이상의 압력으로 상승하는 것을 램압력(Ram Pressure)이라고 부른다. 램 효과는 압축기입구압력이 대기보다 높으므로, 압력 상승의 결과는 공기 흐름(Air Flow)과 가스 속도(Gas Velocity)를 증가시킬 것이며, 두 가지 요소는 다 추력 증가의 요인이다. 비록 램 효과가 엔진 추력을 증가시키지만, 추력은 항공기가 얻는 공기 속도에 따라 정해진 스로틀 설정(Throttle Setting)으로 인하여 감소하게 된다. 그러므로 항공기 속도가 증가할 때에는 서로 반대되는 두 가지 경향이 발생한다. 실제로 이 두 가지 서로 다른 영향의 최종 결론은 다음과 같다.

엔진의 추력은 항공기가 정적인 상태에서 속도가 증가될 때에 일시적으로 감소되지만, 그러나 곧바로 감소를 멈춘다. 전진 속도가 더 빨라지면 램 회복으로 압력이 증가됨으로써 추력은 다시 증가하게 된다.

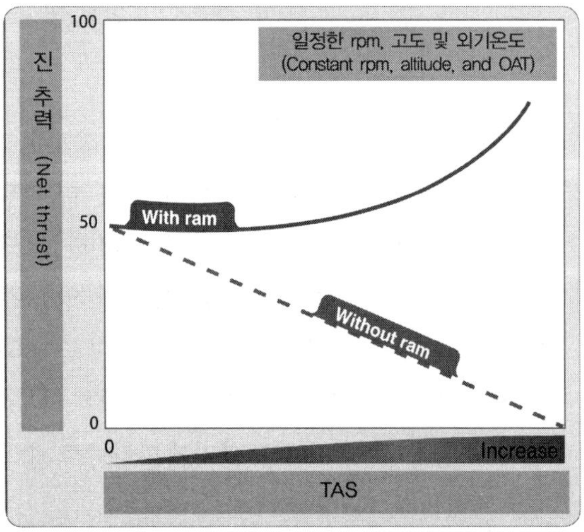

[그림 1-44] 공기속도와 진추력의 영향
(Effect of airspeed on net thrust)

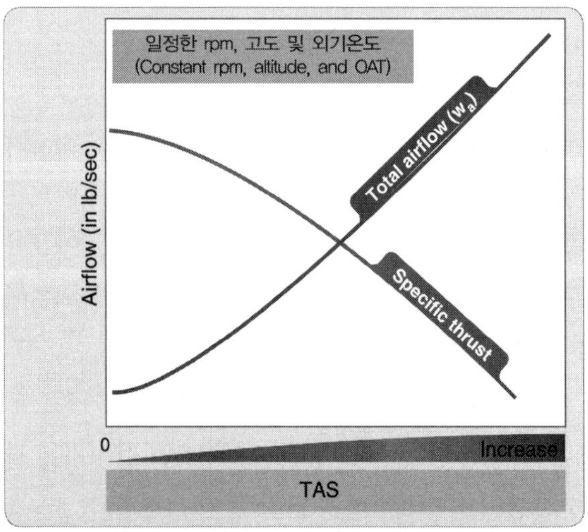

[그림 1-45] 공기속도와 비추력의 영향
(Effect of airspeed on specific thrust and total engine air flow)

02

엔진연료 및 연료조절계통

Engine Fuel and Fuel Metering Systems

2.1 연료계통 요구조건
2.2 기본 연료계통
2.3 터빈엔진 연료계통-일반적인 요구사항
2.4 물 분사계통
2.5 연료조정장치의 정비
2.6 엔진 연료조정장치 구성
2.7 연료량 지시장치

2 엔진연료 및 연료조절계통

Engine Fuel and Fuel Metering Systems

2.1 연료계통 요구조건 (Fuel System Requirements)

엔진연료계통은 지상 또는 비행 중의 모든 조건 하에서 엔진의 연료제어장치에 연료를 공급할 수 있어야 하며, 연속적으로 변화하는 고도와 어떤 기후 조건에서도 원활히 작동할 수 있어야 한다.

가장 일반적인 왕복엔진의 연료는 항공용 휘발유(AVGAS, Aviation Gasoline)이고, 터빈엔진에서는 Jet-A이다. 일반적으로 사용되는 왕복엔진의 항공용 휘발유는 80 Octane(Red)이거나 또는 100LL Octane(Blue)이다. LL(Low Lead)는 80 Octane 항공유에 비해 4배나 되는 납(Lead)을 포함하고 있다. Jet-A는 선명한 담황색(Straw)의 등유계(Kerosene-based) 연료이다.

전자식 엔진제어장치(EEC: Electronic Engine Controls)의 사용은 엔진에 계량된 연료 흐름을 제어하는 데 엄청난 향상을 가져왔다. 엔진연료계통은 정확한 연료와 공기의 혼합기를 엔진으로 공급하기 위해 매우 정밀한 장치로 발전하게 되었다.

가스터빈엔진의 연료조정장치 또한 모든 비행 상황(Regime)에서 정확하게 연료를 계량하는 능력이 크게 개선되었다. 전자공학의 향상과 디지털 컴퓨터의 사용은 항공기와 엔진을 전자공학적으로 접목(Electronically Interfaced)시키는 것을 가능케 하였다. 전자제어장치에 탑재된 전자감지기(Electronic Sensor)와 컴퓨터 논리회로(Computer Logic)를 사용함으로써, 엔진을 더욱 정확하게 제어할 수 있었다. 연료비(Fuel Cost)와 이용도(Availability) 또한 엔진으로 공급되는 연료 흐름이 효과적이고 아주 정밀한 연료계통을 가진 엔진으로 제공되는 중요한 요소가 되었다. 많은 엔진들은 엔진 변수를 감지하기 위해 탑재된 컴퓨터, 즉 전자식 엔진제어장치(EEC)에 정보를 공급하는 상호작용 방식(Interactive System)을 사용한다. 컴퓨터는 필요한 연료의 양을 결정하고 그다음에 계량장치(Metering Device)로 신호를 보내 준다. 계량장치로 보내진 신호는 엔진에서 필요로 하는 연료의 정확한 양을 결정한다. 전자제어장치는 가스터빈엔진에서 아주 보편화되었고 연료계통의 기능 증가로 정비사에겐 덜 복잡하고 정비 결함을 감소시키는 효과를 주었다.

엔진연료계통은 꽤 복잡하게 될 수 있지만, 간단한 중력식 연료계통을 사용하는 소형항공기처럼 아주 단순한 것도 있다. 이와 같은 간단한 연료계통은 엔진까지 연료를 공급하기 위해 오버헤드날개(Overhead Wing)속에 장착된 연료탱크와 소형 부자식기화기(Float-type Carburetor)로 구성된다. 다발 항공기에서는 다수의 탱크와 다수의 엔진 간의 조합으로도 연료 공급이 가능하도록 다소 복잡한 크로스 피드 시스템(Cross-feed System)이 필요하게 되었다. 또한 대형항공기에는 하나의 탱크에서 다른 탱크로 연료를 이송하기 위한 설비도 포함하게 되었다.

2.1.1 증기폐쇄(Vapor Lock)

모든 연료계통은 증기폐쇄(Vaor Lock)가 일어나지 않도록 설계되어야 한다. 구형 중력식 공급계통에서는 증기폐쇄의 현상이 더 많았었다. 연료계통은 지상과 비행 중의 기후 조건의 변화에서도 증기폐쇄의 발생 우려가 없어야 한다. 통상 연료는 공기 흐름 속으로 분사될 때까지는 액체 상태로 남아 있다가 순간적으로 증발한다. 어떤 조건에서는 연료가 도관이나 펌프 또는 다른 구성품 내에서도 기화될 수 있다. 때 이른 기화로 생성된 증기 덩어리가 연료 흐름을 제한하게 된다. 그 결과 연료 흐름이 부분적으로 또는 완전히 막히는 현상을 증기폐쇄라고 부른다. 증기폐쇄의 일반적인 3 가지 원인은 낮은 연료 압력, 높은 연료 온도, 그리고 연료의 과도한 불규칙 흐름이다. 고고도에서는 탱크 내의 연료에 작용하는 압력이 낮으며, 이것이 연료의 비등점을 낮게 하고 기포를 형성시키는 원인이 된다. 연료 흐름 속에 갇힌 이런 증기는 연료계통에서 증기폐쇄를 일으키게 된다.

엔진으로부터 열을 전달받으면 연료 라인과 펌프 내에 있는 연료가 증발하는 원인이 될 수도 있다. 이런 현상은 만약 탱크 내에 있는 연료의 온도가 높을수록 증가한다. 연료 온도가 높은 상태에서 가끔 낮은 압력이 동반되면 기포 형성이 증가한다. 이 현상은 무더운 날씨에 항공기가 급상승할 때에 잘 일어나는 것이다. 항공기가 상승할 때, 외부 온도는 떨어지지만, 연료는 빠르게 온도를 잃지 않는다. 이륙 시 연료가 충분히 따뜻하다면, 고고도에서는 쉽게 증발할 만큼 충분한 열을 유지하는 셈이다.

연료의 불규칙 흐름(Fuel Turbulence)의 주된 원인은 탱크에 있는 연료의 출렁거림 (Sloshing), 엔진구동펌프의 기계적인 작용, 그리고 연료 관에서 급격한 방향변화이다. 탱크 내에서 연료가 출렁거리면 연료에 공기가 혼합되기가 쉽다. 이 혼합가스가 연료관을 거쳐 지나갈 때, 갇혔던 공기는 연료로부터 이탈하고 급격한 방향 변화나 굴곡이 생기는 점에서 증기 덩어리를 형성한다. 연료펌프 내에서 불규칙 흐름과 펌프 입구의 낮은 압력이 같이 동반하게 되면 이 지점에서 증기폐쇄가 자주 발생한다.

증기폐쇄는 연료 흐름을 완전히 차단시켜 엔진을 정지시킬 정도로 심각한 것이다. 연료입구 라인 속의 아주 적은 량의 기포라도 엔진구동펌프로의 흐름을 막고 연료의 배출압력을 감소시킨다.

증기폐쇄의 가능성을 줄이기 위해서는 연료라인을 열원과 멀리하고, 또한 연료라인이 급한 경사나 방향변화, 또는 직경의 변화도 피해야 한다. 추가로, 너무 빠르게 기화하지 못하도록 연료의 휘발성이 제조 단계부터 조정된다. 그러나 증기폐쇄를 줄이는 중요한 개선은 연료계통 내에 부스터 펌프(Booster Pump)를 적용시키는 것이다. 대부분의 최신 항공기에 널리 사용되는 부스터 펌프는 엔진구동펌프까지 가는 라인 내에 부스터 펌프 압력으로 연료를 가압함으로써 기포가 발생되지 않도록 한다. 연료에 가해진 압력은 기포 형성을 줄이고 기포 덩어리를 밀어내는 일을 돕는다. 부스터 펌프는 또한 기포 덩어리가 펌프를 거쳐 지나갈 때 연료 속에 있는 기포를 배출시킨다. 증기는 탱크에 있는 연료의 위쪽 방향으로 이동하여 탱크 통풍구를 통해 빠져나간다. 소량의 증기가 연료 속에 남아 계량 작용을 방해하는 것을 방지하기 위해, 어떤 연료계통에서는 증기분리기(Vapor Eliminator)를 계량장치 앞에 장착하거나 또는 붙박이형을 장착하기도 한다.

2.2 기본 연료계통(Basic Fuel System)

연료계통의 기본적인 구성품은 연료탱크, 부스터 펌프, 배관, 선택밸브, 필터, 엔진구동펌프, 그리고 연료 압력계 등으로 구성되어 있다.

일반적으로 간단한 연료계통이라 하더라도, 연료의 요구되는 양을 저장하기 위해 몇 개의 탱크가 있다. 이들 탱크의 위치는 연료계통설계(Fuel System Design)와 항공기의 구조설계(Structural Design) 에 따라 달라진다. 각 탱크에서부터 선택밸브까지 연료 라인이 연결되어 있다. 이 선택밸브는 엔진으로 연료를 공급하는 연료 탱크를 선택하도록 조종석에 세팅된다. 부스터펌프는 선택밸브를 통해 주 연료 필터까지 연료를 가압한다. 연료계통의 가장 낮은 부분에 위치한 주 연료 필터는 연료 중에 있는 수분과 불순물을 제거한다. 시동 시에 부스터펌프는 연료계량장치까지 엔진구동펌프에 있는 바이패스밸브를 통해 연료를 가압한다. 엔진구동펌프가 충분한 속도로 돌아가게 되면, 기능을 이어받고 규정된 압력으로 연료계량장치까지 연료를 공급한다.

기체연료계통(Airframe Fuel System)은 연료탱크에서부터 엔진연료계통(Engine Fuel System)까지이다. 엔진연료계통은 보통 엔진구동펌프와 연료계량계통(Fuel Metering System)을 포함한다.

전형적인 가스터빈엔진의 연료계량계통(Fuel Metering System)은 엔진구동펌프(Engine-driven Pump), 연료유량 트랜스미터(Fuel Flow Transmitter), 전자식 엔진제어장치를 장치한 연료조정장치(Fuel Control), 분배장치(Distribution System) 또는 매니폴드(Manifold), 흐름분할기(Flow Divider), 그리고 연료방출노즐(Fuel Discharge Nozzle)로 구성된다. 어떤 터보프롭엔진에서는 연료가열기(Fuel Heater)와 시동 조정장치(Start Control)는 엔진연료계통의 부품이다. 연료 배분의 비율은 공기질량(Air Mass Flow), 압축기입구온도(Compressor Inlet Temperature), 압축기배출압력(Compressor Discharge Pressure), 압축기회전수(RPM), 배기가스온도(Exhaust Gas Temperature), 그리고 연소실 압력(Combustion Chamber Pressure)의 함수로 산정된다.

2.3 터빈엔진 연료계통-일반적인 요구사항 (Turbine Engine Fuel System- General Requirements)

연료계통은 가스터빈엔진에서 한층 복잡한 양상 중의 하나이다. 그것은 어떤 운전조건에 대해서도 요구되는 추력을 얻을 수 있도록 마음대로 출력을 증가시키거나 감소시키는 것이 가능해야 한다. 터빈 출력의 항공기에서, 연소실 연료의 흐름을 변경함으로써 출력 조절이 되어야 한다. 그러나 일부 터보프롭 항공기는 또한 가변피치프로펠러를 사용한다. 그러므로 추력의 선택은 연료유량(Fuel Flow) 변화와 프로펠러 깃각(Blade Angle) 변화의 두 가지로 제어될 수 있다.

공급되는 연료의 양은 주위의 온도와 압력의 변화(Ambient Temperature and Pressure)에 따라 알맞게 자동적으로 조절되어야 한다. 만약 연료의 양이 엔진으로 흐르는 공기 흐름의 질량에 비하여 과도하다면, 터빈 블레이드의 한계온도(Limiting Temperature)를 초과하거나 압축기 실속(Compressor Stall)과 'Rich Blowout' 상태를 일으킬 것이다. 'Rich Blowout'은 공급되는 공기의 산소 양이 연소를 유지하기에 충분하지 않을 때 또는 과도한 연료로 인해 혼합기가 연소온도보다 낮게 냉각되었을 때 일어난다. 이와는 반대로 연료의 양이 공기의 양보다 부족하다면 'Lean Flame-out'(Lean Die-out) 현상이 발생한다. 엔진은 연료조종장치와 관련된 어떤 문제도 없이 가속과 감속이 완벽하게 작동되어야 한다.

연료계통은 정확한 양(Right Quantity)뿐만 아니라 만족스러운 연소가 되도록 적절한 상태(Right Condition)로 연소실에 연료를 보내야만 한다. 연료노즐은 연료계통의 한 부분으로 연료를 분사하여 점화되고 효과적으로 연소되게 한다. 연료계통은 엔진이 지상이나 공중에서 쉽게 시동될 수 있도록 연료를 공급하여야만 한다. 이것은 엔진이 시동기에 의하여 서서히 회전할 때 연소될 수 있는 상태로 연소실 내에 연료가 분사되어야만 되는 것을 의미한다. 그리고 그 연소는 엔진이 정상운전 속도로 가속될 때까지 계속되어야만 한다.

연료계통이 반응해야 하는 중요한 상태는 급속한 가속에 따라서 반응해야 하는 점이다. 엔진이 가속될 때는 일정한 RPM을 유지하기 위해 필요한 것보다 더 많은 에너지가 터빈에 공급되어야 한다. 그러나 만약 연료 흐름이 너무 빠르게 증가하여 과농혼합비(Over Rich Mixture)가 만들어지면 'Rich Blowout' 또는 압축기 실속(Compressor Stall)을 유발할 가능성이 있다.

모든 형식의 가스터빈엔진에는 그 엔진의 요구조건들을 자동적으로 만족시켜주는 연료조종장치가 장착되어 있다. 비록 기본적인 요구사항들은 모든 가스터빈엔진에 일반적으로 적용된다 하더라도, 각각의 연료조종장치가 이러한 필요조건을 충족시키는 방법이 쉽사리 일반화될 수 없다.

2.3.1 가스터빈엔진 연료조종 (Turbine Fuel Controls)

가스터빈엔진의 연료조정장치는 세 가지의 기본적인 그룹으로 나누어질 수 있다.

(1) 유압-기계식(Hydro-mechanical) 그룹.
(2) 유압기계/전자식(Hydro-mechanical)/Electronic) 그룹
(3) 전자식통합엔진제어(FADEC, Full Authority Digital Engine Control) 그룹.

유압기계/전자식 연료조정은 두 가지 형식으로 된 혼성체(Hybrid)이지만, 유압기계식 연료조정 단독으로도 역할을 다 할 수 있다. 이중 모드에서, 입력과 출력은 전자식이고, 연료유량은 서보 모터에 의해 결정된다. 세 번째 형식인 FADEC은 그것의 입력 자료는 전자식 감지기를 이용하며 전자적 출력으로서 연료유량을 제어한다. FADEC식 제어란 전자제어장치를 완전히 통제하는 것이다. FADEC 계통의 수감계산 부분(Computing Section)은 전적으로 감지기 입력 자료에 의존하여 전자제어장치(EEC)로 하여금 연료량을 계량하게 한다. 연료계량장치는 EEC의 지시에 따라 연료량을 계량한다. 대부분의 터빈엔진 연료조정장치는 FADEC식의 제어방식으로 빠르게 변해 가고 있다. 이 전자식 통합엔진제어는 많은 엔진 변수들의 감지신호에 부합되게 연료를 아주 정확하게 계량한다.

모든 연료조정장치는 형식에 관계없이 근본적으로 같은 기능을 수행한다. 그 기능은 조종사가 요구하는 출력에 맞도록 연료유량을 스케줄 하는 것이다. 일부는 다른 엔진보다 더 많은 엔진 변수를 감지할

수 있다. 연료조정장치는 스로틀레버의 위치(Power Lever Angle), 각 축마다의 엔진 회전수(RPM), 압축기입구압력/온도(CIP & CIT), 연소실 압력(Burner Pressure), 압축기출구압력(CDP), 그리고 특정한 엔진에서 요구하는 더 많은 변수 등, 많은 다른 입력들을 감지할 수 있다. 이들 변수들은 주어진 연료유량으로 엔진이 생산하는 추력의 양에 영향을 준다. 이들 변수들의 감지에 의해서, 연료제어장치는, 엔진에서 일어나고 있는 상황을 파악하고 필요로 하는 만큼 연료유량을 조절할 수 있다. 각 형식의 터빈엔진마다 연료공급과 연료조정장치에 대해 특정한 필요조건을 갖는다.

2.3.2 유압기계식 연료조정장치 (Hydro-mechanical Fuel Control)

그림 2-1과 같은 유압기계식 연료조정장치는 수많은 엔진에 사용되었고 아직도 사용되고 있지만, 전자식으로 제어되는 방식이 제공됨으로써 그들의 사용이 한정되고 있다. 연료조정장치는 엔진에 정확한 연료유량을 공급하기 위해 수감계산 부분(Computing Section)과 유량조절 부분(Metering Section)의 2개의 부분으로 구성된다.

순수한 유압기계식 연료조정장치는 연료유량을 계산하거나 또는 계량하는 데 도움을 주는 전자적인 장치를 갖고 있지 않다. 일반적으로 그것은 엔진의 가스발생기 기어장치를 구동시켜서 엔진 회전속도(RPM)를 감지한다. 감지되는 다른 기계적인 엔진 변수들은 압축기출구압력(CDP), 연소실 압력(Burner Pressure), 배기가스온도(EGT), 그리고 흡기온도와 입구압력(CIT & CIP)이다. 일단 수감계산 부분이 정확한 연료유량을 결정하면 유량조절 부분은 캠과 서보밸브를 통해 엔진연료계통으로 연료를 공급한다. 유압기계식 연료조정장치의 실제적인 작동 절차는 매우 복잡하고 아직도 연료계량이 전자식 장치만큼 정확하지 못하다.

전자식 조정장치는 유압기계식보다 훨씬 더 정밀하게 더 많은 입력 자료를 받을 수 있다. 초기의 전자식 연료조정장치는 연료계량의 정밀한 조화를 위해 유압기계식에 전자식 장비를 추가했다. 이 배열은 또한 전자식 장비의 고장시 유압기계식 연료조정장치를 대체 활용하기도 하였다.

2.3.3 유압기계식/전자식 연료조정장치 (Hydromechanical/Electronic Fuel Control)

기본적인 유압기계식 연료조정장치에 전자식 연료조정장치의 추가는 터빈엔진 연료조정장치의 발전에 있어서 다음 단계였다. 일반적으로 이 형식의 계통은 연료유량을 조절하기 위해 멀리 위치된 EEC를 이용하였다. 전형적인 계통의 개요는 다음과 같이 설명된다.

엔진연료계통의 기본적인 기능은 연료를 가압(Pressure)하고, 연료 흐름을 계량(Meter)하고, 그리고 분무화된 연료를 엔진의 연소실로 인도(Deliver)하는 것이다. 연료유량은 연료차단장치와 연료조절장치를 포함하고 있는 유압기계식(Hydro-mechanical) 연료조정장치(Fuel Control) 어셈블리에 의해 제어된다.

이 연료조정장치는 가끔 베인식 연료펌프어셈블리와 함께 장착되며, 출력레버에 연결되어 연료 차단 기능도 한다. 또한, 정상적인 엔진 작동 중 기계적인 과속방지 기능(Overspeed Protection)을 갖고 있으며, 자동모드에서는 EEC가 연료의 계량을 관리하고, 수

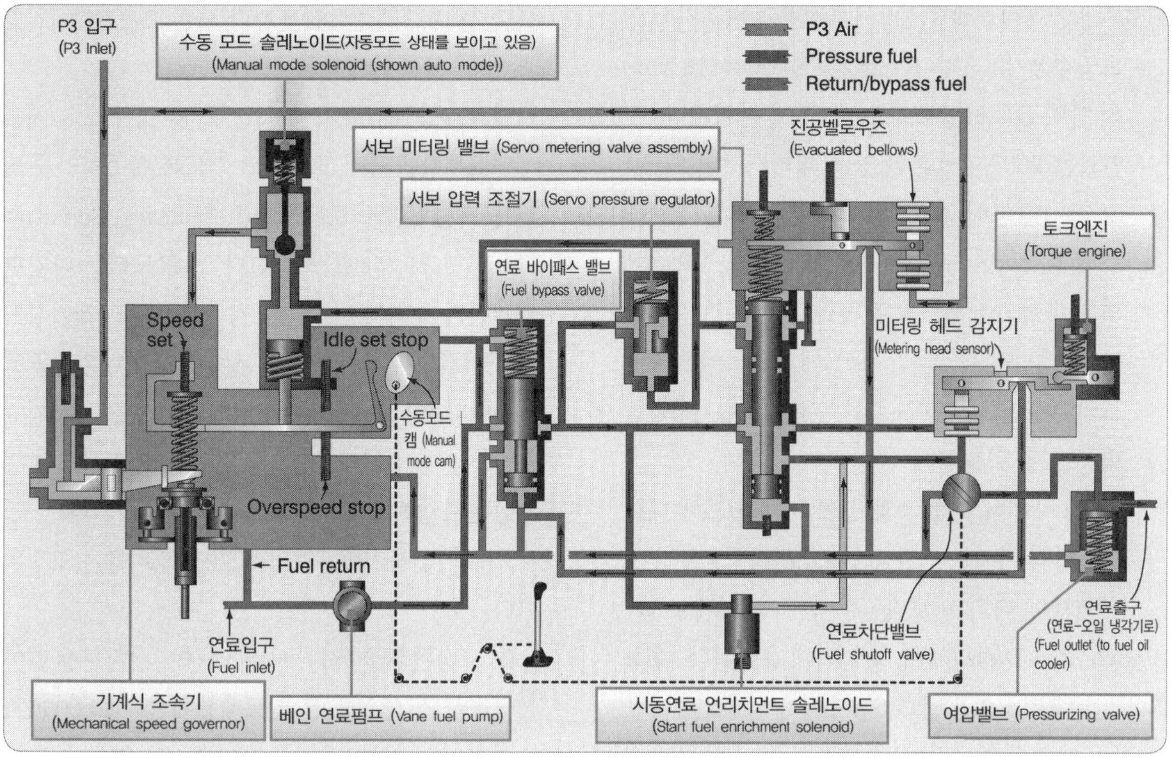

[그림 2-1] 유압기계식/전자식(hydromechanical/electronic) 연료조정장치 계통도

동모드에서는 유압기계식 조정장치가 담당한다.

엔진이 정상적으로 작동하고 있는 동안에 멀리 떨어져 장착된 EEC와 같은 전자식 연료조정장치(EFCU, Electronic Fuel Control Unit)는 출력레버 입력자료에 응하여 연료조정장치 어셈블리에서 EFCU 출력지시를 통하여 추력을 설정하고, 속도 조절 및 가속, 그리고 감속 제한 등의 기능을 수행한다. 전기적 또는 EFCU 고장의 경우에, 또는 조종사가 수동모드를 선택하는 경우는 연료조정장치는 유압기계식 제어 하에 다소 감소된 출력으로 엔진 작동을 계속한다.

엔진의 총 연료계통과 연료조정계통은 아래의 구성품들로 구성되고, 다음의 같은 기능을 제공한다.

(1) 그림 2-2에서 보여 주는 바와 같이, 베인식 연료펌프어셈블리는 엔진 연료조정계통으로 고압 연료를 공급하는 고정용량식 연료펌프이다.

(2) 연료펌프에 있는 필터 바이패스밸브는 연료필터 내의 압력 강하가 과도할 때 연료가 연료필터를 우회하게 한다. 통합식 차압계는 연료필터 볼(Bowl)로부터 핀을 팽창시켜 바이패스 되기 전에 과도한 차압이 걸리는 상태를 시각적(깃발 그림)으로 보여 준다. 필요 이상의 연료펌프 출구 흐름은 연료조정장치를 통하여 펌프 중간 단계로 되돌아간다.

(3) 유압기계식 연료조정장치 어셈블리는 전자식 연료조정장치(EFCU, Electronic Fuel Control Unit)의 연료 조절(Fuel Metering)기능을 제공한다.

연료는 200-미크론의 입구 필터스크린(Filter Screen)을 통해 연료조정장치로 공급되고 서보작동 조절밸브(Servo-operated Metering Valve)에 의해 조절되어 엔진으로 공급된다. 그것은 엔진 압축기출구압력(CDP), 즉 P3에 대응하여 조절밸브의 계량 위치를 정하는 연료유량/압축기출구압력(Wf/P3) 비율 장치이다.

그림 2-1에서 보는 것과 같이, 서보밸브에 대한 연료 압력 차이는 전자식 연료조정장치로부터 오는 명령에 따라 서보작동바이패스밸브(Servo-operated Bypass Valve)에 의해 유지된다. 수동모드 솔레노이드밸브(Solenoid Valve)는 자동모드에서 자화된다. 자동모드는 기계식 조속기(Mechanical Speed Governor)의 작동을 제한한다. 그것은 전자적으로 조정되는 속도범위(Speed Range) 이상에서 싱글 오버스피드 가버너세팅(Single Overspeed Governor Setting)을 제한시킨다. 수동모드밸브의 비자화는 기계식 조속기가

[그림 2-2] 연료펌프 및 필터 (Fuel pump and filter)

출력레버 각도(PLA)에 따라 모든 조속기에서처럼 작동하도록 해 준다.

연료조정계통은 자동모드, 즉 EFCU-mode에서 연료유량을 증가 또는 감소되도록 작동시키게 되는 저출력감지 토크모터(Low Power Sensitive Torque Motor)를 포함한다. 토크모터는 다양한 엔진과 주위의 변수들을 감지하는 전자제어장치와 연결되어 지시에 따라 그에 맞게 연료유량을 조절한다. 이 토크모터는 EFCU로부터 오는 전기적인 신호를 전기기계식으로 전환한다. 토크모터 전류는 수동모드에서 0(Zero)이며 그렇게 되면 연료유량/압축기출구압력(Wf/P3)의 비율은 고정된다.

이 고정된 (Wf/P3) 비율은 엔진이 서지현상 없이 작동하고, 예로 들은 연료계통에서는 30,000feet까지 최소 90% 추력을 생산할 수 있는 능력이다. 고압압축기 축의 모든 속도 조절은 카운터웨이트 조속기(Counterweight Governor)에 의해 작동된다. 카운터웨이트 조속기는 PLA(Power Lever Angle)세팅으로 결정된 만큼의 속도 고정점(Speed Set Point)과 일치하도록 압축공기 서보(Pneumatic Servo)를 조절한다. 압축공기 서보는 메트링 밸브 서보(Metering Servo Valve)에 작용하는 P3(CDP)를 낮춤(Bleeding down)으로써 (Wf/P3) 비율을 조절하여 고압축기의 속도를 조절한다. P3 제한밸브는 엔진이 구조적 한계에 직면하면 조정모드(Auto or Manual)에 관계없이 메트링 밸브 서보에 작용하는 P3 압력(CDP)을 낮춘다(Bleeding down). 시동 연료 농후 솔레노이드밸브(Start Fuel Enrich Solenoid Valve)는 엔진의 저온시동, 또는 고공 재시동이 요구되었을 때 메트링

밸브의 유량과는 별개로 추가의 연료유량을 공급한다. 그 밸브는 농후(Enrich) 조건이 되었을 때 전자식 연료조정장치(EFCU)에 의해 자화된다. 그것은 고고도 'Sub-idle' 작동을 방지하기 위해 수동모드에서는 항상 전원을 차단시킨다. 메트링 밸브의 하류 쪽에는 수동차단밸브(Manual Shutoff Valve)와 여압밸브(Pressuring Valve)가 위치한다. 수동차단밸브는 PLA와 연결된 회전식 부품이다. 그것을 조종사가 수동으로 작동시키면 연료를 엔진까지 직접 흐르게 할 수 있다. 여압밸브는 유압기계식 연료조정장치에 방출흐름제한기(Discharge Restrictor) 역할을 한다. 그것은 연료조정장치 전체에 걸쳐서 최소작동압력을 유지하는 역할을 한다. 또한 여압밸브는 수동차단밸브가 닫혔을 때 엔진 연료노즐에서의 누설 현상 시 연료를 차단하는 역할을 한다.

(4) 흐름분할기(Flow Divider)와 드레인밸브 어셈블리(Drain Valve Assembly)는 엔진의 1차 연료 노즐과 2차 연료 노즐에 연료를 분배하고, 엔진 정지 시에 노즐과 매니폴드에 남은 연료를 배출시킨다. 또한 저온 시동 조건(Cold-start Condition)에서 내부 솔레노이드를 작동시켜 연료유량을 보완한다.

엔진 시동 시에는 흐름분할기가 모든 흐름이 1차 노즐로 흐르도록 한다. 시동된 후에는 엔진의 연료 소요량이 증가하므로 흐름분할밸브는 2차 노즐이 기능을 발휘할 수 있게 열어 준다. 엔진이 안정 상태(Stead-state Condition)로 작동 중일 때, 연료는 1차 및 2차 노즐에서 공히 분사된다. 연료 노즐의 입구 피팅에 위치하고 있는 74-미크론, 자동 바이패스 스크린(Self-bypassing Screen)은 연료 노즐에서 분사되기 직전에 마지막 필터(Last Chance Filter) 역할을 한다.

(5) 연료 매니폴드어셈블리(Fuel Manifold Assembly)는 1차와 2차 매니폴드, 그리고 연료 노즐어셈블리로 구성된 하나의 세트이다.

12개의 연료 노즐을 통과할 때 소용돌이가 일어나면서 1차와 2차 연료의 노즐에서 미세하게 분무된다. 매니폴드어셈블리는 연소가 적절히 잘되도록 연료를 배달하고 분무하는 역할을 한다.

(그림 2-3)에서 보여 주는 것과 같이, 전자식 엔진제어장치(EEC)는 유압기계식 연료조정장치(Hydro-mechanical Fuel Control), 전자식 연료조정장치(EFCU), 그리고 항공기에 장착된 출력레버 각도계(PLA Potentiometer)로 구성되어 있다.

항공기로 부터의 통제신호(Control Signal)에는 입구압력, 기류 차압, 입구온도 그리고 조종사 선택에 따른 전자식 연료조정장치(EFCU) 작동모드(수동 또는 자동)를 포함한다. 엔진으로 부터의 통제신호에는 팬의 회전속도(Fan Speed), 가스발생기의 축 속도(Spool Speed), 내부 터빈온도(TIT), 팬 배출온도(Fan Discharge Temperature), 그리고 압축기출구압력(CDP)을 포함한다. 항공기 통제신호와 엔진 통제신호는 전자식 연료조정장치(EFCU)로 직접 전달되고 기계적 언어로 변환된다. 항공기에 있는 PLA 각도계는 스로틀 스탠드(Throttle Quadrant)에 부착되어 있다. PLA 각도계(Potentiometer)가 전기신호로 전자식 연료조정장치(EFCU)로 보내면, EFCU는 스로틀 위치에 상응하는 엔진 추력으로 전환한다. 만약 EFCU가

"출력변화가 필요하다"고 결정하면, 토크모터에게 지시하여 헤드 센서(Head Sensor)의 차압(Differential Pressure)에 변화를 준다. 이 차압의 변화는 메트링 밸브를 움직이게 하여 필요한 만큼 엔진으로 가는 연

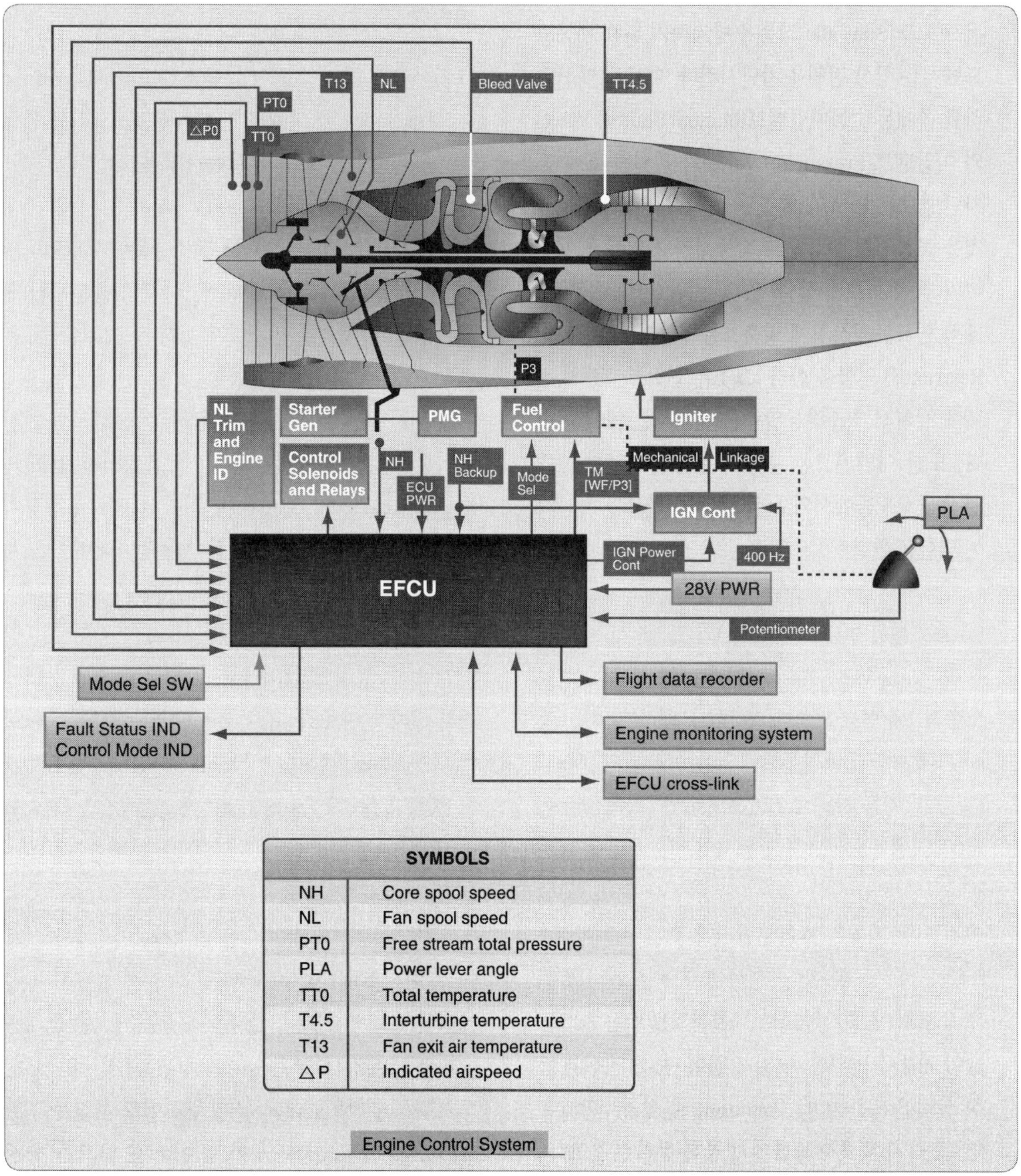

[그림 2-3] 엔진 제어 시스템(Engine control system)

료유량을 변화시킨다.

전자식 연료조정장치(EFCU)는 실시간으로 엔진 작동 변수들의 전기신호를 받는다. EFCU는 또한 조종사가 요구하는 엔진 추력 사항(Power-lever Position)을 전기신호도 받는다. EFCU는 미리 정해진 엔진 운영한계 이내에서 계획한 엔진 연료조정에 대한 전기 출력신호를 계산한다. EFCU는 미리 정해진 엔진 운영한계를 인지하고, 또 이들의 운영한계가 초과되지 않는 출력신호를 계산하게 되어 있다. EFCU는 다소 떨어진 기체에 설치되어 있다. EFCU와 항공기 또는 엔진 사이의 접속은 분기된 와이어링 하니스어셈블리(Wiring Harness Assembly)를 통해서 이루어진다. (그림 2-3)

2.3.4 전자식 통합엔진제어장치 (FADEC Fuel Control Systems)

전자식 통합엔진제어장치(FADEC, Full Authority Digital Engine Control)는 가장 최신의 터빈엔진 모델에서 연료유량을 제어하기 위해 개발되어졌다. 진정한 FADEC은 유압기계식 연료제어장치(Hydro-mechanical Fuel Control Backup System)를 갖고 있지 않다. 동 계통은 엔진 변수들의 정보를 전자감지기 신호를 이용하여 전자식 엔진제어장치(EEC, Electronic Engine Controls)로 보내준다. EEC는 연료 흐름의 양 결정에 필요한 정보를 모아서 연료조절밸브(Fuel Metering Valve)로 보내준다. 연료조절밸브는 EEC의 지시에 단순히 반응한다. EEC는 연료분배계통의 수감계산 부분(Computing Section)에 해당하는 컴퓨터이며 조절밸브는 연료유량을 조절한다. FADEC 계통은 작은 보조동력장치(APU)에서부터 가장 큰 추진력을 내는 엔진에 이르기까지 수많은 형식의 터빈엔진에 사용된다.

2.3.5 APU를 위한 FADEC (FADEC for an Auxiliary Power Unit)

보조동력장치(APU) 엔진은 항공기 연료계통을 사용하여 연료조정장치로부터 연료를 공급받는다. 전기로 작동되는 부스터 펌프(Boost Pump)를 사용하여 연료조정장치까지 가압된 연료를 공급받는다. 연료는 보통 화재감지 및 소화계통(Fire Detecting & Extinguishing System)에 장착된 항공기 차단밸브(Shutoff Valve)를 거쳐 지나간다. 또한 항공기에 비치된 직렬 연료필터(In-line Fuel Filter)가 사용된다. 연료조정장치로 들어가는 연료는 먼저 10-미크론 필터를 거쳐 지나간다. 만약 필터가 오염되었다면, 그 결과로서 일어나는 압력 강하로 필터 바이패스밸브가 열리고 여과되지 않은 연료가 APU에 공급된다.

그림 2-4는 입구압력 포트(고장탐구 목적으로 연료압력계 장착용)를 구비한 연료펌프를 보여 준다. 그 다음에 연료는 정용량식 기어형(Positive Displacement Gear-type) 연료펌프로 들어간다. 펌프에서 나온 연료는 70-미크론 스크린을 거쳐 지나간다. 스크린은 펌프로부터 방출되는 마모된 작은 부스러기를 걸러내기 위한 목적으로 이곳에 장착되어 있다. 스크린을 통과한 연료는 미터링 밸브(Metering Valve), 차압밸브(Differential Pressure Valve), 그리고 릴리프밸브(Ultimate Relief Valve)로 나누어진다. 또한 이 계통도에는 펌프 방출압력 포트(Pump Discharge Pressure Port)가 있으며, 또 다른 지점에 압력계가 장착될 수도 있다.

차압밸브는 메트링 밸브의 전역에서 일정한 압력 강하(Constant Pressure Drop)를 유지(초과 시 펌프 입구로 연료를 바이패스 시킴)하여 계량된 흐름이 메트링 밸브 면적과의 비례를 유지하게 한다. 미터링 밸브 면적은 ECU(Electronic Control Unit)로부터 다양한 전기신호를 받는 토크모터(Torque Motor)에 의해 조절된다. 계통압력이 미리 결정된 압력을 초과하면 릴리프밸브는 바이패스 밸브를 열어 초과되는 연료를 펌프 입구로 되돌려 보낸다. 엔진이 정지하면 연료차단밸브와 차압밸브가 작동하여 연료 흐름이 정지될 것이기 때문에 바이패스 작동은 불가능해진다. 연료조정장치의 메트링 밸브를 거친 연료는 솔레노이드 차단밸브(Fuel Shutoff Solenoid)를 지나서 분무화 된다. 초기의 흐름은 오직 1차 노즐의 팁을 거쳐 흐르다가, 압력이 높아지면 흐름분할기(Flow Divider)가 열리고 2차 경로를 통해 흐름이 더해진다.

2.3.6 추진엔진의 FADEC 연료조정장치 (FADEC Fuel Control Propulsion Engine)

그림 2-5와 같이, 수많은 대형 고(High)바이패스 터보팬엔진은 연료조정계통 중 전자식 통합엔진제어장치(FADEC) 형식을 사용한다. 전자식 엔진제어장치(EEC)는 FADEC엔진 연료조정계통의 1차 구성요소이다. EEC는 엔진의 작동을 제어하는 컴퓨터이다. EEC 하우싱(Housing)내부에는 2개의 전자식 채널, 즉 물리적으로 분리되고 대류작용으로 자연적으로 냉각되는 2개의 독립된 컴퓨터가 있다. 일반적으로 EEC는

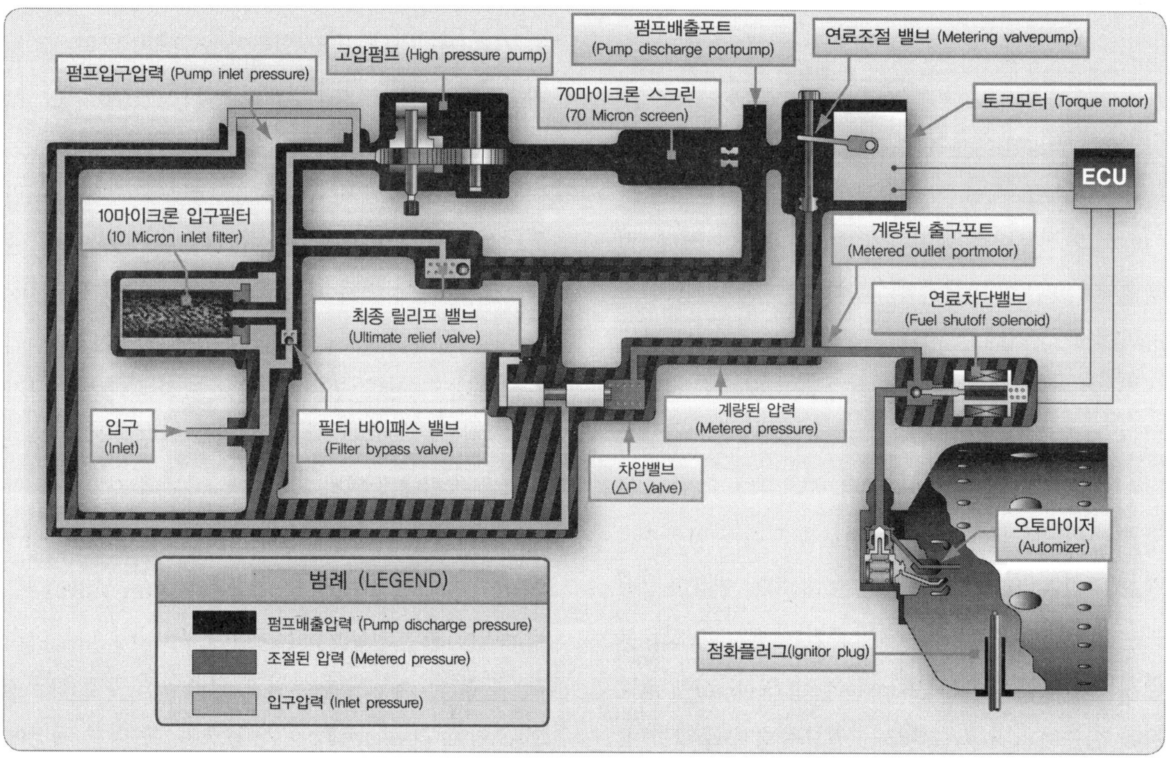

[그림 2-4] APU 연료계통

엔진 작동 중에 냉각공기가 흐르는 엔진나셀 안에 위치하며, 팬 케이스 하부 왼쪽에 완충 기능의 마운트에 부착된다.

EEC 컴퓨터는 엔진 작동을 제어하기 위해 수많은 엔진 감지기와 항공기기계통으로부터 자료를 받고 이를 이용한다. EEC는 조종실로부터 엔진 출력 또는 추력 설정에 관한 전자신호를 받는다. PLA 리솔버(Resolver)는 추력레버의 위치에 비례하는 신호를 EEC로 보내준다. EEC는 대부분의 엔진 구성품을 제어하고 그들로부터 반응신호를 받는다. 수많은 구성품들은 엔진 작동에 관한 자료들을 EEC에 공급한다.

EEC를 작동시키는 동력은 항공기 전기 계통 또는 영구자석교류발전(PMA, Permanent Magnet Alternator)에서 나온다. 엔진이 작동 중일 때는 PMA가 직접 EEC로 전력을 공급한다. EEC는 엔진 작동의 모든 양상을 제어해 주는 2개의 채널을 가진 컴퓨터이다. 각 채널은 독립된 컴퓨터로 되어 있으며 엔진의 작동을 완벽하게 제어할 수 있다. EEC 자료처리장치(Processor)는 모든 제어신호들을 계산하고 토크모터(Torque Motor)와 솔레노이드(Solenoid)에 모든 제어신호를 보내준다. 채널 A와 채널 B의 자료를 비교하고, EEC 채널이 출력 작동기(Output Driver)로 토크모터 또는 솔레노이드를 제어하는데 최선의 상태 값을 찾기 위해 상호대화 논리(Cross-talk Logic)를 이용한다. 채널 A와 채널 B 중에서 현재 사용 중인 채널(Primary Channel)이 모든 출력 작동기들을 제어한다. 만약 상호대화 논리가 다른 쪽 채널이 특정한 제어를 위해 더 좋다는 것을 알아냈다면, EEC는 다른

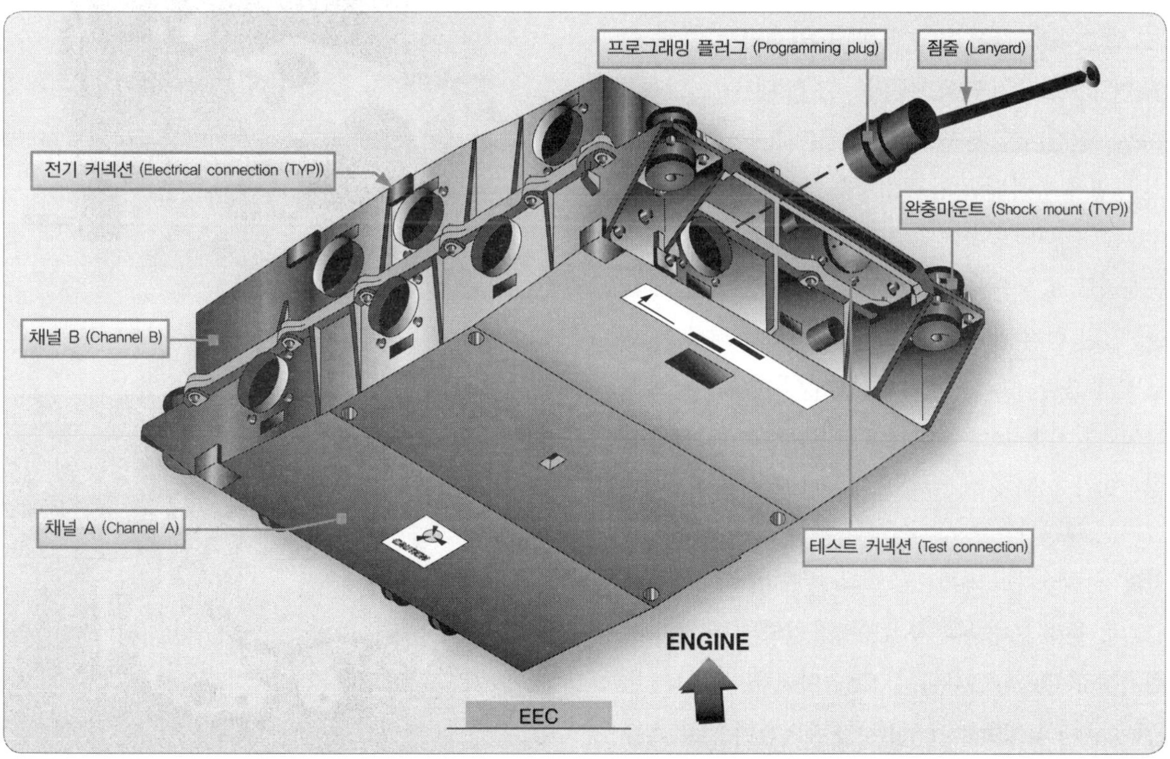

[그림 2-5] EEC와 프로그래밍 플러그(programming plug)

쪽 채널로 제어를 바꾼다. EEC는 엔진 구성품에 제어 신호를 공급해 주는 출력 작동기 뱅크(Output Drive Bank)를 갖고 있다. EEC의 각 채널은 제어신호들을 출력작동기 뱅크에 공급한다. EEC는 성능 자료와 정비관련 자료 저장용으로 휘발성 기억장치(Volatile Memory)와 비휘발성 기억장치(Nonvolatile Memory) 모두를 갖고 있다.

EEC는 모드 선택스위치(Mode Selection Switch)의 사용으로 두 가지의 모드로 엔진 추력을 제어할 수 있다. 정상모드에서 엔진 추력은 EPR로 설정되고, 대체모드에서 추력은 N1 으로 설정된다. 연료조정스위치가 작동 위치(Run)에서 정지 위치(Cutoff)로 이동하였을 때, EEC는 초기 상태(Reset)로 돌아간다. 초기 상태로 다시 설정되는 동안에, 모든 결함 자료는 비휘발성 기억장치(Nonvolatile Memory)에 기록된다.

그림 2-6과 같이, EEC는 연소용 연료 공급을 위해 연료조절장치(FMU)에 있는 조절 밸브(Metering Valve)를 제어한다. 연료조절장치(FMU)는 기어박스의 앞면에 장착되어 있고 그림 2-7과 같은 연료펌프(Fuel Pump)의 앞쪽에 부착된다. 또한 EEC는 엔진 시동시 연료조절장치에 최소압력(Min. Pressure) 신호를, 엔진 정지시는 차단밸브(Shutoff Valve)로 신호를 보내 준다. EEC는 여러 엔진 구성품에 장착된 회전차동변환기(Rotary Differential Transformer), 직선형가변차동변환기(Linear Differential Transformer) 그리고 열전쌍으로부터 위치 반응신호를 받는다. 이 감지기들은 여러 계통으로 받은 엔진 변수의 정보를 EEC로 돌려 보내준다. 연료조정장치의 작동 정지 스위치(Run Cutoff Switch)는 고압 연료차단밸브(High Pressure Fuel Shutoff Valve)를 제어하여 연료 흐름을 허용하거나 또는 차단한다. 연료온도감지기 열전쌍(Fuel Temperature Sensor Thermocouple)은 연료오일 냉각기의 뒤쪽에 연료 출구에 부착되어 있으며 EEC로 정보를 보내 준다. EEC는 연료조절장치에 있는 메트링 밸브의 위치를 제어하는데 토크모터 드라이버(Torque Motor Drive)를 이용한다. EEC는 FMU의 다른 기능을 제어하기 위해 솔레노이드 드라이버(Solenoid Drive)를 이용한다.

그림 2-8과 같이, EEC는 또한 솔레노이드 드라이버(Solenoid Drives)를 통해 연료오일냉각기(Fuel-oil Cooler, Air-oil Cooler), 블리드밸브(Bleed Valves),

[그림 2-6] 연료조절장치(Fuel metering unit)

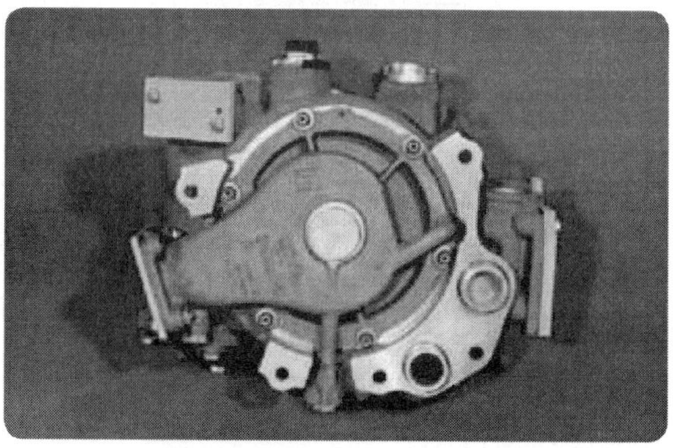

[그림 2-7] 연료펌프(Fuel pump)

가변정익(Variable Stator Vanes), 터빈냉각공기밸브(Turbine Cooling Air Valves), 그리고 터빈케이스 냉각계통(Turbine Case Cooling System)과 같은 엔진의 여러 다른 하부 계통도 제어한다.

EEC의 각각의 채널은 7개의 전기 연결부를 갖고 있는데, 양쪽에 3개 그리고 밑바닥에 1개가 있다.

양쪽 채널에서 입력을 분담하는 부분은 EEC 꼭대기에 있는 2개의 연결 부분이다. 이들은 프로그래밍 플러그(Programming Plug)와 시험용 연결부(Test Connector)이다. 프로그래밍 플러그는 엔진의 추력 정격에 들어맞는 EEC 소프트웨어(Software)를 선택한다. 플러그는 엔진 팬 케이스에 죔줄(Lanyard)로 묶여 있다. EEC를 장탈할 때, 플러그는 엔진에 그대로 남겨 둔다. 전 EEC의 각 채널은 EEC의 밑바닥에 3개의 압축공기 연결부(Pneumatic Connection)를 갖추고 있다. EEC의 내부에 있는 변환기(Transducer)는 압력에 비례하는 신호로서 관련되는 EEC 채널과 반대쪽의 채널에도 제공한다. EEC가 감지하는 압력은 대기압력(Ambient Pressure), 연소실 압력(Burner Pressure), LPC 출구압력, 그리고 팬 입구압력(Fan Inlet Pressure)이다. EEC에서 각 감지기까지 연결되는 각 채널은 자기의 고유한 전선 색깔을 갖고 있다. 채널 A 전선은 청색이고, 채널 B 감지기 신호는 녹색이다. EEC 회로가 아닌 전선은 회색이지만 열전쌍 신호는 노란색이다. 이 색깔 표시(Color Coding)는 각각의 채널에 사용되는 감지기의 단순화에 도움을 준다.

2.3.7 연료계통의 작동 (Fuel System Operation)

연료펌프는 항공기 연료계통으로부터 연료를 받는다. 연료펌프의 부스터 단계(Boost Stage)는 연료에 압력을 가하여 연료 · 오일냉각기(Fuel-oil Cooler)로 보내 준다. 연료는 연료 · 오일냉각기로부터 연료펌프 필터를 통과하고, 그다음에 연료펌프의 고압 단계(High-pressure Main Stage)로 흐른다. 고압 단계는 연료압력을 증가시키고 연료조절장치(FMU)로 보내 준다. 그것은 또한 서보연료가열기(Servo-fuel

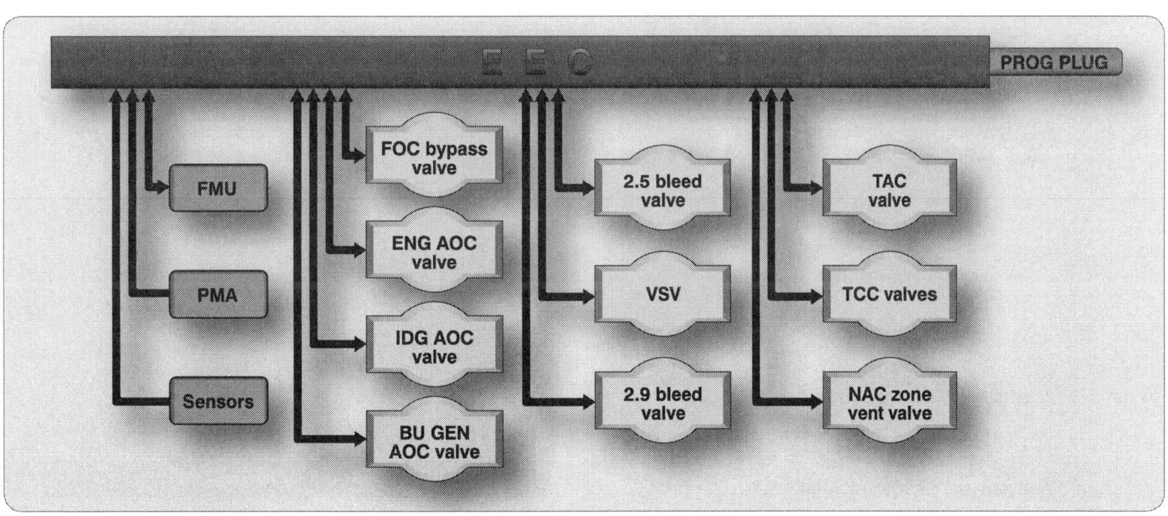

[그림 2-8] EEC가 제어하는 시스템(System controlled by EEC)

Heater)와 엔진 구성품으로 서보연료(Servo-fuel)를 공급한다.

연소를 위한 연료 즉 계량된 연료(Metered Fuel)는 그림 2-9와 같은 연료 유량기(Fuel Flow Transmitter)를 거쳐 분배밸브로 간다. 그림 2-10과 같은 연료분배밸브(Fuel Distribution Valve)는 그림 2-11과 같은 연료공급매니폴드(Fuel Supply Manifold)로 계량된 연료를 공급한다. 연료분사장치(Fuel Injector)는 연료공급매니폴드로부터 계량된 연료를 공급받아서 엔진 연소실 안으로 연료를 분사한다. 연료펌프 하우싱(Fuel Pump Housing)은 연료필터를 갖추고 있다. 연료필터 차압스위치(Fuel Differential Pressure Switch)는 거의 막히게 된 필터 상태의 신호를 EEC로 보낸다. 만약 필터가 막히게 되면, 필터를 우회하여 여과되지 않은 연료(Unfiltered Fuel)가 공급된다.

[그림 2-9] 연료유량기(Fuel flow transmitter)

[그림 2-10] 연료분배밸브(Fuel distribution valve)

2.4 물분사계통(Water Injection System)

더운 날씨에서는 공기밀도가 감소하기 때문에 추력이 줄어든다. 이것은 압축기입구 또는 디퓨저 케이스에 물을 분사하여 보상시킬 수 있다. 물 분사는 공기온도를 낮추고 공기밀도를 증가시킨다. 연료조정장치(Fuel Control Unit)에 있는 마이크로 스위치는 출력레버(PLA)가 최대출력 위치 쪽으로 이동한 상태에서 조종 축(Control Shaft)에 의하여 작동한다.

물 분사 속도재설정 서보(Speed Reset Servo)는 물 분사 시에 속도 조절을 더 높은 값으로 재설정한다. 이러한 조절이 없으면, 물 분사 중임에도 불구하고 추가적인 추력이 실현되지 않으므로 연료조정장치는 RPM을 감소시킬 것이다. 그 서보(Servo)는 물 분사 중일 때 물 압력에 의해 작동되는 셔틀밸브(Shuttle Valve)

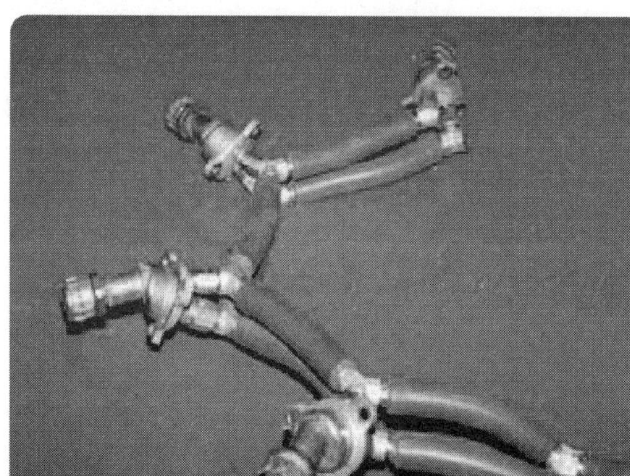

[그림 2-11] 연료공급매니폴드(Fuel manifold)

이다. 서보의 움직임은 조속기 스피더 스프링(Speed Governor Speeder Spring)에 연결된 캠 작동식 레버(Cam-operated Lever)를 이동시켜서 스피더 스프링의 힘이 증가하고 설정 속도가 증가한다. 이 결과로 RPM은 항상 물 흐름이 있는 동안 더 높아지기 때문에, 물 분사 시에 추력의 증가가 확실하게 되는 것이다. 만약 물분사계통이 조종석에서 작동되지 않거나 또는 이용할 수 있는 물이 없다면, 연료조정장치에 있는 물 분사 스위치를 작동시켜도 아무 일도 일어나지 않는다. 물을 이용할 수 있는 때, 그것의 일부분은 물 분사 속도 재설정 서보(Speed Reset Servo)로 향하게 된다. 물 분사계통은 고(高)바이패스비의 터보팬엔진에는 보통 사용되지 않는다.

2.5 연료조정장치의 정비 (Fuel Control Maintenance)

터빈엔진 연료조정장치의 현장 수리는 극히 제한되어 있다. 현장에서 허락되는 유일한 수리는 연료조정장치의 교환과 교환 후의 조절뿐이다. 이러한 조절에는 보통 엔진 트리밍(Engine Trimming)이라고 부르는 Idle RPM의 조절과 Max. RPM의 조절로 제한된다. 이 두 가지 조절은 정상작동 범위 내에서 수행된다. 엔진 트리밍을 하는 동안에, 연료조정장치는 Idle RPM, Max. RPM, 가속, 그리고 감속 등을 점검한다. 연료조정장치의 점검 절차는 항공기와 엔진 장착 설비에 따라 크게 다르기 때문에 일반적으로 적용해서는 안 된다.

그러므로 엔진 트리밍은 반드시 특정한 엔진에 대한 정비교범 또는 오버홀매뉴얼에 있는 절차에 따라서 수행해야 한다. 일반적으로 엔진 트리밍 작업을 시작하기 직전에 외기 온도(Ambient Temperature)와 해수면이 아닌 비행장 대기압(Field Barometric Pressure)을 확인하는 것으로 시작한다. 대기의 온도가 엔진으로 들어오는 공기의 실제 온도(Inlet Air Temperature)와 같은 값을 얻을 수 있도록 해야 한다. 이 값을 사용하여, 요구되는 터빈배출압력(Turbine Discharge Pressure) 또는 엔진압력비(EPR)의 값을 정비교범에 지시되어 있는 자료로부터 계산해낸다.

엔진을 완전히 안정화시키기 위해서는 충분한 시간 동안 최고 속도(Full Throttle), 또는 Part Power 정격(통상적인 Trimming Power)에서 작동시킨다. 보통 권고되는 안정 시간은 5분이다. 점검은 압축기 에어 블리드밸브(Compressor Air-bleed Valves)가 완전히 닫혔는지 확인하고, 확인할 트림 곡선이 객실 공기조화장치 작동과 같은 부분이 반영되지 않았다면 모든 액세서리 구동용 에어블리드가 OFF 되었는지를 확인해야 한다.

엔진이 안정됐을 때, 트리밍이 요구되는 대략적인 값(외기 온도와 비행장 대기압으로 산출한 목표값 범위)으로 계산된 터빈출구압력(Pt7 또는 EPR) 값과 관찰된 값을 비교해야 한다. 만약 트림 조절이 필요하다면, 계기에서 목표로 설정된 터빈출구압력(Pt7 또는 EPR) 값을 얻기 위해 엔진 연료조정 장치(Fuel Control Unit)를 조절한다. 연료조정장치의 조절과 동시에 RPM, 연료량(Fuel Flow), 및 배기가스온도(EGT) 계기를 관찰하고 기록해야 한다. 2 축식 압축기를 사용하는, Pratt and Whitney 엔진에서는, 관찰된 N2 RPM 값에 온도/RPM 곡선에서 온도를 보정하여 수정된 속도값을 적용한다. 관찰된 회전속도계의 RPM 값을 곡선에서 얻어진 % 트림속도로 나눈다. 결과는 백분율로 나타나는 새 엔진 트림속도이며 표준일의 온도, 즉 59℉ 또는 15℃로 수정된다. RPM으로 나타나는 새로운 트림속도는 회전속도계가 100% 일 때의 값을 알게 되면 계산될 수 있다. 이 값은 해당 엔진 정비교범에서 얻을 수 있다. 만약 이 모든 절차가 만족하게 수행되었다면, 엔진은 적절하게 트림된 것이다.

엔진 트리밍은 항상 항공기를 바람을 향하는 방향(Headed Wind)으로 하고, 정밀하게 수행되어야 한다. 정밀한 조절은 항공기 성능에 근거된 최소추력 기준의 정비를 보장하기 위해 필요한 것이다. 더불어 엔진 트리밍의 정밀한 조절은 엔진을 오래 사용할 수 있고(차기 엔진 오버홀까지의 시간 최대), 항공기 운영의 기회시간 손실(Out-of Commission, 엔진정비관계로 비행에서 제외)을 최소화한다는 면에서 더 나은 엔진 운영에 기여한다. 엔진은 결빙이 존재하는 상황(Icing Condition)에서는 절대로 트리밍을 해서는 안 된다.

대부분의 전자제어 연료조정계통에서는 트리밍 또는 기계적인 조절이 필요 없다. FADEC 계통에서의 EEC의 교체는 보통 소프트웨어(S/W)의 교환이나 EEC 교환을 통해 이루어진다.

2.6 엔진 연료조정장치 구성 (Engine Fuel Control Components)

2.6.1 주 연료펌프(Main Fuel Pumps Engine Driven)

주 연료펌프(Main Fuel Pump)는 적절한 압력으로, 그리고 항공기 엔진 작동 시에 항상 연료를 지속적으로 공급한다. 엔진구동연료펌프는 만족한 노즐 분무와 정밀한 연료 조절이 가능한 압력으로 반드시 최대의 연료를 공급하는 능력이 있어야 한다.

이들 엔진구동연료펌프는 두 가지 계통의 종류로 구분하게 된다.

(1) 정용량식(Constant Displacement)

(2) 가변용량식(Non-constant Displacement)

엔진연료펌프의 사용은 그 사용되는 엔진연료계통에 따라 좌우된다. 일반적으로 비용량식(Non-positive Displacement), 즉 원심펌프(Centrifugal Pump)는 엔진구동펌프의 입구에서 펌프의 두 번째 단계까지의 정압 흐름을 주기 위해 사용된다. 원심펌프의 출력은 필요에 따라 변화시킬 수 있으며, 엔진구동펌프의 부스터 단계(Boost Stage)라고 부른다.

터빈엔진에 사용되는 엔진구동연료펌프의 두 번째 단계, 또는 주 단계는 대체로 정용량식의 펌프이다. '정용량식(Positive Displacement)'이란 용어는 펌프 기어의 매 회전당 고정된 연료 양을 엔진으로 공급하

[그림 2-12] 2단 엔진구동연료펌프
(Dual element fuel pump)

는 것을 의미한다. 기어형(Gear-type) 펌프는 대략 직선적인 흐름 특성을 갖는 것에 반하여, 연료의 조건으로는 비행 또는 외기 조건에 의해서 변화가 심한 흐름이다. 그런 이유로, 모든 엔진 작동 상태의 적절한 펌프 용량은 대부분 작동 범위를 넘어서는 초과의 용량을 갖는다. 이것이 여분의 연료를 바이패스 시켜 입구로 되돌려 보내는 압력릴리프밸브(Pressure Relief Valve)의 사용을 필요로 하는 특성이다.

그림 2-12는 전형적인 2단 터빈엔진 구동펌프를 보여 준다. 고압 펌프 단계 보다 높은 속도에서 구동되는 부스터 단계의 임펠러(Impeller)는 엔진 회전속도에 따라 연료 압력을 변화시킨다. 연료는 임펠러에서 2개의 고압 기어펌프 단계로 방출된다. 릴리프밸브는 펌프의 출구에 부착되어 있다. 이 밸브는 미리 설정된 압력에서 열리고 총 연료 흐름 량을 바이패스 시키는 능력이 있다. 이것은 엔진 작동에서 필요한 양 이상의 연료를 재순환시킨다.

바이패스 연료는 두 번째 단계 펌프의 입구 쪽으로 돌려진다. 연료는 펌프로부터 연료조절장치(FMU) 또는 연료조정장치(FCU)로 흐른다. 연료조정장치는 가끔 연료펌프에 부착된다. 연료펌프는 또한 펌프를 거쳐 지나가는 연료에 의해 윤활 되기 때문에 펌프의 입구로 연료 공급이 끊기는 상황이 일어나지 말아야 한다. 엔진 정지 시에도 연료펌프는 그것이 완전히 정지될 때까지는 연료를 공급해야 한다.

2.6.2 연료가열기(Fuel Heater)

가스터빈엔진 연료계통에는 연료필터에서 얼음이 형성되기 쉬운 약점이 있다. 항공기 연료탱크에 있는 연료가 32°F 이하로 냉각되었을 때, 연료탱크에 잔류 수분은 빙정(Ice Crystals)을 형성하여 얼려는 경향이 있다. 연료에서 이들 빙정이 필터에 갇히게 되었을 때, 엔진으로 가는 연료 흐름을 막아서 아주 심각한 문제를 야기한다. 이러한 문제를 방지하기 위하여, 연료 온도를 빙점 이상으로 유지시킨다. 더 따뜻한 연료는 또한 연소를 향상시킬 수 있고, 그래서 연료온도 조절의 방법이 필요하다.

연료온도를 조절하는 한 가지 방법은 연료를 따뜻하게 하는 열교환기처럼 연료가열기를 사용하는 것이다. 연료가열기는 열의 공급원으로 엔진의 블리드 공기(Bleed Air) 또는 엔진 윤활유(Lubricating Oil)를 이용할 수 있다. 블리드 공기 형식은 공기와 액체의 열교환(Air-to-liquid Exchanger)라고 부르며, 오일 형식은 액체와 액체의 열교환(Liquid-to-liquid Exchanger)라고 부른다. 연료가열기의 기능은 결빙으로부터 엔진연료계통을 보호하는 것이다. 그러나 연료 필터에서 얼음이 형성되었다면, 연료가열기는 또한 다시 자유롭게 연료가 흐르도록 연료 필터의 얼음을 녹이기 위해 사용될 수도 있다. 대부분의 장치에서 연료필터에는 압력 강하 경보스위치(Pressure-drop Warning Switch)가 부착되어 있으며 조종석 계기판에 경고등을 조명하여 알려 준다. 만약 얼음이 필터 표면에 쌓이기 시작하면, 필터로 접근하는 압력이 서서히 감소된다. 압력이 어떤 설정 값에 도달할 때, 경고등이 켜져서 조종실 승무원에게 경고를 해 준다.

연료제빙계통은 간헐적으로 사용되도록 설계되었다. 계통의 제어는 조종석에 있는 스위치를 수동으로, 또는 연료가열기에 있는 자동온도조절감지장치(Thermostatic Sensing Element)를 이용한 자동으로, 공기차단밸브(Air Shutoff Valve) 또는 오일차단밸브(Oil Shutoff Valve)를 열거나 차단하게 할 수 있다. 그

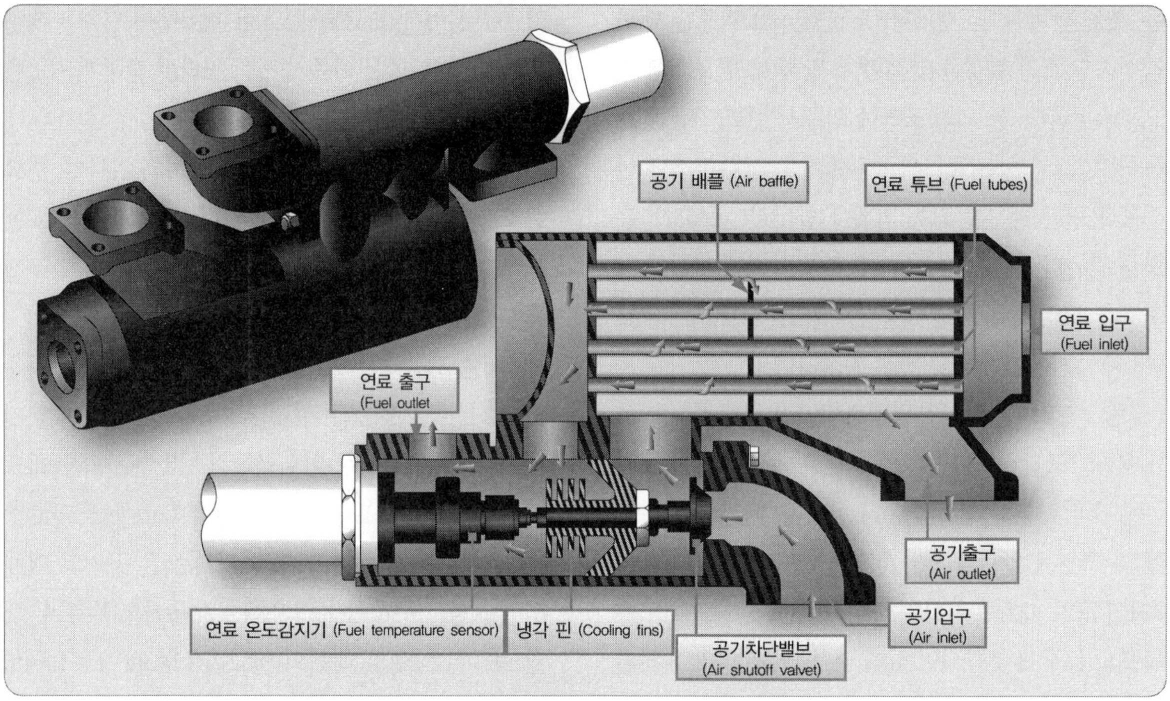

[그림 2-13] 연료 가열기(Fuel heater)

림 2-13은 연료가열기장치를 보여 준다. FADEC 계통에서, 컴퓨터는 연료온도를 감지하여 필요시 연료를 가열함으로써 연료온도를 제어한다.

2.6.3 연료필터(Fuel Filters)

저압 필터(Low-pressure Filter)는 엔진구동연료펌프와 여러 가지의 제어장치를 보호하기 위해 공급탱크와 엔진연료계통 사이에 장착되어 있다. 추가의 고압 연료필터(High-pressure Filter)는 저압 펌프로부터 들어올 수 있는 오염(Contamination)에 대해 연료조정장치(Fuel Control Unit)를 보호하기 위해 연료펌프와 연료조정장치 사이에 장착되어 있다.

가장 일반적인 형식의 필터는 미크론 필터(Micron Filter), 웨이퍼스크린 필터(Wafer Screen Filter), 그리고 평 스크린 망사 필터(Plain Screen Mesh Filter)의 3 가지이다. 이들 각 필터의 독립적인 사용은 특정한 장소에서 요구되는 여과 처리(Filtering Treatment)를 위함이다.

그림 2-14와 같이, 미크론 필터는 명칭에서 의미하듯이, 현재 사용되는 필터 형식 중에서 가장 큰 여과작용을 갖는다. 1-미크론은 1/1000 mm이다. 필터 카트리지의 구조에서 자주 사용되는 다공성 섬유소 물질(Porous Cellulose Material)은 10~25-미크론 크기의 이물질을 제거할 수 있다. 미소한 열린 구멍으로 이런 형식의 필터를 만들어 내지만, 막힘의 영향을 받기 쉬우므로 바이패스밸브가 안전요소로 필요한 것이다.

미크론 필터는 이물질 제거에 완벽한 임무를 수행하

기 때문에, 연료탱크와 엔진 사이에서 특히 귀중한 것이다. 섬유소물질은 이물질이 펌프를 거쳐 지나갈 때 막는 기능을 하지만 또한 수분을 흡수한다. 이따금 일어나는 일이지만, 만약 필터가 수분에 포화되고 물이 필터를 통해 나온다면, 수분은 연료펌프와 제어장치의 부품들을 손상시킬 수 있고 급속히 손상시킨다. 왜냐하면 이들 요소들이 오로지 연료에 의존하여 윤활을 하기 때문이다. 수분에 의한 펌프와 제어장치의 손상을 줄이기 위해, 필터 요소의 주기적인 확인과 교환은 절대 필요한 것이다. 매일같이 연료탱크 섬프와 저압 필터의 물을 배출하게 되면 많은 필터 고장, 그리고 펌프와 제어장치의 불필요한 정비를 없앨 수 있다.

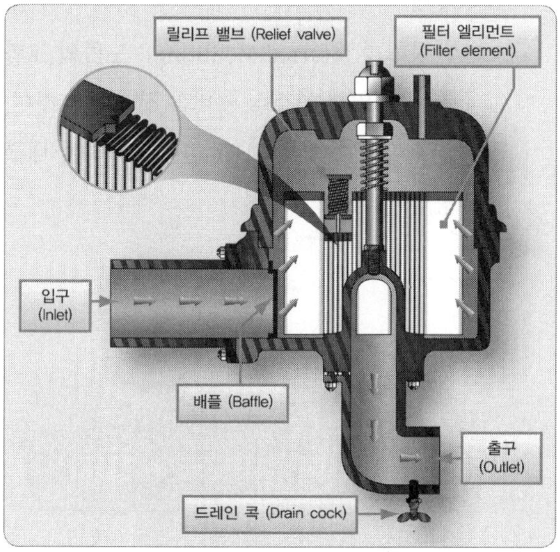

[그림 2-14] 연료 필터(Aircraft fuel filter)

가장 널리 사용되는 필터는 200-mesh와 35-mesh 미크론 필터이며, 미세 입자의 제거가 필요한 연료펌프, 연료조정장치, 그리고 연료펌프와 연료조정장치 사이에서 사용된다. 보통 고운-메시 강철 와이어(Fine-mesh Steel Wire)로 제작된 이들의 필터는 와이어를 연속적으로 겹친 층으로 되어 있다.

그림 2-15와 같이, 웨이퍼 스크린형 필터(Wafer Screen Filter)는 청동(Bronze), 황동(Brass), 철, 또는

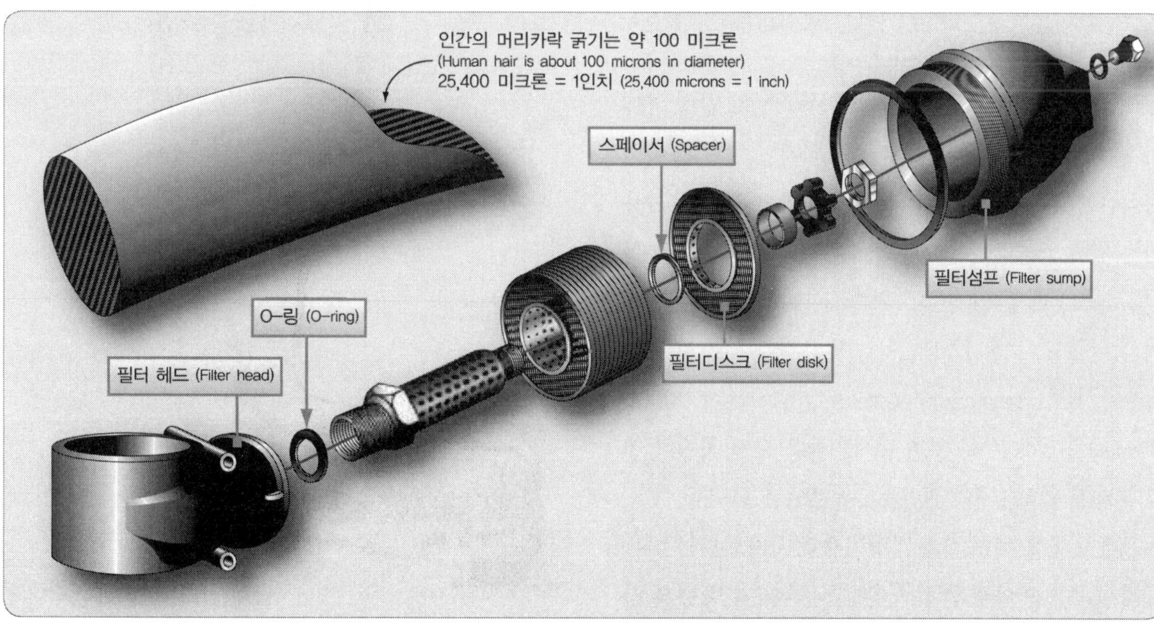

[그림 2-15] 웨이퍼 스크린 필터(Wafer screen filter)

그와 유사한 재료의 스크린 원반을 겹으로 만들어 필요에 따라 요소들을 교체할 수 있다. 이 형식의 필터는 미세한 입자를 제거할 능력이 있을 뿐 아니라, 고압에 잘 견디는 강도를 갖고 있다.

2.6.4 연료 분사노즐과 연료 매니폴드 (Fuel Spray Nozzles and Fuel Manifolds)

연료 분사노즐(Fuel Spray Nozzle)은 연료계통 일체의 한 부분이지만, 그들의 설계는 노즐이 장착되는 곳인 연소실의 형식과 긴밀한 관계가 있다. 연료 노즐은 가능한 한 가장 짧은 시간에, 그리고 가능한 한 가장 작은 공간에서 연소가 균일하게 완결되도록, 고도로 미세하고 정밀하게 만들어진 분무형태로 연소 지역 안으로 연료를 분사한다. 연료가 고르게 분배되고 라이너 내에서 화염을 중앙으로 잘 집중시키는 것은 아주 중요한 것이다. 이것이 연소실 내에서 어떤 열점의 형성도 불가능하게 하며, 화염이 라이너를 통해서 연소되는 것을 방지하는 길이다.

노즐 안의 있는 작은 오리피스를 통과하고 압력 하에서 연소 영역 안으로 연료가 분사되지만 연료 노즐의 형식은 엔진에 따라 상당히 다르다. 일반적으로 사용되는 연료 노즐의 두 가지 형식은 단식(Simplex)과 복식(Duplex) 배열이다. 복식노즐(Duplex Nozzle)은 2개의 매니폴드, 보통 1차와 2차 연료유량을 분리시켜 주는 여압밸브(Pressurizing Valve) 또는 흐름분할기(Flow Divider)를 필요로 하지만, 단식노즐은 오직 적절한 연료 분배를 위해 1개의 매니폴드를 필요로 한다.

연료 노즐은 여러 가지의 방법으로 장착되도록 만들어질 수 있다. 아주 흔히 사용되는 두 가지 방법은 다음과 같다.

(1) 외부 장착형(External Mounting): 연소실 돔(Dome) 근처에 있는 노즐로서, 케이스(Case) 또는 입구의 공기 엘보(Elbow)에 노즐을 부착하기 위해 외부에 마운팅 패드(Mounting Pad)가 마련되는 방법

(2) 내부 장착형(Internal Mounting): 노즐의 교환이나 정비를 위해 연소실 커버를 장탈해야 하며, 내부 연소실의 돔(Liner Dome)에 장착하는 내부 설치 방법.

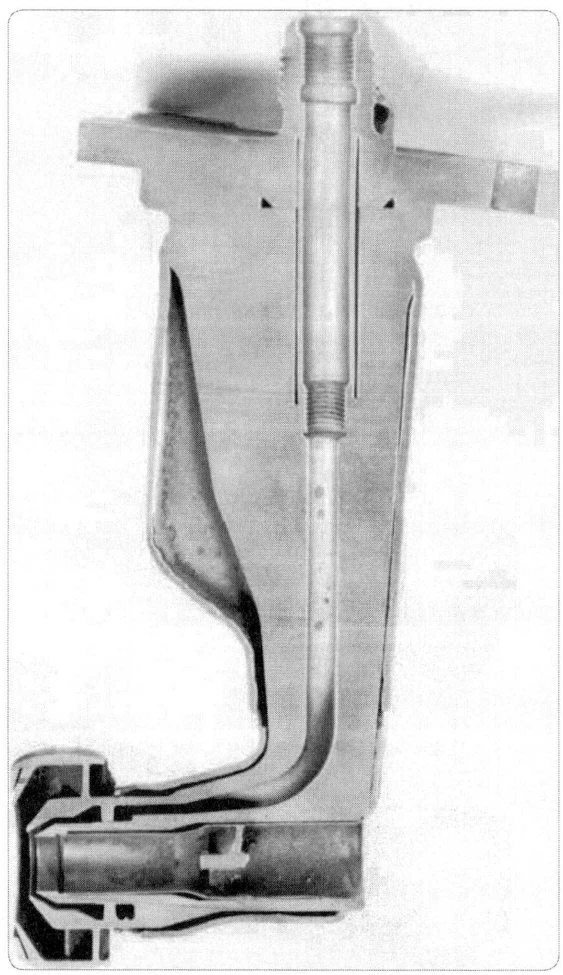

[그림 2-16] 단식연료노즐
(Simplex airblast nozzle cutaway)

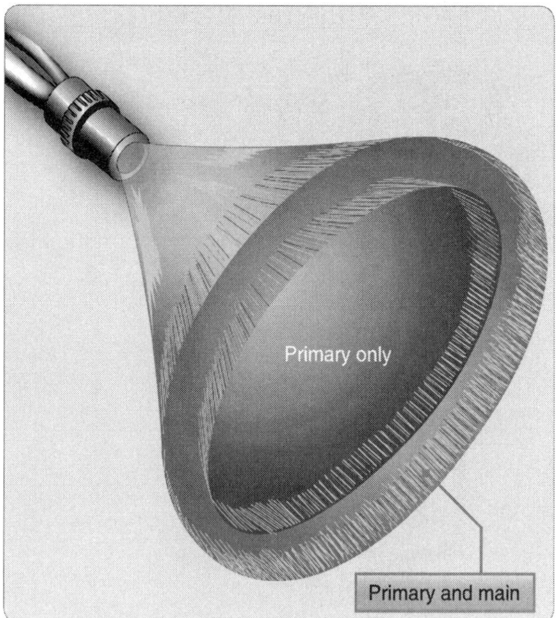

[그림 2-17] 복식연료노즐 분사형태
(Duplex nozzle spray pattern)

특정한 엔진에 사용되는 노즐은 그들이 동일한 양의 연료를 흐르도록 조화시켜야 한다. 심지어 연료 분배는 연소실 부분에서 효과적인 연소에 중요하다. 연료 노즐은 정확한 형태와 최적의 분무작용으로 미세한 분무를 제공해야 한다.

2.6.4.1 단식 연료 노즐(Simplex Fuel Nozzle)

단식 연료 노즐(Simplex Fuel Nozzle)은 터빈엔진에서 사용된 최초의 노즐이었고, 시동과 Idle 속도에서 분무작용이 더 좋은 복식노즐(Duplex Fuel Nozzle)로 대부분 교체되었다. (그림 2-16)에서 보여 주는 것과 같이, 단식노즐은 아직도 몇몇의 설비에서 사용되고 있다. 각 단식노즐은 노즐 팁(Tip), 인서트(Insert), 그리고 정밀 망사스크린(Fine-mesh Screen)과 지지대로 구성된 필터(Strainer)로 구성되어 있다.

2.6.4.2 복식 연료 노즐(Duplex Fuel Nozzles)

복식 연료 노즐(Duplex Fuel Nozzle)은 현대의 가스터빈엔진에 가장 널리 사용된다. 전술한 바와 같이, 그것의 사용은 흐름분할기(Flow Divider)를 필요로 하지만 동시에 넓은 범위의 작동압력과 연소에서 바람직한 분무 형태(Desirable Spray Pattern)로 나타나게 한다. (그림 2-17) 및 (그림 2-18)에서는 전형적인 이 형식의 노즐을 설명한다.

2.6.5 에어블라스트 노즐(Airblast Nozzles)

에어블라스트 노즐(Airblast Nozzle)은 연소에 대한 최적의 분사를 실현하기 위해 연료와 공기 흐름의 혼합을 향상시키기 위해 사용된다. 그림 2-16과 같이, 선회 베인(Swirl Vane)은 노즐의 끝부분에 열린 공간으로 공기와 연료를 혼합하기 위해 사용된다. 연료 분사에서 일차 연소 공기유량의 비율을 이용하여, 부분적으로 농후한 연료 농도는 줄여질 수 있다. 이 형식의 연료 노즐은 엔진에 따라서 단식(Simplex)이거나 또는 복식(Duplex)일 수 있다. 이 노즐 형식은 다른 노즐보다 더 낮은 작동압력에서 운영할 수 있어 더 가벼운 펌프가 적용될 수 있다. 또한 노즐에 탄소가 끼는 경향(탄소가 끼면 흐름 형태를 혼란시킬 수 있음)을 줄이는 데 도움이 된다.

2.6.6 흐름분할기(Flow Divider)

그림 2-19와 같이 흐름분할기(Flow Divider)는 연료유량을 1차와 2차 연료흐름으로 분리하여 각 분리된 매니폴드를 통해 방출되게 한다. 연료조정장치로(Fuel Control)부터 오는 계량된 연료(Metered Fuel)

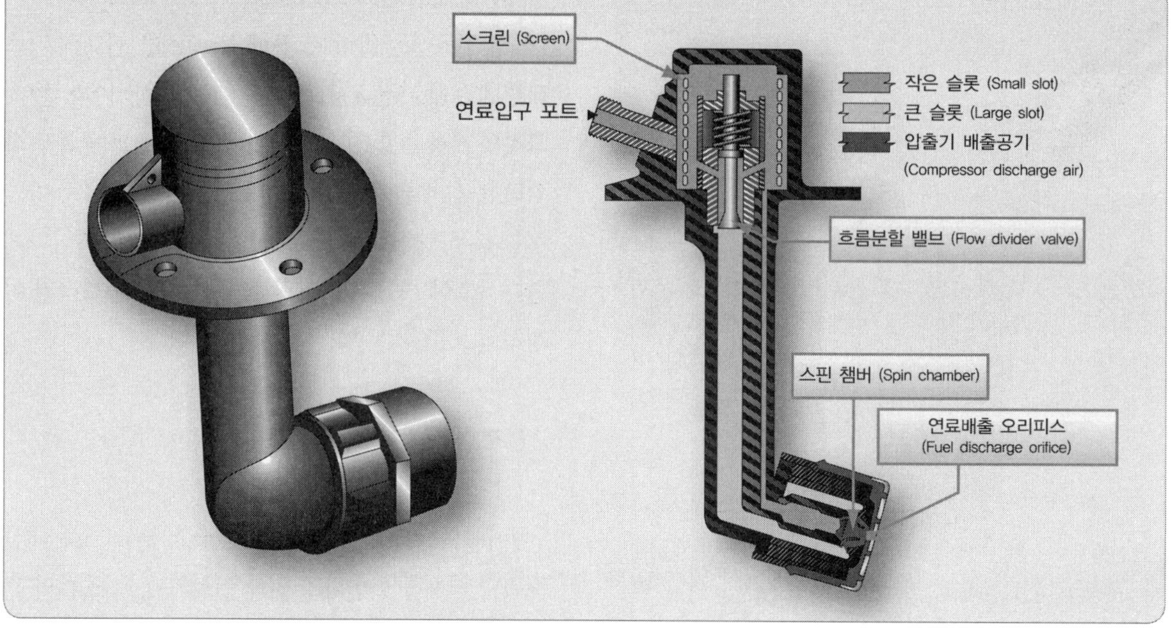

[그림 2-18] 복식 연료 노즐(Duplex fuel nozzle)

는 흐름분할기의 입구로 들어가 오리피스를 거쳐 지나가고, 그다음에 1차 노즐로 들어간다. 흐름분할기에 있는 통로는 연료 흐름을 오리피스의 양쪽에서 챔버로 향하도록 되어있다. 이 챔버는 차압 벨로우즈(Differential Pressure Bellows), 점성보상흐름제한장치(VCR, Viscosity Compensated Restrictor), 그리고 서어지 완충장치(Surge Damper)가 있다.

엔진이 시동되는 동안에 연료압력은 흡입구에 가해지고, 점성보상흐름제한장치, 서어지 완충장치를 통과하여, 노즐의 1차 쪽으로 가해진다. 연료는 또한 흐름분할기 벨로우즈의 바깥쪽으로, 그리고 서어지 완충장치를 통해 흐름분할기 벨로우즈의 안쪽으로 압력하에서 가해진다. 이 균등하지 않은 압력은 흐름분할 밸브를 계속 닫혀있게 한다. 연료유량이 증가하면, 벨로우즈의 차압은 또한 증가한다. 벨로우즈의 압축이 미리 결정된 압력에 도달하면 흐름분할기가 열리도록 한다. 이 작용으로 2차 매니폴드로 연료유량을 시작하면서 엔진으로의 연료유량이 증대된다. 이 연료는 2차 노즐을 통하여 흐른다.

2.6.7 연료여압 및 배출밸브 (Fuel Pressurizing and Dump Valves)

보통 복식 연료 노즐(Duplex Fuel Nozzle)을 사용하는 엔진에는 연료를 1차와 2차 매니폴드로 분리하기 위하여 연료여압밸브(Fuel Pressurizing Valve)가 필요하다. 엔진 시동 시와 공중 Idle 속도에서 필요한 연료 흐름은 모두 1차 라인으로 흐른다. 연료유량이 증가하면 밸브가 주 연료 라인을 열기 시작해서 연료유량이 최대일 때 2차 라인에 흐르는 연료가 약 90% 될 때까지 열리게 된다.

연료여압밸브는 보통 매니폴드 이전에서 연료를 완

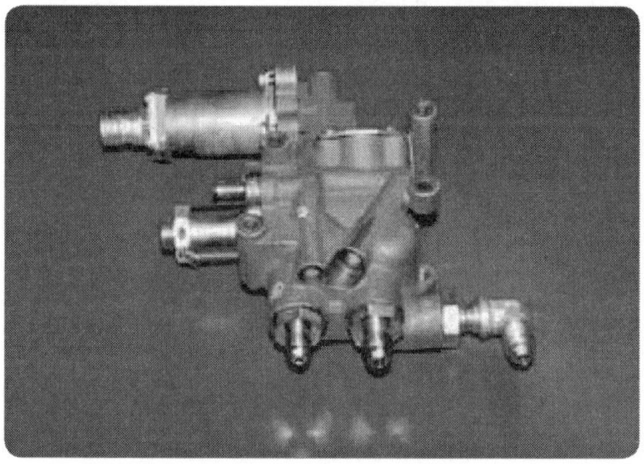

[그림 2-19] 흐름 분할기(Flow divider)

전히 차단시켜 가두어 둔다. 이렇게 차단시켜서 매니폴드와 연료 노즐을 통하여 연료가 흘러 들어가지 못하게 하여, 후화(Afterfire) 발생과 연료 노즐에의 탄화생성을 방지해 준다. 탄화는 연소실 온도가 내려가면서 연료가 완전히 연소되지 못하기 때문에 일어난다.

흐름분할기는 본질적으로 여압밸브와 같은 기능을 수행한다. 이름이 의미하듯이, 그것은 복식 연료 노즐에 연료 흐름을 분배하기 위해 사용된다. 엔진제작사 사이에서 서로 명칭은 다르지만 동일한 기능을 수행하는 장치가 있는 것은 통상 있는 일이다.

2.6.8 연소실 드레인밸브 (Combustion Drain Valves)

드레인밸브(Drain Valve)는 연료가 축적되면 엔진 작동에 문제를 일으키기 쉬운 여러 구성품들로부터 연료를 배출시키기 위하여 사용되는 장치이다. 그 하나의 문제는 연소실에 고여 있는 연료로 인한 화재의 위험성이고, 다른 문제는 연료 매니폴드와 연료 노즐 같은 곳에서 증발된 후 납과 고무 찌꺼기가 가라앉은 것이다.

어떤 경우에는 연료 매니폴드는 드립(Drip) 또는 덤프밸브(Dump Valve)로 알려진 각각의 장치에 의해서 드레인 된다. 이러한 형식의 밸브는 압력 차이에 의해서 작동되거나 솔레노이드로 작동될 수 있다.

연소실 드레인밸브는 매번 엔진 정지 후 연소실에 고여 있는 연료 또는 시동에 실패할 때 고여진 연료 모두를 드레인 시킨다.

만약 연소실이 캔 형(Can-type)이라면, 연료는 화염 전달(Flame Tube)관 또는 연결 튜브(Interconnector Tube)를 통하여 중력으로 드레인 라인따라 드레인 밸브가 있는 아래쪽 챔버에 모여서 아래로 드레인 된다. 만약 연소실이 바스켓(Basket) 또는 애눌러 형(Annular-type)이라면, 연료는 단지 연소실 라이너(Liner)에 있는 공기구멍을 통하여 흘러서, 드레인 라인이 연결되어 있는 연소실 하우싱의 바닥에 고여 있게 된다.

연료가 연소실 바닥 또는 드레인 라인에 고인 후, 매니폴드 또는 연소실 내의 압력이 대기압 수준으로 떨어지면 드레인밸브는 고여 있던 연료를 드레인 시킨다.

작은 스프링이 드레인밸브를 붙잡고 있으나, 엔진 작동 중에는 연소실 내의 압력이 스프링을 이기고 밸브를 닫아 준다. 밸브는 엔진 작동 시에 닫힌다. 매 엔진 정지 후 축적된 연료를 드레인 시키기 위해서는 밸브의 작동 상태가 절대적으로 양호해야 한다. 그렇지 않으면, 다음번 시동 시에 과열 시동되거나 또는 엔진 정지 후에 후화가 일어나기 쉽다.

2.7 연료량 지시장치 (Fuel Quantity Indicating Units)

연료량 지시장치는 1개에서 여러 개로 다양하다. 연료계수기 또는 지시기는 조종석 계기 판넬에 장착되어 있고, 엔진에 이르는 연료 라인에 장착되어 있는 유량계와 전기적으로 연결되어 있다.

연료계수기(Fuel Counter) 또는 총 잔량 기록장치(Totalizer)는 연료 사용량을 기록하는데 사용한다. 항공기에 연료를 보급할 때는 계수기를 파운드로 표시된 모든 탱크의 총 연료 양을 수동으로 맞추어 놓는다.

연료가 유량계의 측정 요소(Measuring Element)를 통과하면 연료계수기에 전기적으로 신호를 준다. 이 신호는 계수기 장치를 작동하여 처음 눈금에서 엔진을 통과하는 만큼의 파운드 값을 감해 주도록 한다. 이와 같이 연료계수기는 항공기에 남아 있는 총 연료 양을 파운드로 계속 지시한다. 하지만 연료계수기의 지시가 부정확하게 될 수 있는 어떤 상태가 있는데, 버리는 연료(Jettisoned Fuel)가 사용 가능한 연료로 계속 연료계수기에 지시된다는 것이다. 탱크에서 또는 유량계의 위쪽 연료 라인에서 누설되는 연료는 계산되지 않는다.

03
흡기 및 배기계통

Induction and Exhaust Systems

3.1 터빈엔진 흡기계통
3.2 터보차저를 장착한 배기 계통
3.3 역추력장치
3.4 에프터버너/추력증가장치
3.5 추력벡터링
3.6 엔진소음감소
3.7 터빈엔진 배출물

3 흡기 및 배기계통

Induction and Exhaust Systems

3.1 터빈엔진 흡기계통 (Turbine Engine Inlet Systems)

터빈엔진의 엔진 흡입구(그림 3-1 참조)는 엔진에서 요구되는 양의 공기가 흐름의 방해를 받지 않고 압축기까지 갈 수 있도록 디자인된다. 압축기 1단계 블레이드(Rotor Blade)의 내구성이 충분하지 못했던 초기에는 압축기 1단계에 인렛가이드베인(Inlet Guide Vane)을 먼저 내세워 공기의 흐름을 바르게 들어가도록 디자인된 가스터빈 엔진들이 있다.

공기흐름이 일정하지 않을 경우 압축기 실속(Stall : 공기 흐름이 멈추거나 거꾸로 흐르는 경향이 있음)이나, 터빈(Turbine) 내부 온도가 과도하게 상승하는 경향이 있다. 일반적으로 공기흡입구 덕트(Air-inlet Duct : 공기를 흡입하는 엔진 입구)는 엔진 부품이 아니라 기체 부품으로 간주된다. 그러나 그 덕트(Duct)는 엔진 전체의 성능 및 적정한 추력을 만들기 위하여 엔진에서 아주 중요하다.

가스터빈엔진은 왕복엔진보다 월등히 많은 공기를 필요로 한다. 그래서 공기가 들어가는 입구가 엔진의 추력에 상응하여 크다. 특히 고속에서 엔진과 항공기의 성능을 결정하는데 공기의 양은 매우 중요하다. 비효율적인 흡입구 덕트(Inlet Duct)는 다른 엔진 부품들의 성능에 막대한 부담을 줄 수 있다. 그러한 흡입구는 터빈엔진의 종류에 따라 다양하다.

대형 터보팬(Turbofan)엔진보다 상대적으로 적은 규모인 터보프롭(Turboprop) 및 터보샤프트(Turboshaft) 엔진들은 완전히 다른 모양에 공기 흐름이 적은 흡입구로 구성되어 있으며, 대체로 터보프롭(Turboprop), 보조엔진, 그리고 터보샤프트(Turboshaft)엔진들은 외부 물질의 유입으로 인한 피해(FOD)를 방지하기 위하여 스크린(Screen)형태의 흡입구를 사용 한다.

[그림 3-1] 터빈엔진 흡입구(turbine engine inlet)

항공기의 속도가 증가되면 추력은 조금 감소하는 경향이 있다.

항공기가 어떤 속도에 도달하면 감소된 추력 손실은 렘에어(Ram Air)의 영향으로 어느 정도 보상된다. 램에어 영향으로 자유로운 공기흐름에서 흡입구내의 공기분자가 압축되기 시작하면 전체압력이 상승하고, 이 추가되는 압력은 엔진의 압축력과 공기 흐름을 증가시킨다. 이것이 바로 램 회복(Ram Recovery) 혹은 전압력 회복(Total Pressure Recovery)이라 한다. 따라서 흡입구 덕트(Inlet Duct)는 가능한 한 최소한의 와류와 압력으로 압축기 입구에 공기를 일정하게 보내 주어야 하며, 또한 항공기에는 최소한의 항력이 되게 해야 한다.

엔진 입구에서 덕트(Duct)의 양쪽 옆을 따라서 발생하는 공기의 마찰이나 덕트의 곡선 부분은 엔진으로 들어가는 공기 압력을 감소시키는 원인이 될 수 있다. 덕트로 들어가는 공기에 와류가 적어야 원활한 공기 흐름이 가능하며, 공기 흐름이 적은 엔진에서는 공기 흐름의 변화를 적게 하면 적은 저항의 작은 나셀(Nacelle)도 가능한 것이다. 터보팬엔진에서 높은 공기 흐름에서도 원활한 공기 흐름이 가능하게 하려면 덕트는 당연히 직선으로 디자인되어야 한다. 덕트 흡입구의 선택은 항공기 운항을 위해 설계된 속도, 고도, 자세와 항공기 엔진의 위치에 의하여 결정된다.

3.1.1 분할 입구 덕트(Divided-Entrance Duct)

고속이 요구되고 하나 혹은 두 개의 엔진을 장착한 군용기는 조종석이 앞부분(Nose) 동체 아래에 있으므로, 현대 항공기에서 잘 사용되지 않는 옛 형태인 단일입구(Single-entrance) 덕트를 사용하기 보다는 동체의 양쪽 옆 또는 좌우 날개근저(Wing-root Inlet)로부터 공기를 취하는 분할 흡입구(Scoop)를 적용(그림 3-2)한다. 하지만 두 형태 모두 단일입구 덕트 보다는 항력 증가가 많아 항공기 설계에 어려움이 따른다. 내부적으로는 단일입구 덕트에서 당면했던 것과 똑같은 문제에 부딪히게 되기 때문에 필요한 길이의 덕트를 만들면서 굴곡을 최소한으로 줄여야 한다. 동체 양쪽의 흡입구 형태는 가끔 사용되는데, 이러한 사이드(Side) 흡입구는 단일입구 덕트의 특성을 살리고 압축

[그림 3-2] 분할 흡입 덕트(divided-entrance duct)

기 입구로 점진적인 곡선 모양을 주기 위하여 가능한 한 앞쪽에 위치하고 있다. 흡입공기의 와류를 방지하고 들어오는 공기를 바르게 해 주기 위하여 사이드 흡입구 입구에 가변 베인(Turning Vane)을 적용하기도 한다.

3.1.2 가변형 덕트(Variable-Geometry Duct)

흡입구 덕트(Inlet Duct)의 제일 중요한 기능은 적당한 양의 공기를 엔진 입구로 공급하는 것이다. 터보제트 혹은 저바이패스 터보팬엔진을 사용하는 전형적인 군용항공기에서 공기가 최대로 필요할 때의 엔진 전면에서 직접 흡입되는 공기의 속도는 마하 1 이하이다. 엔진으로의 공기 흐름은 항상 마하 1 이하가 되어야 한다. 그러므로 모든 비행 상태 하에서 에어 흡입구 덕트로 들어가는 공기의 속도는 압축기에 들어가기 전에 덕트를 통과하면서 감소되어야 한다. 이렇게 되기 위해서는 흡입구 덕트는 디퓨저(Diffuser)와 같은 성능을 갖게끔 설계되어야 하며 따라서 덕트를 통과하면서 공기의 속도는 감소되고 공기의 정압(Static Pressure)은 증가된다. (그림 3-3)

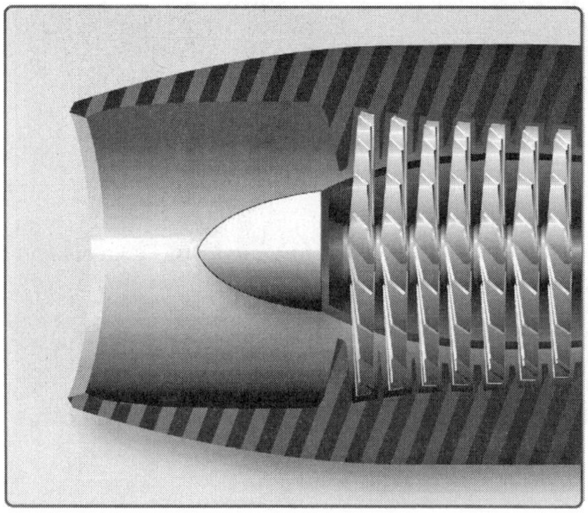

[그림 3-3] 디퓨저 역할을 하는 흡입 덕트
(An inlet duct acts as a diffuser)

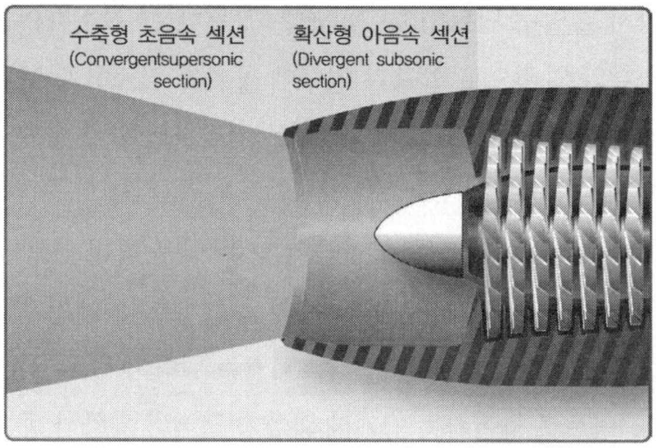

[그림 3-4] 흡입 덕트의 뒤쪽부분은 아음속 디퓨저로 작동
(The aft section of an inlet duct acting as
a subsonic diffuser)

초음속 군용항공기의 디퓨져(Diffuser)에서는 흐름의 뒤쪽으로 갈수록 점차적으로 감소된다. 그러므로 초음속 흡입구 덕트에서는 흡입공기 속도가 마하 1로 감속될 때까지 이러한 일반적인 형태가 계속된다. 덕트의 후방 부분은 아음속 디퓨져처럼 작동함으로 속도가 감소된다. (그림 3-4) 초음속 항공기의 흡입구 덕트는 항공기의 디자인 형상에 의하여 결정되고 있으나 실제적으로는 이러한 일반적인 설계 방식을 따르게 된다. 고속항공기에 대하여는 덕트 내부의 형상이 속도의 증감에 따라 기체적인 장치에 의하여 가변되고 있다. 이런 형식의 덕트를 가변인렛덕트(Variable Geometry Inlet Duct)라고 한다.

군용항공기는 초음속 비행 속도에서 흡입공기를 확산시켜 흡입구 공기 흐름을 감소시키기 위하여 다음에 서술된 세 가지 방법을 사용한다.

한 가지 첫 번째 방법은 덕트 내부에 쐐기(Wedge)나 램프(Ramp) 같은 움직이는 방해물을 사용하여 흡입구 덕트의 형상을 변화시키는 것이고, 또 다른 두 번째 방법은 엔진 흡입 전에 들어온 공기의 일부를 덕트(Duct) 바깥으로 빼내는 가변 공기흐름 바이패스 방식(Variable Airflow Bypass Arrangement)의 일종이다. 경우에 따라서 양쪽 시스템을 혼합하여 사용하기도 한다.

세 번째 방법은 기류 속에서 충격파를 사용하는 것이다. 충격파라는 것은 공기나 가스의 흐름에 불연속적인 어떤 얇은 층을 말하는데 그 속에서는 공기 또는 가스의 속도, 압력, 밀도와 온도가 급속적인 변화를 받게 된다. 보다 강력한 충격파는 공기나 가스의 성질에 많은 변화를 주게 된다. 충격파는 마하수가 높은 비행에서 자동적으로 발생되어 흐름에 방해 역할을 한다. 충격파는 공기의 흐름을 확산시키며, 바꾸어 말하면 공기 흐름의 속도를 줄여 준다. 확산시키기 위한 방법으로서 충격 방법과 가변형 방법(Variable Geometry Method)이 동시에 한 항공기에 사용되고 있다. 그와 같이 덕트의 크기를 변화시키는 장치는 덕트 안으로 흡입되는 공기의 속도를 더욱 감소시키는 충격파를 만들어 낸다. 덕트 면적의 변화량과 충격파의 크기는 항공기 속도에 따라 자동적으로 변화된다.

3.1.3 압축기 흡입구 스크린 (Compressor Inlet Screens)

엔진 흡입구로 쉽게 빨려 들어가는 이물질 흡입을 방지하기 위하여 엔진 흡입구에 인렛스크린(Inlet Screen)을 설치하기도 한다.

흡입구 스크린을 주로 장착하는 터보프롭(그림 3-5)과 보조동력장치(APU)(그림 3-6)라고 해서 이물질에 의한 손상(FOD)에 취약하지는 않다. 흡입구 스크린이 갖는 장점과 단점을 살펴보면, 축류형 압축기에 알루미늄 블레이드를 장착하고 있는 경우는 내부가 쉽게 손상되기 때문에 흡입구 스크린은 필수적이다. 그러나 스크린은 흡입구 덕트의 압력을 다소 감소시키고 결빙되기 매우 쉬우며 피로 결함이 문제가 될 수 있다. 때때로 인렛스크린에 결함이 발생하면 스크린을 장착하지 않았을 때보다 더 심한 손상을 입히는 원인이 되기도 한다. 어떤 경우에는 스크린을 장탈할 수 있게 만들어 이륙 후 또는 결빙 상태를 벗어났을 때 제거하게 할 수도 있다. 그러한 스크린은 기계적인 고장이 나기 쉽고 중량이나 부피 등으로 인한 장착상의 문제점이 있다. 쉽게 손상되지 않는 철이나 티타늄으로 만든

압축기 블레이드(Blade)를 장착한 대형엔진에서는 이점보다는 단점이 더욱 많기 때문에 인렛스크린(Inlet Screen)을 사용되지 않는 것이 보통이다.

3.1.4 벨마우스 압축기 흡입구 (Bellmouth Compressor Inlets)

벨마우스 흡입구는 시운전실(Test Cell)에서 성능 시험하는 엔진에 장착하며, (그림 3-7) 그 것에 탐침(Probe)을 장착하여 엔진 입구의 온도와 압력을 측정

[그림 3-5] 터보프롭 엔진의 흡입구 스크린(inlet screens)

[그림 3-6] APU 흡입구 스크린(inlet screen)

할 수 있는 계기로 사용한다. (그림 3-8) 성능 시험을 하는 동안 바깥 정압은 가능한 한 저항 없이 엔진 안으로 바깥 공기가 흘러 들어가도록 하는 것은 매우 중요하다. 벨마우스는 엔진과 함께 움직이고 또한 성능 시험대에 장착되기도 한다. 추력 스탠드(Thrust Stand)는 고정식과 이동식의 두 가지가 있다. 이동식은 엔진 성능 시험 동안 로드셀(Load Cell)에 밀어 넣어 추력을 측정한다.

벨마우스는 공기역학적 고효율을 얻기 위하여 설계

[그림 3-7] 엔진 시험중에 사용되는 벨마우스 흡입구
(bellmouth inlet)

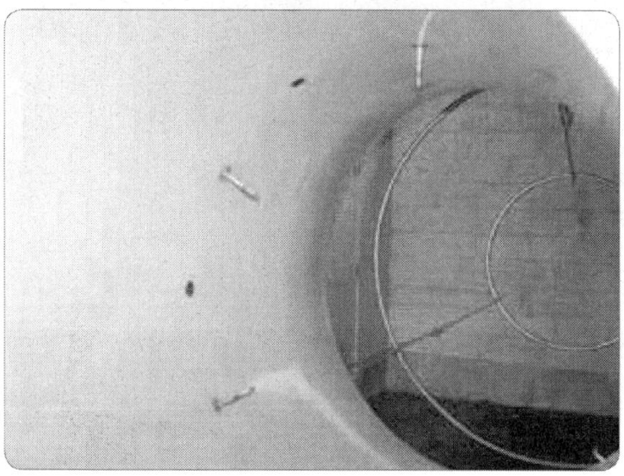

[그림 3-8] 벨마우스 흡입구내의 탐침(probe)

3.1.5 터보프롭 및 터보샤프트 압축기 흡입구 (Compressor Inlets)

다른 흡입구 설계 요소에 추가적으로 프로펠라 구동축, 허브(Hub), 스피너(Spinner) 등이 고려되어야 하기 때문에 터보프롭 공기흡입구가 다른 가스터빈엔진보다 더 어렵다. 그러한 덕트 배열은

공기 흐름과 공기 역학적 특성의 관점에서 보면 터보프롭엔진의 흡입구가 가장 좋은 디자인으로 알려되며, 그 흡입구는 공기 저항성이 없도록 둥근 벨 모양을 하고 있다. (그림 3-9) 덕트 손실은 미미하여 제로로 간주된다. 그러므로 항공기 흡입구 덕트에 장착할 때의 손실과 같은 문제 없이 엔진이 작동된다. 정격추력(Rated Thrust) 또는 연료소모율 같은 엔진 성능 데이터는 벨마우스 흡입구를 사용하여 얻을 수 있다. 통상 흡입구에는 보호용 스크린이 장착된다. 이 경우 공기가 스크린을 지날 때 효율이 저하되므로 매우 정확한 엔진 데이터를 얻기 위해서는 이러한 사실을 고려해야 한다.

[그림 3-9] 터보프롭 엔진 흡입덕트
(ducted arrangement on a turboprop engine)

[그림 3-10] 얼음 또는 이물질을 제거하는 디프랙터 도어
(Deflector doors)

져 있다. (그림 3-9) 많은 종류의 터보프롭엔진 흡입구는 엔진 흡입구 앞(Lip) 부분에 전기적 요소를 사용하여 방빙 처리를 한다. 엔진의 흡입구까지 공기 흐름을 보내는 것이 덕트이다. 흡입구로 들어오는 얼음을 막거나 이물질이 못 들어오게 하는데 디프랙터 도어(Deflector Door)가 사용된다. (그림 3-10) 그런 다음 공기는 스크린을 통과하여 엔진으로 들어간다. 터보프롭 및 터보팬엔진의 입구에 얼음이 생겨 커지는 것을 방지하기 위하여 원뿔형의 스피너가 사용된다. 이러한 경우에 흡입구 덕트와 스피너는 엔진의 운용 및 성능에 매우 중요한 역할을 한다.

3.1.6 터보팬엔진 흡입구 (Turbofan Engine Inlet Sections)

고바이패스 터보팬엔진은 보통 압축기의 앞쪽 끝에 팬이 장착되며, (그림 3-11)은 전형적인 터보팬 흡입구다. 인렛카울(Inlet Cowl)은 엔진 전방에 볼트로 장착되며 엔진 내부로 들어가는 공기의 통로를 제공한다.

2축 압축기(Dual Spool Compressor) 엔진에서 저압 압축기(Low Pressure Compressor)는 팬(Fan)은 함께 구동하며 최상의 팬 효율을 얻기 위하여 팬블레이드 끝부분(Fan Blade Tip)의 회전속도를 저속으로 유지하고 있다. 그 팬은 전통적인 공기 흡입구 덕트를 사용하며 흡입구 덕트에서의 흐름 손실을 줄일 수 있도록 되어 있다. 팬은 이물질이 흡입되었더라도 방사선 방향으로 배출하여 엔진 중심부보다는 바깥 부분의 팬 쪽으로 지나가게 하여 이물질에 의한 엔진의 손상을 줄일 수 있다.

방빙을 위하여 엔진 압축기 내부에서 추출된 따뜻한 블리드 공기(Bleed Air)가 흡입구 (Lip)의 내부를 순환한다. 팬 허브(Fan Hub) 또는 스피너는 따뜻한 공기로 가열되거나 앞서 언급한 것처럼 원뿔형으로 되어 있다. 팬블레이드 끝단 근처 흡입구 내부는 갑작스런 움직임으로 짧은 시간 동안 팬블레이드가 끝단에 닿아 마찰되더라도 문제가 없도록 마모될 수 있는 러브 스트립(Rub-strip)으로 되어 있다. (그림 3-12 참조)

[그림 3-11] 일반적인 터보팬 엔진 흡입구 (turbofan intake section)

[그림 3-12] 터보팬 엔진 흡입구 안쪽의 고무 스트리핑 (Rubber stripping)

또한 흡입구 내부는 팬에 의한 소음을 줄이기 위하여 소음감소 물질로 되어 있다. 고바이패스 엔진에서 팬은 84인치 이하부터 112인치 이상의 범위로 되어 있는 1단의 회전하는 블레이드 및 고정된 베인(Vane)들로

[그림 3-13] 팬 블레이드 내부를 통과하는 공기

[그림 3-14] 팬 배출공기(Air from the fan exhaust)

구성된다. (그림 3-13) 팬 블레이드는 속이 빈 티타늄 재질 (Hollow Titanium Material) 또는 복합소재 재질 (Composite Material)로 되어 있다.

팬블레이드의 바깥 부분에 의하여 가속된 공기가 2차 공기 흐름을 형성하여 엔진 내부를 통하지 않고 바깥으로 배출된다. 고바이패스 엔진에서 2차 공기 흐름은 추력의 80%를 생산한다. 팬 블레이드 안쪽을 통과하는 공기는 1차 공기 흐름을 형성, 엔진 내부를 통하여 배출된다. 외부로 빠져나가는 팬을 통과한 2차 공기는 엔진 구조에 따라 두 가지 형태로 흘러 나간다. (그림 3-13)

① 팬 배출 공기는 팬 후방의 짧은 덕트(팬 덕트)를 통해 바로 빠져나간다.(그림 3-14)

② 팬 배출 공기는 엔진의 후미 부분까지 이어진 내부 덕트(Ducted Fan)를 이용, 혼합된 배기노즐을 통하여 바깥으로 빠져 나간다.

3.2 터보차저를 장착한 배기 시스템 (Exhaust System with Turbocharger)

3.2.1 터빈엔진 배기노즐 (Turbine Engine Exhaust Nozzles)

엔진의 종류에 따라서 터빈엔진은 몇 가지 형태의 배기노즐을 사용한다.

헬리콥터의 터보 샤프트엔진에는 확산형 덕트 형태의 배기노즐이 사용된다. 이 형태의 노즐은 어떤 추력을 생산하는 것이 아니라 모든 엔진 파워로 로터(Rotor)를 회전시켜 헬리콥터의 호버링(Hovering: 헬기가 공중에 정지해 있는 상태) 능력을 향상시킨다.

터보팬엔진은 덕트가 있는 팬(Ducted Fan)과 덕터가 없는 팬(Unducted Gan)으로 구분된다. 덕트가 있는 팬엔진(Ducted Fan)은 팬 공기 흐름을 발생시켜 그것을 직접 닫힌 덕트를 통하여 보낸 후 배기노즐로 흐르게 한다. 엔진 내부 배기 공기와 팬 공기가 합쳐지며 이 합쳐진 노즐을 통하여 흐른다. 덕트가 없는 팬(Unducted Fan)은 두 개의 노즐이 있는데, 하나는 팬 공기 흐름, 그리고 다른 하나는 엔진 내부 공기 흐름을 담당한다. 그러한 두 가지는 각 각의 노즐을 가지고 있으며, 각각으로부터 갈라져 대기로 흐른다. (그림 3-15)

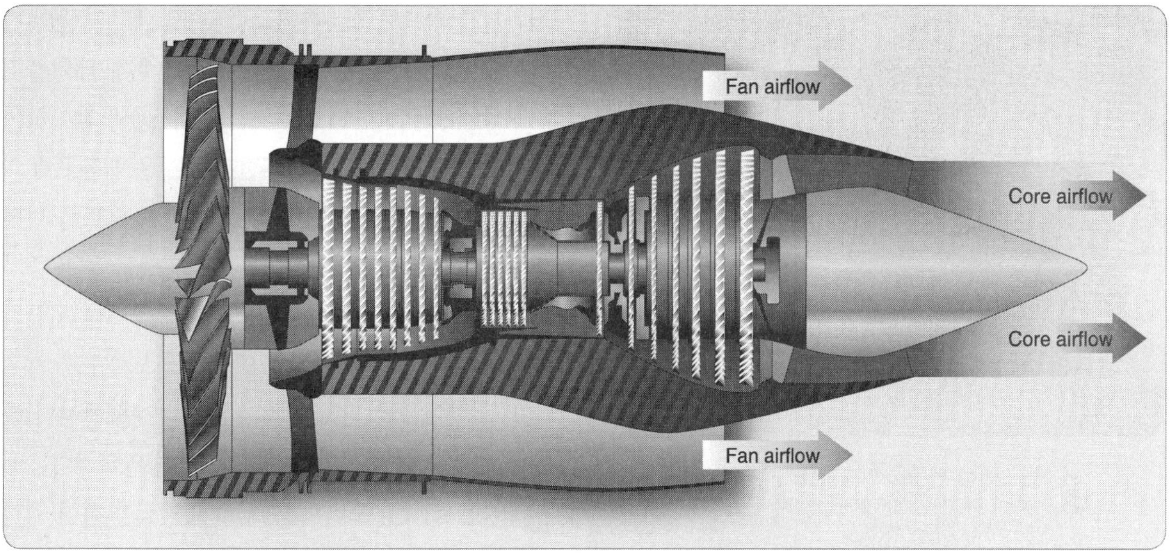

[그림 3-15] 코어 배기 흐름과 팬 흐름(core exhaust flow and fan flow)

덕트가 없는 엔진이나 별도의 노즐이 있는 엔진은 많은 양의 공기 흐름을 처리한다. 대부분의 추력(80~85%)을 생산하는 팬 공기 흐름은 가능한 한 작은 와류 상태에서 팬블레이드와 출구 베인을 통하여 직접 나가게 된다. (그림 3-16)

한편 엔진 내부 공기 흐름은 곧장 흘러 터빈으로 나온다. 터빈을 나온 배기가스는 수축형 노즐을 통하면서 속도가 증가되어 배기노즐을 빠져나간다. 증가된 배기가스의 속도는 운동량을 증가시키고 추력(15~20%)을 만들어 낸다. 하지만 대부분의 배기가스 에너지는 저압터빈과 함께 팬을 구동하는데 소진된다.

터보프롭 배기노즐은 작은 양의 추력(10~15%)을 생산하지만, 주로 항공기 배기가스를 내보내는 데 사용된다. 대부분의 에너지는 프로펠러(Propeller)에 전달된다.

어떤 터보프롭 항공기에서 배기 덕트는 가끔 테일파이프(Tail Pipe)라고 하며, 덕트 자체는 간단하면서도 스테인레스 스틸로 만든 원추형 혹은 원통형 파이프이다.

덕트 조립체에는 엔진 테일콘(Tail Cone)과 덕트 내부의 버팀대(Strut)가 포함된다. 테일콘과 버팀대는 덕트의 강도를 높이고, 가스 흐름을 축 방향으로 분산시키고, 가스 흐름을 유연하게 한다.

전형적인 장착법으로 테일파이프는 나셀(Nacelle)에 장착되며, 방화벽 앞쪽 끝에 붙는다. 테일파이프의 앞부분은 깔때기 모양으로 둥그나 터빈 배기 부분과 직접 맞닿지는 않는다. 이 배열은 고리 모양의 틈을 형성하여 엔진 고열 부분 주위로 공기를 방출하는 역할을 한다.

고속의 배기가스는 대부분 테일파이프 속으로 들어가지만 테일파이프 주위 고리 모양의 틈을 통하여 엔진의 고열 부분 주위로 흐르기 때문에 저압 효과가 발생한다. 테일파이프의 후방 부분은 테일파이프 양옆으로 하나씩 두 개의 지지대(Support Arm)에 의하여 기체에 고정된다. 그 지지대는 팽창을 감안하여 앞과 뒤쪽으로 움직일 수 있도록 하여 날개의 상부에 장착

[그림 3-16] 팬 블레이드와 출구 베인
(fan blades and exit vanes)

된다. 테일파이프는 배기가스의 고열로부터 주변 부분을 보호하기 위하여 단열 덮개(Insulating Blanket)로 감싸져 있다. 그 덮개(Blanket)의 바깥쪽은 스테인레스스틸 박층으로, 안쪽은 유리섬유로 만들어진다.

이것은 항공기 구조물 혹은 날개의 끝 가까운 부분과 엔진 배기 사이에 거리를 두어 보호하기 위함이다. 터빈 배출구·후방과 배기 덕트가 장착된 플랜지(Flange)의 전방 바로 옆에 터빈 배출압력을 측정하는 프르브(Probe)가 장착된다.

배기가스 상태의 표본을 추출하기 위하여 배기 덕트 속으로 하나 혹은 몇 개의 압력프르브가 장착된다. 또한 대형엔진에서는 터빈 흡입구에서의 내부 온도 측정이 용이하지 않기 때문에 터빈 출구에서 배기가스의 온도를 측정한다.

3.2.2 수축형 배기노즐 (Convergent Exhaust Nozzle)

배기가스가 엔진의 후미로 빠져나가면 배기가스는 배기노즐 속으로 흐른다. (그림 3-17) 배기노즐의 전반부는 공기 흐름에서 와류를 줄이기 위해 배기플러그(Exhaust Plug, Tail Cone과 같은 말)와 같이하여 확산형 덕트를 형성하며, 후반부는 작은 배출구에 의하여 배기가스 흐름이 제한되는 수축형 덕트를 형성한다. 수축형 덕트를 형성하면 배출가스 속도는 증가되어 추력도 증가된다. 배기노즐의 배출구를 제한하면 추력 성능을 통제할 수 있다. 만약 노즐구가 너무 크면 추력이 손실되며, 만약 너무 작으면 엔진의 다른 곳에서 막힘 현상이 발생한다. 다른 말로 하면, 배기노즐은 하나의 오리피스(Orifice) 역할을 하여 엔진으로부터 나오는 가스의 밀도 및 속도를 결정한다. 이것은 추력 성능에 중요하다. 배기노즐의 크기를 조절하여 엔진의 성능 및 배기가스 온도를 변화시킨다. 노즐에서 배기가스의 속도가 마하 1이 되면(배기가스는 이 속도로 흐른다) 증가되거나 감소되지 않는다. 노즐에서 마하 1을 유지하고 여분을 갖는 충분한 흐름은(배출구에서 제한되는 흐름) 소위 막힘 노즐(Choked Nozzle)을 만든다. 여분의 흐름은 노즐에서 압력을 증대시켜 때로는 압력 추력(Pressure Thrust)이라고도 한다. 압력의 차이는 노즐의 내부와 대기 사이에 존재한다.

노즐 배출구 압력 차이를 크게 증가시켜서 압력 추력을 더 얻을 수는 있으나, 대부분의 에너지가 프로펠러, 대형 팬, 혹은 헬리콥터 로터를 회전시키기 위하여 터빈을 구동하는 데 사용되기 때문에 많은 압력 추력으로 발전시킬 수 없다.

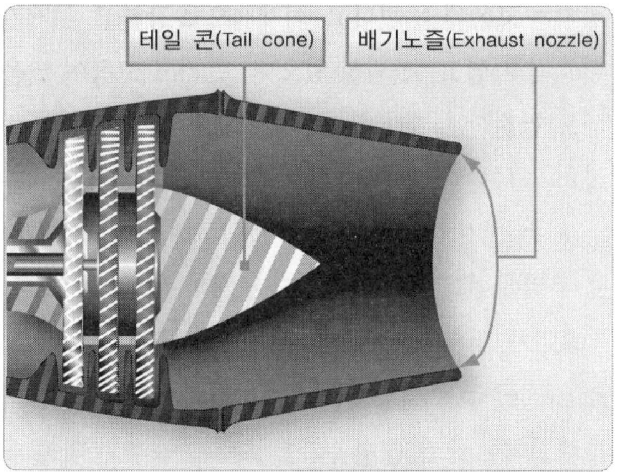

[그림 3-17] 테일 콘과 배기노즐(tail cone and exhaust nozzle)

3.2.3 수축-확산형 배기노즐 (Convergent-divergent Exhaust Nozzle)

배기가스 속도가 엔진 배기노즐에서 마하 1을 넘을 수 있도록 충분히 높을 때면 수축-확산형 노즐을 사용하여 더 많은 추력을 얻을 수 있다. (그림 3-18) 수축-확산형 노즐의 장점은 엔진 배기노즐에 걸쳐 높은 압력비가 가능하므로 높은 마하수에서 최대추력을 얻을 수 있다. 가스의 일정한 무게나 체적이 음속에 도달한 후 더 빠른 속도(Supersonic)로 계속 흐르게 하기 위해서는, 초음속 배기 덕트의 후방 부분에서 더 많은 가스(무게 또는 체적)가 초음속으로 흐르도록 확장되어야 한다. 만약 이것이 이루지지지 않는다면 그 노즐은 효율적으로 작동하지 않는다. 이것이 배기 덕트의 확산 부분이다. 전통적인 배기 덕트와 확산 덕트가 혼합하여 사용될 때 수축-확산 배기 덕트라 부른다. 수측-확산 또는 C-D 노즐에서 수축 부분은 아음속을 거처 노즐의 목에서 음속에 이르기 까지 가스를 운반하기 위하여 설계되었다. 확산 부분은 목을 벗어나면

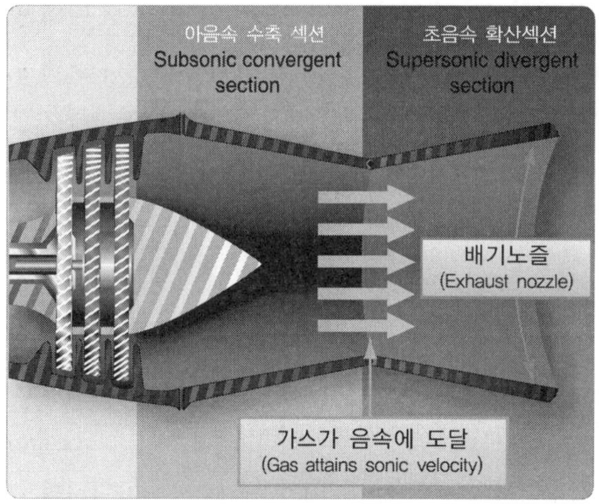

[그림 3-18] 수축-확산형 노즐(convergent-divergent nozzle)

서 속도가 더 증가하고 초음속이 되는 과정이다. 가스가 노즐의 목을 지나 초음속(마하 1 이상)이 되면 노즐의 확산 부분 속으로 지나면서 초음속 이후는 속도가 계속 증가한다. 이런 형태의 노즐은 일반적으로 고속 우주비행체에 사용한다.

3.3 역추력장치(Thrust Reversers)

항공기 무게가 지속 증가하고 더 높은 착륙 속도가 필요함에 따라 착륙 후 정지하는 문제가 점차 중요해진다. 많은 경우에 있어서, 착륙 후 일정 거리 내에서 항공기의 속도를 줄이는 것을 항공기 브레이크에만 더 이상 의존할 수 없다.

대부분의 역추력장치는 기계적 차단(Mechanical-blockage)과 공기역학적 차단(Aerodynamic-blockage)으로 나눌 수 있다.

기계적 차단(Mechanical-blockage)은 배기가스 흐름 속에서 움직일 수 있는 차단장치를 노즐의 약간 뒤

에 장치하는 것이다. 배기가스는 배기가스를 반대 방향으로 흐르게 하기 위하여 장착된 반원이나 조개 모양의 콘 등에 의해 기계적으로 차단되어 적당한 각도로 역류하게 된다. (그림 3-19)와 같이 이것은 배기가스의 흐름을 역류시키기 위한 위치에 놓이게 된다.

대체로 이러한 형태는 팬과 코어 흐름이 엔진에서 방출되기 전에 노즐에서 같이 섞이는 덕트가 있는 터보팬엔진에서 사용된다. 클램쉘 차단(Clamshell-blockage) 또는 기계적 차단(Mechanical-blockage) 역추력장치는 방출되는 배기가스의 길을 차단하여 엔진의 전진추력을 무력화시키고 역류시킨다. 역추력

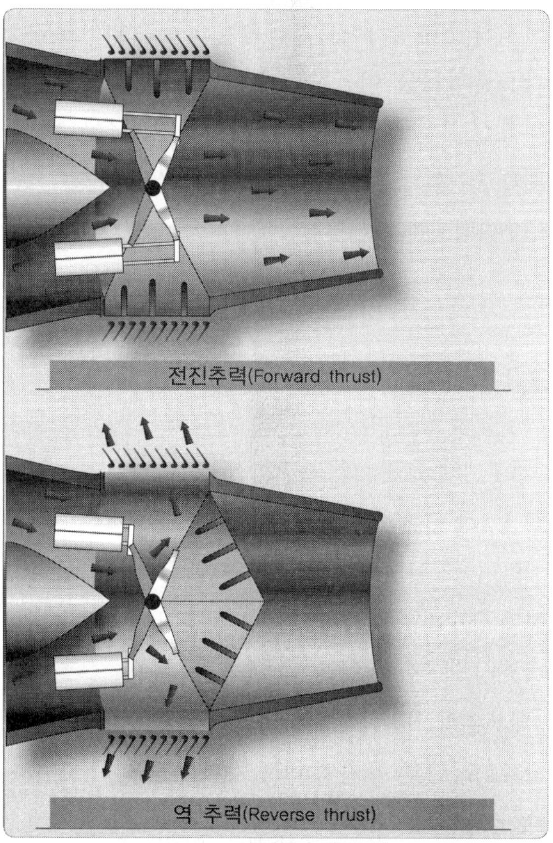

[그림 3-19] 역추력 장치가 작동되면 엔진 배기가스를 차단하여 역방향으로 흐르게 한다.

장치는 고온에 잘 견디고, 기계적으로 강하고, 무게가 비교적 가볍고, 신뢰성 있으며, 그리고 고장이 났을 때도 안전한 설계(Fail-safe)가 되어야 한다. 역추력장치가 사용되지 않을 때는 클램쉘 도어(Clamshell-door)는 엔진 나셀의 후방을 형성하며, 엔진 배기 덕트 주위에 차례로 잘 접혀지고 포개어 놓여진다.

덕트가 없는 터보팬엔진(Unducted-turbofan Engine)에 주로 사용되는 공기역학적 차단 형태의 역추력장치는 오로지 항공기를 속력을 늦추기 위해 팬 공기가 사용된다. (그림 3-20)에서 보는 것과 같이, 최신의 공기역학적 역추력장치는 항공기 속도를 감속시키기 위해 팬 공기 흐름 방향을 바꾸는 트랜스레이팅 카울(Translating Cowl), 블록커도어(Blocker Door), 그리고 케스케이드베인(Cascade Vane)으로 구성된다. 만약 출력레버가 아이들(Idle) 위치에 있고 항공기 바퀴에 무게가 가해지고 있을 때, 출력레버를 뒤쪽으로 움직이면 트랜스레이팅 카울이 작동(Open)하면서 블록커도어를 움직여 닫히게 한다. 이 작용은 뒤쪽으로 흐르는 팬 공기를 정지시키고 케스케이드베인을 통해 앞쪽 방향으로 공기가 흐르도록 하여 항공기 속도를 줄인다. 팬이 엔진 추력의 약 80%을 생산하기 때문에, 팬은 역추력을 내기 위한 가장 좋은 자원이다.

출력레버를 아이들 위치로 되돌리면, 블록커도어는 열리고 트랜스레이팅 카울이 닫히면서 팬 공기는 다시 뒤쪽으로 흐르게 된다.

역추력장치가 펼쳐지거나 접히는 것은 엔진 작동에 어떤 역효과도 주지 않아야 한다. 일반적으로 조종실에는 역추력장치계통의 상태에 관련된 지시계가 있다. 역추력장치계통은 클램쉘도어(Clamshell Door) 또는 블로커도어(Blocker Door)를 움직이는 여러 부품과 트랜스레이팅 카울(Translating Cowl)로 구성된

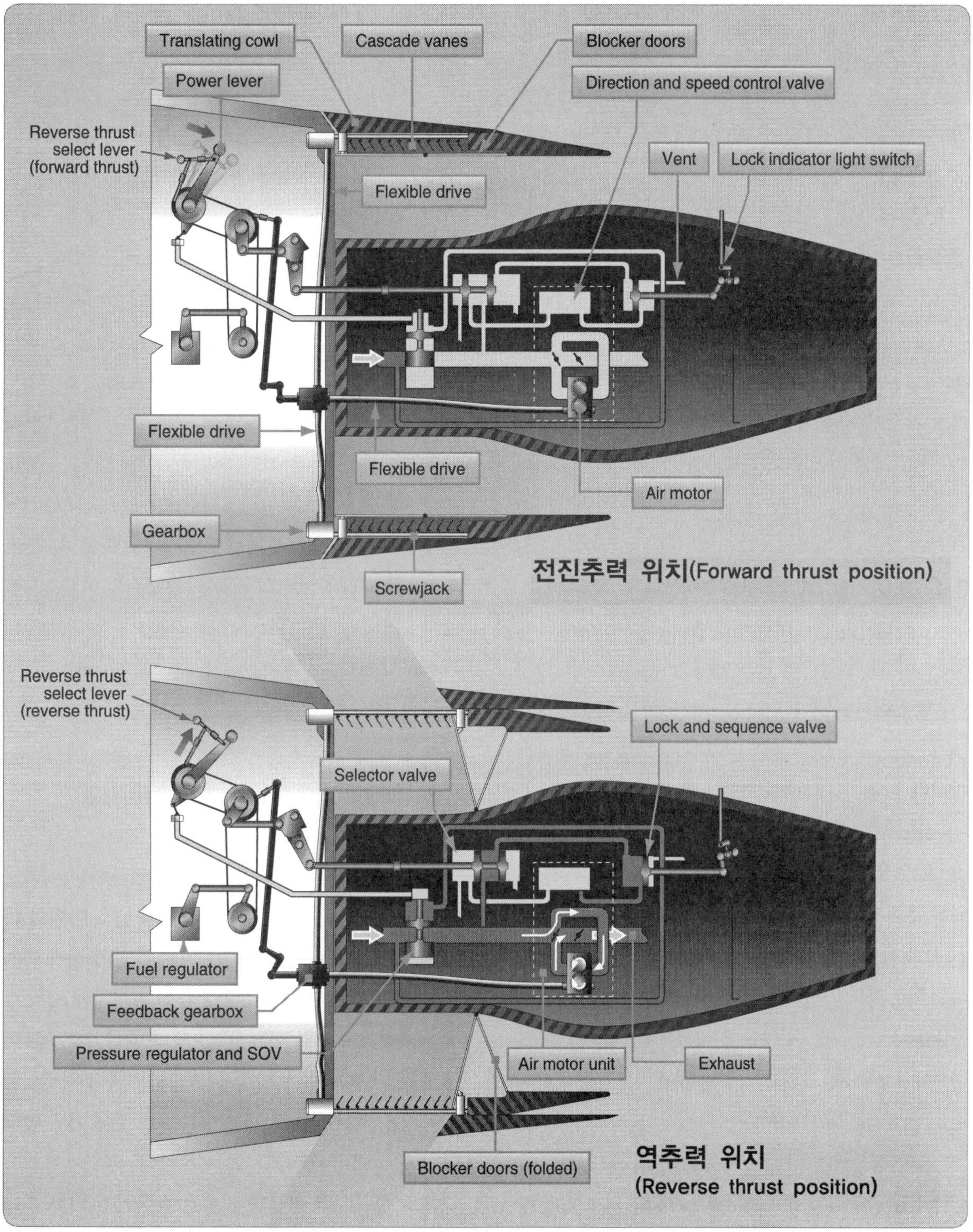

[그림 3-20] 역 추력장치의 구성품(Components of a thrust reverser system)

다. 구동력은 대체로 공기압 또는 유압이고, 역추력장치계통을 전개하거나 접기 위해 기어박스, 플렉스드라이브(Flexdrive), 스크루잭(Screwjack), 조종밸브(Control Valve), 그리고 공기압모터(Air Motor) 또는 유압모터(Hydraulic Motors)를 사용한다.

시스템은 조종실로 부터의 전개 명령이 있을 때까지 접혀 있는 위치에서 잠겨 있어야 한다. 작동되는 여러 부품들이 있기 때문에, 지속적으로 검사하고 정비하는 일이 매우 중요하다. 어떤 형태의 정비를 수행하는 동안이라도, 역추력장치계통은 작업자가 역추력장치계통 부위에 사람이 있는 동안에는 전개되지 않도록 기계적으로 잠겨 있어야 한다.

3.4 에프터버너/추력증가장치 (Afterburning/Thrust Augmentation)

대체로 에프터버너(Afterburning)와 추력증가장치(Augmentation)라는 용어는 군용기 엔진에 적용되는 말이다.

용어는 서로 다르지만 동일한 시스템을 설명하고 있다. 통상적으로 이것은 원래 추력을 2배까지 엔진 추력을 증가시키기 위해 사용된다. (그림 3-21)에서 보는 것과 같이, 이 시스템에 필요한 것은 배기노즐에 추가적으로 화염 안정기(Flame Stabilizer), 연료 매니폴드(Fuel Manifold), 프레임 홀더(Flame Holder), 이그나이터(Igniter), 그리고 가변면적 배기노즐(Variable Area Exhaust Nozzle)이다.

엔진이 정상작동 상태로 최대출력에 도달한 후, 출력레버를 전진시키면 에프터버너가 작동되면서 더 많은 연료가 점화되고 연소되어 배기노즐 안으로 흐르게 한다. 에너지와 질량이 가스 흐름에 더해짐에 따라, 배기노즐은 더 많이 흐르도록 더 크게 열려야 한다. 출력레버를 원위치하면 에프터버너가 작동을 멈추고, 배기노즐은 다시 좁아지게 된다. 군용기에서 사용되는 일부 저바이패스 터보팬엔진은 배기노즐 안으로 흐르기 위해 바이패스(팬 공기)를 이용한다. 마치 덕트가 있는 팬(Ducted Fan)처럼, 에프터버너에 사용하는 팬 공기에는 더 많은 산소를 담고 있어 에프터버너에서의 연소를 도와줄 수 있다. 연료가 배기노즐에서 연소되고 있기 때문에, 노즐 주위에 열이 축적되는 것이 문제이다. 그래서 노즐 주위를 팬 공기로 순환하게 하여 냉각기능을 가진 특별한 형태의 배기노즐도 있다. 에프터버너는 단일 연소기(Single Burner) 1개를 가진 거대한 연소실처럼 운영된다고도 볼 수 있다. 에프터버너 모드에서의 작동은 정상적인 연료소모율보다 거의 2배 정도로 높으므로 작동시간을 어느 정도 제한하고 있다.

3.5 추력벡터링(Thrust Vectoring)

추력벡터링은 비행체 방향으로만 평행하던 배기노즐을 움직이거나 방향을 변화시켜 평행축 이외의 다양한 방향으로 추력을 향하게 하는 항공기 주력 엔진의 능력을 말한다. 세로축으로 추력을 향하게 하는 수직 이착륙 항공기는 이륙추력으로서 추력벡터링을 이용하고, 그런 다음에 방향을 변경하여 수평비행으로 항공기를 추진시킨다. 군용기는 비행 중에 기동 방향을 바꾸는데 추력벡터링을 사용한다. 추력벡터링은 대체로 항공기가 필요한 경로로 나아가기 위한 추력을 내도록 배기노즐의 방향을 원래 위치에서 기동 방

[그림 3-21] 가변면적 배기노즐
(variable area exhaust nozzle)

[그림 3-22] 벡터링 노즐(vectoring nozzle)

향으로 돌리게 한다. 가스터빈엔진 뒤쪽의 노즐은 엔진과 에프터버너 밖으로 뜨거운 배기가스를 방출한다. 보통 노즐은 엔진과 일직선을 이루며, 조종사는 벡터링노즐을 위쪽과 아래쪽으로 20° 정도 움직이거나 방향을 바꿀 수 있다. 이러한 움직임은 항공기가 비행 중에 더 많은 기동력을 발휘할 수 있도록 해 준다.

3.6 엔진 소음 감소 (Engine Noise Suppression)

가스터빈엔진 동력을 장착한 항공기가 공항에서 떨어진 인구 밀접 지역 부근을 비행할 때는 소음 감소 장치가 요구된다. 여러 형태의 소음 감소 장치가 사용되는데, 원천적인 형태의 소음 감소 장치는 엔진 또는 엔진 배기노즐과 같이 장착되어 있는 엔진 기본구조라고 할 수 있다. 엔진 소음의 원인은 엔진 배출부, 팬 또는 압축기 등 여러 곳에 있으나, 통상 가스터빈엔진의 작동 중에 수반되는 소음원은 위의 세 가지로 본다. (그림 3-23)에서 보는 것과 같이, 엔진 공기흡입구와 엔진 하우징에서의 진동은 일부 소음의 근원이기는 하지만, 엔진 배기에 의해서 생기는 소음과는 크기 면에서 비교되지 못한다.

엔진 배기 소음은 비교적 조용한 대기 중으로 이동하는 고속제트기류의 난류의 심한 정도에 의해서 발생된다. 엔진 뒤쪽으로 갈수록 노즐 직경이 작아지기 때문에, 제트기류의 속도는 빨라지고 대기와 제트기류가 함께 섞이지 못한다. 이곳에서 고속제트기류 내에 매우 작은 난류가 나타나고 상대적으로 고주파 소음이 발생한다. 이 소음은 대기와 함께 배기가스의 난류 혼합이 격렬하게 발생되며, 배기 속도와 대기 사이에 상대속도로 인하여 전단작용으로 영향을 미친다.

제트기류 속도가 점점 느려지는 더 뒤쪽에서는, 제트기류가 대기와 혼합되면서 거친 유형의 난류가 시작된다. 다른 곳에서의 제트기류 소음과 비교하여, 이곳에서 소음은 아주 더 낮은 주파수를 갖는다. 제트기류의 에너지는 결국 커다란 난류 소용돌이로 사라지면서, 대량의 에너지는 소음으로 바뀌게 된다. 배기가스가 사라질 때 발생시키는 소음은 가청 범위 중 제일 낮은 범위의 주파수이다. 소음의 주파수가 낮으면 낮을수록, 소음은 더 멀리 전달된다. 이것은 지상에서

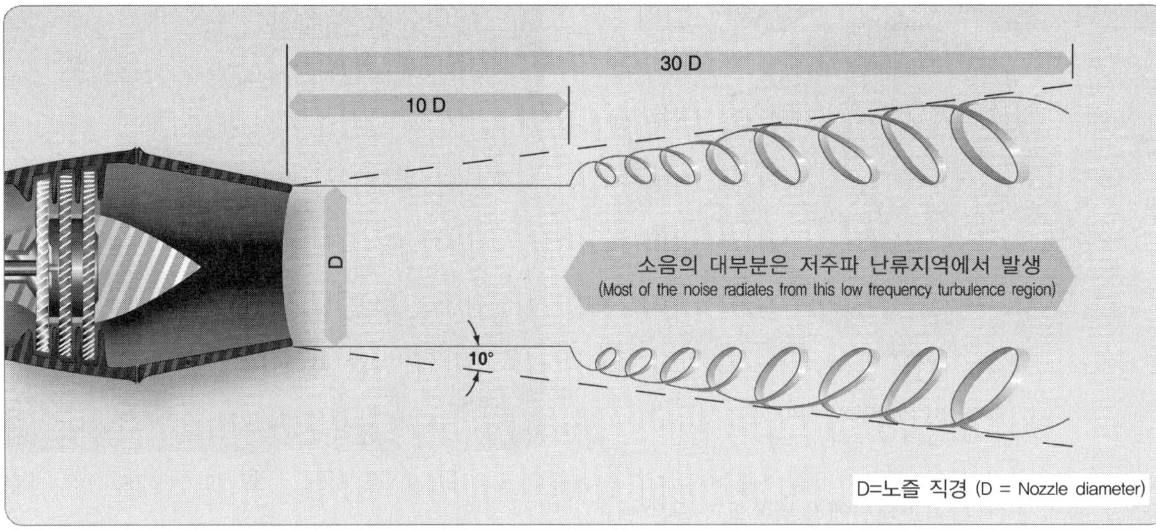

[그림 3-23] 터빈 배기소음 형태(Turbine exhaust noise pattern)

저주파소음이 고주파소음보다 더 큰 음량으로 개별적으로 도달한다는 것을 의미하고, 그러므로 더 많이 불쾌한 것이다. 고주파소음은 거리와 건물의 간섭, 지형, 그리고 대기 교란에 의하여 저주파소음보다 더 빠르게 약화된다. 예를 들어, 목소리가 낮고 굵은 저주파의 크고 거친 소리는 같은 곳에서 모두가 동일한 전체 크기(Decibel)를 갖게 된다고 할지라도, 날카로운 고주파의 호각보다 더 멀리 들리게 된다.

소음의 크기는 엔진 추력에 의하여 변화되고 엔진 속을 통과하는 공기에 가해진 일의 양에 비례한다.

비교적 공기 흐름이 적은 엔진이라 할지라도, 추력 증가 과정에서 터빈방출(배기가스)의 온도와 압력이 증가하면, 또 에프터버너에서 가스 흐름의 속도가 커지게 되면 결국 소음도 커지게 된다. 같은 추력을 내는 엔진이라 해도 더 많은 공기를 사용하는 대형엔진에서의 소음은 적어지게 된다. 그러므로 엔진의 추력을 적게 하면 소음을 경감시킬 수 있으므로 소형엔진을 최대추력으로 작동시키는 것보다 대형엔진을 부분추력으로 작동시키는 것이 훨씬 소음을 적게 발생시킬 수 있다.

터보제트에 비하여 같은 엔진에서의 터보팬의 이륙소음이 훨씬 적다. 엔진 테일파이프에서 분사되는 배기가스의 속도가 같은 크기의 터보제트에 비하여 적기 때문에 팬 엔진에서 발생되는 소음이 적은 것이다.

팬 엔진에서는 팬 구동을 위하여 더 큰 터빈이 요구된다. 보통은 터빈의 단수를 증가시키는 대형터빈은 가스의 속도를 감속시키므로 배기가스의 속도에 비례하는 소음은 적어지게 되는 것이다.

팬에서 방출되는 공기의 속도는 비교적 낮기 때문에 소음 문제는 발생치 않는다. 하지만 터보제트 항공기에서 발생하는, 비교적 크고 오래 지속하는 저주파소음 특성에 대한 효과적인 소음 감소 방법은 제트노즐에서 발생되는 소음의 주파수를 바꾸든지, 소음 양상을 변형시켜야 한다.

현재 사용되고 있는 소음 감소 장치는 (그림 3-24)에서 보는 것과 같이, 파형돌출형(Corrugated-perimeter

Type)과 멀티튜브형(Multi-tube Type)이 있다. 이 두 형태의 감소장치는 배기되는 하나의 큰 제트기류를 다수의 작은 제트기류로 분쇄시킨다. 이렇게 하여 노즐의 전체 둘레를 증가시켜 주며 가스가 대기 중으로 확산될 때 나타나는 소용돌이의 크기를 축소시킨다. 전체 소음 에너지는 변화되지 않지만 주파수는 상당히 증가된다. 배기되는 제트기류의 크기가 커지면 소용돌이의 크기는 급격히 축소된다. 이러한 사실은 두 가지 효과를 갖는데, 첫째는 주파수의 변화로 가청 범위를 넘게 하여 들리지 않게 할 수 있고, 둘째는 가청 범위 내의 고주파는 저주파에 비하여 더욱 곤혹스럽게 하지만 대기에 흡수되어 약화되는 속도가 더 커지게 된다. 그래서 강도는 더 빨리 약화되고 항공기로부터 특정 거리에서도 소음 크기는 작아지게 된다.

엔진과 카울 사이에 있는 엔진 나셀에는 방음판(Acoustic linings)이 엔진을 에워싸고 있다. 이러한 소음 흡수판의 재료는 음향에너지를 열로 변환시킨다. 이들 방음판은 통상적으로 하니콤(Honeycomb) 받침에 의해 지지되는 다공성의 표피로 구성되며, 실제 판과 엔진 덕트 사이는 따로 떨어져 있다. 최적의 소음 감소를 위해서는 표피와 판(Liner)을 음향 특성에 맞도록 세심히 맞추어야 한다.

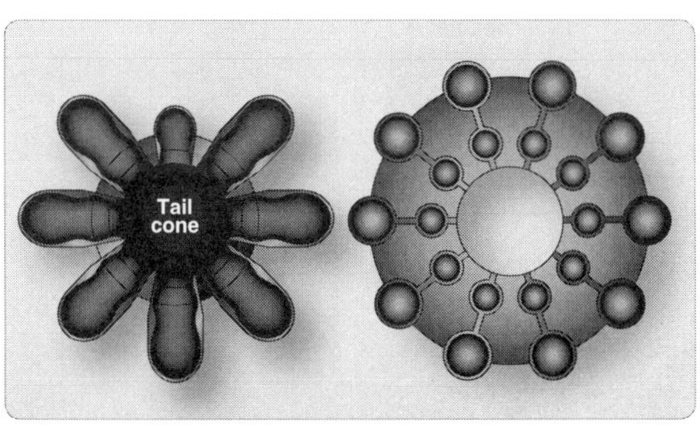

[그림 3-24] 파형돌출형(Corrugated-perimeter Type)과 멀티튜브형(Multi-tube Type)

3.7 터빈엔진 배출물 (Turbine Engine Emissions)

엔지니어들은 가스터빈엔진으로부터 배출물을 극적으로 줄이는 새로운 연소 기술을 소개하고 있다. 가스터빈으로부터 배출가스, 특히 질화산화물(NOx)을 낮추기 위한 개선의 노력이 지속적으로 요구되고 있다. 연구의 대부분은 엔진의 연소 부문 분야에 집중되어 왔다.

새로운 기술의 특수한 연소실 설계는 배출가스를 크게 감소시키고 있다. 한 제작사는 선회기능을 이용하여 미리 혼합시키는 이중 애뉼러(TAPS: Twin Annular, Pre-mixing Swirler) 연소실이라고 부르는 설계를 하였다. 가장 향상된 설계는 연료 · 공기가 연소실 지역에 들어가기 전에 미리 혼합하는 방법을 필요로 한다. TAPS 설계에서는 고압 압축기에서 나온 공기가 연료노즐에 인접한 2개의 고에너지 선회기를 통과하여 연소실 안으로 들어가게 된다. 이러한 소용돌이는 더욱 완벽하게 연료와 공기를 더 희박하게 혼합시켜서 이전에 가스터빈엔진 설계보다 더 낮은 온도에서 연소되도록 해 준다. NOx의 대부분은 고온 상태에서 산소와 질소의 반응에 의해 형성된다. 만약 연소하는 연료 · 공기혼합물이 더 오랜 시간 고온 상태에 머무른다면, NOx 수준은 더 높아진다. 또한, 새롭게 설계된 연소실은 일산화탄소와 연소되지 않은 탄화수소가 더 낮은 수준으로 생성되게 한다. 가스터빈엔진에 있어서 구성 부품들의 효율 증가는 가스터빈엔진의 배출가스가 더 적게 되는 결과를 가져올 것이다.

04
엔진 점화계통

Engine Ignition Systems

4.1 터빈엔진 점화계통
4.2 터빈 점화계통 검사 및 정비
4.3 점화계통 구성품의 장탈, 정비 및 장착

4 엔진 점화계통

Engine Ignition Systems

4.1 터빈엔진 점화계통 (Turbine Engine Ignition Systems)

터빈엔진 점화계통은 엔진 시동 주기가 주로 짧은 시간 동안만 조작되기 때문에, 일반적으로 전형적인 왕복엔진 점화계통보다 고장이 없는 편이다. 터빈엔진 점화계통은 작동 주기 안의 정확한 지점에서 불꽃이 튀도록 시기를 정하는 것이 필요하지 않다. 터빈엔진 점화계통은 연소실에서 연료를 점화하기 위해서만 사용되고 점화 후에는 정지한다. 저전압과 저에너지 수준에서 사용되는 연속점화와 같은 터빈 점화계통 작동의 다른 모드는 특정 비행 조건에서 사용된다.

연속점화(Continuous Ignition)는 엔진 연소정지 현상(Flame Out)의 발생 가능성이 있는 경우에 사용된다. 이는 엔진이 정지하지 않도록 연료를 재점화하는 것이다. 연속점화를 사용하는 중대한 비행모드의 예는 이륙(Takeoff), 착륙(Landing), 그리고 일부 비정상적인 상태(Abnormal Situation)와 비상 상태(Emergency Situation)이다.

대부분의 가스터빈엔진은 고에너지, 커패시터형 점화계통(High-energy, Capacitor -type Ignition System)을 갖추고 있으며, 팬 공기 흐름에 의해 냉각되는 방식이다. 팬 공기는 익사이터 유닛(Exciter Unit)까지 덕트로 연결되어 있으며, 그 뒤에 나셀 속으로 들어가기 전에 점화도선 주위를 흐르고 점화플러그를 에워싼다. 냉각은 연속점화가 어떤 연장된 기간 동안 사용될 때 중요하다. 어떤 가스터빈엔진은 간단한 커패시터형 점화계통을 변형한 전자식 점화계통(Electronic-type Ignition System)을 갖추고 있다.

전형적인 터빈엔진은 일반적인 저전압, 즉 직류전원인 항공기 축전지, 115V AC, 또는 그것의 영구자석발전기로부터 작동되는 2개의 아주 동일한 독자적인 점화장치로 구성된 커패시터형(Capacitor-type) 점화계통 또는 커패시터 방출(Capacitor Discharge) 점화계통을 갖추고 있다. 발전기는 액세서리 기어박스를 통해 엔진에 의해서 직접 구동되고 엔진이 돌아가기만 하면 언제나 동력을 생산한다. 터빈엔진에 있는 연료는 이상적인 대기 상태에서 즉시 발화될 수 있지만, 그러나 그들은 가끔 고고도의 저온에서 동작되기 때

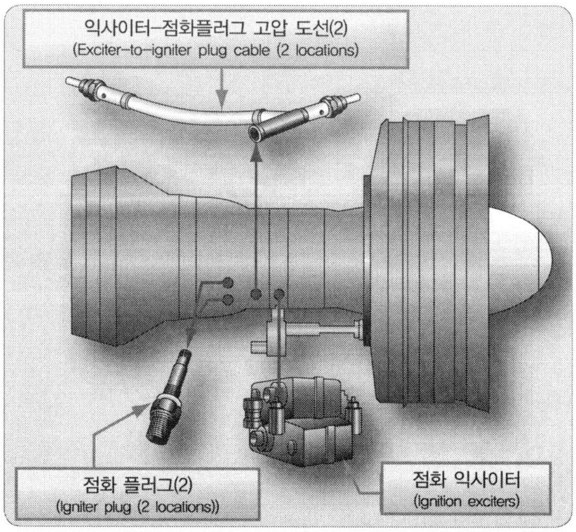

[그림 4-1] 터빈엔진 점화 부품들
(Turbine ignition system components)

문에, 그것은 강력한 불꽃을 공급할 능력이 있는 장치가 불가피한 것이다. 그래서 고도, 대기압, 온도, 연료 기화, 그리고 입력전압의 폭넓은 변화의 상황 하에서 고도의 신뢰도를 가진 점화계통을 제공함으로써 넓은 이그나이터(Igniter)의 간격을 뛰어넘을 수 있는 고전압이 공급된다.

그림 4-1과 같이 전형적인 점화계통은 2개의 익사이터 유닛(Exciter Unit), 2개의 변압기(Transformer), 2개의 중간점화도선(Intermediate Ignition Lead), 그리고 2개의 고압도선(High-tension Lead)을 포함하고 있다. 그래서 점화계통은 실제로 2개의 점화플러그에서 작동하도록 설계되고 안전 요소가 고려된 이

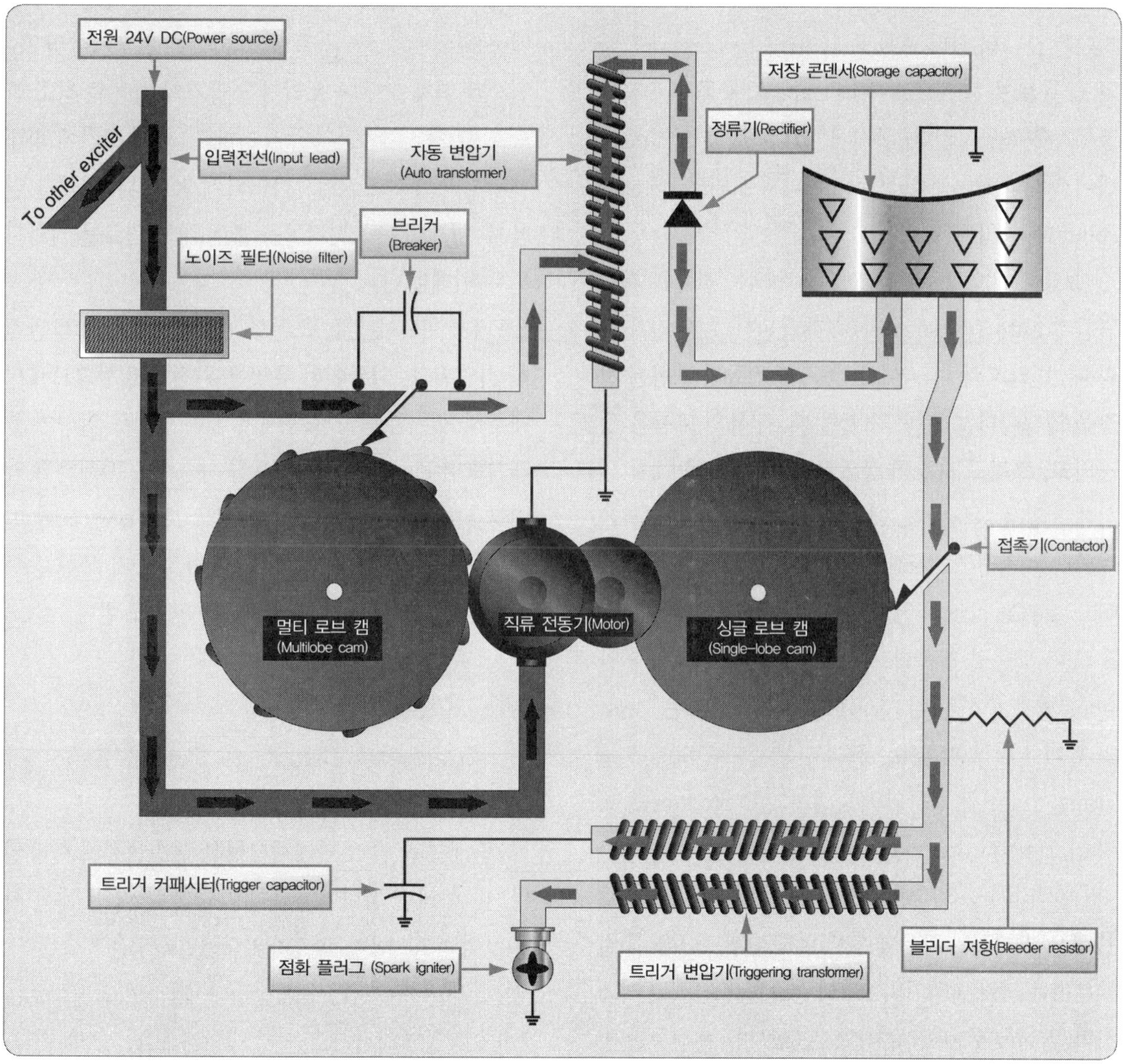

[그림 4-2] 커패시터형 점화계통의 개략도 (Capacitor-type ignition system schematic)

중 장치로 되어 있다.

그림 4-2는 전형적인 재래식 터보제트엔진의 커패시터형 점화계통(Capacitor-type Ignition System)에 대한 기능상의 개략도를 보여 준다. 24V DC 입력전압은 익사이터 유닛의 입력 콘센트에 공급된다. 이 전기에너지는 익사이터 유닛에 도달하기 전에, 항공기 전기계통으로 유도되는 잡음을 방지하기 위해 노이즈 필터(Noise Filter)를 거쳐 지나간다. 저전압 입력전력은 하나의 멀티 로브 캠(Multi-lobe Cam)과 하나의 싱글 로브 캠(Single-lobe Cam)을 구동하는 직류 전동기를 작동시킨다. 동시에, 입력전력은 멀티 로브 캠에 의해 움직이는 한 세트의 브리커 포인트(Breaker Points)에 공급된다.

브리커 포인트로부터 오는 단속되는 전류는 자동 변압기(Auto Transformer)로 배급된다. 차단기가 닫힐 때, 변압기의 1차 권선을 통과한 전류의 흐름은 자장을 형성한다. 차단기가 열릴 때, 전류의 흐름은 정지되고, 그리고 자장이 붕괴되면서 변압기의 2차 권선에 전압을 유도한다. 이 전압은 한 방향으로 흐름을 제한하는 정류기(Rectifier)를 통과하여 저장콘덴서(Storage Capacitor) 안으로 흐르는 전류의 맥동을 일으킨다. 맥동을 반복함으로써 저장콘덴서는 최대 약 4joule까지 충전된다. (참고로 1sec당 1joule은 1watt와 같다.) 저장콘덴서는 트리거 변압기(Triggering Transformer)와 정상열림의 접촉기(Contactor)를 거쳐 이그나이터(Spark Igniter)로 연결된다.

커패시터에 충전양이 증가할 때, 접촉기는 싱글 로브 캠의 기계적인 작용에 의해 닫혀있다. 충전양의 일부분이 트리거 변압기의 1차 권선과 함께 연결된 커패시터(Trigger Capacitor)를 통해 흐르며, 이 전류는 이그나이터에서 간극을 이온화시키는 2차 권선에 고전압을 유도시킨다.

이그나이터에 고전압이 흘러 전도성이 되면 저장콘덴서는 트리거 변압기의 1차 권선과 직렬로 커패시터로부터 충전양과 함께 그것의 축적된 에너지의 나머지를 방출한다. 이그나이터에서 불꽃 비율은 전동기의 RPM에 영향을 주는 직류전원장치의 전압에 비례하여 변한다. 그러나 양쪽 캠은 같은 축에 맞물렸기 때문에, 저장콘덴서는 항상 방전하기 전에 같은 빈도의 맥동으로써 에너지를 축적한다. 낮은 유도저항의 2차 권선과 함께 고주파 트리거 변압기의 사용은 최소 한도로 방출의 지속시간을 유지한다. 최소 시간에 최대 에너지의 집중으로 이그나이터에 최적화된 불꽃을 얻을 수 있으며 탄소퇴적물을 불어 내고 연료를 기화시킬 수 있게 된다.

트리거 회로에 있는 모든 고전압은 1차 회로와 완전히 절연된다. 익사이터 유닛은 완전히 밀봉함으로써 내부의 모든 부품이 고공에서 압력 변화로 인하여 플래시오버(Flashover)를 일으킬 가능성을 배제하고 악영향을 미치는 제 조건으로부터도 보호된다. 또한 이 밀봉 처리는 고주파 전압의 누전이 항공기 무선 송수신을 방해하지 않도록 차폐시키는 역할도 한다.

4.1.1 커패시터 방출 익사이터 유닛 (Capacitor Discharge Exciter Unit)

그림 4-3과 같이 커패시터형은 터빈엔진에 사용된다. 다른 터빈 점화계통과 마찬가지로, 오직 엔진 시동을 위해 필요하며, 연소가 시작되면 화염은 지속된다.

에너지는 커패시터에 저장된다. 각각의 방전회로는 2개의 저장커패시터로 되어 있는데 모두 익사이터 유닛(Excitor Unit)에 위치된다. 커패시터를 건너뛰는

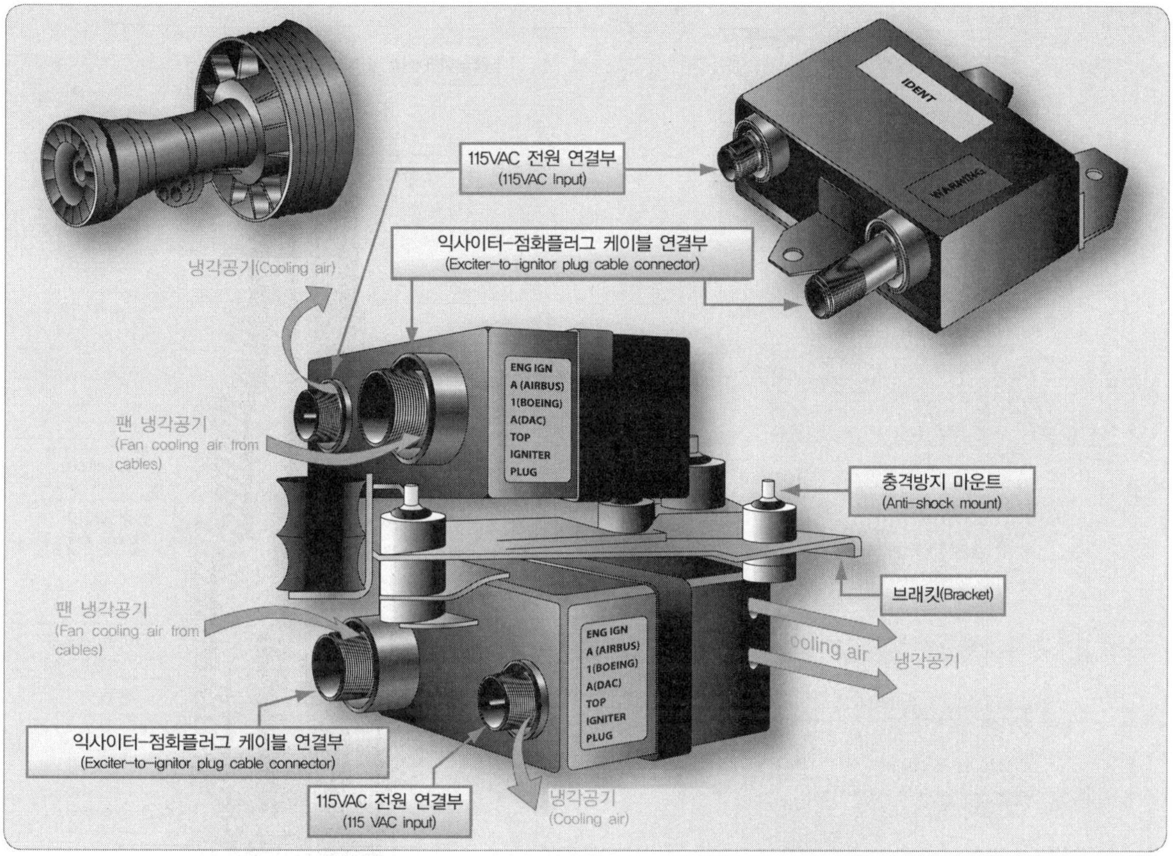

[그림 4-3] 팬 공기로 냉각되는 익사이터(Fan air-cooled exciter)

전압은 변압기에 의해 승압된다. 점화플러그가 점화하는 순간은 커패시터 용량이 충분히 크기하기 때문에 점화플러그 간극의 저항을 뛰어 넘는 방전이 발생한다. 두 번째 커패시터의 방전은 저전압의 방전이지만, 그러나 아주 고에너지의 방전이다. 결과는 비정상적인 연료혼합기체를 점화하는 것뿐만 아니라 플러그의 전극에 어떠한 외부의 이물질도 있으면 태워 버릴 만큼 능력이 있는 대단한 열 강도의 불꽃이 발생한다.

익사이터는 2개의 점화플러그의 각각에서 불꽃을 나게 하는 이중 장치이다. 일련의 연속적인 불꽃은 엔진이 시동될 때까지 나게 한다. 그 이후는 동력은 차단되고, 점화플러그는 엔진이 연속점화가 필요한 특정 비행 상태가 아닌 이상 점화하지 않는다. 이것이 익사이터가 연속점화의 긴 작동 시간 내내 과열을 방지하기 위해 공기로 냉각되는 이유이다.

4.1.2 점화 플러그(Igniter Plugs)

그림 4-4에서 보여 주는 것과 같이, 터빈엔진 점화계통의 점화플러그는 왕복엔진 점화계통의 점화플러그와 크게 다르다. 그것의 전극(Electrode)은 재래식의 점화플러그의 전극보다 훨씬 더 고에너지의 전류에 견딜 수 있어야 한다. 이 고에너지 전류가 전극을 빠른 속도로 침식시킬 수 있지만 작동시간이 짧으므

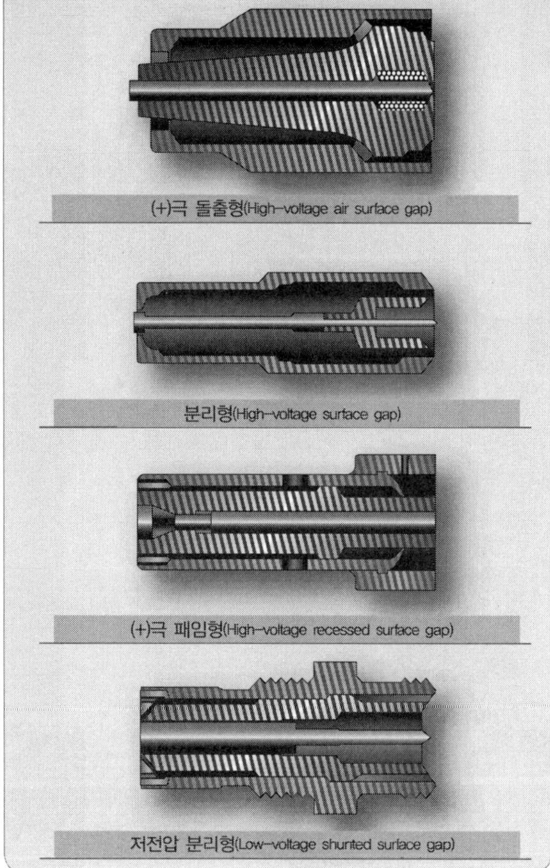

[그림 4-4] 점화 플러그(Ignitor plugs)

로 이그나이터의 정비에 소요되는 시간은 최소한으로 줄어든다.

전형적인 점화플러그의 전극 간극(Electrode Gap)은 작동압력이 훨씬 낮은 조건에서도 쉽게 불꽃을 튈 수 있도록 재래식보다 훨씬 크게 설계되었다. 결과적으로, 점화플러그에서 흔히 일어날 수 있는 점화플러그의 오염(Fouling)은 고강도 불꽃의 열에 의해서 최소화된다.

그림 4-5는 점화 효과를 높이기 위하여 연소실 내부로 조금 돌출되어 있기 때문에, 때로는 긴 리치(Long Reach) 점화 플러그라고도 부르는 전형적인 애뉼러

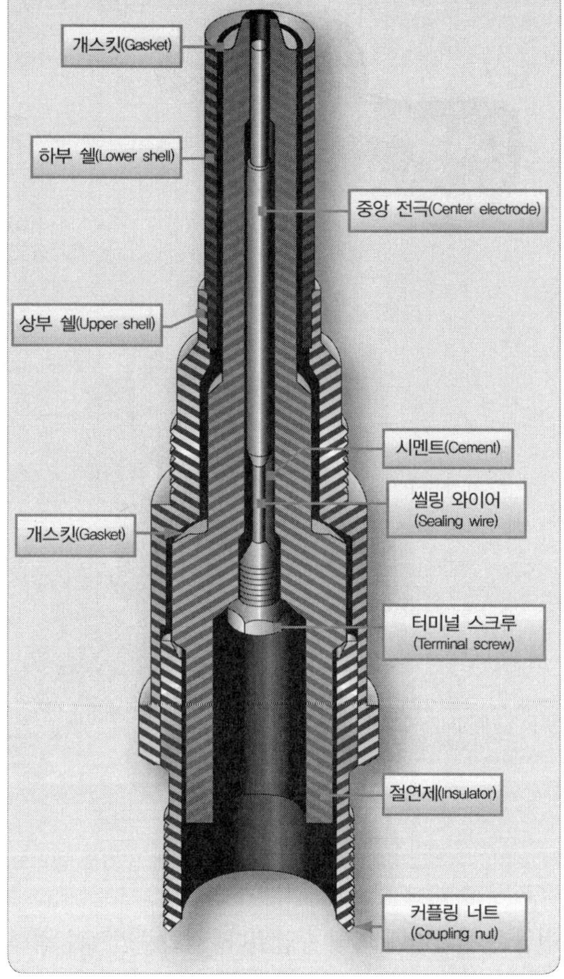

[그림 4-5] 애뉼러 간극 점화플러그
(Annular gap igniter plug)

간극 점화 플러그(Annular-gap Igniter Plug)의 단면을 나타낸 것이다.

그림 4-6과 같이 점화 플러그의 또 다른 한 가지 형식은 컨스트레인 간극 점화 플러그(Constrained-gap Igniter Plug)로 터빈엔진의 일부 형식에 사용된다. 이 이그나이터 플러그는 연소실 안으로 돌출되어 있지 않기 때문에 훨씬 더 낮은 온도에서 작동된다. 이것은 불꽃이 이그나이터 플러그에 가깝게 튀지 않고 연소

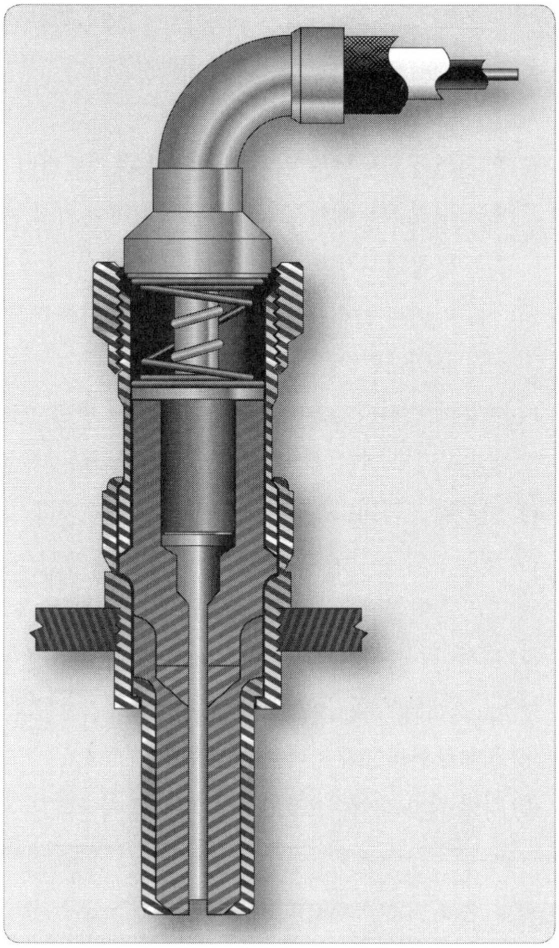

[그림 4-6] 컨스트레인 간극 점화 플러그
(Constrained gap igniter plug)

실 표면 안쪽으로 건너 튀기 때문에 연소실 내부로 돌출시키지 않아도 되는 것이다.

4.2 터빈 점화계통 검사 및 정비 (Turbine Ignition System Inspection and Maintenance)

전형적인 터빈엔진 점화계통의 정비는 근본적으로 검사, 시험, 고장탐구, 장탈 및 장착으로 이루어진다.

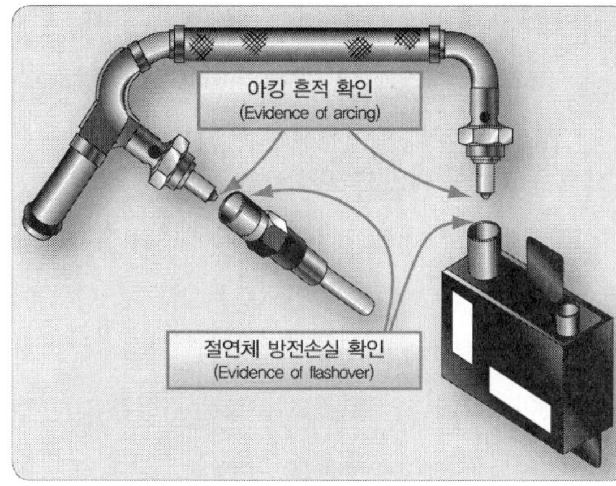

[그림 4-7] 절연체간의 방전 검사
(Flashover inspection)

4.2.1 검사(Inspection)

점화계통의 검사는 보통 다음 사항이 포함된다.

(1) 점화도선 단자 검사: 세라믹 단자에는 아킹(Arcing), 탄소 축적(Carbon Tracking), 그리고 균열이 없어야 한다.
(2) 그림 4-7과 같이, 그로밋 시일(Grommet Seal)에는 플래시오버(Flashover, 절연체사이의 방전), 탄소 축적(Carbon Tracking) 결함이 없어야 한다.
(3) 와이어 절연체는 절연체를 통한 아킹의 흔적 없이 유연성이 남아 있어야 한다.
(4) 구성품 장착, 단락 또는 고전압 아킹, 그리고 연결부 풀림의 안전성에 대해 전체 계통을 검사한다.

4.2.2 계통의 작동 점검 (Check System Operation)

이그나이터는 엔진이 시동기에 의해 돌기 시작할 때, "딱, 딱"(불꽃이 튀는 소리)하는 소리를 들음으로써 점검할 수 있다. 다른 방법으로는 어느 한 쪽의 이그나이터를 장탈하고 시동 사이클로 작동시켜 봐서 건너편 이그나이터의 불꽃 또는 작동 소리를 감지(장탈한 이그나이터 Hole을 통함)하는 것으로도 점검할 수 있다.

〈안전 주의 사항〉: 점화계통 작동 점검시 높은 에너지와 고전압이 수반되기 때문에 인체에 직접 닿으면 치명적인 사상에 이를 수 있음.

4.2.3 수리(Repair)

점검 결과에 따라 조여 주고 고정시키고 결함 발견된 부품과 배선은 교체한다. 필요에 따라 고정시키거나 조여 주고 안전장치를 한다.

4.3 점화계통 구성품의 장탈, 정비 및 장착 (Removal, Maintenance, and Installation of Ignition System Components)

다음의 지침은 여러 가스터빈 제작사에서 권장하는 일반적인 절차이며, 동 지침은 엔진 점화 계통 구성품에 적용할 수 있다. 그렇지만 어떠한 점화계통 관련 정비라도 수행하기 전에 항상 해당 제작사 정비교범의 해당 절차를 참고해야 한다.

4.3.1 점화계통의 도선 (Ignition System Leads)

(1) 엔진의 점화도선을 고정하는 클램프를 장탈한다.
(2) 익사이터 유닛에서 안전결선을 제거하고 전선 연결부를 분리시킨다.
(3) 이그나이터 플러그에서 안전결선을 제거하고 도선을 분리시킨다.
(4) 계통에 충전된 모든 전하를 접지시키는 방법으로 방전시키고 엔진에서 점화도선을 장탈한다.
(5) 인가된 드라이크리닝 용제로 도선을 세척한다.
(6) 연결부의 손상된 나사산, 부식, 절연체의 균열, 그리고 연결핀이 휘었거나 부러졌는지 검사한다.
(7) 도선이 마모, 소손, 또는 깊게 찍혔거나 벗겨졌거나, 오래되어 재질이 퇴화되지 않았는지 검사한다.
(8) 점화도선의 도통시험을 수행한다.
(9) 장탈 절차의 역순으로 도선을 다시 장착한다.

4.3.2 점화 플러그(Igniter Plugs)

(1) 점화 플러그에서 점화도선을 분리시킨다. 점화도선을 분리하기 전에 효과적인 절차는 이그나이터 유닛으로부터 저전압 1차 도선을 분리시키고, 이그나이터로부터 고전압 케이블을 분리하기 전에 저장된 에너지를 방출하도록 적어도 1분간은 기다린다.
(2) 마운트에서 이그나이터 플러그를 장탈한다.
(3) (그림 4-8)에서 보여 주는 것과 같이, 이그나이터 간극의 표면 재료를 검사한다. 검사 전에, 마른 헝겊을 사용하여 셀 외부에서 찌꺼기를 제거한다. 저전압 이그나이터의 전극은 세척하지 않는다.

고전압 이그나이터의 전극은 세척하여 검사에 도움이 되도록 한다.

(4) 이그나이터의 생크 부분에 마찰에 의한 손상이 있는지 검사한다.

(5) 이그나이터 표면이 미세하게 파였거나 찍혔거나, 또는 다른 손상이 있으면 이그나이터를 교환한다.

(6) 더럽거나 그을음이 많은 이그나이터를 교환한다.

(7) 장착 패드에 이그나이터를 장착한다.

(8) 연소실 라이너와 이그나이터 사이의 간격이 적절한지 점검한다.

(9) 제작사에서 명시한 토크 값대로 이그나이터를 조여 준다.

(10) 이그나이터에 안전결선을 한다.

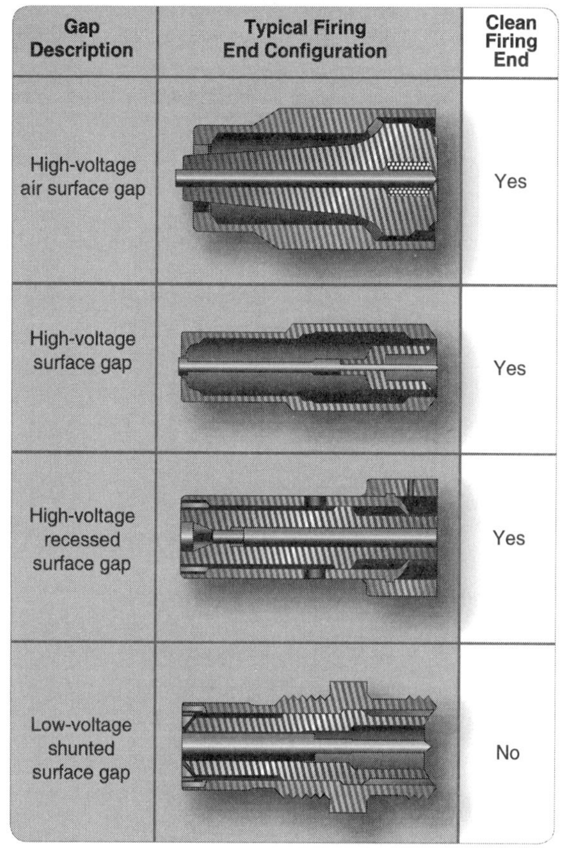

[그림 4-8] 점화플러그 간극 표면 검사
(Firing end cleaning)

05

엔진시동계통

Engine Starting Systems

5.1 서론
5.2 가스터빈엔진 시동장치
5.3 전기시동기와 시동 - 발전기 시동계통
5.4 공기 터빈 시동기계통

5 엔진 시동계통

Engine Starting Systems

5.1 서론(Introduction)

대부분의 항공용 왕복엔진 또는 터빈엔진은 시동 과정에서 시동기의 도움을 필요로 한다. 시동기는 엔진을 구동시키는 데 필요한 대용량의 기계적 에너지를 생산할 수 있는 전기 · 기계식 기계장치(Electro-mechanical Mechanism)이다. 왕복엔진은 엔진이 시동되고 스스로 회전할 때까지 비교적 느린 속도로 회전하게 된다. 왕복엔진이 점화되고 시동이 완료되면, 시동기는 분리되고 다음 시동할 때까지 더 이상의 역할이 없다.

터빈엔진의 경우에, 시동기는 연료를 연소하기에 충분한 공기 흐름을 엔진 내부에 공급할 수 있도록 엔진을 구동시켜야 한다. 그다음에 시동기는 엔진이 자립회전속도(Self-sustaining Speed)까지 가속되는 데 도움이 되도록 계속 작동하여야 한다. 터빈엔진의 시동기는 엔진을 시동하는 데 매우 중요한 역할을 한다.

엔진을 구동하기 위해서는 몇 가지 형식이나 방법이 있다. 거의 대부분 왕복엔진에서는 엔진에 맞물린 전기모터를 사용한다. 최근의 터빈엔진은 전기모터식, 시동-발전기식(Starter-generator), 그리고 공기터빈 시동기(Air-turbine Starter)를 사용한다. 공기터빈 시동기는 엔진 압축기 중 하나, 일반적으로 고압압축기와 감속기어를 통해 기계적으로 연결된 터빈에 압축공기가 통과함으로써 구동된다.

5.2 가스터빈엔진 시동장치 (Gas Turbine Engine Starters)

가스터빈엔진은 고압압축기 회전에 의해 시동된다. 2중 축, 축류형 엔진(Axial-flow Engine)에서, 고압압축기와 고압터빈만 시동기에 의해 회전한다. 가스터빈엔진 시동은 연소에 필요한 충분한 공기의 공급을 위해 압축기의 가속이 필요하다. 연료가 공급되면서 점화되어 연소가 일어나지만, 시동기는 엔진이 스스로 구동할 수 있는 속도에 도달할 때까지 엔진을 구동시켜야 한다.

시동기에 의해 공급되는 토크는 압축기의 관성력과 마찰 하중을 극복하기 위해 요구되는 토크 이상이어야 한다. 그림 5-1의 그래프는 가스터빈엔진의 일반적인 시동 순서도이며, 적용된 시동기 형식과는 관련이 없다. 시동기가 엔진으로 충분한 만큼 공기 흐름이 공급되도록 압축기를 가속시켰을 때 점화시키고 뒤이어 연료를 공급한다. 올바른 시동 절차는 연료와 공기의 혼합기가 점화되기 전에 연소를 위한 충분한 공기가 엔진으로 공급되어야하기 때문에 매우 중요하다. 엔진에서 낮은 구동속도에서의 연료공급량은 엔진 가속을 계속하게 하기에 충분하지 않다. 따라서 시동기는 엔진 스스로 구동을 가속할 수 있는 속도(Self-accelerating Speed)에 도달한 후까지 엔진을 계속 구동해야 한다.

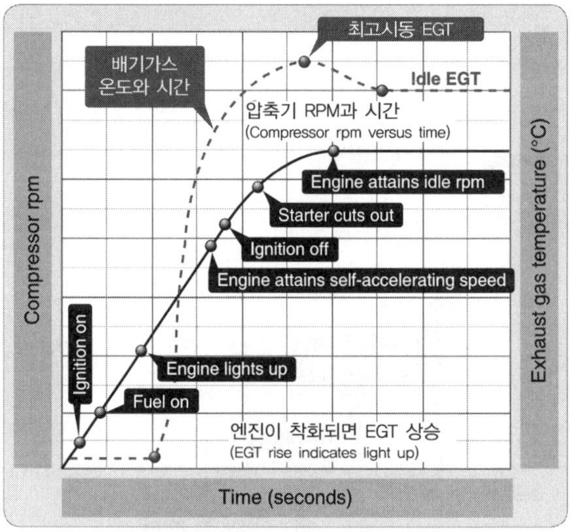

[그림 5-1] 가스터빈엔진 시동 순서도
(Typical gas turbine engine starting sequence)

만약 엔진이 스스로 구동을 가속할 수 있는 속도 이하에서 시동기의 구동이 중단되었다면, 엔진은 시동 초기 내내 가속이나 회전을 유지하기 위한 충분한 에너지를 생산하지 못하여 완속운전 속도(Idle Speed)까지의 가속에 실패할 뿐만 아니라 속도가 줄어들지도 모른다. 시동기는 시동 시 과열 또는 시동 실패를 방지하기 위해서 엔진 스스로 구동을 가속할 수 있는 속도 이상으로 될 때까지 계속 구동해야 한다. 정상 시동 과정에서는 일정 시점에서 시동기와 점화는 자동으로 중단된다. 가스터빈엔진에서 현재 쓰이는 시동기의 기본적인 형식으로는 직류전기모터(DC Electric Motor), 시동-발전기(Starter-generator), 공기터빈 시동기(Air-turbine Starter) 등이 있다.

많은 형식의 터빈 시동기는 시동을 위한 몇 가지 다른 방법을 사용해 왔지만, 대부분은 전기모터 또는 공기터빈 시동기이다. 소형엔진에 사용되는 압축공기 시동계통(Air-impingement Starting System)은 압축기나 터빈블레이드에 압축공기를 직접 분사하여 회전시키는 방식으로, 압축기나 터빈케이스 안쪽에 압축된 공기분사도관이 구성되어 있다. 일반적으로 공기터빈 시동기는 공압을 공급하는 지상 장비 또는 인접 엔진(다발 엔진 항공기 경우)에서 나오는 공압에 의해 시동기를 작동시킨다.

그림 5-2는 고온가스 발생기를 가진 카트리지 시동기(Cartridge Starter)이다. 카트리지 시동을 위해, 카트리지는 우선 브리치 캡(Breech Cap) 안에 장착된다. 그때 브리치(Breech)는 브리치 핸들(Breech Handle)에 의해 브리치 챔버(Breech Chamber)에 결합되고 2개의 브리치 섹션(Breech Section) 사이에 러그를 맞물리게 하기 위해 부분적인 회전을 시켜 준다. 카트리지는 브리치 핸들의 끝에 연결된 커넥터를 통해 전압을 가하면 점화된다. 카트리지의 점화에 의해 발생된 가스는 고온가스 노즐(Hot Gas Nozzle)을 통해 터빈의 버킷(Bucket) 쪽으로 나가게 되고 외부 배기 컬렉터(Exhaust Collector)를 경유하여 회전이 일어나게 된다. 초기에는 릴리프 밸브(Relief valve) 출구를 통과하여 고온가스 노즐에 도달하게 되어 있으나, 고온가스 압력이 높아지면서 압력이 미리 조절된 최대값 이상이 되면, 릴리프 밸브는 고온가스 노즐을 우회하여 터빈으로 고온가스를 보내어 회전력을 높인다. 그 이후 고온가스 회로 내의 가스의 압력은 적정 수준으로 유지된다.

연료-공기 연소 시동기(Fuel/Air Combustion Starter)는 Jet A 연료와 압축공기의 연소 에너지를 이용하여 가스터빈엔진을 시동한다. 시동기는 터빈구동계통과 보조연료계통, 공압계통, 점화계통으로 구성되어 있다. 이 시동기의 작동은 완전자동으로 시동기 발화를 위한 스위치 작동과 엔진을 일정 속도까지 가속시킨 후 시동기가 꺼지게 되어 있다. 유압펌프와

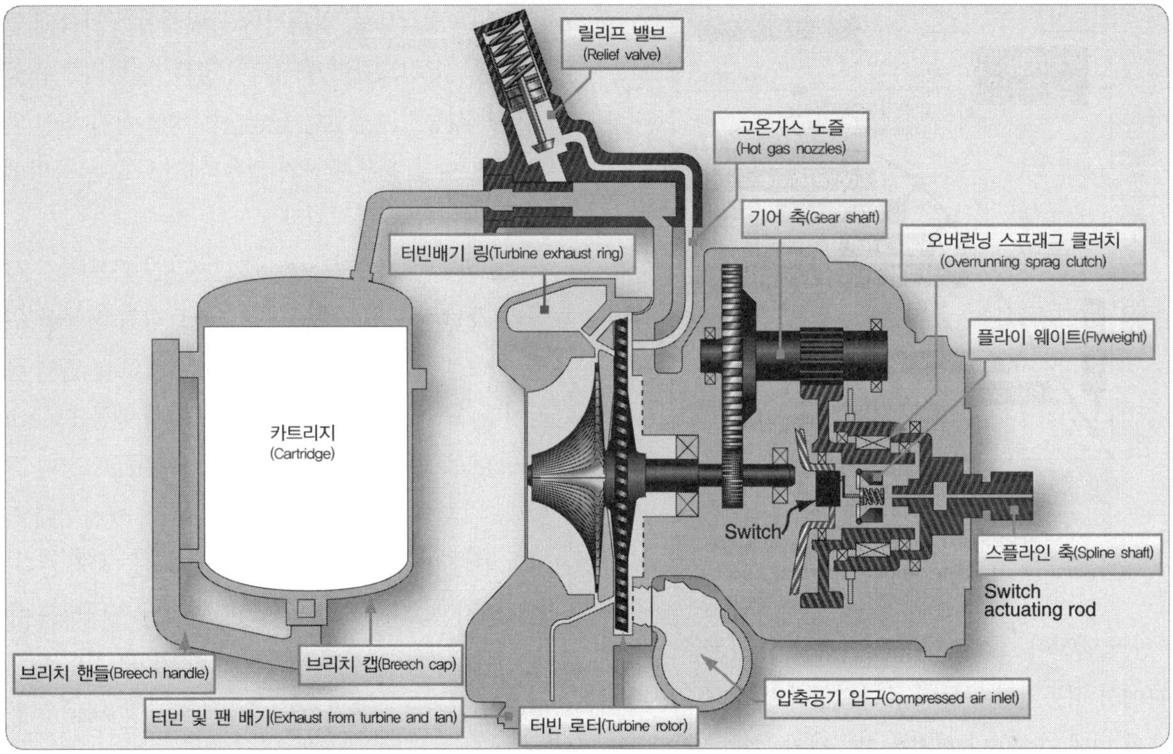

[그림 5-2] 카트리지 시동기 개략도(Cartridge-pneumatic starter schematic)

모터(Hydraulic Pump and Motor) 또한 일부 소형엔진에서 사용되어지곤 했다. 이 시동 방식은 운송용 항공기의 대형터보팬엔진에서는 시동 과정에 높은 동력이 요구되기 때문에 오늘날 상업용 항공기에서 별로 사용되지 않는다.

5.3 전기시동기와 시동-발전기 시동계통 (Electric Starting Systems and Starter Generator Starting System)

가스터빈 항공기에서 전기시동계통은 일반적으로 직구동 전기식(Direct Cranking Electrical System)과 시동-발전기식(Starter Generator System) 등 두 가지 형식이 있다.

직구동 전기식은 보조동력장치(APU, Auxiliary Power Unit)와 같은 소형터빈엔진에, 그리고 일부 소형터보샤프트엔진에 사용된다. 많은 가스터빈 항공기는 시동-발전기를 장착한다. 시동-발전기계통은 시동기로 작동한 후, 엔진이 스스로 회전할 수 있는 속도에 도달하면 발전기로 전환하도록 하는 2차 권선을 가진 것을 제외하면 직구동 전기식과 유사하며 엔진의 무게와 공간을 줄여 준다.

시동-발전기는 구동기어를 통해 계속 엔진 축에 맞물리게 되지만 직구동 시동기는 엔진 시동 완료 후 축으로부터 시동기를 분리해 주어야 한다. (그림 5-3)에서 보여 준 것과 같이 시동-발전기는 기본적으로

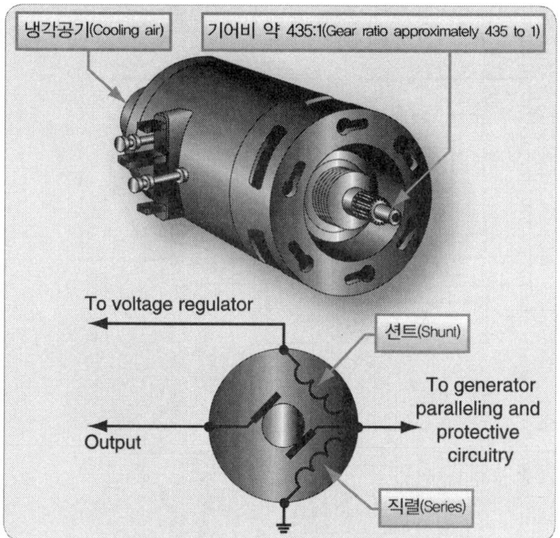

[그림 5-3] 시동-발전기(Typical starter generator)

부가적인 많은 직렬권선을 추가한 션트 분권 발전기(Shunt Generator)이다. 이 직렬권선은 전기적으로 강한 자기장과 높은 시동 토크를 얻기 위해 필요하다. 시동-발전기는 시동기와 발전기 모두의 기능을 수행하기 때문에, 경제적인 면에서 유리하며 시동계통의 전체 무게는 줄어들고, 보다 적은 부품이 장착된다.

(그림 5-4)에서 보여 준 것과 같이 시동-발전기 내부 회로는 네 가지 계자권선을 갖고 있는데, 직권계자 즉 'C'자장(Field), 분권계자(Shunt Field), 보상계자(Compensated Field), 그리고 보극권선(Interpole) 또는 정류권선(Commutating Winding)이다. 시동하는 동안, C-Field, 보상권선, 그리고 정류권선이 사용된다.

시동-발전기를 시동하는 동안 사용된 권선은 모두가 전원과 직렬로 연결되어 있기 때문에 직구동 시동기와 비슷하다. 시동기로 작동하는 동안에는 분권계자(Shunt Field)를 사용하지 않는다. 시동할 때에는 보통 24V와 최대 1,500A의 전원이 필요하다.

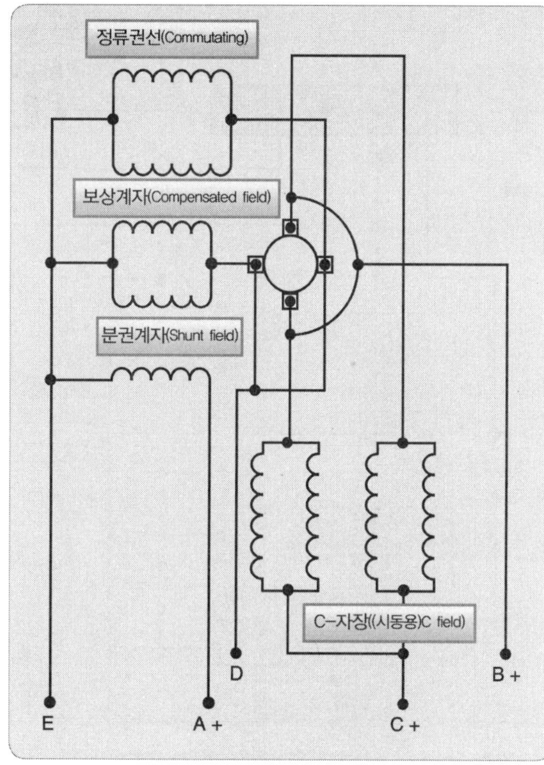

[그림 5-4] 시동-발전기 내부회로
(Starter generator internal circuit)

시동이 완료되고 발전기로 작동할 때, 분권계자, 보상계자, 그리고 정류권선이 사용된다. C-field는 오직 시동 목적으로만 사용된다. 분권계자는 발전기에서 통상적으로 전압제어회로에 연결된다. 보상계자와 정류권선(또는 보극권선)은 무부하에서 전부하(Full-load)까지 거의 불꽃을 내지 않는 정류작용을 한다.

(그림 5-5)는 저전류 제어장치가 장착된 시동-발전기의 외부 회로를 보여 준다. 이 장치는 시동기로 사용될 때 시동-발전기를 제어한다. 그것의 목적은 시동기를 지원하여 엔진의 연소 유지에 충분한 빠른 회전을 유지하기 위함이다. 저전류 제어장치의 제어부는 2개의 릴레이를 가지고 있으며, 시동기의 입력을 제어하는 모터릴레이(Motor Relay)와 모터릴레이의 작동

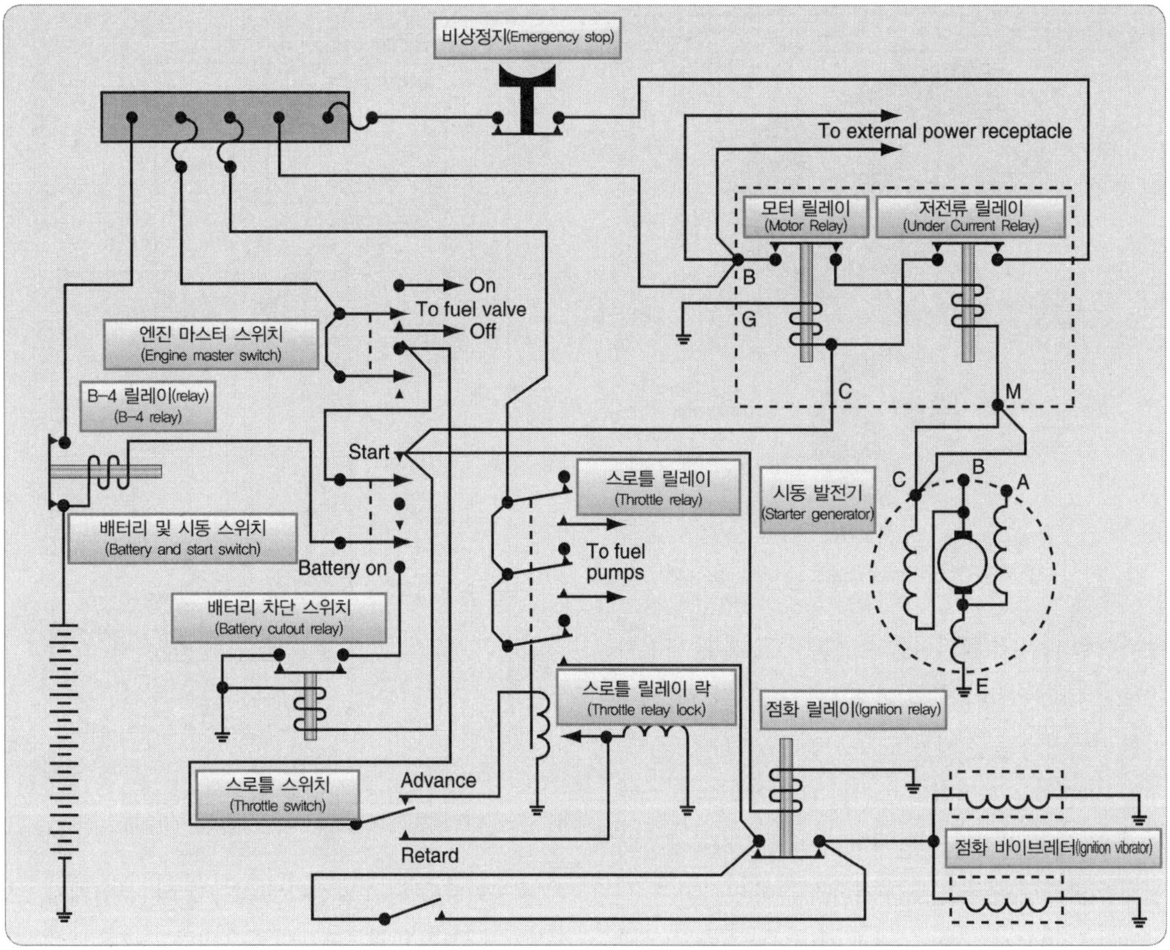

[그림 5-5] 시동-발전기 회로도(Starter generator circuit)

을 제어하는 저전류 릴레이(Under-current Relay)이다.

저전류 릴레이를 갖춘 엔진을 시동하기 위해서, 먼저 엔진 마스터스위치(Engine Master Switch)를 'ON' 하는 것이 필요하다. 이것은 항공기의 전원에서 시동스위치(Start Switch), 연료밸브(Fuel Valve), 스로틀릴레이(Throttle Relay)까지 회로를 형성한다. 스로틀릴레이를 통해 전류가 공급되면 연료펌프를 작동시키고, 연료밸브회로를 형성하여 엔진 시동에 필요한 연료압력이 형성된다. 배터리 & 시동스위치(Battery and Start Switch)를 'ON' 하면 모터릴레이(Motor Relay), 점화릴레이(Ignition Relay), 배터리차단릴레이(Battery Cutout Relay)가 연결된다.

- 모터릴레이는 전원에서 시동모터까지 회로를 접속한다.
- 점화릴레이는 점화부로 회로를 연결한다.
- 배터리차단릴레이는 배터리를 차단한다.

배터리 회로의 분리는 시동모터에서의 큰 전기소모

가 배터리를 손상시키게 되기 때문에 필요한 것이다. 모터릴레이를 접속하면 고전류를 모터로 흐르게 한다. 이 전류는 저전류 릴레이의 코일을 통해 흘러서 연결된다.

저전류 릴레이가 연결되면 전원에서 모터릴레이 코일, 점화릴레이 코일, 그리고 배터리차단릴레이 코일까지 회로가 연결된다. 시동스위치는 원래의 'OFF' 위치로 되돌아가지만 모든 부품은 작동을 계속한다.

모터 속도가 증가하면서, 모터의 전류 소비는 점점 감소한다.

그것이 200A 이하로 감소될 때, 저전류 릴레이가 작동하고 차단된다. 이 작용으로 전원에서 모터릴레이, 점화릴레이, 그리고 배터리차단릴레이의 코일까지 회로가 차단된다. 이들 릴레이 코일에 회로가 차단되면 시동이 중지된다. 이 모든 과정이 완료된 후, 엔진은 효율적으로 작동하고 점화는 스스로 계속 유지된다.

그러나 엔진이 시동기 작동을 멈출 수 있는 충분한 속도에 도달하지 못하면, 정지스위치(Stop Switch)를 눌러서 저전류 릴레이의 주 접점 회로의 전원을 차단할 수 있다.

[표 5-1] Starter generator starting system troubleshooting procedures

<table>
<tr><th>예상 원인</th><th>필요 조치 사항</th><th>추가 조치 사항</th></tr>
<tr><td colspan="3">시동 시 엔진이 돌지 않음</td></tr>
<tr><td>-시동기에 낮은 전력 공급됨</td><td>- 배터리 또는 외부 전원 점검</td><td rowspan="4">외부 전원의 전력을 점검하고 배터리를 충전한다.
출력 스위치를 교환한다.
점화 스위치를 교환한다.
발전기 제어 스위치를 OFF한다.
흐르는 전력이 없으면, 릴레이를 교환한다.
시동기에 전력 흐름이 확인되면 시동기를 교환한다.
구동축이 손상이면 엔진을 교환한다.</td></tr>
<tr><td>-출력 스위치(Power SW) 결함
-점화 스위치(Ignition SW) 결함</td><td>- 출력 스위치 도통 점검
- 점화 스위치 도통 점검
- 발전기 제어 스위치 점검</td></tr>
<tr><td>-시동-잠금 릴레이 결함
-배터리 릴레이 결함
-시동 릴레이 결함</td><td>- 48V DC 시동 회로 점검
- 28V DC 시동 회로 점검
- 시동 회로에 전원이 있는 상태에서 시동기의 전력 점검</td></tr>
<tr><td>-시동기 구동축 손상(Sheared)</td><td>- 시동기는 회전하고 있으나, 엔진이 돌지 않으면 구동축이 손상된 것임</td></tr>
<tr><td colspan="3">시동기는 구동되고 있으나 가속이 되지 않음</td></tr>
<tr><td>- 시동기 공급 전력이 부족함</td><td>시동기에 걸리는 전력을 점검함</td><td>높은 전력의 지상장비를 사용하거나 배터리를 충전한다.</td></tr>
<tr><td colspan="3">출력을 Idle로 했으나, 시동에 실패함</td></tr>
<tr><td>- 점화장치의 결함</td><td>- 점화장치를 On하고 점화가 작동하는 소리를 들어본다.</td><td>점화계통을 점검한다.
- 점화 플러그 교환
- 익사이터 교환
- 점화 리드라인 교환</td></tr>
</table>

5.3.1 시동-발전기계통의 고장탐구 (Troubleshooting a Starter-generator Starting System)

표 5-1은 앞에서 설명한 것과 유사한 시동-발전기 계통의 고장 탐구 방법들이다. 이들 절차는 단순화된 것이고 실제 항공기 정비를 위해서는 반드시 해당 제작사의 정비 교범과 인가된 정비지침서를 참고해야 한다.

5.4 공기터빈 시동기 계통 (Air Turbine Starter System)

5.4.1 공기터빈 시동기(Air Turbine Starter)

공기터빈 시동기는 작고 가벼운 자원을 활용하지만 높은 시동토크(Starting Torque)를 발생시키도록 설계되었다. 전형적인 공기터빈시동기는 동일한 엔진 조건에서의 전기시동기의 1/4~1/2 무게이다. 또

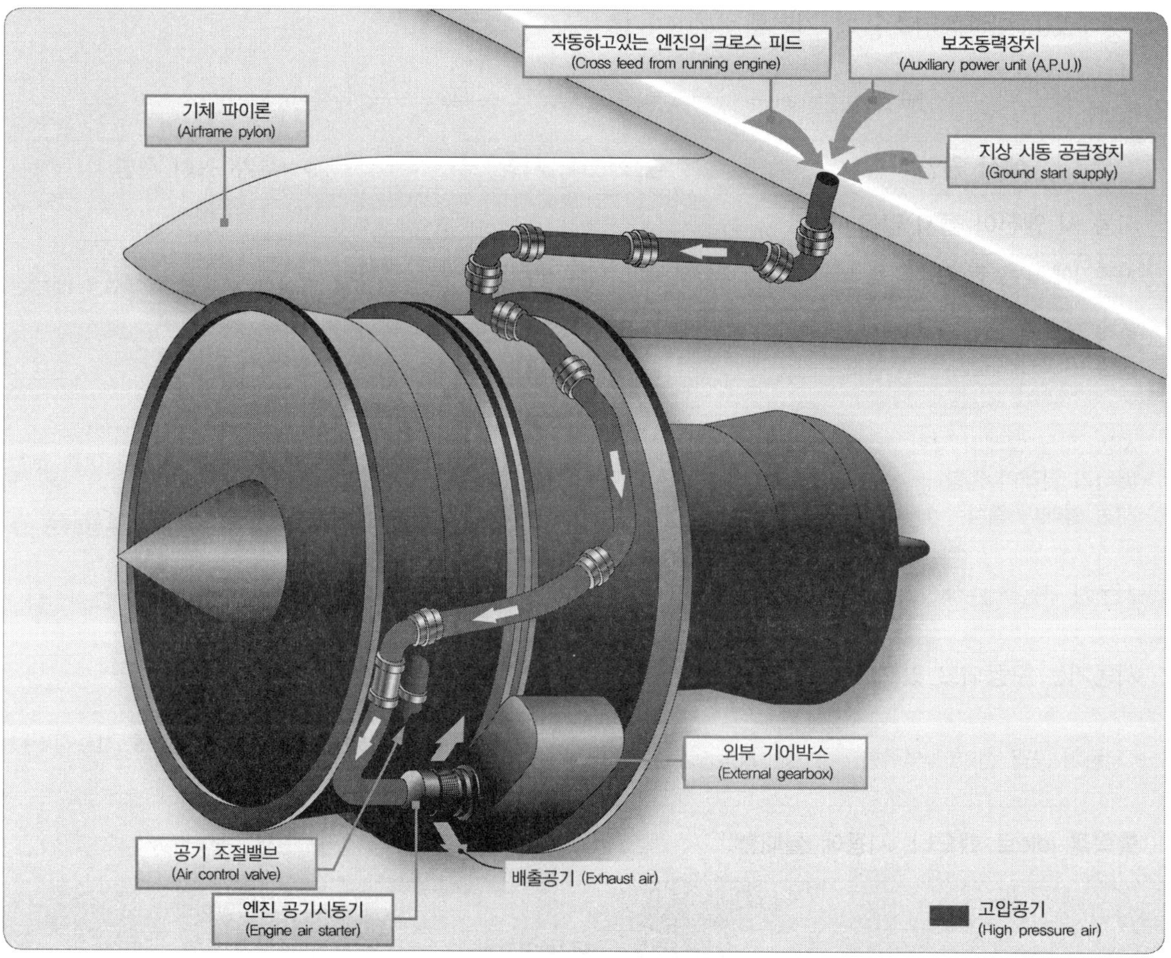

[그림 5-6] 시동용 압력공기 공급경로
(Air turbine starters are supplied by ground cart, APU, or another operating onboard engine)

한 공기터빈 시동기는 전기시동기 이상의 토크를 발생시킬 수 있다. 일반적으로 공기터빈시동기는 감속기어열(Reduction Gear Train), 시동클러치(Starter Clutch)를 통해 구동커플링(Drive Coupling)을 구동하는 축류 터빈으로 구성된다.

그림 5-6과 같이 공기터빈 시동기를 작동시키는 공기는 지상 장비인 압축공기 공급장치(Ground-operated Air Cart), 보조동력장치(APU), 또는 작동하고 있는 인접 엔진에서 나오는 고압 공기(Cross-bleed Air)로부터 공급된다. 엔진 시동을 위해 일시에 약 30~50psi 정도의 압력 공기가 사용된다. 시동을 완료하기 위해서는 공압관의 압력(Duct Pressure)은 최소 약 30psi 압력 이상으로 충분히 높게 공급되어야 한다. 공기터빈시동기로 엔진을 시동할 때는 시동 전에 공압관의 압력을 반드시 점검해야 한다.

(그림 5-7)에서는 공기터빈시동기의 단면도를 보여 준다. 시동기는 시동기 입구로 충분한 용량과 압력의 공기를 공급함으로써 작동된다. 압력 공기는 시동터빈하우징(Starter Turbine Housing) 내부로 들어가 노즐 베인(Nozzle Vane)을 통과하면서 로터 블레이드(Rotor Blade)를 직접 향하도록 방향이 전환된 다음 터빈로터(Turbine Rotor)를 회전시킨다. 터빈로터가 회전하면, 감속기어열(Reduction Gear Train) 그리고 로터 피니언(Rotor Pinion), 유성기어(Planet Gear), 캐리어(Carrier), 스프래그 클러치(Sprag Clutch), 출력축(Output Shaft Assembly), 구동커플링(Drive Coupling) 등으로 배열된 클러치를 작동시킨다. 스프래그 클러치는 로터가 돌기 시작하면 즉시 자동으로 맞물리게 되지만, 구동커플링이 회전자보다 더 빨리 회전하면 분리된다.

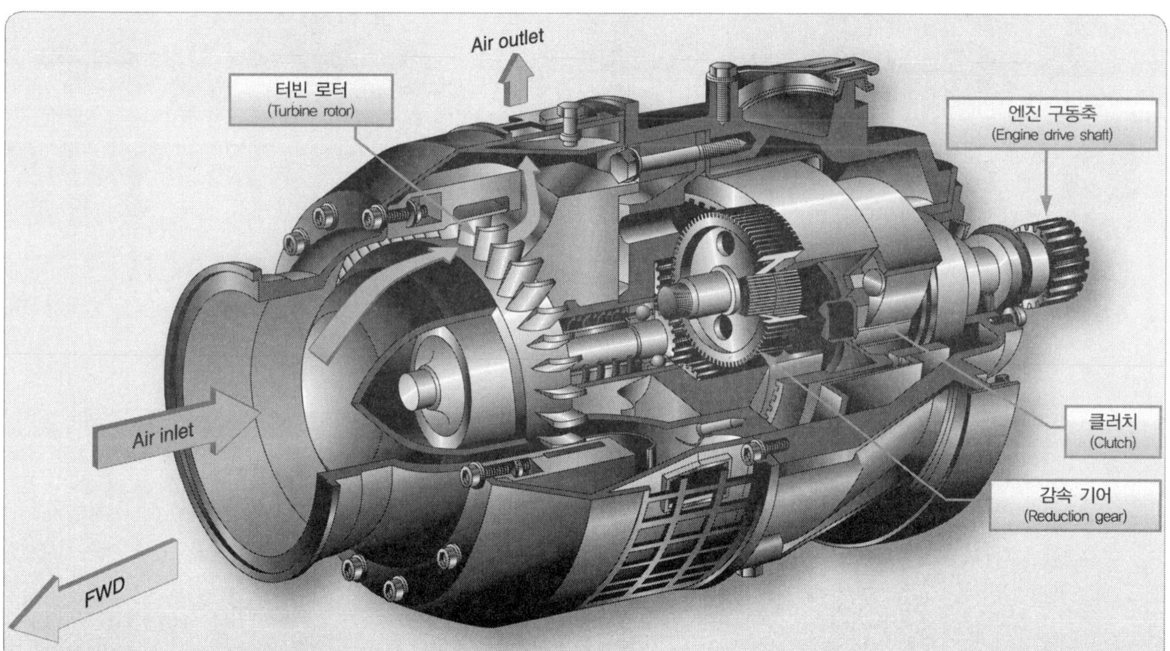

[그림 5-7] 공기터빈시동기 단면(Cutaway view of an air turbine starter)

스프래그 클러치는 시동기가 과회전하면 기어열(Gear Train)을 헛돌게 하여 시동기를 정지시킨다. 출력축과 구동커플링은 엔진이 돌고 있는 한 계속 구동된다. 터빈로터허브(Turbine Rotor Hub)에 장착된 회전자 스위치 작동기(Rotor Switch Actuator)는 시동기가 시동기 차단 속도(Cutout Speed)에 도달하면 터빈스위치(Turbine Switch)가 차단되도록 설정된다. 터빈스위치가 차단되면 시동밸브로 가는 전류가 차단되고 밸브가 닫히면서 시동기로 압력공기가 더 이상 공급되지 않는다.

터빈하우징(Turbine Housing)은 터빈로터(Turbine Rotor), 회전자 스위치 작동기(Rotor Switch Actuator) 그리고 로터 블레이드(Rotor Blade)쪽으로 공기 방향을 전환시키는 노즐(Nozzle) 부품으로 구성되어 있다. 터빈하우징에는 터빈로터 보호링(Turbine Rotor Containment Ring)이 설치되어 있어 터빈 과속으로 로터가 부서질 경우 터빈 블레이드 조각들의 에너지를 분산시키며 배기관(Exhaust Duct)을 통해 낮은 에너지로 방출되도록 한다. 트랜스미션 하우징(Transmission Housing)은 감속기어, 클러치 구성 부품, 구동커플링으로 구성된다.

그림 5-8과 같이 트랜스미션 하우징에는 윤활유가 저장된다. 공기터빈시동기의 일반적인 정비는 오일양 점검, 금속입자(Metal Particles) 등 이물질에 대한 점검, 누설 점검 등이다.

윤활유 보급은 시동기 윤활유 보급 통로(Port)를 통해 트랜스미션 하우징 섬프(Transmission Housing Sump)로 공급된다. 이 통로는 벤트 플러그(Vent Plug)에 의해 닫혀있으나, 벤트플러그에는 볼 밸브(Ball Valve)가 있어 정상비행 중에 섬프에서 대기로 배출되

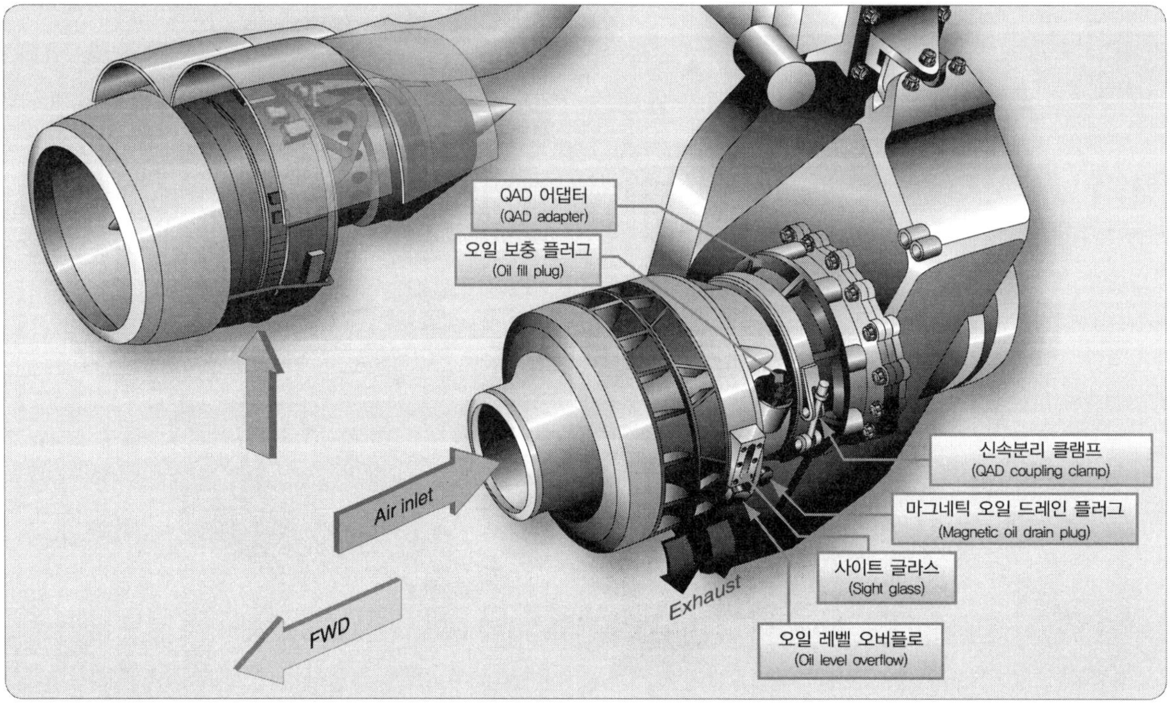

[그림 5-8] 공기터빈 시동기 (Air turbine starter)

게 한다. 또한 트랜스미션 하우징에는 유량게이지가 있어 오일 양을 육안 점검할 수 있다. 트랜스미션 드레인(Transmission Drain Opening)에 있는 마그네틱 드레인 플러그(Magnetic Drain Plug)는 오일에 섞여 있는 모든 철분입자를 끌어 모아 다시 오일과 함께 기어 속으로 돌아다니지 않게 한다.

시동기의 윤활유는 엔진 윤활유와 동일한 것으로 사용하지만 엔진 윤활유계통과 연결되어 있지 않아 서로 순환되지 않는다. 내부에 있는 링 기어 하우징(Ring Gear Housing)은 회전자를 가지고 있다. 스위치 하우징(Switch Housing)은 터빈스위치(Turbine Switch)와 브래킷(Bracket Assembly)으로 구성되어 있다. 시동기 마운팅 어댑터(Mounting Adapter)는 엔진 마운팅 패드(Mounting Pad)에 볼트로 장착되어 있으며, 시동기의 장탈착을 용이하게 해준다. 그림 5-8에서 보여 주듯이 시동기는 마운팅 어댑터에 신속분리클램프(Quick-detach Clamp)로 연결되어 있어, 연결된 배선과 신속분리클램프를 분리하면 되도록 시동기 장탈착 작업이 쉽게 되어 있다. 그러나 시동기 장탈시 엔진 시동기 기어(Starter Drive Gear)로부터 구동 커플링을 분리할 때 매우 조심해야 한다.

[그림 5-9] 압력조절/차단밸브
(Regulating and shutoff bleed valve)

그림 5-9와 같이 압력공기 통로에는 시동기 유입관(Inlet Duct)까지에 이르는 압력을 복합적으로 제어하는 압력조절/차단밸브(PRSOV, Pressure -regulating and Shutoff Valve) 또는 블리드 밸브(Bleed Valve)가 있다. 압력조절/차단밸브는 시동기 작동 공기의 압력을 조절하고, 'OFF' 위치일 때 엔진으로의 공기 공급을 차단시킨다. 압력조절/차단밸브의 하류 흐름(Downstream)에는 시동기로 들어가는 압력공기의 흐름을 통제하는 시동밸브(Start Valve)가 있다.

(그림 5-10)에서와 같이, 압력조절/차단밸브는 2개의 하위 부품으로 구성되어 있는데, 그것은 압력조절밸브(Pressure-regulating Valve)와 압력조절밸브 제어부(Pressure-regulating Valve Control)이다. 조절밸브는 나비밸브(Butterfly-type Valve)가 내장된 밸브 하우징(Valve Housing)으로 구성되어 있다. 나비밸브의 축은 캠(Cam)과 서보피스톤(Servo-piston)으로 연결되어 있다. 피스톤이 작동하면서 전달된 캠 동작은 나비밸브를 회전하게 한다. 캠 트랙(Cam Track)의 경사는 시동기가 작동할 때 초기에 짧은 움직임으로 높은 토크(High Torque)를 제공하도록 설계되어 있다. 또한 캠 트랙의 경사는 밸브의 열림 시간(Opening Time)을 길게 하여 더욱 안정된 작동이 되게도 한다.

조절밸브 하우징에 설치되어 있는 제어부(Control Assembly)는 솔레노이드(Solenoid)가 있는 제어 하우징(Control Housing)으로 구성되는데, 솔레노이드는 'OFF' 위치에서 조종크랭크(Control Crank)의 작동을 정지시킨다. 조종크랭크는 서보피스톤에서 압력을 계량하는 파일럿 밸브(Pilot Valve)와 시동기의 압력감지부(Pressure Sensing Port)와 공기도관으로 접속된 벨로우즈와 연결된다.

시동스위치(Starter Switch)를 'ON' 하면 조절밸브

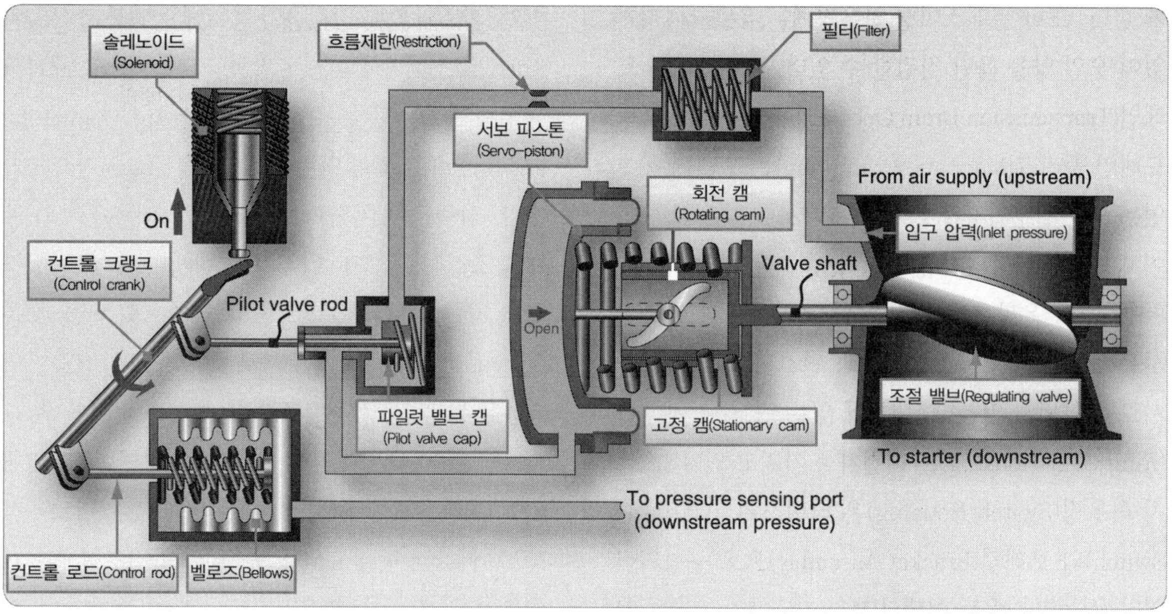

[그림 5-10] 압력조절/차단밸브(Pressure-regulating and shutoff valve in on position)

솔레노이드가 자화되면서 수축하게 되는데 이로 인해 조종크랭크는 열림 위치로 회전하게 된다. 조종크랭크는 컨트롤 로드(Control Rod)를 벨로우즈의 닫힌 쪽 끝까지 밀어 주는 스프링의 힘에 의해 회전한다. 조절밸브가 닫히면 하류 흐름의 압력은 무시할 정도이므로 벨로우즈는 벨로우즈 스프링에 의해 완전히 팽창된다. 조종크랭크가 열림 위치로 회전하면 파일럿 밸브 로드(Pilot Valve Rod)가 파일럿 밸브를 열어 대기하고 있던 입력공기가 서보피스톤 챔버(Servo-piston Chamber)로 흘러가게 한다.

서보피스톤 챔버 공기가 대기로 빠져나가는 통로(Drain)는 파일럿 밸브에 있으나, 파일럿 밸브 로드가 움직여 배출 통로를 막음으로 해서 들어온 상류 공기는 서보피스톤을 안쪽으로 밀어(Open 방향) 움직이게 한다. 서보피스톤의 직선운동은 회전 캠의 밸브 축에 의해 회전운동으로 변환되면서 조절밸브가 열린다. 밸브가 열리면 하류 흐름의 압력은 증가한다.

이 압력은 압력감지부(Pressure Sensing Port)를 통해 벨로우즈로 역으로 흘러 벨로우즈를 압축시킨다. 그림 5-10에서와 같이 벨로우즈의 압축은 컨트롤 로드를 움직여 조종크랭크를 회전(화살표 반대 방향)시키고 파일럿 밸브 로드를 서서히 움직여 서보피스톤 챔버(Servo-piston Chamber) 공기의 일부를 대기로 배출시킨다. 하류 흐름의 압력이 일정한 값에 도달하면, 흐름제한장치(Restriction)를 통해 서보 안으로 흐르는 압력 공기의 양은 서보 블리드를 통해 대기로 빠져나가는 공기의 양과 같아져 계통은 평형상태(State of Equilibrium)를 유지한다. 즉, 열린 상태를 유지한다.

압력조절/차단밸브(또는 Bleed valve)와 시동밸브(Start Valve)가 열리면, 조절된 압력공기가 시동기의 인렛 하우징(Inlet Housing)을 통과하고 터빈을 회

[표 5-2] Air turbine starter system troubleshooting procedures

결함 현상	예상 원인	필요 조치 사항
시동기가 회전하지 않음 (No Rotating)	- 공압이 공급되지 않음 - Cutoff 스위치 Open - 시동기 구동축이 손상됨 - 시동기 내부 결함	공급되는 공기압을 점검한다. 스위치의 도통을 점검한다. 구동축의 커플링을 교환한다. 시동기를 교환한다.
시동기가 정상 Cutoff 속도로 증가되지 않음	- 공급되는 공기압력이 낮음 - 시동기 Cutoff 스위치 결함 - 공기 압력조절밸브 결함 - 시동기 내부 결함	공급되는 공기압을 점검한다. 로터스위치 작동기를 조정한다. 압력조절밸브를 교환한다. 시동기를 교환한다.
시동기가 Cutoff 되지 않음	- 공급되는 공기압력이 낮음 - 로터스위치 작동기가 너무 높게 설정되어 있음 - 시동기 Cutoff 스위치 단락	공급되는 공기압을 점검한다. 로터스위치 작동기를 조정한다. Cutoff 스위치를 교환한다.
외부로 오일 누설	- 오일이 너무 많음 - 벤트 플러그, 오일필터, 자석식 칩 검출기 등이 풀림 - 클램프 부위 풀림	오일을 배출하고 재보급한다. 자석식 칩 검출기를 조인다. 플러그, 오일필터 부위를 조이고 안전결선을 한다. 클램프를 조인다.
시동기는 회전하고 있으나, 엔진은 돌지 않음	시동기 구동축이 손상됨	구동축의 커플링을 교환한다. 커플링 손상이 계속되면 시동기도 교환한다.
시동기 입구와 공압덕트가 맞지 않음	시동기 장착 잘못 또는 시동기 터빈하우징과의 부적절한 연결	시동기 장착상태를 점검한다. 터빈하우징과의 위치가 적절한지를 점검한다.
자석식 칩 검출기에서 금속입자가 발견됨	-고은 입자는 정상일수 있음. -굵은 입자는 내부 결함 가능성이 높음	오일을 Flush한다(고은 입자). 시동기를 교환한다.
시동기 터빈노즐베인이 손상됨	공급된 공기 내에 이물질 유입 가능성	시동기를 교환한다. 공압 공기필터를 점검한다.
시동기 벤트 플러그(Vent Plug)에서 오일이 누설함	시동기 잘못 장착 가능성	시동기 및 벤트 플러그의 장착 상태를 점검하고, 점검 결과에 따라 필요한 수리를 한다.
구동축에서 오일이 누설함	후부 씰(Rear Seal)에서의 누설 가능성	시동기를 교환한다.

전시킨다. 터빈이 회전하면 기어열(Gear Train)이 작동하고 안쪽 클러치 기어(Inboard Clutch Gear)가 회전하면서 앞으로 움직이면, 조우 부분의 톱니(Jaw Teeth)가 바깥쪽 클러치기어(Outboard Clutch Gear)와 연결되어 시동기의 출력축(Output Shaft)을 구동하게 되는 것이다. 클러치는 접속과 연동을 쉽게 하고 접촉 소음이 적은 오버러닝(Over-running) 형식이다.

시동기가 차단 속도(Cutout Speed)에 도달했을 때 시동밸브는 닫힌다. 시동기로 들어가는 압력공기가 없으면, 엔진과 같이 구동하던 바깥쪽 클러치기어는 안쪽 클러치기어보다 더 빠르게 회전하게 된다. 안쪽 클러치기어의 리턴스프링(Return Spring)이 작동하면서 바깥쪽 클러치기어가 분리되고 시동기 회전자는 정지한다. 그렇지만 바깥쪽 클러치 축은 엔진과 함께 계속 회전한다.

5.4.2 공기터빈시동기의 고장탐구 (Troubleshooting an air turbine starter system)

표 5-2는 압력조절/차단밸브를 장착한 공기터빈시동기에 적용된 고장탐구 절차들이다. 이들 절차는 단순히 참고자료일 뿐이며 제작사의 정비교범을 대신하는 것은 아니다.

06 윤활 및 냉각계통

Lubrication and Cooling Systems

6.1 엔진 윤활계통의 근본 목적
6.2 터빈엔진 윤활유 요구조건
6.3 터빈엔진 윤활계통
6.4 터빈 윤활계통의 구성품
6.5 전형적인 건식섬프 압력조절 터빈 윤활계통
6.6 전형적인 건식섬프변압 윤활계통
6.7 터빈엔진 습식섬프 윤활계통
6.8 터빈엔진 오일계통의 정비
6.9 터빈엔진 냉각

6 윤활 및 냉각계통

Lubrication and Cooling Systems

6.1 엔진 윤활계통의 근본 목적 (Principles of Engine Lubrication)

윤활의 근본 목적은 움직이는 물체 사이의 마찰을 줄이기 위한 것이다. 유체 윤활제나 오일은 쉽게 계통 내를 순환시킬 수 있으므로 항공기 엔진에 널리 사용되고 있다. 이론상으로 본다면, 유체 윤활제는 접촉이 일어나는 표면과 표면을 분리시켜 금속과 금속의 접촉이 발생하지 않도록 한다. 유막(Oil Film)이 유지되는 한, 금속 간의 마찰은 윤활제 자체의 유체마찰(Fluid Friction)로 대치된다고 볼 수 있다.

이상적인 조건 하에서는 마찰과 마모는 최소로 유지된다. 오일은 윤활을 필요로 하는 엔진 전체의 모든 부분에 보내진다. 엔진 구동 부분의 마찰을 없애는 과정에서 에너지를 소비하고 불필요한 열을 만들어 낸다.

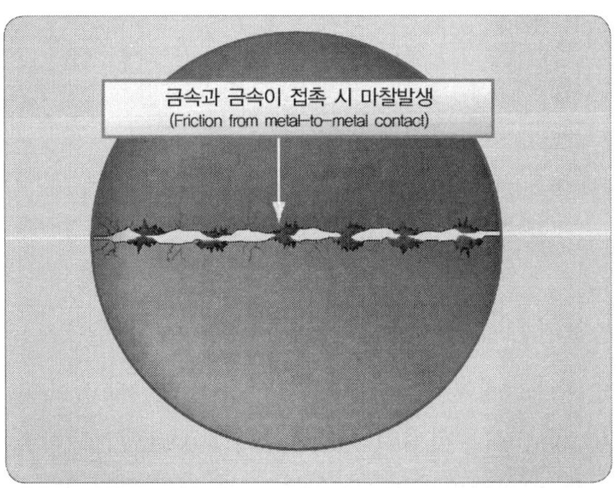

[그림 6-] 물체와 접촉 시 마찰이 발생한다
(Two moving surfaces in direct contact create excessive friction).

작동하고 있는 엔진에서 마찰의 감소는 전반적인 엔진 출력을 증가를 의미하며, 엔진에는 다양한 종류의 마찰이 존재한다.

6.1.1 마찰의 종류(Types of Friction)

마찰은 한 물체 혹은 표면이 다른 물체, 표면과의 비비면서 접촉하는 것으로 정의된다. 한 표면이 다른 표면 위에서 미끄러지게 될 때 미끄럼마찰(Sliding Friction)을 유발하게 되며, 이는 평 베어링(Plain Bearing)의 작동 중에 발생하는 것과 같다. 표면은 완벽한 평면, 완벽히 매끄러운 상태가 아닌 한, 미세한 결점을 갖고 있으며 움직이는 표면 사이에 마찰의 원인이 된다. (그림 6-1) 구름마찰(Rolling Friction)은 볼베어링(Ball Bearing) 롤러베어링(Roller Bearing) 또는 감마 베어링(Antifriction Bearing)과 같은, 롤러(Roller) 또는 구체(Sphere)가 다른 표면 위에서 움직일 때 만들어진다. 구름마찰에 의해 만들어진 마찰의 양은 미끄럼마찰에 의해 만들어진 양보다 적으며, 베어링은 볼 혹은 스틸 구체와 바깥 레이스(Outer Race), 안쪽 레이스(Inner Race)와 함께 사용한다. 또 다른 종류의 마찰은 문지름 마찰(Wiping Friction)로서, 이는 기어 톱니 사이에서 발생한다. 이러한 종류의 마찰에서는 압력은 광범위하게 변화되며, 기어에 가해지는 하중은 최대가 되므로 윤활유는 그러한 하중에 견딜 수 있어야 한다.

6.1.2 엔진 오일의 작용 (Functions of Engine Oil)

마찰을 줄여 주는 것 외에, 유막은 금속 사이에서 완충제(Cushion)의 역할을 한다. (그림 6-2) 이 완충 효과(Cushioning Effect)는 충격 하중을 받는 왕복엔진 크랭크샤프트와 커넥팅로드 같은 부분에 특히 중요하다. 피스톤이 동력행정(Power Stroke)에서 아래로 내려올 때 크랭크로드 베어링과 크랭크축 저널(Journal)에 하중을 가하게 된다. 오일의 하중 지지력은 유막이 손상되지 않도록 유지하여 금속과 금속 간의 접촉을 방지할 수 있어야 한다. 또한 오일은 엔진계통을 순환하며 피스톤과 실린더 벽의 열을 흡수한다. 왕복엔진에서 이들 구성 부분들은 특히 오일에 의한 냉각에 의존하는 부분이다.

오일 냉각은 전체 엔진 냉각의 50% 정도를 담당하며 엔진에서 발생한 열을 오일냉각기(Oil Cooler)로 전이시키는 우수한 매질이다. 또한 오일은 피스톤과 실린더 사이의 밀봉 작용에도 일조하여 연소실에서 가스가 새어 나오지 않게 한다. 오일은 이물질을 필터로 보내 제거함으로써 연마 마모(Abrasive Wear)를 줄여 엔진을 깨끗하게 한다.

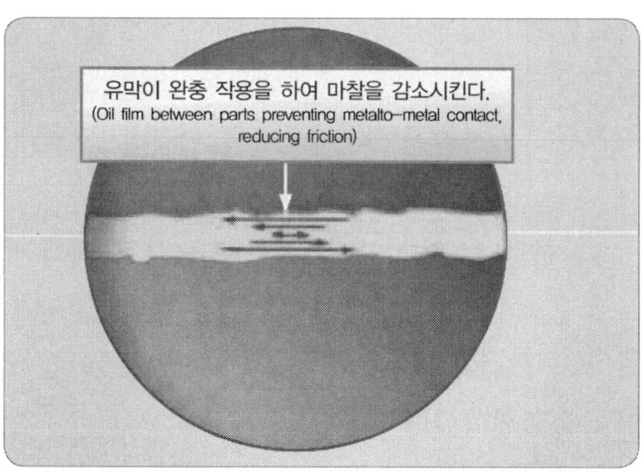

[그림 6-] 유막의 완충 효과
(Oil film acts as a cushion between two moving surfaces)

오일에 추가된 분산제(Dispersant)는 이물질을 부유물로 가지고 있다가 오일이 오일필터를 지날 때 걸러낸다. 또한 오일은 엔진이 정지되었을 때, 내부의 부분품에 유막을 형성함으로써 부식을 방지하는 역할을 한다. 그렇지만 엔진을 오랜 시간 동안 정지 상태로 두지 않는 이유는, 실제로 부식 방지 기능의 유막은 그리 오래 지속되지 않아 녹이나 부식이 진행되기 때문이다. 엔진오일은 엔진의 혈액(Life Blood)으로 비유할 수 있으며, 엔진의 정상적인 작동에 있어서 대단히 중요하며, 엔진 오버홀 간격 연장에도 기여한다.

6.2 터빈엔진 윤활유 요구조건 (Requirements for Turbine Engine Lubricants)

터빈엔진에 사용하는 윤활유는 많은 필요조건이 있다. 왕복운동이 없고, 대신 볼과 롤러베어링 즉 감마베어링(Anti-Friction Bearing)이 많은 터빈엔진에서는 비교적 점도가 낮은 윤활유를 사용한다. 가스터빈엔진 오일은 양호한 부하전달능력을 갖기 위해 고점도 여야 하지만, 한편 양호한 유동성을 위해 충분히 점도가 낮아야 한다. 또한 고고도에서 엔진 작동 중에 증발에 의한 손실을 방지하기 위해 저휘발성이어야 한다. 부가적으로 오일은 거품이 생겨서는 안 되고, 윤활계통 내에 있는 천연고무나 합성고무 씰(Seal)을 파괴하지 않아야 한다. 고속 감마 베어링에 카본(Carbon) 또는 바니쉬(Varnish) 형성이 최소로 되어야 한다. 터빈엔진용 합성오일은 보통 밀봉된 1쿼터 캔으로 공급된다.

터빈엔진용으로 특별히 개발된 합성오일은 여러 요구조건을 만족시켜 준다. 합성오일은 석유계 오일(Petroleum Oil)에 비해 2가지 주요한 이점이 있다. 합성오일은 고온의 오일에서 솔밴트를 증발시키지 않기 때문에 솔밴트가 증발하면 남게 되는 고체의 코크(Coke)나 락커(Lacquer)를 침전시키는 경향이 적다.

일부 터빈엔진에 사용하는 오일 등급에는 통상 내열제(Thermal Preventive)와 산화방지제(Oxidation Preventive), 부하전달첨가제(Load-carrying Additive), 그리고 유동점을 낮추는 합성화학물질 등을 함유한다.

Mil-L-7808은 터빈엔진용 미국 군사규격 오일로 Type I 터빈 오일이다. 미국 군사규격 MIL-PRF-23699F는 210°F에서 약 5~5.5 센티스톡(Centistroke)의 점도를 갖는 합성오일이다. 이 오일은 Type II 터빈 오일이라고 불린다. 대부분의 터빈 오일은 Type II 규격에 부합하며, 아래의 특성을 갖도록 만들어진다.

1. 증기 상태의 침전물(Vapor Phase Deposit) – 엔진의 뜨거운 표면 접촉에 의한 오일 증기의 탄소 침전물 형성(Carbon Deposit)
2. 부하 전달능력(Load-Carrying Ability) – 터빈엔진의 베어링 시스템에 과부하 제공
3. 청결성(Cleanliness) – 극심한 작동 중에도 침전물 형성 최소화
4. 안정성(Stability) – 산화로 야기되는 물리적, 화학적 변화에 대한 저항성. 눈에 띄는 점도의 증가나 총 산도(Total Acidity) 혹은 산화의 징후 없이 장기간 사용 가능한 것.
5. 적합성(Compatibility) – 대부분의 터빈 오일은 동일한 미국 군사규격을 갖는 다른 오일과 호환된다. 하지만 대부분의 엔진 제작사는 인가한 오일 제품을 무분별하게 섞어 사용하는 것을 권고하지 않으며 이것은 일반적으로 받아들여지지 않는다.
6. 씰의 마모(Seal Wear) – 카본씰이 있는 엔진 수명의 필수요건으로 윤활유가 카본씰 표면의 마모를 방지하는 것이다.

6.2.1 터빈 오일 사용 시 주의사항 (Turbine Oil Health and Safety Precautions)

정상적인 상황에서의 터빈 오일의 사용이 인체에 끼치는 위험은 낮다. 비록 사람마다 액체에 노출되었을 때 어느 정도는 다른 반응을 보이지만, 액체, 기체나 증기 상태의 터빈 오일 접촉은 최소화해야 한다.

터빈 오일에 대한 노출 제한은 일반적으로 물질안전보건자료(MSDS: Material Safety Data Sheet)에서 찾아볼 수 있다. 농축된 탄화수소 증기에 규정된 시간보다 오래 호흡기에 노출되면 어지러움, 현기증 그리고 속이 메스꺼움 등의 증상이 나타날 수 있다. 만약 터빈 오일을 먹었을 경우에는 즉시 의사에게 가서 어떤 제품을 어느 정도 먹었는지 확인해야 한다. 섭취하였을 경우의 위험성으로 석유계 제품은 절대로 입에 넣어서는 안 되기 때문이다. 오랫동안, 반복적으로 피부에 터빈 오일을 접촉하게 되면 염증이나 피부염을 일으킬 수 있다. 오일이 피부에 닿았다면 따뜻한 물과 비누로 충분히 씻는다. 오일이 묻은 옷은 즉시 벗고 씻는다. 만약 오일이 눈에 들어갔다면 자극이 가라앉을 때까지 물로 씻어 준다.

터빈 오일을 다룰 때에는 방호복, 장갑 그리고 보호안경을 착용해야 한다. 작동 중에는 오일이 고온에 노

출되면서 오일 성분의 화학적 변화로 알 수 없는 유독성 물질이 나올 가능성도 있다. 이런 일이 발생하면 폭발성 물질을 막기 위한 대한 모든 예방책을 취해야 한다. 오일에 누출된 곳은 페인트가 부풀어 오르고, 색이 변하고 페인트가 벗겨지는 경향도 있다. 그리고 페인트가 칠해진 노출된 면은 석유계 솔벤트(Petroleum Solvent)로 깨끗이 닦아 내야 한다.

6.2.2 분광식 오일 분석 프로그램 (SOAP : Spectrometric Oil Analysis Program)

분광식 오일 분석 프로그램(SOAP)은 오일 샘플을 채취하고 분석하여 소량일지라도 오일 내에 존재하는 금속 성분을 탐색하는 오일 분석 기법이다. 오일은 엔진 전체를 순환하면서 윤활하는 동안 오일은 마모금속(Wear Metal)이라고 불리는 미량의 금속입자(Microscopic Particles of Metallic Elements)를 함유하게 되는데, 엔진 사용 시간이 늘어남에 따라 오일 속에는 이러한 미세한 입자는 누적된다.

SOAP 분석을 통해 이런 입자를 판별하고 무게를 백만분율(PPM: Parts per Million)로 알아낸다. 분석된 입자들을 마모 금속(Wear Metals)이나 첨가제(Additives)와 같이 범주로 나누고, 각 범주의 PPM 수치를 제공하면 분석 전문가는 이 자료를 엔진의 상태를 알아내는 많은 수단 중 하나로 사용한다. 특정 물질의 PPM이 증가한다면 부분품의 마모나 엔진의 고장이 임박했다는 징조일 수 있다.

시료를 채취할 때 마다 마모 금속의 양은 기록된다. 마모 금속의 양이 통상적인 범위를 넘어 증가했다면, 운영자에게 즉시 알려서 수리나 권고된 특정 정비를 하거나 점검이 이루어지도록 한다. SOAP는 엔진이 고장 나기 전에 문제를 알아내므로 안전성을 높일 수 있다. 또한 엔진이 더 큰 결함이나 작동 불능이 되기 전에 문제점을 미리 알려 줌으로써 비용 절감에도 기여한다. 이러한 절차는 터빈엔진, 왕복엔진을 막론하고, 당면하고 있는 엔진의 결함 상태를 진단하는 방법으로 사용되고 있다.

6.2.3 전형적인 마모 금속과 첨가제들 (Typical Wear Metals and Additives)

아래 예는 마모 금속이 엔진의 어느 부분과 연관되었는지 보여 주어, 그 출처를 알려 준다. 마모 금속을 판별하게 되면 어느 구성품이 마모되고 있고 고장 나고 있는지 알아내는 데 도움을 준다.

- o 철(Fe) – 엔진의 링, 축, 기어, 밸브 트레인(Valve Train), 실린더벽, 피스톤의 마모
- o 크롬(Cr) – 크롬 부분품(링, 라이너 등)의 일차적 출처와 냉각첨가제
- o 니켈(Ni) – 베어링, 축, 밸브, 밸브 가이드 등 마모의 이차적 지표
- o 알루미늄(Al) – 피스톤, 로드 베어링(Rod Bearing), 부싱(Bushing)의 마모 지표
- o 납(Pb)– 테트라에틸납(Tetraethyl Lead Contamination)의 오염
- o 구리(Cu) – 베어링, 로커암 부싱, 리스트핀 부싱(Wrist Pin Bushing), 추력와셔(Trust Washer), 청동이나 황동 부품, 오일 첨가제, 고착방지제(Anti-seize Compound)의 마모
- o 주석(Sn) – 베어링 마모
- o 은(Ag) – 은을 포함한 베어링의 마모, 오일냉각기

의 이차적 지표
- o 티타늄(Ti) – 고품질 합금강으로 만든 기어나 베어링
- o 몰리브덴(Mo) – 기어, 링의 마모 그리고 오일 첨가제
- o 인(P) – 녹 방지제(Antirust Agent), 점화플러그, 연소실 침전물

6.3 터빈엔진 윤활계통 (Turbine Engine Lubrication Systems)

가스터빈엔진에는 습식섬프(Wet-sump)와 건식섬프(Dry-sump) 윤활계통 모두 사용한다. 습식섬프엔진은 윤활유를 엔진 내에 저장하는 반면, 건식섬프엔진은 앞에 언급한 왕복엔진과 유사하게 엔진이나 엔진 부근에 장착한 별도의 외부 탱크를 이용한다.

터빈엔진의 오일계통은 어느 정도 일정한 압력을 유지하는 압력릴리프 시스템(Pressure Relief System)으로 분류되며, 운영 방법에 따라 엔진 속도에 비례하여 압력이 변화하는 전류식(Full Flow System), 짧은 시간 동안 작동하는 표적기(Target Drone)나 미사일 등에 사용되는 전손식(Total Loss System) 등이 있다. 전류식과 함께 사용되는 압력릴리프 시스템은 가장 널리 사용되는 것으로, 대형 팬엔진에서 대부분 사용하고 있다. 터빈엔진 오일계통의 주요한 기능은 베어링 주위를 순환하는 오일이 베어링의 열을 빼앗아서 베어링의 냉각이 이루어진다는 것이다. 배기터빈 베어링은 가스터빈엔진에서 가장 중요한 윤활 장소인데, 통상적으로 온도가 높기 때문이다. 어떤 엔진은 터빈을 지지하는 베어링을 오일로 냉각시키는 것에 더해서 공기를 사용하여 추가로 냉각시킨다. 이차 공기 흐름(Secondary Air flow)이라 불리는 냉각공기(Cooling Air)는 압축기 앞 단에서 추출한 블리드 공기(Bleed Air)를 사용한다.

이 내부의 공기 흐름은 엔진 내부에서 사용하는 곳이 많다. 이 공기는 터빈 디스크(Disk), 베인(Vane), 블레이드(Blade)들을 냉각하는 데도 사용된다. 어떤 터빈 휠(Turbine Wheel)에는 터빈 디스크 위로 흐르는 블리드 공기 흐름이 있어서 베어링 표면으로 가는 열복사를 감소시켜 준다. 베어링 빈 공간(Bearing Cavity)은 종종 압축기 공기를 사용하여 터빈 베어링의 냉각을 돕는다. 압축기에서 충분히 압축되었으나 온도는 그다지 높지 않은(공기가 압축되면 온도가 올라간다) 공기를 압축기의 특정 단계에서 추출하며, 우리는 이러한 공기를 블리드 공기(Bleed Air)라고 부른다.

공기 냉각은 베어링을 적절하게 냉각시키기 위해 필요한 오일의 양을 상당히 감소시켜 준다. 터빈엔진에서 오일의 중요한 기능은 냉각이므로 베어링을 윤활시키는 오일에는 오일냉각기(Oil Cooler)가 필요하다. 오일냉각기가 있는 경우 엔진과 오일냉각기 사이를 순환하기 위해서는 대단히 많은 양의 오일이 필요하다. 적정온도를 유지하기 위해서 오일을 공기오일냉각기(Air-cooled Oil Cooler) 및 연료오일냉각기(Fuel-cooled Oil Cooler)로 각각 또는 필요에 따라 모두 흐르게 한다. 연료오일냉각기(Fuel-cooled Oil Cooler) 계통에서는 오일 냉각과 더불어 연료가 얼지 않도록 연료 온도를 높여 주는 효과도 있다.

6.4 터빈 윤활계통의 구성품 (Turbine Lubrication System Components)

다음에서 설명하는 부분품은 여러 종류의 터빈 윤활계통에서 사용되는 것이다. 그러나 엔진 오일계통이 엔진 모델과 제작사에 따라 약간씩 다르므로, 여기에서 설명하는 부분품이 어느 엔진에나 다 필요한 것은 아니다.

6.4.1 오일탱크(Oil Tank)

비록 건식섬프 시스템은 공급 오일의 대부분을 감당하는 오일탱크를 사용하지만, 적은 양의 공급 오일을 확보하기 위하여 작은 섬프가 엔진 내부에 있다. 통상 오일탱크에는 오일펌프, 배유 및 가압입구 여과기(Scavenge and Pressure Inlet Strainer), 배유연결부(Scavenge Return Connection), 가압출구(Pressure Outlet Port), 오일필터(Oil Filter), 그리고 오일 압력게이지(Oil Pressure Gauge)와 온도 감지부(Temperature Bulb) 장착부위(Mounting Boss) 등을 포함한다.

(그림 6-3)은 전형적인 오일탱크를 보여 준다. 오일탱크는 어떤 항공기 자세에서도 계속해서 오일을 공급해 주도록 설계되어 있는데, 그것은 탱크 안에 장착된 회전출구(Swivel Outlet), 탱크의 중앙에 장착된 수평 배플(Horizontal Baffle), 배플에 장착된 2개의 플래퍼 체크밸브(Flapper Check Valve), 그리고 정압배출장치(Positive Vent System)가 있기 때문에 가능하다. 회전출구 피팅(Swivel Outlet Fitting)은 배플 아래쪽에서 자유로이 흔들리는 무거운 끝단(Weighted End)에 의해 조정된다.

배플에 있는 플래퍼 밸브(Flapper Valve)는 보통 열려 있으나, 하강 시 탱크 아래쪽에 있는 오일이 탱크의 위쪽으로 올라가려고 할 때에만 닫히게 된다. 이것은 탱크 하부에 오일을 가두어 두기 위한 것이며 여기에서 회전출구 피팅에 의해 퍼 올려 진다. 섬프 배출구(Sump Drain)은 탱크 아래쪽에 위치해 있다.

탱크 내의 배기시스템(Vent System)은 항공기의 하강으로 인하여 오일이 탱크 위로 몰릴지라도 공기가 채워진 공간은 항상 배기되도록 배열되어 있다. 모든 오일탱크에는 팽창 공간이 있다. 이것은 오일이 시스템을 순환하며 거품이 생겼거나 베어링과 기어로부터 열을 흡수하게 되어 오일이 팽창되는 것을 허용한다. 어떤 탱크는 탱크 윗부분에 공기분리기(Deaerator Tray)를 장착하여 배유시스템(Scavenger System)에 의해 탱크로 돌아오는 오일에 포함된 공기를 분리시킨다. 보통 이들의 공기분리기는 오일이 접선(Tangent) 방향으로 들어가는 통 모양(Can Type)이다. 방출된 공기는 탱크 위쪽에 있는 배기시스템을 통하여 배출된다.

대부분의 오일탱크는 오일펌프 입구로 오일을 보내주기 쉽도록 탱크 내에 압력이 축적되게 하고 있다. 탱크 내의 압력 축척은 배기관(Vent Line)을 조절할 수 있는 체크릴리프밸브(Adjustable Check Relief Valve) 통해 흐르게 함으로써 가능하다. 체크릴리프밸브는 보통 4 psi에 열리도록 조절되어 있어, 오일펌프 입구에 정압(Positive Pressure)이 걸리도록 해 준다. 만약 기온이 비정상적으로 낮을 경우에는 오일을 보다 가벼운 등급으로 바꿀 수도 있다. 어떤 엔진은 침수식 오일 히터(Immersion-type Oil Heater)를 장착하기도 한다.

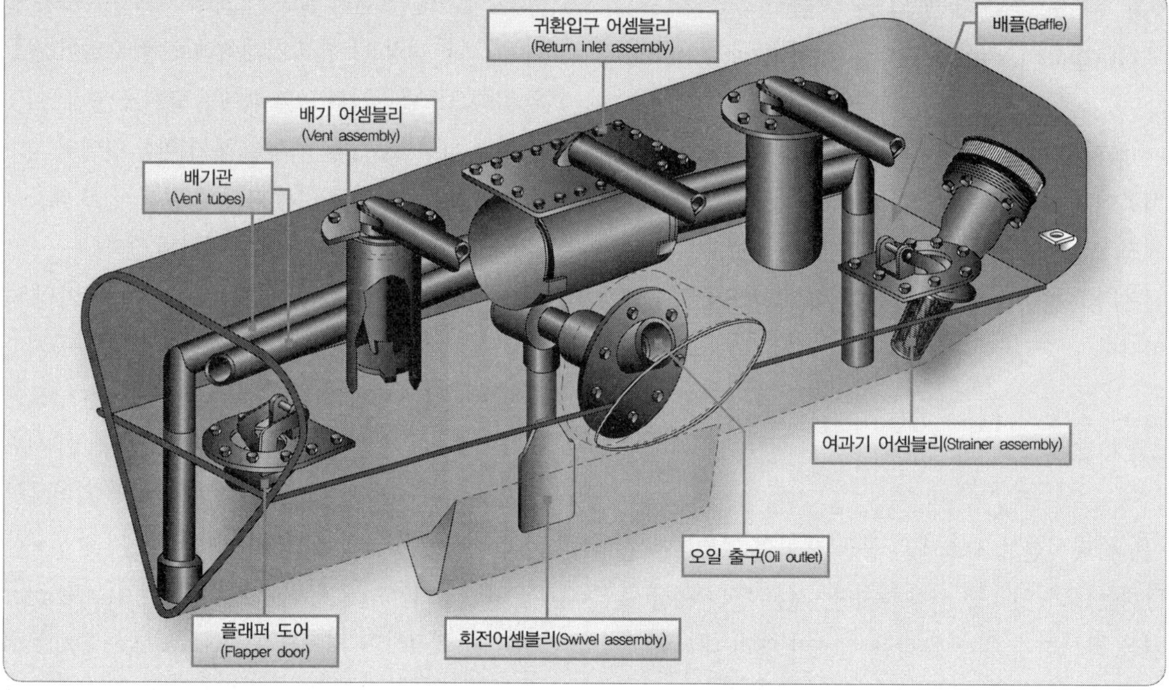

[그림 6-3] 오일탱크 (Oil tank)

6.4.2 오일펌프(Oil Pump)

오일펌프는 윤활을 필요로 하는 엔진 구성품에 가압한 오일을 공급하도록 설계되었으며, 필요할 경우 오일 냉각기를 지나고 흘러서 오일탱크로 돌아간다. 많은 오일펌프는 건식섬프 시스템 처럼 가압부(Pressure Supply Element)뿐만 아니라 배유부(Scavenge Element)도 같이 구성되어 있다. 그러나 한쪽 기능만 수행하는 오일펌프도 있다. 즉 한쪽 기능만 수행하는 펌프는 오일을 공급시켜 주거나 배유하기만 한다. 이런 펌프의 구성 부분은 서로 떨어져 있을 수 있고, 각기 엔진의 다른 축으로 구동되기도 한다. 구동하는 구성요소(오일을 가압하는 2개의 기어), 가압부과 배유부의 수는 대개 엔진 형식과 모델에 따라 다르다.

많은 양의 오일과 공기가 섞인 오일을 처리하기 위해서는 여러 개의 배유 펌프가 사용될 수 있다. 배유 펌프는 공급 펌프에 비해 용량이 더 큰데, 오일이 엔진의 베어링 섬프에 쌓이는 것을 막기 위해서다.

펌프는 여러 가지 종류가 있고, 각 종류마다 장점과 제한 사항이 있다. 가장 보편적인 것 두 가지 펌프는 기어와 지로터(Gerotor)인데, 기어형이 가장 많이 사용되고 있다. 이들 펌프도 다양한 형태를 갖는다. 기어형 오일펌프는 두 부분으로 나뉘는데, 하나는 오일을 가압(Pressuring)하는 부분이고 다른 하나는 배유(Scavenging)하는 부분이다. (그림 6-4) 그러나 어떤 펌프는 한 개 이상의 가압 부분과, 두 개 이상의 배유 부분을 갖는 다중 구성요소를 갖고 있는 것도 있다. 기어와 기어 사이, 오일펌프 벽면과 판(Plate) 사이의 여유(Clearance)는 정확한 펌프 출구 압력을 유지하는

데 대단히 중요하다. 펌프 출구에 있는 조절 릴리프 밸브(Regulating Relief Valve)는 출구압력이 정해진 압력을 초과하게 되면 오일을 펌프 입구로 바이패스 시켜 펌프 출구에서의 오일 압력을 제한한다. (그림 6-4)

조절밸브는 오일 압력이 정해진 범위에서 유지되도록 필요시 조절할 수 있다. 또한 펌프의 기어가 고착되어 돌지 않으면 축이 부러지게 되어 있는 축 전단부(Shaft Shear Section)도 있다. 기어 펌프와 같이 지로터 펌프는 보통 가압부에 1개의 구성요소와 배유부에 여러 개의 구성요소를 갖고 있다. 가압부와 배유부의 구성요소는 모양이 거의 같다. 그러나 구성요소의 용량은 지로터 구성요소의 크기를 변화시킴으로써 조절할 수 있다. 예를 들면 가압부의 펌핑 용량이 3.1갤런/분(gallon per minute)인데 비해 배유부의 용량은 4.25 gpm이다. 결론적으로, 가압부와 배유부는 같은 축에 의해 구동되기 때문에 가압부 구성요소의 크기가 더 작음을 알 수 있다.

오일 압력은 엔진 회전에 따라 결정되는데, 완속운전(Idling) 속도에서는 최소압력, 중간과 최대 엔진 속도에서 최대압력이 된다. (그림 6-5)는 전형적인 지로터 펌프 요소들을 보여 준다. 각 세트의 지로터는 강철

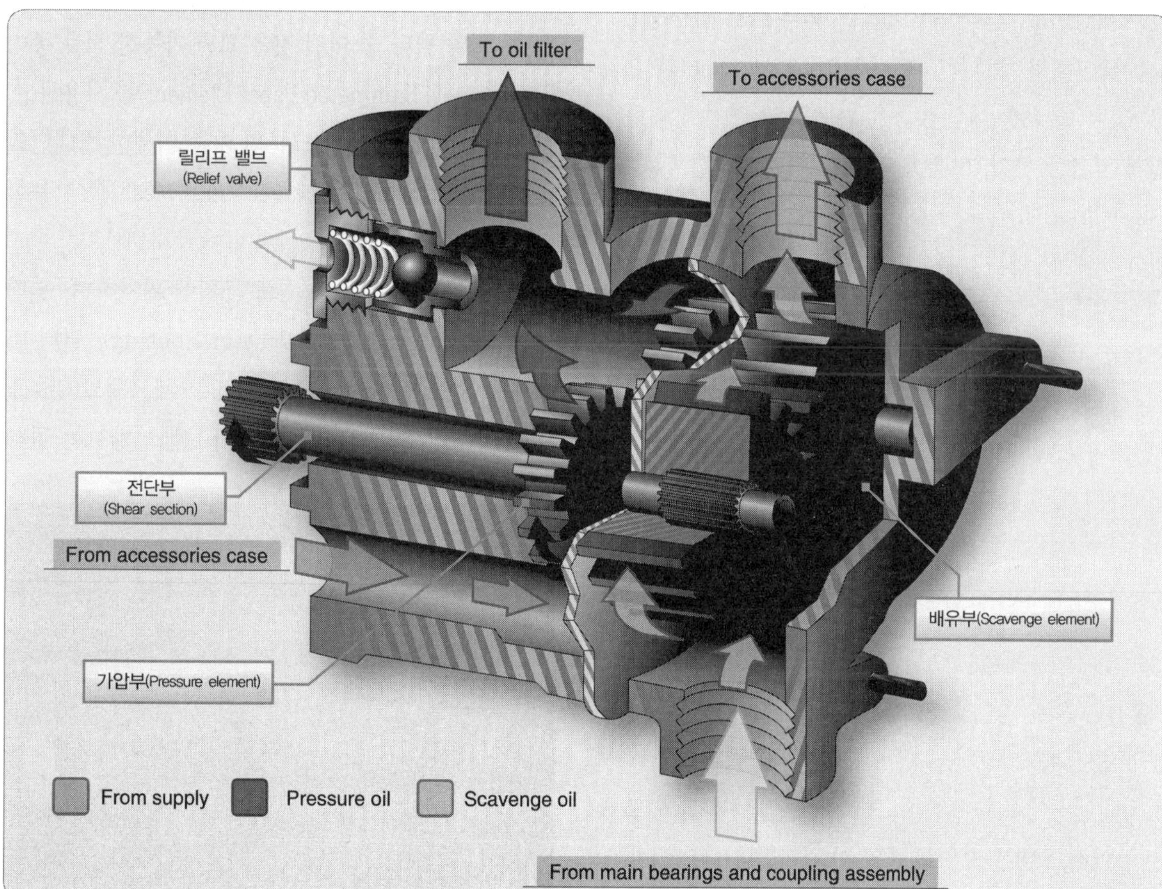

[그림 6-4] 기어형 오일펌프 단면(Cutaway view of gear oil pump)

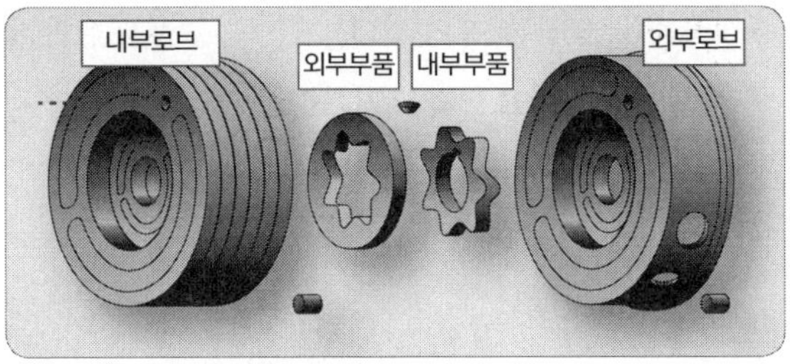

[그림 6-5] 지로터 펌프 구성품
(Typical gerotor pumping elements)

판으로 격리되어 있는데, 각 세트의 내부 부품과 외부 부품으로 구성된, 개별적으로 펌프 역할을 하는 부품이다. 작은 별 모양의 내부 부품(Star-shaped Inner Element)은 외부 부품(Outer Element)안에 꼭 들어맞는 짝꿍이고, 각각 내부 부품은 외부 로브(External Lobe)를, 외부 부품은 내부 로브(Internal Lobe)를 갖고 있다. 이 작은 내부 부품은 펌프 축과 연결되어 회전자 역할을 하며, 바깥쪽 외부 부품(자유회전 부품: Outer Free Turning Element)을 회전시키도록 되어 있다. 바깥쪽 외부 부품은 편심 구멍을 가진 강철판 내에 잘 맞는다. 어떤 엔진 모델에는 오일펌프가 1개의 공급용과 3개의 배유용, 총 4개가 있고, 어떤 모델은 1개의 공급용에 배유용이 5개, 총 6개를 갖는 경우도 있다. 그 어떤 경우에도 오일은 엔진 축이 회전하는 동안 흐르도록 되어있다.

6.4.3 터빈 오일 필터(Turbine Oil Filters)

필터는 오일 속에 들어 있는 이물질을 제거하기 때문에 윤활계통에서 중요한 부분이다. 필터는 특히 가스터빈엔진에서 중요한데 그 이유는 엔진 회전 속도가 높아서 오염된 오일로 윤활 시 감마볼(Antifriction Ball)과 로울러베어링(Roller Bearing)의 손상이 급격히 일어나기 때문이다. 윤활이 필요한 곳으로 가는 많은 유로가 있고, 이들 유로는 통상 아주 작기 때문에 쉽게 막힐 수 있다. 터빈엔진 윤활유를 여과하기 위해 엔진의 여러 장소에서 다양한 종류의 필터가 사용되고 있다.

필터는 다양한 종류의 모양과, 메쉬 크기(Mesh Size)를 갖고 있다. 메쉬는 미크론 단위로 측정하며, 직선거리로 1미터의 1/1,000,000(micron: μ)과 같은 값(아주 작은 구멍)이다. (그림 6-6)은 메인 오일 필터(Main Oil Strainer Filter)를 보여 준다. 필터의 내부는 종이나 금속 메쉬 등 여러 물질로 구성되어 있다. (그림 6-7) 오일은 보통 필터의 바깥에서 안쪽으로 흐르게 된다. 오일 필터 중 어떤 것은 교환 가능한 적층 종이(Replaceable Laminated Paper Element)를 사용하고, 어떤 것은 약 25~35 미크론의 아주 미세한 스테인리스 스틸메쉬(Stainless-steel Metal Mesh)를 사용한다.

대부분의 필터는 압력 펌프 근처에 위치하며, 필터 몸체 혹은 하우징(Filter Body or Housing), 필터 바이패스 밸브(Bypass Valve) 그리고 체크밸브(Check Valve)로 이루어져 있다. 필터 바이패스 밸브는 필터

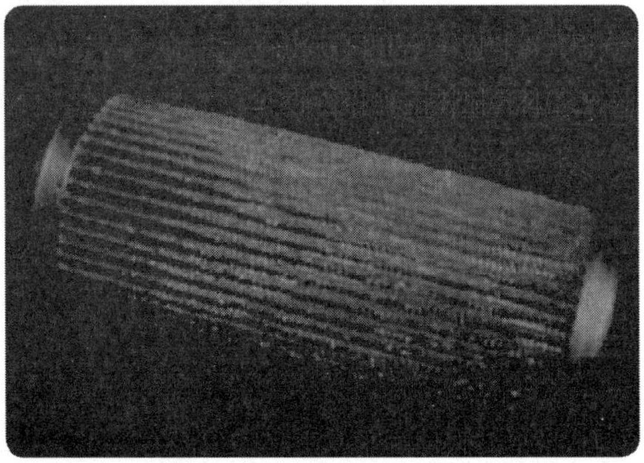

[그림 6-6] 터빈 오일 필터(Turbine oil filter element)

가 막혔을 경우에 오일 흐름이 멈추는 것을 막아 준다. 바이패스 밸브는 일정 압력에 도달하게 되면 언제나 열린다. 이 경우 여과 기능은 사라지고, 여과되지 않은 오일을 베어링으로 보내 준다. 그럼에도 이런 기능은 베어링에 오일이 전혀 없는 경우가 일어나지 한다. 이러한 바이패스 모드 시에, 많은 엔진에는 기계적 표식이 튀어나와 현재 필터가 바이패스 중임을 나타내 준다. 이런 표시는 시각적으로 표시되기 때문에 직접 엔진을 점검해야 만 볼 수 있다. 엔진이 작동하지 않을 때 오일탱크에서 엔진 섬프로 들어가는 것을 막기 위한 역류방지 체크밸브(Anti-drain Check Valve)가 있다. 이 체크밸브는 통상 스프링 힘으로 닫혀 있으며,

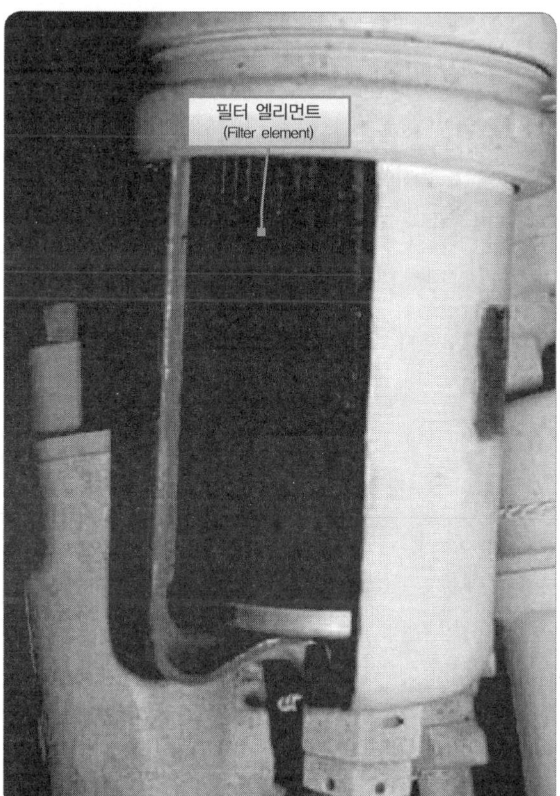

[그림 6-7] 터빈 오일 필터
(Turbine oil filter paper element)

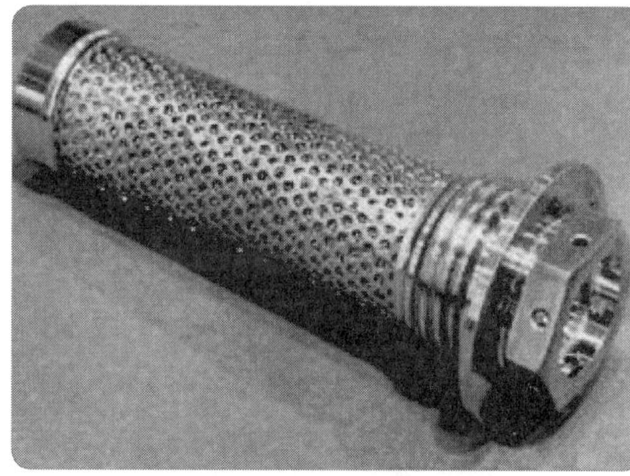

[그림 6-8] 분사노즐 전의 라스트챈스 필터
(Last-chance filter before spray nozzle)

4~6 psi의 압력으로 열린다.

필터라고 하면 일반적으로는 메인 오일필터(Main Oil Filter)를 말하며, 이것은 오일펌프를 떠나기 전에 오일을 여과해서 윤활이 필요한 여러 곳으로 보내는 것이다. 메인 오일필터 외에도 여러 사용 목적에 맞도록 시스템 전역에 걸쳐 2차적인(Secondary) 필터가 있다. 예를 들어, 배유 오일의 여과를 위해 핑거스크린 필터(Finger Screen Filter)가 사용되기도 한다. 이런 스크린은 큰 메쉬로 되어 있어 크기가 큰 오염물을 걸러낸다. 또 오일이 노즐에서 베어링으로 들어가기 직전에 눈이 고운 메쉬로 된 라스트챈스 필터(Last-chance Filter)도 있다. (그림 6-8) 이런 필터는 각각의 베어링에 장착되어서 오염물질을 걸러 오일 노즐이 막히지 않도록 도와준다.

6.4.4 오일 압력조절밸브 (Oil Pressure Regulating Valve)

대부분의 터빈엔진 오일계통은 압력조절식으로 압력을 상당히 일정하게 유지시켜 준다. 압력조정밸브

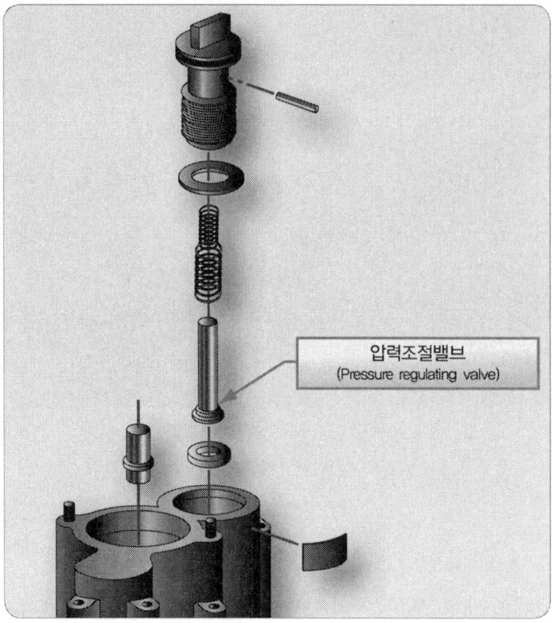

[그림 6-9] 압력조절밸브(Pressure regulating valve)

는 오일펌프의 가압부에 위치하며, 계통 내 압력이 정해진 범위로 유지하도록 조정한다. 시스템 내부의 압력을 정해진 범위로 유지시킨다는 점에서 조절밸브이고, 릴리프밸브(Relief Valve)는 시스템의 허용 최대압력 초과 시에만 열린다.

(그림 6-9)는 조절밸브로 스프링에 의해 밸브가 밀착됨을 보여준다. 스프링의 장력을 증가시킴으로써 밸브가 열리는 압력을 높일 수 있으며 계통 내 압력도 높일 수 있다. 스프링을 밀고 있는 나사에 의해 밸브의 장력과 계통 내 압력을 조절한다.

6.4.5 오일 압력 릴리프밸브 (Oil Pressure Relief Valve)

일부 대형터보팬 오일계통은 조절밸브를 갖고 있지 않다. 시스템 압력은 엔진 회전수와 펌프 속도에 따라

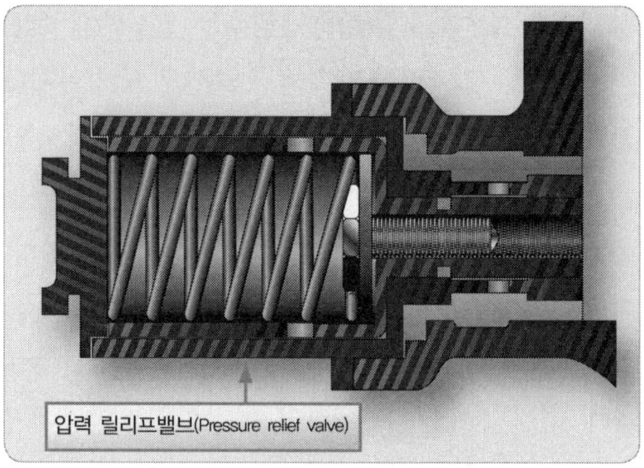

[그림 6-10] 압력 릴리프밸브 (Pressure relief valve)

변화한다. 이 시스템은 압력 범위가 넓으며, 시스템의 압력이 정해진 최대치를 초과했을 경우 압력을 빼 주기 위해 릴리프밸브(Relief Valve)를 사용된다. (그림 6-10)

릴리프밸브는 계통 내 압력이 정해진 최대치를 초과하면 압력을 낮추고 오일을 다시 펌프 입구로 바이패스 시킨다. 릴리프밸브는 특히 오일냉각기가 시스템 내에 장착된 경우 매우 중요하다. 왜냐하면 오일냉각기는 벽 두께가 얇아서 쉽게 터질 수 있는 구조이기 때문이다. 정상적인 작동 중에 이 밸브는 열리면 안 된다.

6.4.6 오일 노즐(Oil Jets)

오일 제트(Jet), 혹은 노즐(Nozzle)은 베어링 구역(Bearing Compartment)과 로터축 커플링(Rotor Shaft Coupling) 내에, 또는 가까운 곳의 압력부에 위치하고 있다.(그림 6-11) 노즐에서 나온 오일은 분무상태로 공급된다. 일부 엔진은 압축기에서 추출한 고압의 블리드 공기를 오일 노즐 출구 쪽으로 보내어 공기와 오일이 섞여 안개처럼 분무하기도 한다. 이 방법

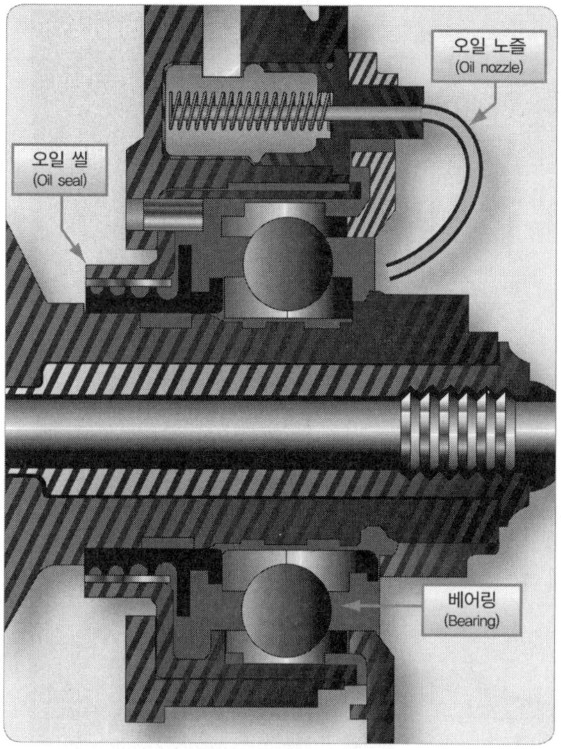

[그림 6-11] 오일 노즐
(Oil nozzle spray lubricate on bearings)

은 볼베어링과 롤러베어링에 적합하기는 하지만, 오일만을 분사해 주는 것이 2가지 방법 중 더 좋은 방법으로 보인다.

오일 노즐은 끝에 있는 오리피스의 크기가 작아서 쉽게 막힐 수 있으므로 오일에는 어떤 이물질도 없어야 한다. 만약 오일 노즐에 있는 라스트챈스 필터(Last-chance Filter)가 막히게 되면 통상 베어링의 고장/파손으로 이어지는데, 이는 오일 노즐이 엔진 수리 중이 아니면 접근하여 세척해 줄 수 없기 때문이다. 오일 노즐이 막혀서 베어링이 손상되는 것을 막으려면 메인 오일 필터가 오염되었는지 자주 점검해야 한다.

6.4.7 윤활계통 계기 (Lubrication System Instrumentation)

오일계통에는 여러 계기를 연결할 수 있도록 되어 있으며, 오일 압력(Oil Pressure), 오일 양(Oil Quantity), 저오일 압력(Low Oil Pressure), 오일필터 차압스위치(Oil Filter Differential Pressure Switch), 그리고 오일 온도(Oil Temperature) 등이다. 오일 압력게이지는 오일펌프에서 압력시스템으로 들어가는 윤활유의 압력을 측정한다. 오일 압력트랜스미터(Oil Pressure Transmitter)는 펌프와 윤활이 이루어지는 여러 부분 사이의 압력 라인(Pressure Line)에 위치한다. 전자 센서가 FADEC(Full Authority Digital Engine Control)으로 신호를 보내고, EICAS(Engine Indication and Crew Alerting System)을 통하여 조종실 계기에 나타난다. (그림 6-12) 오일탱크의 오일 양 정보는 EICAS로 보내진다. 저오일 압력스위치는 엔진 작동 중에 규정 압력보다 낮으면 조종사에게 경고를 보낸다. 오일필터 차압스위치는 필터가 막히어 오일이 바이패스 되면 조종사에게 알려 준다. (그림 6-12)에서 볼 수 있는 것처럼 이러한 경고 정보는 조종실 계기판 위쪽 EICAS에 나타난다. 오일 온도는 엔진 오일이 흐르는 유로 중 한 곳이나 그 이상의 지점에서 감지하여, FADEC으로 보내지고 아래쪽 EICAS에 나타난다.

6.4.8 윤활과 벤트시스템 (Lubrication System Breather Systems(Vents))

벤트시스템(Vent or Breather System)은 베어링 구역(Bearing Compartment)에서의 과다한 공기를

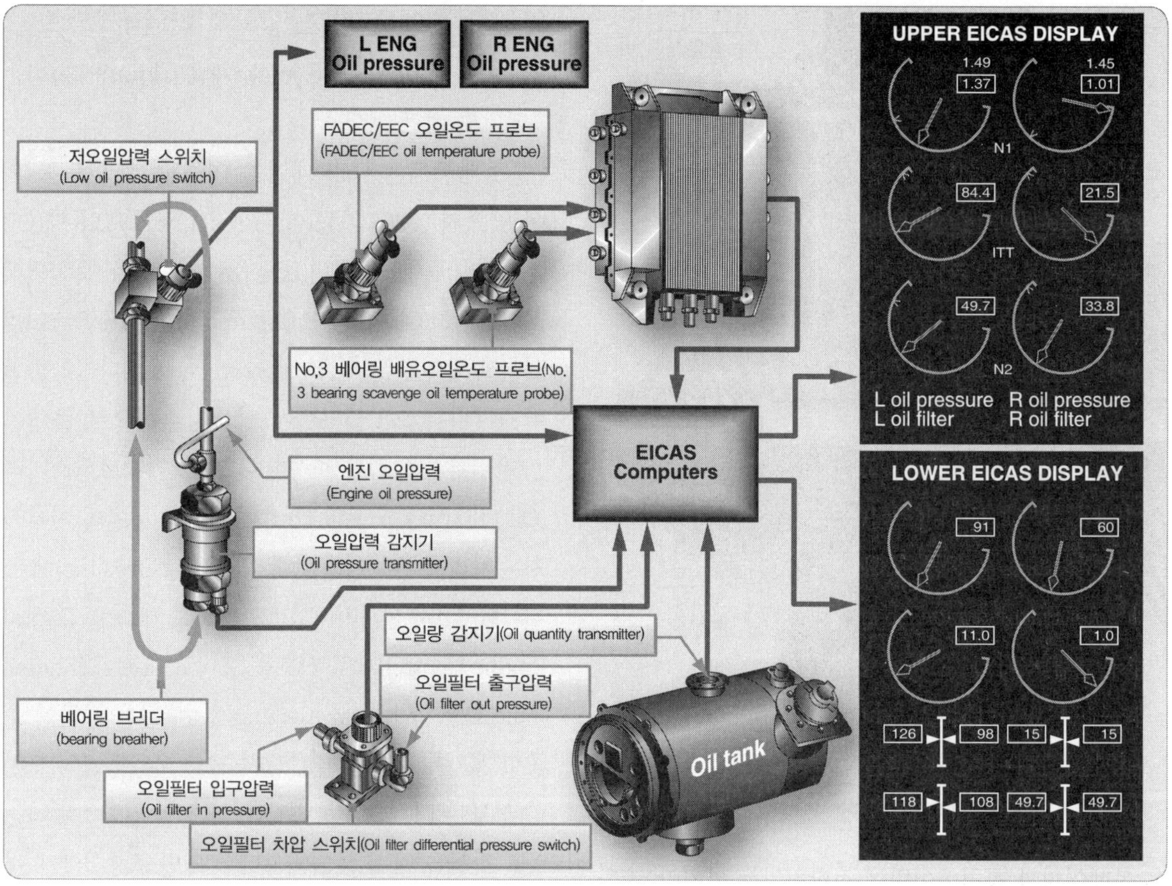

[그림 6-12] 윤활계통 계기(Oil indicating system)

배출시키는 데 사용하는 것으로, 오일에 포함된 공기를 오일탱크로 보내어 공기오일분리기(Air-oil Deaerator)에 의해 분리한다. 분리된 공기는 대기 중으로 방출한다. 모든 베어링 구역, 오일탱크, 액세서리 케이스내의 공기가 함께 방출되기 때문에 시스템 내의 압력이 동일하게 유지된다. 오일탱크의 벤트는 탱크 내의 압력이 대기압 이상으로 올라가거나 또는 이하로 떨어지지 않도록 압력을 유지한다. 그러나 벤트는 오일펌프 입구로 오일이 원활히 흐르도록 약간의 압력(약 4 psi)이 유지되도록 미리 조정된 체크릴리프밸브(Check Relief Valve)를 지나가게 할 수도 있다.

액세서리 케이스(Accessory Case)의 벤트(혹은 브리더)는 스크린으로 덮여 있는 구멍이 있는데, 이곳으로 액세서리 케이스 내에 축적된 공기 압력이 대기 중으로 방출될 수 있게 해 준다. 배유되는 오일은 공기와 같이 액세서리 케이스로 보내지며 그 곳에서 공기가 방출된다. 만약 그렇지 않으면, 액세서리 케이스 내의 압력이 증가하여 베어링으로부터 배유되는 오일이 흐르지 못하게 되며, 이 오일은 베어링 오일 구역을 넘쳐 압축기 하우징으로 들어가게 된다. 만약 많은 양의 오일이 새어 나오면 오일이 타고, 씰(seal)과 베어링의 손상으로 이어질 수 있다. 비정상적인 비행 자세에서 브리더(Breather)를 통해 오일이 새는 것을 방지하기 위하여 통상 액세서리 케이스 전면 중앙에 스크린있는 브리더(Screened Breather)를 설치한다. 브리더 중에는 비행 자세 변화에 따라 오일이 새는 것을 방지하기 위하여 배플(Baffle)이 있는 것도 있다.

어떤 엔진에는 베어링 구역에서 곧바로 이어진 벤트를 이용하고 있다. 이렇게 할 경우 압축기 첫 단계의 부근의 압력이 낮더라도 베어링 표면 주위의 압력을 고르게 하여 오일이 베어링 구역을 빠져나와 압축기로 흘러 들어가게 되는 것을 방지해 준다.

6.4.9 윤활계통의 체크밸브 (Lubrication System Check Valve)

건식섬프 시스템(Dry-sump System)의 오일 공급 라인에는 엔진이 정지된 후에 저장 탱크의 오일이 중력에 의해 오일펌프와 고압 라인을 통해 엔진으로 들어가는 것을 방지하기 위하여 체크밸브(Check Valve)가 설치된 것도 있다. 체크밸브는 반대 방향으로 흐르지 못하게 함으로써 액세서리 기어박스(Accessory Gearbox), 압축기 후방 하우징(Compressor Rear Housing), 그리고 연소실 안에 필요 이상의 오일이 축적되는 것을 방지해 준다. 이런 오일 축적은 시동할 때 액세서리 구동기어(Drive Gear)에 과도한 힘이 걸리게 되고, 객실로 가는 여압 공기를 오염시키게 되며, 오일계통 내의 화재를 일으킬 수 있게 된다. 체크밸브는 보통 가압된 오일이 잘 흐르도록 만들어진 볼과 소켓(Ball-and-socket) 형태이고, 스프링 장력이 걸려 있다. 이 밸브를 열어 주기 위한 압력은 각각 다르지만 보통 오일이 베어링으로 흐르기 위해서는 2~5 psi가 필요하다.

6.4.10 윤활계통의 온도조절 바이패스밸브 (Lubrication System Thermostatic Bypass Valves)

오일냉각기를 사용하고 있는 오일계통에는 온도조절 바이패스밸브(Thermostatic Bypass Valve)가 있다. 비록 이들 밸브의 이름을 다르게 부를 수도 있지만 이렇게 부르는 목적은 냉각기를 지나가는 오일의 양을 다르게 함으로써 알맞은 오일 온도를 유지하는 것이다.

(그림 6-13)은 전형적인 온도조절 바이패스밸브의 단면도이다. 이 밸브는 2개의 입구와 1개의 출구가 있는 밸브 몸체와 스프링장력 온도조절밸브(Spring-loaded Thermostatic Element Valve)로 되어 있다. 오일냉각기 튜브가 움푹 들어가거나 막혀서 오일 압력이 너무 높아질 수 있기 때문에 이 밸브는 스프링 장력이 걸려 있다. 냉각기의 압력이 너무 높을 경우, 이 밸브가 열리어 오일이 오일냉각기를 바이패스 하게 된다.

[그림 6-13] 온도조절 바이패스밸브
(Typical thermostatic bypass valve)

6.4.11 공기 오일 냉각기 (Air Oil Coolers)

일반적으로 사용하는 오일 냉각기는 공기냉각식(Air-cooled) 오일 냉각기와 연료냉각식(Fuel-Cooled) 오일 냉각기 두 가지이다. 터빈엔진 윤활계통에는 오일이 윤활계통을 재순환하기에 알맞은 온도가 될 수 있도록 오일의 온도를 낮추기 위해 공기 오일 냉각기(Air-Oil Cooler)가 사용된다. 공기냉각식 오일 냉각기는 보통 엔진 앞쪽에 장착되어 있다. 이것은 왕복엔진에서 사용되는 공냉식(Air-cooled) 냉각기와 구조나 작동 측면에서 비슷하다. 공기 오일 냉각기는 보통 건식섬프 오일시스템에 사용된다. (그림 6-14) 이 냉각기는 공기냉각식이거나 연료냉각식이지만, 많은 엔진에서는 두 가지 다 사용한다. 건식섬프 윤활계통에서는 여러 가지 이유에서 냉각기를 필요로 한다.

[그림 6-14] 공기 오일냉각기(Air oil cooler)

첫째, 압축기 블리드 공기를 이용하여 베어링을 냉각시키는 것이 충분하지가 않은데, 그 이유는 터빈 베어링이 위치한 장소에 열이 존재하기 때문이다.

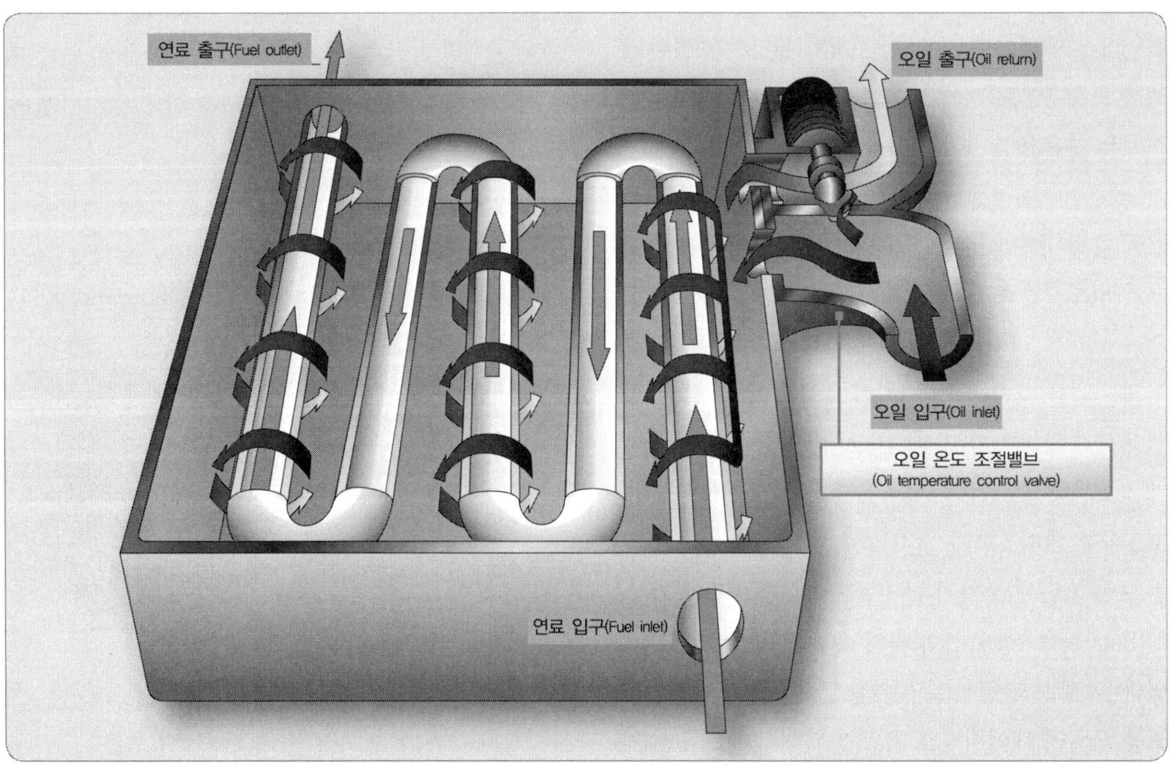

[그림 6-15] 연료 오일냉각기(Fuel oil heat exchanger oil cooler)

둘째, 대형 터보팬엔진은 대단히 많은 베어링이 필요하며, 이것은 오일에 더 많은 열이 전달된다는 것을 의미한다. 결론적으로 오일냉각기는 오일의 열을 감소시키는 유일한 수단이다.

6.4.12 연료 오일 냉각기 (Fuel Oil Coolers)

연료냉각식(Fuel-cooled) 오일 냉각기는 연료-오일 열교환기(Fuel-Oil Heat Exchanger)처럼 작용하는데, 연료는 오일을 냉각시키고 오일은 연소에 맞도록 연료를 데워 준다. (그림 6-15) 엔진으로 가는 연료는 반드시 열교환기를 지나가야 한다. 그러나 여기에는 오일의 흐름을 조절하는 온도조절밸브(Thermostatic Valve)가 있어 냉각이 필요 없을 때는 오일이 냉각기를 바이패스 되도록 되어 있다. 연료-오일 열교환기는 입구와 출구가 있는 일련의 관으로 연결되어 구성되어 있다. 오일은 흡입구로 들어가 연료 튜브 주위를 돌아 오일 출구로 나가게 된다.

6.4.13 오일 분리기(Deoiler)

오일 분리기는 브리더공기(Breather Air)에서 오일을 분리한다. 브리더공기는 오일 분리기 하우징(Deoiler Housing) 내부에서 회전하고 있는 임펠러(Impeller)로 들어간다. 원심력에 의해 오일은 임펠러의 바깥쪽 벽으로 가게 되며, 오일 분리기에서 나와 섬프나 오일탱크로 보내진다. 공기는 오일에 비해 가볍기 때문에 임펠러의 가운데를 통하여 밖으로 배출된다.

6.4.14 자석식 칩 검출기 (Magnetic Chip Detectors)

MCD(Magnetic Chip Detector)는 오일에 포함된 철입자(Ferrous Particle)를 찾아서 검출하기 위해 사용한다. (그림 6-16) 되돌아오는 배유오일은 MCD를 지나서 흐르게 되어 있으므로, 자력이 있는 입자는 어떤 것이라도 MCD에 붙게 된다. MCD는 여러 곳에 위치하지만, 일반적으로 말해 배유 펌프의 배유 라인, 오일탱크, 오일 섬프에 있다. 어떤 엔진은 하나의 MCD에 여러 개의 칩 검출기가 있는 것도 있다. 정비 중에는 MCD를 엔진에서 장탈하여 금속입자(철입자)가 있는지 검사한다. 아무것도 발견되지 않으면 세척하여 장착한 뒤 안전결선을 한다. 만약 금속입자가 발견되면 검출된 금속이 어느 부분에서 나온 것인지 조사해야만 한다.

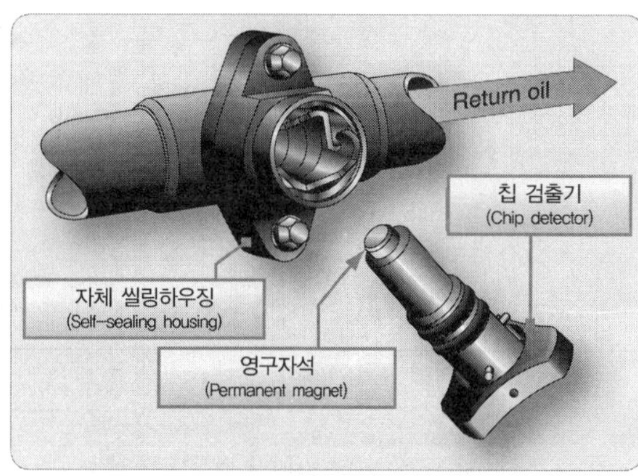

[그림 6-16] 자석식 칩 검출기(Chip detector)

6.5 전형적인 건식섬프 압력조절터빈 윤활계통 (Typical Dry-sump Pressure Regulated Turbine Lubrication System)

터빈 윤활계통은 건식섬프 시스템을 사용하는 터빈엔진의 대표적인 것이다. (그림 6-17) 이 시스템은 압력이 조절되며, 고압으로 설계되어있으며, 압력(Pressure), 배유(Scavenge) 그리고 브리더(Breather)라는 하부 시스템(Subsystem)으로 구성되어 있다.

압력시스템은 오일을 메인 엔진 베어링(Main Engine Bearing)과 액세서리 기어박스(Accessory Gearbox)로 공급해 준다. 배유시스템은 오일을 통상 압축기 케이스 외부에 장착된 엔진 오일탱크로 돌려보낸다. 배유시스템은 압력오일펌프의 입구까지 연결하여 오일 순환 사이클을 완성시킨다. 브리더시스템은 각 베어링 구역과 브리더여압밸브(Breather Pressurizing Valve)가 있는 오일탱크를 연결하여 엔진 윤활계통을 완성시킨다. 터빈 압력 릴리프식(Pressure Relief) 건식섬프 윤활계통에서의 오일 공급은 엔진에 장착된 오일탱크에서 이루어진다. 이러한 시스템에서는 많은 양의 오일을 공급할 수 있으며 온도 조절도 용이하다.

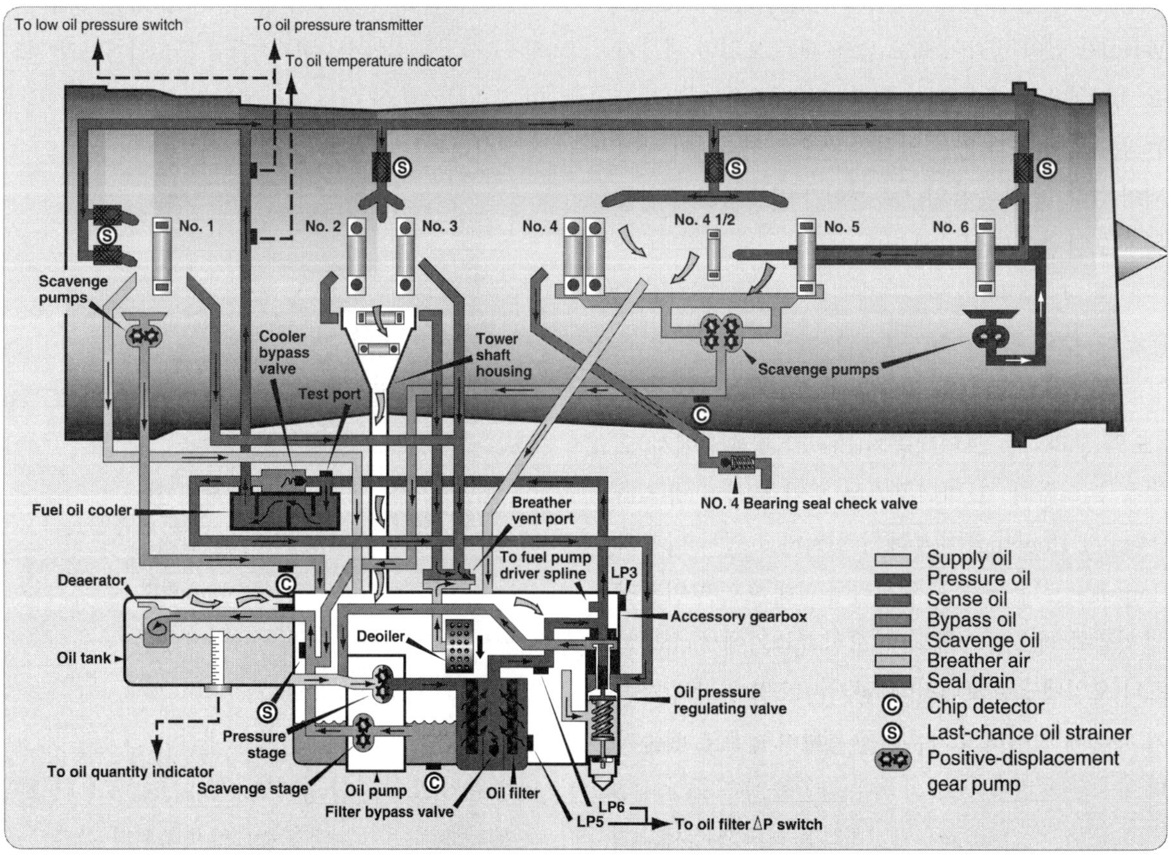

[그림 6-17] 터빈 건식섬프 압력조절 윤활계통(Typical turbine dry-sump pressure regulated lubrication system)

6.5.1 가압시스템(Pressure System)

엔진 윤활계통의 오일 압력시스템은 액세서리 구동하우징(Accessory Drive Housing)에 위치한 오일펌프의 기어형 압력펌프(Gear-type pressure pump)에 의해 가압된다. (그림 6-17) 압력펌프는 아래쪽 입구에서 엔진 오일을 받아 가압된 오일을 하우징에 위치한 오일 필터로 내보낸다. 바이패스 밸브(필터가 막힐 경우 작동)가 있는 오일필터를 지나, 가압된 오일은 압력을 유지시켜 주는 압력조절(또는 릴리프)밸브를 지나가는 내부 통로로 전달된다. 압력조절(또는 릴리프)밸브는 펌프의 하류에 위치해 있으며, 엔진의 오일 노즐에 적절한 압력이 되도록 조절한다. 압력조절(또는 릴리프)밸브는 조절하기 위해 접근이 용이한 곳에 위치해 있다. 오일은 연료-오일냉각기를 지나고 라스트챈스필터를 지나 스프레이 노즐을 통해 베어링으로 분사된다. 가압된 오일이 베어링으로 공급될 때 고정된 오리피스 노즐을 통과해 베어링에 분사되며, 엔진 작동 속도에 관계없이 비교적 일정한 양의 오일이 흐르게 해 준다.

6.5.2 배유시스템(Scavenge System)

배유시스템은 메인 베어링 구역(Main Bearing Compartment)으로부터 오일을 배유하고 배유된 오일을 탱크로 순환시킨다. 배유시스템은 다섯 개의 기어형 펌프를 가지고 있다. (그림 6-17) No.1 베어링 오일 배유펌프는 전방의 베어링 케이스에 고여 있는 오일을 배유시킨다. 오일은 외부 라인을 통해 중앙 수집소(Central Collecting Point)역할을 하는 액세서리 기어박스(Accessary Gearbox)로 직접 보내진다. No.2 & 3 베어링 구역의 오일은 내부에 있는 통로를 통해 역시 중앙 수집소역할을 하는 액세서리 기어박스로 보내진다. 액세서리 기어박스에 있는 흡입펌프(Oil Suction Pump)는 기어박스에 모인 오일을 오일탱크로 보내 준다. No.4, $4\frac{1}{2}$, & 5 베어링 구역에 고여 있는 오일 역시 액세서리 기어박스로 보내진다. 터빈 후방 베어링 흡입펌프는 No.6 베어링 구역의 오일은 터빈 케이스 스트러트(Turbine Case Strut)에 있는 통로를 통해 No.4, $4\frac{1}{2}$ & 5 베어링 구역으로 보내어 오일이 합쳐진 후 오일탱크로 되돌아간다. 오일이 오일탱크로 들어갈 때 공기분리기(Deaerator)를 통과하게 되며, 여기에서 오일 속에 섞인 공기를 분리한다. 분리된 공기는 액세서리 기어박스의 오일분리기(Deoiler)로 흘러가고, 오일은 오일탱크로 들어간다.

6.5.3 브리더 여압시스템 (Breather Pressurizing System)

브리더 여압시스템은 메인 베어링 오일 제트에서 오일이 잘 분사되도록 하고, 배유시스템으로 가는 흐름을 원활히 해 준다. 압축기 흡입구 케이스(Compressor Inlet Case), 오일탱크, 디퓨저 케이스(Diffuser Case), 그리고 터빈배기 케이스(Turbine Exhaust Case)에 있는 브리더 튜브(Breather Tube)는 모두 엔진 상부에 외부 튜브로 연결된다. 이 튜브들에 의해 각 베어링 구역과 오일탱크에 있는 증기 상태의 공기(Vapor-laden Atmosphere)가 액세서리 기어박스의 오일분리기(Deoiler)로 보내진다. 오일분리기에 의해 공기/오일 혼합 증기(Air/Oil Mist)로부터 오일을 분리하고, 공기는 대기 중으로 방출된다.

6.6 전형적인 건식섬프변압 윤활계통 (Typical Dry-sump Variable Pressure Lubrication System)

건식섬프변압 윤활계통은 압력조절 윤활계통에서 사용하는 것과 같은 기본적인 하부 시스템(압력, 배유, 브리더)을 사용한다. (그림 6-18) 주요한 차이점은 이 시스템의 압력은 조절 바이패스 밸브(Regulating Bypass Valve)에 의해 조절되지 않는다는 것이다. 대부분의 대형터보팬엔진 압력시스템의 펌프출구 오일 압력은 엔진 회전수에 따라 변한다. 달리 말하자면 펌프의 출구 압력이 엔진 회전속도에 비례한다고 할 수 있다. 엔진 작동 중 오일 흐름에 대한 저항이 그다지 변화하지 않기 때문에 펌프는 단지 빠르거나 느리게 변화하며 회전한다. 예를 들어 이런 시스템에서의 오일 압력 변화는 100 psi에서 260 psi로 폭넓게 변하는데, 릴리프밸브(Relief Valve)는 약 540 psi에서 열린다.

6.6.1 압력 하부 시스템(Pressure Subsystem)

오일은 오일탱크 하부로부터 오일펌프의 압력 단계로 흐른다. 오일탱크에 있는 약간의 압력이 압력펌프로 오일이 연속적으로 흐르도록 돕는다. 가압된 오일은 오일필터로 보내져 여과된다. 만약 필터가 막히게 되면 바이패스 밸브에 의해 오일은 필터를 우회하여 흐르게 된다. 여기에는 조절밸브는 없지만, 릴리프밸브가 있어서 시스템 압력이 최고 제한치를 초과하지 못하게 한다. 이 밸브는 시스템 작동압력 이상이 되면 잘 열리게 설정되어 있다. 오일은 필터 하우징에서부터 엔진 공기 오일냉각기(Air/Oil Cooler)로 흐른다. 오일은 냉각기를 바이패스 하거나(오일이 차가울 때), 냉각기를 지나서(오일이 뜨거울 때) 흘러 연료 오일냉각기(Fuel/Oil Cooler)로 간다. 이 냉각기를 지나며 연료의 온도는 엔진이 필요로 하는 조건에 맞게 조절된다. 약간의 오일은 낮은 속도에서 오일 압력을 조절하기가 쉽도록 등급화된 트림오리피스(Trim Orifice)를 통해 흐른다. 이제 오일은 라스트챈스필터로 가게 되고, 필터를 바이패스 했을 경우 이곳에서 오일의 이물질을 걸러 낸다. 오일은 노즐에서 분사되어 베어링, 기어박스, 씰(Seal) 그리고 액세서리 드라이브 스플라인(Spline) 등을 윤활시킨다. 베어링에 대한 윤활과 세척, 그리고 냉각의 윤활 기능을 수행한 후 배유시스템에 의해 오일탱크로 되돌아간다.

6.6.2 배유 하부 시스템 (Scavenger Subsystem)

배유펌프는 각 베어링 구역 및 기어박스의 오일을 탱크로 보내는데 여러 단계로 구성되어 있다. 탱크에서는 오일이 공기분리기(Deaerator)에 들어가 오일 중의 공기를 분리시킨다. 오일은 탱크로 돌아가고, 공기를 체크밸브를 통해 대기 중으로 배출된다. 각 단계의 배유펌프에는 MCD(Magnetic Chip Detector)가 있으며 장탈하여 검사할 수 있다.

6.6.3 브리더 하부 시스템 (Breather Subsystems)

브리더시스템의 목적은 베어링 구역의 공기를 제거해 주는 것으로, 오일 중의 공기를 분리하여 밖으로 배출시키는 것이다.

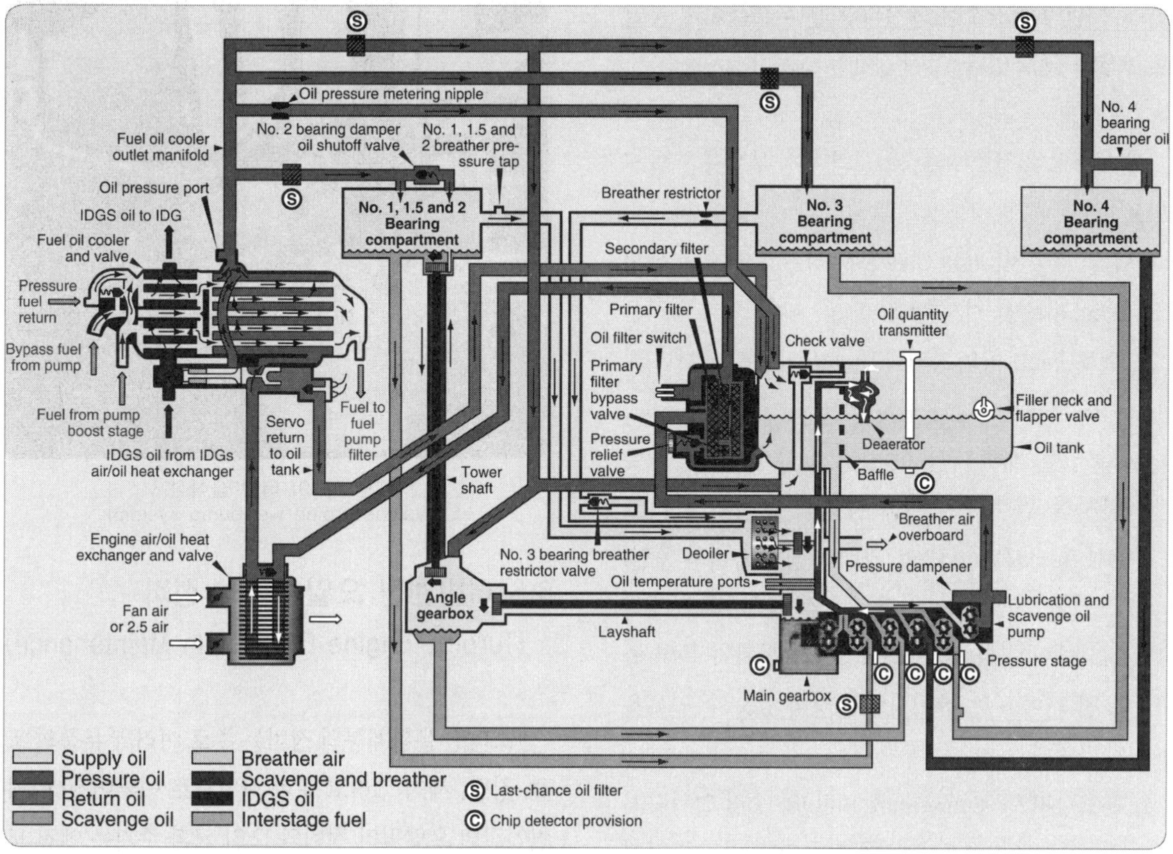

[그림 6-18] 터빈 건식섬프변압 윤활계통(Typical turbine dry-sump variable pressure lubrication system)

베어링 구역의 브리더 공기(Breather Air)는 오일 분리기(Deoiler)에 의해 기어박스로 이동한다. 오일 분리기는 고속으로 회전하여 공기 중의 오일을 분리한다. 분리된 공기는 공기분리기(Deaerator)에서 나온 공기와 함께 대기 중으로 방출된다. 그림 6-18과 같이 공기분리기는 오일탱크에 있고, 오일 분리기는 메인 기어박스(Main Gearbox)에 있다.

6.7 터빈엔진 습식섬프 윤활계통 (Turbine Engine Wet-sump Lubrication System)

일부 엔진의 윤활계통은 습식섬프식(Wet-sump type)이다. 습식섬프식의 오일계통을 사용하는 엔진은 비교적 적다. 그림 6-19는 습식섬프 오일계통의 구조를 보여 준다. 습식섬프 시스템에 사용하는 구성품은 건식섬프 시스템의 구성품과 유사하다. 두 시스템의 주요 차이점은 오일 저장소의 위치이다. 습식섬프 오일계통의 저장소는 액세서리 기어케이스(Accessory Gear Case)이거나, 액세서리 케이스의 밑에 장착되어 있는 섬프이다. 형태에 관계없이 습식섬

프 시스템의 저장소는 엔진의 기본 부분품이며 공급할 오일을 담고 있다. (그림 6-19)

습식섬프 저장소(Reservoir)의 구성 부분품은 아래와 같다.

1. 점검 게이지(Sight Gauge)는 섬프 내의 오일 높이(Oil Level)를 지시한다.
2. 벤트(Vent) 또는 브리더(Breather)는 액세서리 케이스 내의 압력을 균등하게 한다.
3. 오일을 배출시킬 수 있고 오일 내의 철 금속 입자를 검출하기 위해 자석식 드레인 플러그(Magnetic Drain Plug, 자석식 칩 검출기와 동일)가 있을 수 있다. 이 플러그는 검사 때마다 자세히 검사해야 한다. 이 플러그에 금속입자가 묻어 있으면 기어 또는 베어링의 손상이 있을 수 있음을 나타낸다.
4. 온도감지기(Temperature Bulb)와 오일 압력감지기(Oil Pressure Fitting)를 장착할 수 있도록 되어 있다.

습식섬프 윤활계통을 사용하는 엔진의 대표적인 시스템은 다음과 같다.

액세서리 구동케이스에 있는 베어링과 구동기어는 스플레쉬 시스템(Splash System : 비산식)에 의해 윤활 된다. 다른 구역을 윤활 시킬 오일은 가압되어 펌프를 나가 필터를 지나서 제트노즐을 거쳐 로터 베어링(Rotor Bearing)과 커플링(Coupling)을 윤활시킨다. 오일은 중력에 의해 저장소(Reservoir or Sump)로 돌아온다. 압축기 베어링과 엑세서리 구동커플링 축에서 나오는 오일은 저장소로 바로 가게 된다. 터빈 오일은 원래 가압하여 보내진 섬프로 흘러간다.

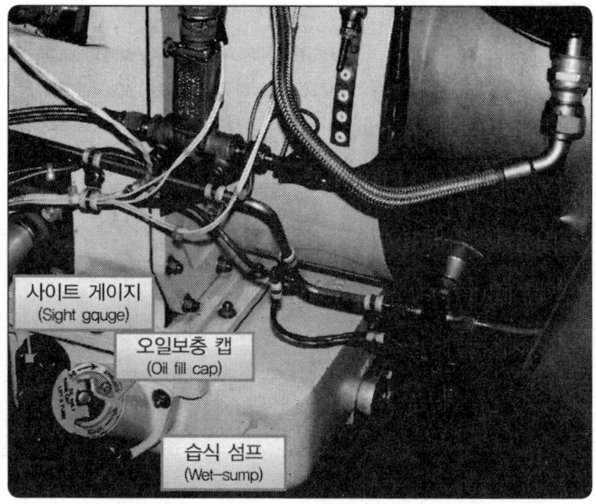

[그림 6-19] 터빈 습식섬프
(Typical turbine wet sump system)

6.8 터빈엔진 오일계통의 정비 (Turbine Engine Oil System Maintenance)

가스터빈 윤활계통의 정비는 주로 여러 부분품의 조절, 장탈, 세척 그리고 교환 작업으로 이루어진다. 터빈엔진의 오일필터 정비와 오일 교환 주기는 엔진 모델마다, 특정 항공기에 장착된 엔진의 운영조건(오일 온도의 가혹도 등)에 따라 상당히 다르므로 해당 엔진 제작사의 정비교범에 따라야 한다.

오일필터는 정기점검 시에 장탈해야 한다. 오일필터는 분해하여 세척하고 마모되거나 손상이 있는 부분은 교환해야 한다. 아래는 전형적인 오일필터의 장탈과 세척, 그리고 교환 절차를 설명한 것이다.

1. 배출되는 오일을 모으는 적당한 통을 준비한다.
2. 필터 하우징을 장탈하고 필터를 빼낸다. (그림 6-20) 사용한 씰은 폐기한다.
3. 스크린(또는 필터)를 인가된 탄소 제거 용액에 상

온에서 몇 분간 담가 둔다.

세척 용액(Degreaser Fluid 또는 Cleaning Solvent 에서 헹구어 준다.

그다음 공기(Air Jet)로 불어 주어 건조시킨다.

4. 필터 하우징에 필터를 끼우고, 새로운 씰을 장착하고 제작사 정비교범에 규정한 값으로 토크를 주어 장착한다.
5. Lock Wire를 하여 고정한다.

오일 압력을 조절하기 위해서는 먼저 오일 압력 릴리프밸브(Oil pressure Relief Valve)에 있는 조절 나사캡(Adjusting Screw Acorn Cap)을 장탈한다. 다음으로 고정너트를 풀고 오일 압력을 증가시키기 위해서는 조절나사를 시계 방향으로, 감소시키기 위해서는 반시계 방향으로 돌린다. 전형적인 터보제트 윤활계통에서 조절나사는 정상적인 정격추력의 약 75%에서 45±5 psi를 공급하도록 조절한다. 이 조절은 엔진이 공회전 속도(Idling)시에 해야 한다. 원하는 압력에 이르기까지 여러 차례 조절이 필요할 수도 있다. 적당한

[그림 6-20] 오일 필터 하우징(Oil filter housing)

압력으로 조절이 되었으면 조절나사 고정너트를 조여 주고 새로운 개스킷으로 조절 나사캡(Acorn Cap)을 장착한 다음 안전결선을 한다.

배유와 브리더시스템의 정기점검 시에는 오일 누출, 부분품의 장착 상태 확인 등이 포함돼야 한다. 또한 칩검출기(Chip Detector)에 금속입자가 있는지 검사하고, 라스트챈스필터를 세척하여 장착한 다음 안전결선을 해 주어야 한다.

6.9 터빈엔진 냉각 (Turbine Engine Cooling)

모든 내연 기관은 연료와 공기가 연소될 때 막대한 열이 발생함으로 인해 냉각 방법이 필요하게 되었다. 왕복엔진은 실린더에 있는 핀(Fin) 위로 공기를 지나가게 하거나 실린더를 둘러싼 재킷(Jacket)을 하여 액체 냉매를 흐르게 함으로써 냉각시킨다. 4행정 사이클 엔진에서는 매 4번째 행정에서만 연소가 일어나는 점을 간파하면 냉각 문제가 보다 쉬워질 지도 모른다.

가스터빈엔진에서는 연소 과정이 연속적이기 때문에 냉각 공기의 거의 전부가 엔진 내부를 통해서 지나가야 한다. 만약 단지 15:1의 이상적인 공기/연료 비율을 유지하기에 충분한 공기만 들어간다면, 내부 온도는 4,000℉ 이상으로 상승하게 될 것이다. 실제적으로는 이상적인 비율을 넘어서 더 많은 양의 공기가 엔진으로 들어가게 된다. 이렇게 많은 잉여 공기가 엔진 고온부을 냉각시켜 허용 온도인 1,500~2,100℉가 되게 한다. 냉각 효과 때문에 케이스 외부의 온도는 엔진 내부의 온도보다 상당히 낮다. 가장 뜨거운 곳은 터빈의 내, 외부이다. 비록 뜨거운 가스는 이 지점에서 약

간 냉각되기 시작하지만 케이스 금속의 열전도성으로 인해 열을 외부로 바로 방출한다.

엔진을 지나가는 2차 공기는 연소실 라이너(Combustion-chamber Liner)를 냉각시킨다. 연소실 라이너는 라이너 안과 바깥 표면에 공기가 얇고 빨리 지나가는 공기의 막(Air Film)을 형성하도록 만들어져 있다. 캔-애뉼러형(Can-annular-type) 연소실에는 압력 손실을 최소로 하면서 높은 연소 효율을 촉진하고, 뜨거운 연소 가스를 빨리 희석시키기 위하여 연소실의 중앙으로 냉각공기를 보내주는 중심 튜브(Center Tube)가 있다. 모든 종류의 가스터빈엔진은 많은 양의 비교적 차가운 공기가 연소실 후방에서 연소된 가스와 섞이어 터빈에 들어가기 직전에 뜨거운 가스를 식혀 준다.

많은 경우는 아니지만 엔진 바깥쪽에 있는 입구로 냉각공기(Cooling-air)가 들어가서 터빈 케이스(Turbine Case), 베어링, 그리고 터빈 노즐(Turbine Nozzle)을 냉각시킨다. 엔진 압축기로부터 추출된 블리드 공기는 베어링과 다른 엔진 부품을 냉각하고 배출되며, 엔진 내로 배출되었거나, 엔진으로부터 배출되어 나온 공기는 배기가스와 함께 배출된다. 엔진 바깥 측면에 있는 케이스(Case)은 그 곳 주위를 지나는 외부 공기에 의해 냉각되고, 엔진 외부와 엔진 나셀은 그 곳을 지나는 팬 공기에 의해 냉각이 이루어진다.

엔진 전체를 두 개의 구역으로 나누면, 전방(압축부위)은 저온부(Cold Section) 후방(터빈 부위)은 고온부(Hot Section)라고 불린다. 케이스 배출구(Case Drain)는 내부에서 누출된 모든 액체류들이 나셀 내부에 모여 쌓이지 않도록 바깥으로 배출시키는 장치이다.

6.9.1 액세서리 국소 냉각 (Accessory Zone Cooling)

엔진전체를 내화성 벌크헤드(Bulkhead)와 실(Seal) 등으로 서로 격리될 수 있는 구역으로 나누게 되면, 주요 구역은 팬케이스부(Fan Case Compartment), 중간압축기부(Intermediate Compressor Case Compartment), 그리고 코어엔진부(Core Engine Compartment) 등이다. (그림 6-21)에서와 같이 조절된 공기가 각 구역으로 공급되어 엔진의 온도를 적정 수준으로 유지시킨다. 그리고 적절한 공기흐름을 유지하여 유해한 증기가 있더라도 쌓이지 않고 배출되게 한다.

예를 들어, 1구역은 액세서리 케이스(Accessory Case)와 엔진전자제어장치(EEC: Electronic Engine Control)가 있는 펜 케이스(Fan Case) 주변이다. 이 구역에서는 램 공기를 이용하여 노즈카울(Nose Cowl) 입구를 통하여 우측 팬 카울(Fan Cowl)의 통풍구(Louvered Vent)로 배출되게 한다. 만약 압력이 일정 수준보다 높으면 압력 릴리프창(Pressure Relief Door)가 열리어 압력을 낮추어 준다.

2구역은 위쪽에 있는 팬 덕트(Fan Duct)에서 유입된 팬 공기(Fan Air)로 냉각시키고 아래쪽 끝에서 배출하여 팬 공기 흐름으로 돌려보낸다. 이 구역은 연료와 오일 라인을 포함하고 있으므로 불필요한 증기를 제거하는 것이 중요하다.

3구역은 고압축기(High-pressure Compressor)에서 터빈 케이스(Turbine Case)까지이다. 이 구역 역시 연료와 오일 라인, 그리고 액세서리(Accessory)들이 포함된다. 공기는 프리쿨러(Precooler)의 출구와 다른 부분에서 들어와 후방 끝에 있는 역추력장치(Thrust

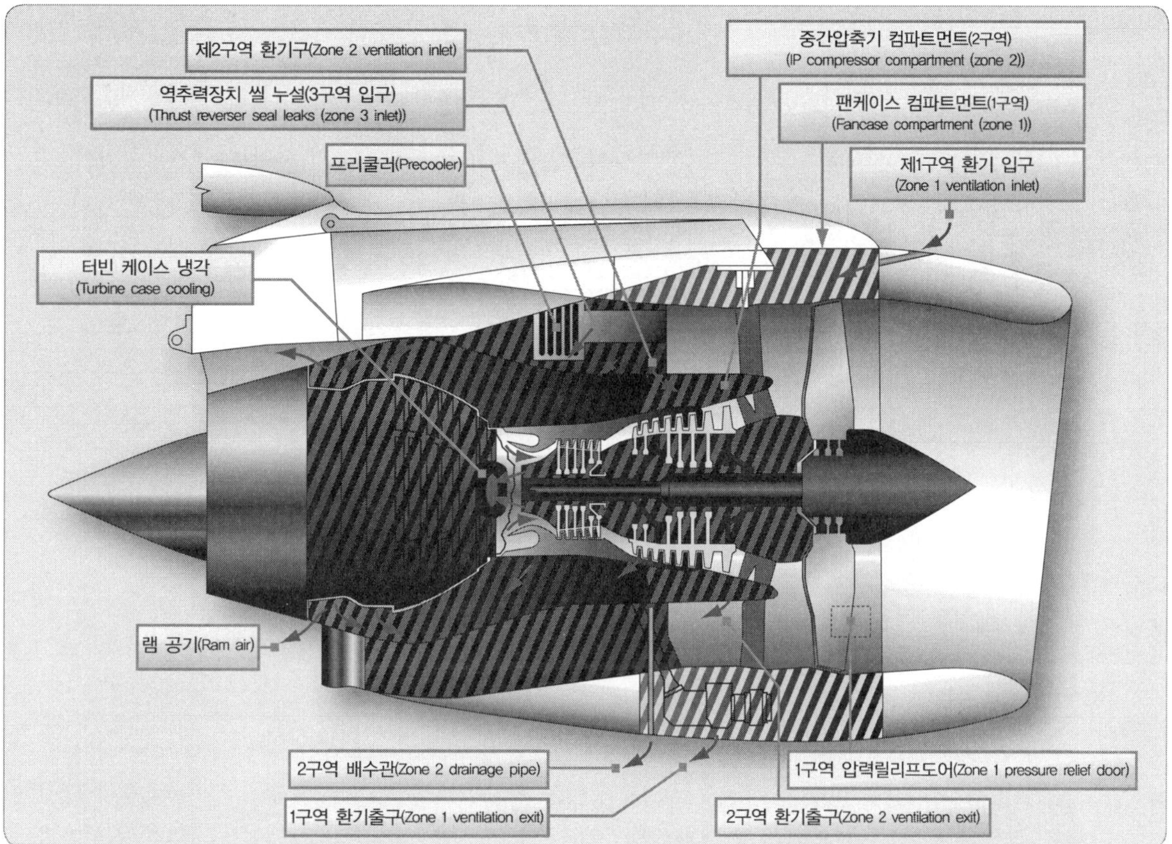

[그림 6-21] 액세서리 구역 냉각(Accessory zone cooling)

Reverser)의 안쪽 벽과 터빈 배기 슬리브(Turbine Exhaust Sleeve)를 통하여 배출된다.

6.9.2 터빈엔진 단열판 (Turbine Engine Insulation Blankets)

배기 덕트(Exhaust Duct) 또는 추력증가장치(애프터버너) 부근 구조부의 온도를 낮추고, 연료 또는 오일이 엔진의 뜨거운 부분과 접촉할 가능성을 제거하기 위하여, 때때로 가스터빈엔진의 배기 덕트를 절연(Insulation)을 할 필요가 있다. 배기 덕트의 표면 온도는 상당히 높다. 전형적인 단열판(Insulation Blanket)과 여러 위치에서의 온도는 (그림 6-22)에서 보여 준 것과 같다. 이 판(Blanket)은 저전도성 물질(Low Conductance Material)로서 유리섬유(Fiberglass)를, 복사 방지 재료로서 알루미늄 호일(Aluminum Foil)을 함유하고 있으며, 이 판은 적절하게 덮여 있어 오일에 잠기지 않게 되어 있다.

단열판(Insulation Blanket)은 긴 배기구가 필요한 엔진에서 광범위하게 사용되고 있다. 항공기 후방(테일콘)에 보조동력장치(APU: Auxiliary Power Unit)가 장착된 일부 운송용 항공기는 배기 테일파이프(Tail

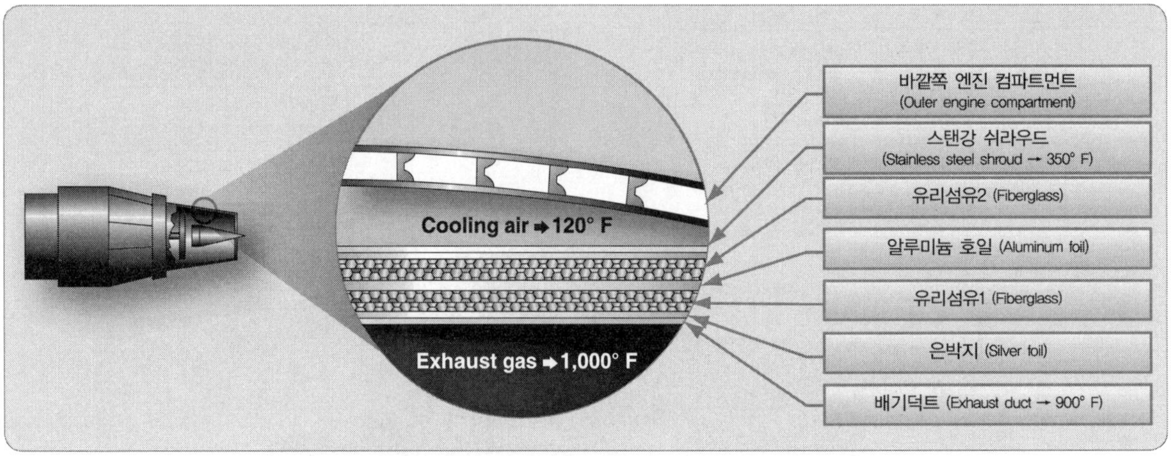

[그림 6-22] 엔진 단열판(Typical engine insulation blanket)

Pipe) 주위의 공기로 주변의 구조부를 냉각시키고 보호한다.

07 프로펠러

Propellers

7.1 일반
7.2 프로펠러 기본원리
7.3 프로펠러 공기역학
7.4 프로펠러의 위치
7.5 프로펠러의 형식
7.6 프로펠러 조속기
7.7 비행기에서의 프로펠러 적용
7.8 정속 프로펠러
7.9 프로펠러 보조계통
7.10 프로펠러 점검 및 정비
7.11 프로펠러의 진동
7.12 프로펠러의 균형 조절
7.13 프로펠러의 장탈 및 장착
7.14 프로펠러의 서비스 작업
7.15 프로펠러 오버홀
7.16 프로펠러의 고장탐구
7.17 터보프롭엔진과 프로펠러 조정계통

7 프로펠러

Propellers

7.1 일반(General)

엔진의 출력을 흡수하는 장치인 프로펠러는 수많은 개발 단계를 거쳐 왔다. 대부분 프로펠러는 깃(bladed)이 2개인 것이 사용되는데, 더 큰 출력을 얻기 위해 4개 또는 6개의 형태가 사용하기도 한다. 그러나 모든 프로펠러 추진 항공기는 프로펠러(Propeller)가 회전할 수 있는 분당 회전수(RPM)의 제한을 받는다.

프로펠러가 회전할 때 프로펠러에 작용하는 몇 가지 힘이 있는데, 주된 힘은 원심력(Centrifugal Force)이다. 높은 분당 회전수로 회전할 때 원심력은 깃(Blade)을 중심축에서 바깥 방향으로 당기는 경향이 있는데, 프로펠러의 설계에 있어서 깃의 무게는 매우 중요하다. 과도한 깃 끝 속도(너무 빠른 프로펠러 회전속도)는 깃의 효율(Blade Efficiency) 감소뿐 아니라 플러터(Fluttering)와 진동(Vibration)을 초래한다. 프로펠러 회전속도의 제한으로 프로펠러 추진 항공기의 속도는 약 400 mph로 제한된다. 그래서 항공기 속도 증가 추세에 따라, 터보팬엔진이 고속항공기에서 사용되었다.

프로펠러 추진 항공기는 여러 장점을 가지고 있어, 터보프롭엔진과 왕복엔진에 광범위하게 적용되고 있다. 짧은 이륙/착륙과 적은 비용은 가장 큰 장점이다. 새로운 재질의 깃 적용과 제작 기술의 발전은 프로펠러의 효율을 증가시켜 왔다. 많은 소형항공기에서의 프로펠러 사용은 앞으로도 지속될 것이다.

(그림 7-1)에서는 간단한 고정 피치식 깃이 두 개인 목재프로펠러(2-bladed Wooden Propeller)의 주요 명칭을 보여 주고 있다. (그림 7-2)는 깃의 특정 부분의

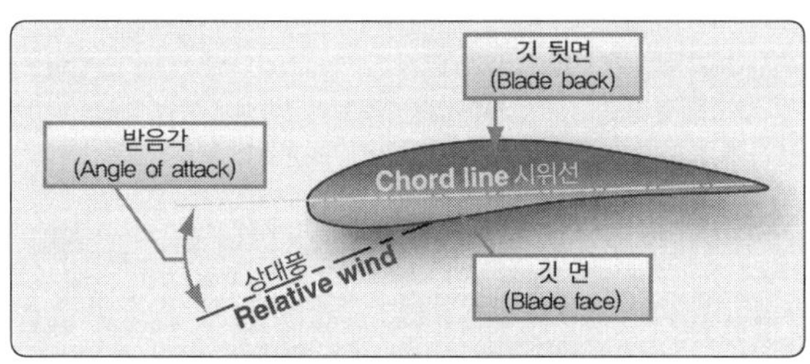

[그림 7-2] 프로펠러 깃 단면
(Cross-sectional area of a propeller blade airfoil)

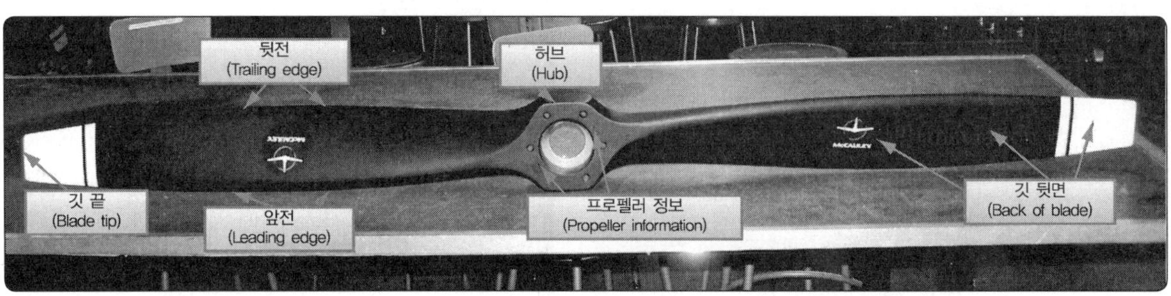

[그림 7-1] 프로펠러 부위별 명칭 (Basic nomenclature of propeller)

명칭을 보여 주는 공기역학적인 단면도이다.

특정한 항공기 장치, 속도, 임무에 따라 많은 형식의 프로펠러장치가 개발되었다. 추진 장치가 발전함에 따라 프로펠러의 개발에도 많은 변화를 가져왔다. 우포와 목재(Fabric-covered Sticks)로 된 첫 번째 프로펠러는 후방으로 공기를 밀어내도록 제작되었다.

프로펠러는 깃이 두 개인 간단한 목재프로펠러로부터 시작되었고 터보프롭 항공기의 복잡한 추진 장치로 개선되었다. 더 커지고 복잡해진 프로펠러를 작동하기 위해 가변피치(Variable-pitch), 정속구동(Constant-speed), 페더링 프로펠러장치(Feathering Propeller System), 역피치 프로펠러장치(Reversing Propeller System)가 개발되었다. 이러한 장치(System)들은 서로 다른 비행 조건에서도 약간의 엔진 회전수 변화로 가능하게 하며, 비행 효율을 증가시킨다.

기본적인 정속구동장치는 엔진 회전속도가 일정하게 유지되도록 깃의 피치 각을 조절하는 평형추가 장착된 조속기장치(Counterweight-equipped Governor Unit)로 구성되어 있다. 원하는 깃 각(Blade Angle)을 설정하고 원하는 엔진 운전 속도를 얻을 수 있도록 조종석에서 조속기를 조절할 수 있다. 예를 들어, 저피치(Low-pitch), 높은 회전수(High RPM) 설정은 이륙 시에 필요하며 비행 중에는 고피치(High-pitch)와 낮은 회전수(Low RPM) 설정이 필요하다. (그림 7-3)에서는 저피치, 고피치, 엔진 고장 시 항력을 줄이기 위해 사용하는 페더링(Feather), 그리고 '0' 피치(Zero Pitch)에서 '–' 피치(Negative Pitch) 또는 역피치(Reverse Pitch) 등의 여러 위치로 프로펠러가 움직이는 것을 나타낸다.

7.2 프로펠러 기본원리 (Basic Propeller Principles)

항공기 프로펠러는 2개 이상의 깃과 깃이 부착되는 중심 허브로 구성된다. 항공기 프로펠러 각각의 깃은 기본적으로 회전 날개(Rotating Wing)이다.

프로펠러 깃은 대기 중에서 비행기를 끌어당기거나 밀어주는 추력을 발생시킨다. 프로펠러 깃을 회전시키는 데 필요한 동력은 엔진이 제공한다. 프로펠러는 저마력 (Low-horsepower) 엔진에서는 크랭크축의

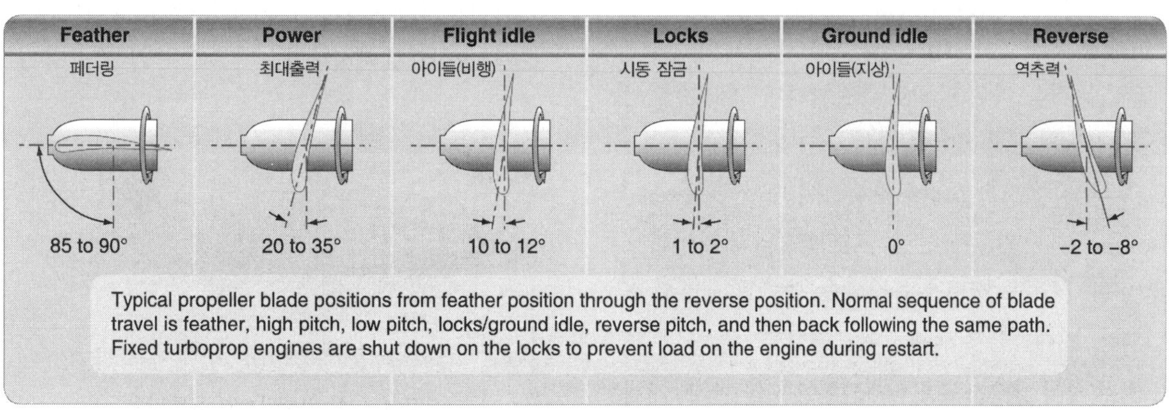

[그림 7-3] 범위별 프로펠러 위치(Propeller range positions)

연장 축에 직접 장착되고, 고마력(High-horsepower) 엔진에서는 엔진 크랭크축과 맞물린 감속기어의 프로펠러축에 장착되어 있다. 어느 경우든 엔진은 프로펠러를 고속으로 회전시킴으로써 엔진의 회전력(Rotary Power)을 추력(Thrust)으로 변환시킨다.

7.3 프로펠러 공기역학 (Propeller Aerodynamic Process)

공기를 통과하며 움직이는 비행기는 전진 운동에 저항하는 항력(Drag)을 만들어 낸다. 수평경로로 비행하고 있다면, 항력과 같은 전진 방향으로 작용하는 힘이 주어지는데 이를 추력(Thrust)이라 한다. 추력에 의해 이루어지는 일은 추력에 움직인 거리를 곱한 값이다.

$$Work = Thrust \times Distance$$

동력은 추력에 비행기가 움직이는 속도를 곱한 것이다.

$$Power = Thrust \times Velocity$$

만약 동력을 마력 단위로 측정한다면, 추력으로서 소비된 동력은 추력마력(Thrust Horsepower)이라고 부른다. 엔진은 회전축을 통하여 제동마력(Brake Horsepower)을 공급하고, 프로펠러는 추력마력으로 변환시킨다. 이 변환 과정에서, 약간의 동력이 손실된다. 최대효율을 위해서 프로펠러는 가능한 한 최소의 손실이 발생하도록 설계되어야 한다. 어떤 기계장치의 효율은 입력출력(Power Input)에 대한 유효출력(Useful Power Output)의 비이기 때문에, 프로펠러 효율(Propeller Efficiency)은 제동마력(Brake Horsepower)에 대한 추력마력(Thrust Horsepower)의 비이다. 프로펠러 효율의 비의 부호는 그리스 문자로 η(Eta) 이다. 프로펠러 효율은 얼마나 많은 프로펠러 슬립(Propeller Slip)이 있느냐에 따라서 50~87%까지 다양하다. 피치(Pitch)는 깃 각(Blade Angle)과 다르지만 깃 각에 의해 결정되기에, 두 가지 용어는 가끔 혼용하여 사용된다. 하나의 증가와 감소는 보통 다른 하나의 증가와 감소에 관계가 있다.

(그림 7-4)에서 보는 바와 같이, 프로펠러 슬립(Propeller Slip)은 프로펠러의 기하피치(Geometric Pitch)와 유효피치(Effective Pitch) 사이의 차를 말한다. 기하피치는 프로펠러 슬립 없이 1회전 하는 동안에 전진하는 거리이고, 유효피치는 실제 전진 거리이다. 다시 말하면 기하피치는 미끄러짐이 없는 이론적인 개념이다. 실측피치 또는 유효피치는 공기 중에서 프로펠러 슬립을 고려한 것이다.

$$Geometric\ Pitch - Effective\ Pitch = Slip$$

기하피치(GP)는 피치 인치(Pitch-inch)로 나타내고, 다음의 공식으로 계산한다.

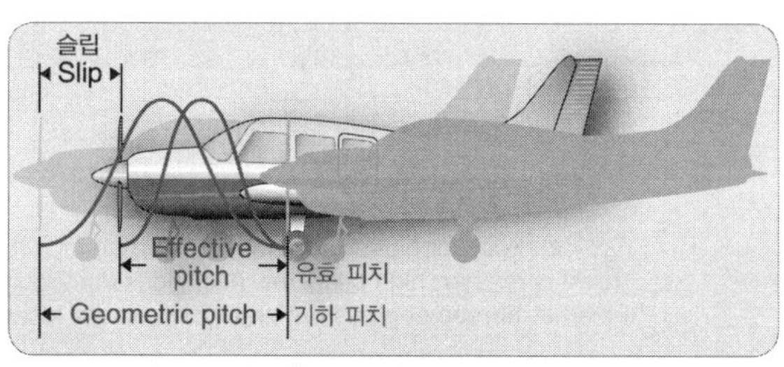

[그림 7-4] 기하피치와 유효피치
(Effective pitch and geometric pitch)

$$GP = 2 \times \pi R \times tangent\ of\ blade\ angle\ at\ 75[\%]\ station$$

$$R = Radius\ at\ the\ 75[\%]\ blade\ station$$

(그림 7-5)에서와 같이, 깃 각과 프로펠러 피치는 밀접한 관계가 있지만, 깃 각은 특정 깃 단면의 정면(Face of Blade Section) 또는 깃 시위(Chord)와 프로펠러의 회전면(Plane in Propeller Rotate) 사이의 각도이다. 일반적으로는 깃 각은 깃 시위선(Blade Chord Line)과 회전면(Plane of Rotation) 사이의 각을 나타낸다. 프로펠러 깃의 시위선은 에어포일의 시위선과 같은 방식으로 정해진다. 실제로 프로펠러 깃의 시위선은, 구역에 따라서는 폭이 축소된 형태로, 무한한 개수의 얇은 깃 요소들의 조립체로 가정할 수 있다. 대부분의 프로펠러는 평평한 깃 면을 갖기 때문에, 시위선은 프로펠러 깃 면을 따라 그려진다.

전형적인 프로펠러 깃은 고르지 않은 평면 기반(Irregular Planform)에 뒤틀린 에어포일(Twisted Airfoil)로 설명할 수 있다. (그림 7-6)에서는 프로펠러 깃의 두 방향에서의 모양을 보여 준다. 깃은 허브의 중심으로부터 인치(inch) 단위로 번호가 정해진 구역으로 나뉜다. (그림 7-6)의 오른쪽에서 에어포일에 6인치(inch)마다 깃의 구역이 나뉜 단면도를 보여 준다. 또한 깃 생크(Blade Shank)와 깃 버트(Blade Butt)도 나타낸다.

깃 생크는 프로펠러 허브 근처의 두껍고 둥근 부분으로, 깃에 강도(Strength)를 주도록 설계되었다. 깃뿌리(Blade Root)라고도 하는 깃 버트는 프로펠러 허브에 조립되는 깃의 한쪽 끝 부분이다. 깃 끝(Tip)은 허브로부터 가장 먼 부분으로 일반적으로 깃의 마지막 6인치 부분이다.

(그림 7-7)에서는 전형적인 프로펠러 깃의 단면을 보여 준다. 깃의 단면은 항공기 날개의 단면과 대등하다. 깃 등(Blade Back)은 항공기 날개의 윗면과 유사하게 캠버 또는 곡면으로 되어 있다. 깃 면은 프로펠러 깃의 평평한 쪽이다. 시위선은 앞전(Leading Edge)에서 뒷전(Trailing Edge)까지 깃을 통과하는 가상선(Imaginary Line)이다. 앞전은 프로펠러가 회전할 때 공기와 부딪치는 깃의 두꺼운 가장자리(Thick Edge)

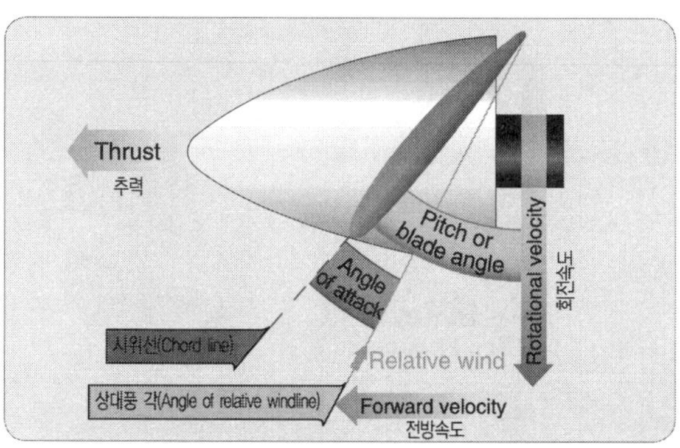

[그림 7-5] 프로펠러의 공기역학적 요소
(Propeller aerodynamic factors)

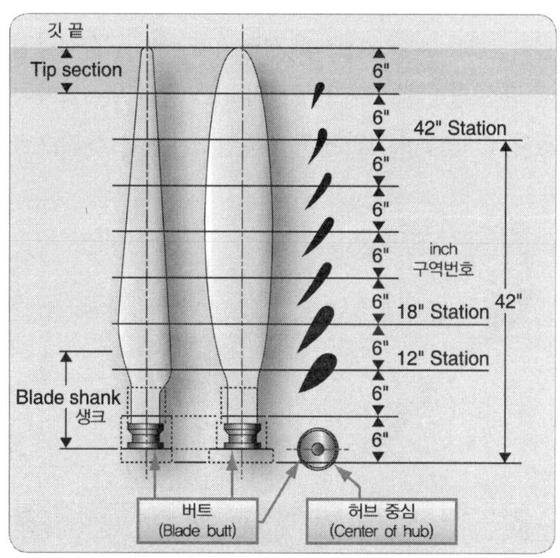

[그림 7-6] 프로펠러 깃의 구성
(Typical propeller blade elements)

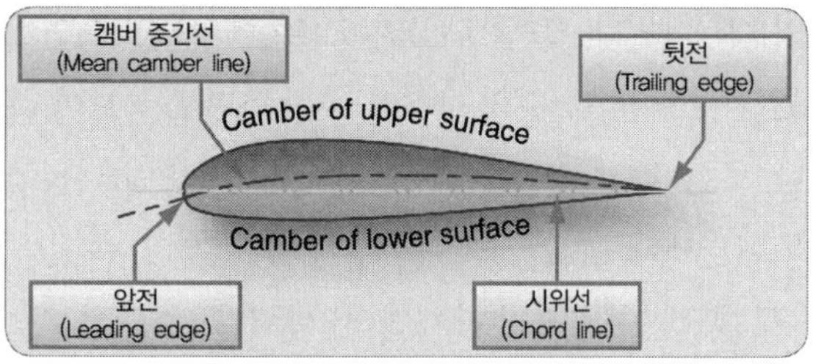

[그림 7-7] 프로펠러 깃의 단면
(Cross-section of a propeller blade)

이다.

회전하는 프로펠러는 원심 비틀림력(Centrifugal Twisting), 공력 비틀림력(Aerodynamic Twisting), 토크 굽힘력(Torque Bending), 추력 굽힘력(Thrust Bending)이 작용한다. (그림 7-8)에서는 회전하는 프로펠러에 작용하는 힘들을 보여 준다. (그림 7-8A)에서와 같이, 원심력(Centrifugal Force)은 회전 프로펠러 깃을 중심축(Hub)으로부터 이탈시키려 하는 물리적 힘이다. 원심력은 프로펠러에서 가장 큰 영향을 미친다. (그림 7-8B)의 토크 굽힘력은 반대 방향의 공기저항(Air Resistance)으로 회전하는 프로펠러 깃을 굽히려는 경향이 있다. (그림 7-8C)의 추력 굽힘력은 추력하중(Thrust Load)으로 항공기가 공기를 끌어당길 때 전진 방향 쪽으로 프로펠러 깃을 굽히려는 경향이 있다. (그림 7-8D)의 공력 비틀림력은 높은 깃 각으로 깃을 돌리려는 경향이 있다. (그림 7-8E)의 원심 비틀림력(공력 비틀림력 보다 더 큰 힘)은 낮은 깃 각으로 깃에 힘을 가하려는 경향이 있다.

프로펠러 깃에 작용하는 이 힘들 중 최소한 2 가지는 가변피치 프로펠러(Controllable Pitch Propeller)에서 깃을 움직이는 데 사용된다. 원심 비틀림력(Centrifugal Twisting)은 저피치 위치로 깃을 움직이지만, 공력 비틀림력(Aerodynamic Twisting)은 고피치 위치로 깃을 움직인다. 이 힘들은 새로운 피치 위치로 깃을 움직이는 1차 힘, 또는 2차 힘이 될 수 있다. 프로펠러는 원심력과 추력에 의해 중심축 가까이에서 발생하는 큰 응력을 견뎌야 한다. 이 응력은 분당 회전수에 정비례하여 증가한다. 깃 면 역시 원심력에 의한 인장력과 굽힘에 의한 추가 장력의 영향을 받는다. 이러한 이유로 깃의 찍힘(Nicks) 또는 긁힘(Scratches)이라 하더라도 심각한 상황에 처할 수 있으며 균열과 손상으로 진행될 수도 있다.

또한 프로펠러는 고진동(High Frequency)으로 엔진 크랭크축에 직각을 이루는 깃 끝 주위에 앞쪽과 뒤쪽으로 뒤틀리는 현상, 즉 진동의 일종인 플러터(Fluttering)를 방지하기에 충분한 강도를 가져야 한다. 특이한 소음을 동반하는 플러터는 가끔 배기소음

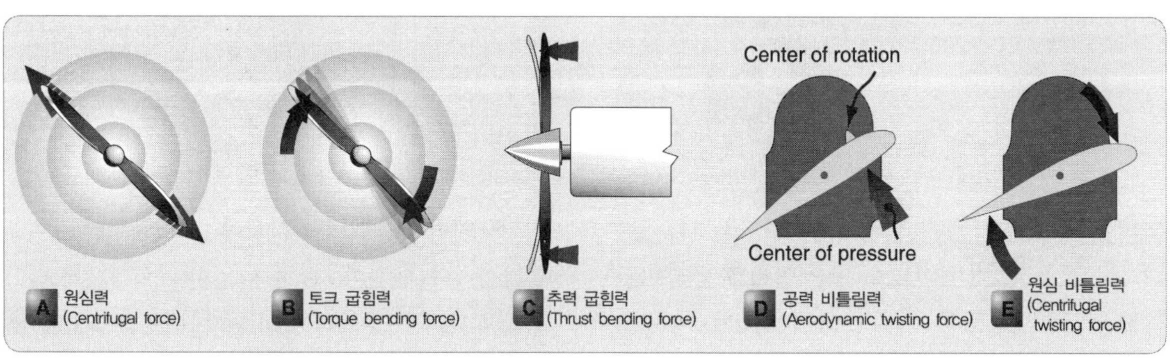

[그림 7-8] 회전 프로펠러에 작용하는 힘(Forces acting on a rotating propeller)

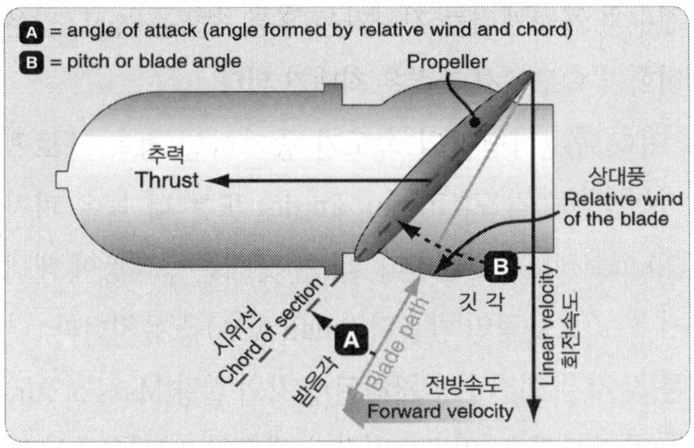

[그림 7-9] 프로펠러 작용 힘(Propeller forces)

으로 착각되는 경우가 있다. 지속적인 진동은 깃을 약화시키고 결국에는 파손의 원인이 된다.

7.3.1 공기역학적인 힘(Aerodynamic Factors)

프로펠러의 작용을 이해하기 위해서는 우선적으로 프로펠러의 움직임 중 회전 운동과 전진 운동 모두를 고려해야 한다. (그림 7-9)에서는 프로펠러 힘의 벡터로 아래 방향과 전방으로 움직이는 프로펠러 깃의 구역을 나타낸다. 힘이 관련되는 한 깃이 정지 상태이고 경로의 반대 방향에서 공기가 유입된다면 결과는 없는 것이나 마찬가지이다. 즉 상대풍이 프로펠러 깃에 부딪치는 지점에서의 각도를 받음각(AOA, Angle of Attack)이라고 한다. 받음각에 따른 공기의 변형으로 인해 프로펠러 깃의 엔진 쪽에서 대기압보다 더 높은 동압을 발생시켜, 추력을 발생시킨다.

깃의 모양 또한 날개와 같은 모양을 가지기 때문에 추력을 발생시킨다. 공기 흐름이 프로펠러를 지나갈 때, 깃 한쪽의 압력은 다른 쪽의 압력보다 더 낮다. 날개에서처럼 압력의 차이는 더 낮은 압력 쪽으로 반동힘을 발생시킨다. 날개의 상면은 압력이 낮고, 양력은 위쪽 방향으로 향한다. 낮아진 압력의 영역은 수평 위치 대신에 수직 위치에 부착된 프로펠러의 앞쪽이고, 힘 즉 추력은 프로펠러 전방으로 작용한다. 공기역학적으로 추력은 프로펠러 형상과 깃의 받음각의 결과이다.

추력을 분석하기 위한 또 다른 방법은, 통과하는 공기의 질량 관점에서 생각해 보는 것이다. 추력은 처리된 공기의 질량(Mass of Air)과 후류 속도(Slipstream Velocity)에서 비행기의 속도(Airplane Velocity)를 뺀 값을 곱한 것과 같다. 따라서 추력을 발생시키기 위해 소비된 동력은 초당 통과하는 공기의 질량(Mass of Air moved per second)에 따라 결정된다.

평균적으로 추력은 토크(Torque), 즉 프로펠러에 의해 흡수된 총 마력(Total Horsepower absorbed by the Propeller)의 거의 80%를 차지한다. 나머지 20%는 마찰과 미끄러짐으로 소모된다. 어떤 회전속도에서도 프로펠러에 흡수된 마력은 엔진에서 공급된 마력(Horsepower delivered by Engine)과 균형을 이룬다. 프로펠러의 1회전 동안 움직일 때 공기의 질량(Amount of Air displaced)은 깃 각에 따라 결정된다. 그러므로 깃 각을 조절하는 것은 프로펠러 부하(Load on the Propeller)를 조절하고 엔진 회전수를 제어하는 좋은 방법이다.

만약 깃 각을 크게 하면 엔진에 부하가 증가하지만, 동력을 증가시키지 않으면 회전속도는 감소되는 경향이 생긴다. 에어포일이 공기 중을 통과할 때 양력과 항력을 발생시킨다. 프로펠러 깃 각 증가는 받음각을 증가시키고 더 큰 양력과 항력의 증가를 가져와 주어진 회전수에서 프로펠러를 회전하는 데 필요한 마력을 증가시킨다. 엔진이 계속해서 같은 마력을 생산하고 있기 때문에 프로펠러는 감속된다. 만약 깃 각이 감소되면, 프로펠러 속도는 증가한다. 그러므로 엔진 회전수는 깃 각의 증가 또는 감소에 의해 조절된다. 깃 각의 조절은 프로펠러 받음각 조정을 위한 좋은 방법이다.

정속 프로펠러(Constant-speed Propeller)에서 깃 각은 모든 엔진 속도와 비행 속도에서 반드시 가장 효율적인 받음각(AOA)이 되도록 조정되어야 한다. 날개에서와 마찬가지로 프로펠러에 대한 양항곡선(Lift vs. Drag Curve)에서도 가장 효율적인 받음각(AOA)은 +2° 에서 +4° 사이인 것을 알 수 있다. 이 받음각을 유지하는 데 필요한 실제 깃 각은 비행기의 진행 속도에 조금의 변화가 있다. 이는 항공기 속도의 변화에 따라 상대풍의 방향이 변하기 때문이다.

고정피치(Fixed-pitch) 프로펠러와 지상조정(Ground-adjustable) 프로펠러는 1회전과 전진 속도에서 가장 좋은 효율을 내도록 설계되었다. 즉, 주어진 비행기와 엔진의 결합에 맞도록 설계되었다. 프로펠러는 이륙, 상승, 순항, 그리고 고속에서 최대 프로펠러 효율을 내도록 만들어 졌기 때문에, 이들 상황이 어떻게 변해도 프로펠러와 엔진의 효율을 낮추는 결과를 가져온다.

그러나 정속 프로펠러는 비행 중 발생하는 어떤 상황에서도 최대효율을 내도록 깃 각을 조절한다. 이륙하는 동안 최대출력과 추력이 요구될 때, 정속 프로펠러는 작은 프로펠러 깃 각(Low Propeller Blade Angle), 또는 저피치(Low-pitch)를 유지한다. 작은 날개깃 각은 상대풍에 대하여 작고 효율적인 받음각을 유지하면서 프로펠러 1회전당 더 적은 질량의 공기를 처리하게 한다. 적은 하중(Light Load) 때문에 엔진은 고회전(High RPM)하게 되고, 주어진 시간에 많은 양의 연료를 열에너지로 변환하여 최대추력을 발생시킨다. 비록 회전수당 적은 질량의 공기를 처리하지만, 엔진 회전수와 프로펠러를 지나가는 후류 속도는 높고, 낮은 비행기 속도에서 추력은 최대가 된다.

이륙 후, 비행기의 속도가 증가하면 정속 프로펠러는 더 큰 각도(Higher Angle) 또는 더 높은 피치(Higher Pitch)로 변한다. 더 큰 깃 각은 상대풍에 대해서 작고 효율적인 받음각(Small AOA)을 유지한다. 더 큰 깃 각은 회전수당 처리된 공기의 질량(Mass of Air)을 증가시키고, 연료소비량과 엔진의 마모를 줄이고, 엔진 회전수를 감소시켜 추력을 최대로 유지한다.

이륙 후 상승 과정에서는, 엔진의 출력은 매니폴드 압력 감소와 적은 회전수에 의한 깃 각의 증가로 상승 동력은 줄게 된다. 따라서 감소된 엔진 동력에 따라 토크(프로펠러에서 흡수하는 마력)도 줄어든다. 받음각(AOA)은 깃 각의 증가에 따라 다시 작게 유지된다. 그렇지만 초당 처리된 공기 질량의 증가는 낮아진 후류 속도와 증가된 대기속도에 의해 상쇄된 분량 보다 더 많게 된다.

비행기가 수평비행 중인 순항고도에서는 이륙 또는 상승할 때보다 더 낮은 동력이 요구되는데, 매니폴드 압력 감소와 회전수 감소로 깃 각이 커짐에 따라 엔진 동력은 다시 감소한다. 다시 감소된 토크는 엔진 동력의 감소로 이어지고, 비록 회전당 통과하는 공기의 질량이 더 증가하더라도, 후류 속도의 감소와 대기 속도의 증가에 의해 상쇄되는 부분이 더 많다. 깃 각이 대기 속도의 증가로 증가되었기 때문에 받음각은 여전히 작다. 깃의 각 부분을 지나는 속도의 차이가 심하기 때문에 깃의 생크(Shank)에서 깃 끝(Tip)까지의 피치 분포(Pitch Distribution)도 비틀린 상태가 된다. 깃의 끝이 깃의 안쪽 부분보다 더 빠르게 회전한다.

7.3.2 프로펠러 조정 및 계기 (Propeller Controls and Instruments)

고정피치 프로펠러는 비행 중 조정 기능이 없으며 어떠한 조절도 되지 않는다. (그림 7-10)에서와 같이, 정속 프로펠러의 프로펠러 컨트롤(Propeller Control)은 중앙 페데스탈 계기판(Center Pedestal Panel)에서 스로틀 컨트롤(Throttle Control)와 혼합비 컨트롤(Mixture Control) 사이에 위치한다.

조종장치에는 두 개의 위치가 있어 전방으로 밀면(Full Forward) 회전수가 증가하고 후방으로 당기면(Pulled Aft) 회전수가 감소한다. 이 조종장치는 프로펠러 조속기(Propeller Governor)에 직접 연결되어 있고, 조종장치를 이동함으로써 조속기 조절 스프링(Governor Speeder Spring)의 장력을 조절한다. 일부 항공기에서는 조종장치를 최소 회전수 위치로 옮김(Full Decreasing)으로써 프로펠러를 수평으로 페더링(Feathering)할 때 사용된다.

정속 프로펠러에서 사용하는 주 계기 2 개는 엔진 회전속도계(Tachometer)와 매니폴드압력계(Manifold Pressure Gauge)이다. 분당 회전수(RPM)는 프로펠러

[그림 7-10] 터보프롭 프로펠러 컨트롤
(Turboprop propeller controls)

조종장치(Propeller Control)에 의해, 매니폴드압력은 스로틀(Throttle)에 의해 제어된다.

7.4 프로펠러의 위치(Propeller Location)

7.4.1 견인식 프로펠러(Tractor Propeller)

견인식 프로펠러(Tractor Propeller)는 지지 구조의 앞쪽에 있는 구동축의 상부 끝단에 부착된다. 대부분의 항공기는 견인식 프로펠러를 구비한다. 견인식 프로펠러의 주요 장점은 주변 공기의 방해를 받지 않고 회전함으로 응력을 적게 받는다는 것이다.

7.4.2 추진식 프로펠러(Pusher propellers)

추진식 프로펠러(Pusher Propeller)는 지지 구조의 뒤쪽에 있는 구동축의 하부 끝단에 부착된다. 추진식 프로펠러에는 고정식과 가변식 피치 프로펠러가 있다. 수상기 또는 수륙양용기는 다른 종류의 항공기보다 더 큰 비율의 추진식 프로펠러를 사용해 왔다. 지상에 착륙하는 항공기는 프로펠러와 지상간의 간격(Propeller-to-ground Clearance)이 프로펠러와 바닷물간의 간격(Propeller-to-water Clearance)보다 더 적기 때문에 추진식 프로펠러가 견인식 프로펠러보다 손상 가능성이 더 크다. 바퀴에 의해 뒤로 밀어내는 암석, 자갈, 그리고 작은 이물질은 추진식 프로펠러 쪽으로 향하여 날아가 손상을 입힌다. 선체에 의해 발생하는 물보라가 프로펠러에 손상을 주기 쉽기 때문에 추진식 프로펠러는 손상 방지를 위해 날개 뒤쪽 윗부분에 장착된다.

7.5 프로펠러의 형식(Types of Propellers)

가장 간단한 프로펠러는 고정피치(Fixed-Pitch) 프로펠러와 지상조정(Ground-adjustable) 프로펠러이다. 그리고 가변피치식(Controllable-pitch System), 복합정속식(Complex Constant Speed System) 그리고 자동식(Automatic System) 등으로 발전해 왔다.

7.5.1 고정피치 프로펠러 (Fixed-pitch Propeller)

(그림 7-11)에서와 같이, 고정피치(Fixed-pitch) 프로펠러는 한 몸체로 만들어지며 제작 시 일정한 피치가 정해진다. 고정피치 프로펠러는 보통 2개의 블레이드로 되어 있으며 목재(Wood) 또는 알루미늄 합금(Aluminum Alloy)으로 만들어지고 소형항공기에 널리 사용된다. 고정피치 프로펠러는 1회전으로 최상의 효율과 전진 속도를 내도록 설계되었으며, 저출력, 저속력, 적은 항속거리, 낮은 고도용 항공기에 사용되며, 비용이 적게 들고, 운영이 간단한 장점이 있다. 그리고 비행 중에도 프로펠러 조정을 필요로 하지 않는다.

7.5.2 시험용 프로펠러(Test Club Propeller)

(그림 7-12)에서와 같이, 시험용 프로펠러(Test Club Propeller)는 왕복엔진의 시험과 시운전에 사용된다. 시운전 동안 엔진에 정확한 양의 하중(Correct Amount of Load)을 주기 위해 제작되었다.

여러 개의 깃(Multi-blade)을 가진 프로펠러를 설계할 때는 시험하는 동안 여분의 냉각공기 흐름(Cooling Air Flow)도 준비한다.

[그림 7-11]고정피치 프로펠러(Fixed-pitch propeller)

7.5.3 지상조정 프로펠러 (Ground-adjustable Propeller)

지상조정(Ground-adjustable) 프로펠러의 피치 또는 깃 각의 변경은 지상에서 프로펠러가 돌아가고 있지 않을 때만 가능하며, 조정은 블레이드를 고정하는 클램핑 메커니즘(Clamping Mechanism)을 풀어야만

[그림 7-12] 시험용 프로펠러(Test club)

가능하다. 그리고 지상조정 프로펠러는 최근에는 많이 사용되지 않는다.

7.5.4 가변피치 프로펠러 (Controllable-pitch Propeller)

가변피치(Controllable-pitch) 프로펠러는 프로펠러가 회전하고 있는 동안, 깃 피치(Blade-pitch) 또는 깃 각(Blade-angle)의 변경이 가능하다. 그래서 특수한 비행 조건에서도 최상의 성능을 제공하는 깃 각을 가지게 한다. 피치 위치의 단계 수는 2 단 가변(Two-position Controllable) 프로펠러는 2개의 위치, 그리고 프로펠러의 최소피치와 최대피치가 설정된 프로펠러는 주어진 각도 범위 내에서 피치가 조정된다.

가변피치(Controllable-pitch) 프로펠러는 특수한 비행 조건에서도 요구된 엔진 회전수를 얻는 것은 가능하나, 이 형식의 프로펠러를 정속 프로펠러와 혼동하지 말아야 한다. 조종사가 직접 프로펠러 깃 각을 변경해야 한다. 프로펠러 개발이 진행되면서 조속기(Governor)를 사용하는 정속 프로펠러로 이어진다.

7.5.5 정속 프로펠러 (Constant-speed Propellers)

엔진 부하의 변화로 인해 항공기가 상승할 때는 프로펠러 회전이 늦어지고, 반대로 하강 시 항공기 속도가 증가하면 프로펠러 회전이 빨라지는 경향이 있다. 프로펠러 효율을 유지하기 위해서는 가능하면 회전속도가 일정해야 하는데, 프로펠러 조속기를 이용하면 프로펠러 피치를 증가 또는 감소하여 엔진 속도를 일정하게 할 수 있다. 항공기가 상승할 때는 엔진 속도가 감소되지 않도록 프로펠러 깃 각을 감소시킨다. 엔진은 스로틀이 변하지 않는 이상 출력을 그대로 유지할 수 있다. 또한 항공기가 하강할 때는 과속되지 않을 정도로 프로펠러 깃 각이 증가하면서 엔진의 출력을 유지하고, 동일한 스로틀 세팅을 유지한다. 스로틀 세팅이 변화하면 출력(엔진 RPM 변화 아님)도 같이 변화한다. 조속기가 제어하는 정속 프로펠러(Governor-controlled, Constant-speed Propeller)는 깃 각을 자동적으로 변화시켜, 엔진 분당 회전수(RPM)을 일정하게 유지하게 한다.

어느 한 유형의 피치변환장치(Pitch-changing Mechanism)는 오일 압력(Oil Pressure)으로 작동되며, 피스톤 및 실린더 배열(Piston-and-cylinder Arrangement)을 사용한다. 피스톤이 실린더를 움직이거나 실린더가 피스톤의 위치를 움직일 수 있다. 여러 가지 형태의 기계적인 연결로 피스톤이 직선 운동하면, 이 직선운동을 회전 운동으로 변화시켜 깃 각을 변화시킬 수 있다. 깃의 버트(Butt)를 회전시키는 가변피치 기계장치와는 기어를 통하여 기계적인 연결을 할 수 있다. (그림 7-13)은 오일 압력으로 작동되는 유압 피치변환장치의 한 유형이다.

대부분의 경우 엔진 윤활 시스템으로부터의 오일 압력으로 여러 형태의 유압식 피치변환장치(Hydraulic Pitch-changing Mechanism)를 작동시킨다. 엔진 윤활시스템의 엔진 오일 압력은 프로펠러를 움직이는 조속기 작동과 맞게 통상 펌프로 가압된다. 높은 오일 압력(약 300 psi)에는 피치 변화가 빠르다. 조속기는 오입 압력을 유압식 피치변환장치에 직접 보낸다.

유압식 피치변환장치를 제어하는 조속기는 엔진 크랭크축과 기어로 연결되며 엔진 RPM 변화에 민감하다. 엔진 RPM이 조속기 세팅 값 이상으로 증가하면 조속기는 프로펠러 피치변환장치를 움직여 높은 깃 각이 되게 한다. 그러나 갓 각의 증가는 엔진 부하를 높이게 되고 결국 RPM은 낮아진다. 엔진 RPM이 조속기 세팅 값 이하로 감소하면 조속기는 프로펠러 피치 변환장치를 움직여 낮은 깃 각이 되게 한다. 그리고 깃 각의 감소는 엔진 부하를 낮추게 하여 결국 RPM은 높아진다. 이러한 원리가 프로펠러 조속기로 하여금 엔진 RPM을 일정하게 유지하게 하는 것이다.

정속 프로펠러(Constant-speed Propeller) 시스템에서는, 조종사의 지시 없이도, 특정 엔진에서 사전에 정해진 RPM을 유지하기 위하여 조속기를 사용하여 프로펠러 조정 범위 내에서 피치를 제어한다. 예를 들어, 엔진의 RPM이 증가하여 과속 상태가 발생하면 프로펠러는 감속할 필요가 있다. 그러면 시스템에서 엔진 RPM이 재조정될 때까지 자동으로 프로펠러 깃 각을 증가시킨다. 좋은 정속 프로펠러 시스템은 엔진 RPM의 조그만 변화에도 실질적으로 반응을 하여 일정한 RPM이 유지되게 한다.

[그림 7-13] 깃 베어링(Blade bearing areas in hub)

각 정속 프로펠러(Constant-speed Propeller)는 조속기로 부터의 오일 압력에 반하는 반대의 힘을 가지며, 평형추가 장착된 깃을 회전면에서 높은 피치 방향으로 움직이게 한다. (그림 7-13) 그리고 피치를 높이는 방향으로 움직이게 하는 다른 힘에는 오일 압력(Oil Pressure), 스프링 그리고 공력 비틀림(Aerodynamic Twisting) 모멘트가 있다.

7.5.6 프로펠러의 페더링 (Feathering propellers)

프로펠러의 페더링(Feathering)은 다발 항공기에서 하나 이상의 엔진이 고장 난 상황에서 프로펠러의 항력을 최소로 줄이기 위한 필수 기능이다. 페더링은 다발 항공기에서 사용하는 정속 프로펠러의 하나로, 피치를 약 90°로 변경할 수 있는 기계장치를 갖고 있다. 통상 엔진이 프로펠러를 돌리기 위한 동력을 생산하지 못하면 프로펠러를 페더링 시킨다. 프로펠러 깃을 회전시켜 비행 방향과 평행하게 하면, 항공기에 가해지는 항력이 훨씬 감소된다. 프로펠러 깃을 공기흐름과 평행하게 함으로써 프로펠러 회전을 정지하거나 최소한의 윈더밀링(Windmilling)으로 유지할 수 있다.

대부분의 소형 페더링 프로펠러는 낮은 피치(Low-

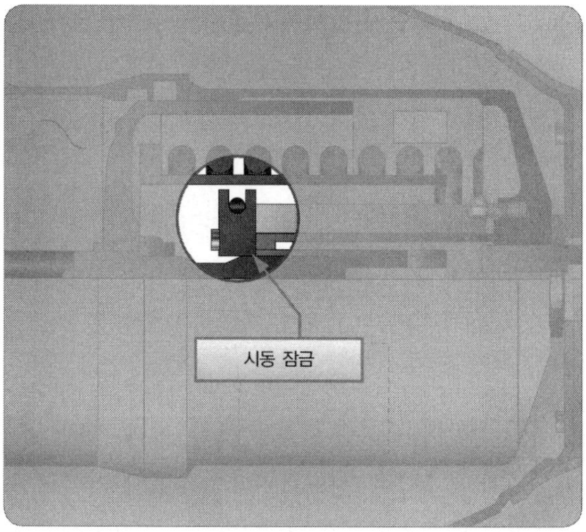

[그림 7-14] 페더링 잠금 (Feathering latches)

pitch)에는 오일 압력, 높은 피치(High-pitch)에는 평형추(Countweights), 스프링 그리고 압축기 공기를 사용한다. 지상에서 프로펠러 정지시 프로펠러 깃이 천천히 회전하면서 페더링 위치로 가기 때문에 낮은 피치에서 잠금(Latch Lock)을 한다. 잠금은 차기 시동시 엔진에 과도한 부담을 주기 않기 위한 것으로, 비행중에는 프로펠러가 정지가 되어도 잠금 장치가 원심력으로 벗어나 있어 잠금이 되지 않는다.

(그림 7-14)는 잠금 장치의 프로펠러허브 안쪽 및 바깥쪽의 구성을 보여 준다.

7.5.7 역피치 프로펠러 (Reverse-pitch propellers)

역피치(Reverse-pitch) 프로펠러는 항공기(대부분 터보프롭 항공기)의 운영 특성을 향상시키기 위하여 사용된다. 거의 모든 역피치 프로펠러는 페더링형식이다.

역피치의 목적은 정상적인 순방향의 반대 방향으로 추력이 발생하도록 반대 깃 각을 만들어 내기 위함이다. 항공기 착륙 후 프로펠러 깃이 역피치로 움직이면 항공기의 진행방향과 반대 방향으로 역추력을 발생시켜 착륙속도를 줄일 수 있다. 프로펠러 깃이 역피치로 움직일 때, 역추력을 증가시키기 위해 엔진 동력을 증가시킨다. 이것은 항공기를 공기역학적으로 제동시켜 착륙활주거리를 짧게 한다. 역치피 프로펠러 적용하면 착륙한 후 바로 활주로에서 빠르게 항공기 속도를 줄일 수 있고 브레이크 마모도 줄일 수 있다.

7.6 프로펠러 조속기(Propeller Governor)

조속기는 엔진 회전수 감지장치(RPM-sensing Device)이며 고압 오일펌프(High-pressure Oil Pump)이다. 정속 프로펠러 장치에서 조속기는 엔진 회전수 변화에 따라 프로펠러 유압실린더(Hydraulic Cylinder)의 오일을 증가 또는 감소시킨다. 유압실린더에서 오일 부피의 변화(Oil Volume Change)는 깃 각을 변화시키고 프로펠러계통의 회전수를 유지시킨다. 조종석 프로펠러 조종장치를 통하여 조속기 스피더 스프링(Speeder Spring)을 압축 또는 풀어 주는 방법으로 조속기의 특정한 회전수가 설정된다.

프로펠러 조속기는 (그림 7-15)에서와 같이 프로펠러와 엔진 회전속도를 감지하는데 사용되며, 통상적으로 오일을 공급하면 저피치 위치로 가게 한다. 일부 페더링이 안 되는 프로펠러에는 이와는 반대로 작동하는 경우도 있다. 정속 프로펠러에서 요구되는 깃 각의 변화에 관여하는 근본적인 힘들은 다음과 같다.

(1) 원심 비틀림 모멘트(Centrifugal Twisting

Moment)

원심 비틀림 모멘트는 항상 저피치 깃으로 움직이는 회전날개 깃에 작용하는 원심력이다.

(2) 프로펠러 피스톤 쪽의 프로펠러 · 조속기 오일 (Propeller-governor Oil)

프로펠러 피스톤 쪽의 프로펠러 · 조속기 오일은 고피치 깃으로 움직이는, 프로펠러 깃 평형추(Counterweight)의 균형을 잡는다.

(3) 프로펠러 깃 평형추(Counterweight)

프로펠러 깃 평형추는 항상 고피치 쪽으로 깃을 이동시킨다.

(4) 프로펠러 피스톤에 대한 공기압(Air Pressure)

프로펠러 피스톤에 반하는 공기압은 고피치 쪽으로 깃을 이동시킨다.

(5) 대형스프링(Large Spring)

대형스프링은 고피치 방향으로 움직여 주며 페더링(Feathering)을 한다.

(6) 원심 비틀림력(Centrifugal Twisting Force)

[그림 7-15] 조속기 부품도 (Parts of a governor)

원심 비틀림력은 저피치 쪽으로 깃을 움직인다.

(7) 공력 비틀림력(Aerodynamic Twisting Force)

공력 비틀림력은 고피치 쪽으로 깃을 이동시킨다.

위에 열거된 모든 힘의 크기는 다르고 가장 강한 힘은 프로펠러 피스톤에 작용하는 조속기 오일압력(Governor Oil Pressure)이다. 이 피스톤은 깃에 기계적으로 연결되어 있고, 피스톤이 움직일 때 비례하여 깃이 회전한다. 조속기로부터 오일압력이 제거되면 다른 힘들이 피스톤 챔버로부터 오일을 밀어내고 프로펠러 깃을 다른 방향(고피치 방향)으로 움직이게 된다.

7.6.1 조속기 기계장치(Governor Mechanism)

정속 프로펠러를 제어하는 조속기는 엔진 윤활시스템으로부터 오일을 받아 피치변환장치의 작동에 필요한 압력으로 승압시킨다. (그림 7-16)에서와 같이, 조속기는 엔진 오일의 압력을 높이는 기어 펌프(Gear Pump), 평형추(Counterweight)에 의해 제어되며, 오일 흐름을 통제하여 조속기에 오일을 공급하고 배출하게 하는 파이롯 밸브(Pilot Valve), 조속기 내의 오일 압력을 조절하는 릴리프 밸브(Relief Valve)로 구성된다. 스피더 스프링(Speeder Spring)은 회전 시 조속기 평형추가 바깥방향으로 작용하는 힘과 반대로 작용한다. 스프링 장력은 조종사가 프로펠러 컨트롤(Propeller Control)을 작동하여 원하는 RPM으로 조절할 수 있다. 스프링 장력은 조속기가 제어하는 최대 엔진 RPM에 맞춘다. 엔진과 프로펠러 RPM이 최대가 되었을 때 조속기의 평형추가 장력을 이기고 바깥으로 움직이게 한다. 그래서 파이롯 밸브가 움직여 피

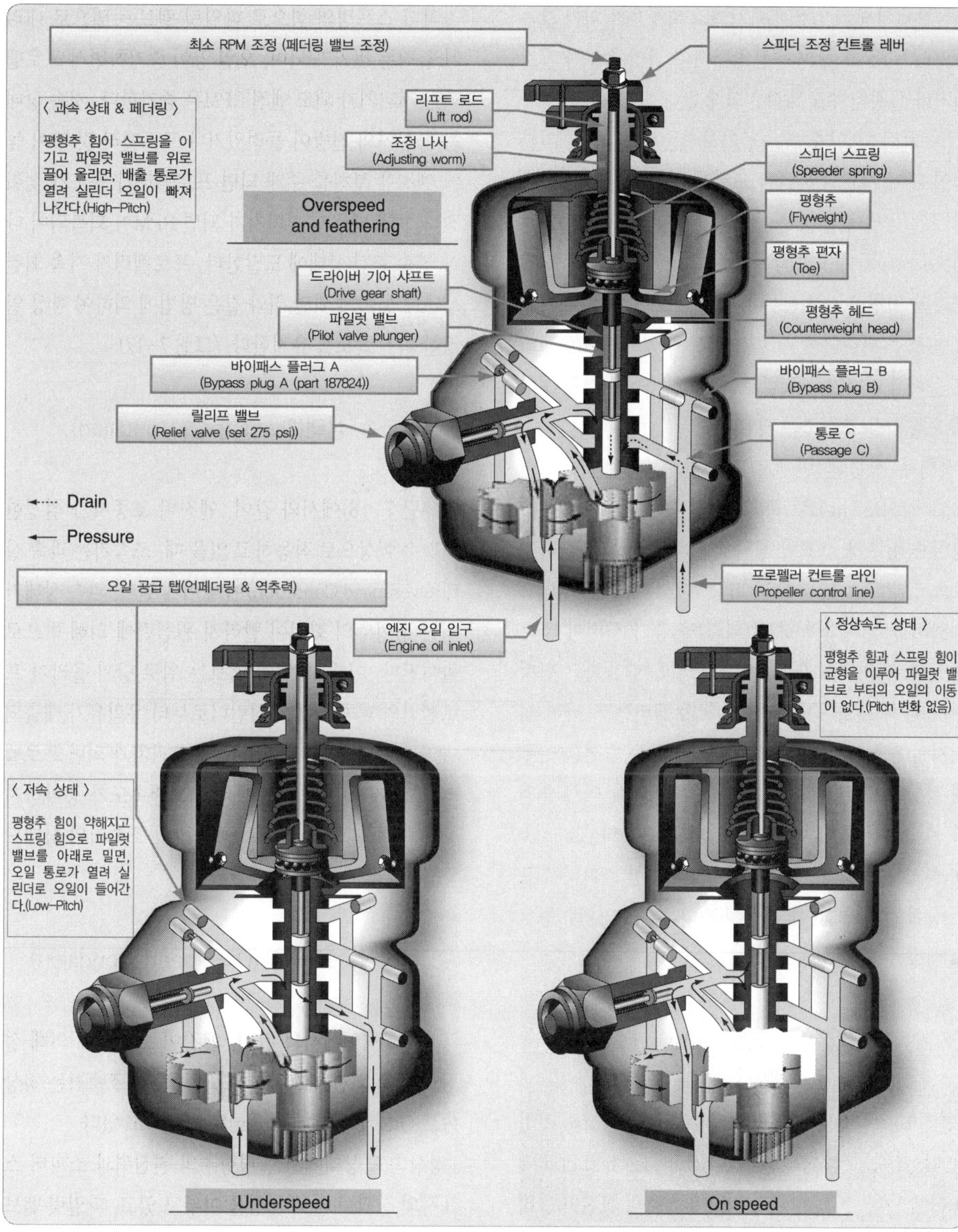

[그림 7-16] 조속기 작동 개요 (Typical governor)

스톤으로부터 오일을 배출시키고 평형추가 피치 값을 증가시키면, 그 결과 엔진에 부하가 걸려 속도가 감소되거나 설정된 속도로 유지되게 한다.

조속기의, 오일 압력을 증가시키는 기능 외에, 기본적인 제어 기능의 하나는 프로펠러 피스톤 내부의 오일 조절(공급 또는 배출) 능력과 정속 운영(Constant-speed Operation) 깃 각에 필요한 정확한 피스톤 오일 양과의 평형을 유지하는 것이다. 프로펠러 조속기의 오일 조절 관련하여, 파이롯 밸브의 위치가 프로펠러로 들어가고 나가는 오일 흐름의 창구(Port) 역할을 하며 오일 양을 조절하는 것이다.

평형추 작동과 반대로 작용하는 스피더 스프링(Speeder Spring)은 프로펠러의 속도를 감지하는데, 만일 평형추가 스프링 장력보다 빠르게 회전을 하면 과속 상태(Overspeed Condition)가 된다. 엔진 및 프로펠러를 늦추려면 갓 각(피치)을 증가 시켜야 하는데, 프로펠러 피스톤으로부터 오일을 배출하고 평형추가 피치 값을 증가시킨다. 프로펠러는 서서히 늦춰져서 평형추 힘과 스프링 장력이 서로 평형을 이루면 정상 속도 상태(On-speed Condition)에 이르게 된다. 이러한 평행 상태는 항공기의 고도 변화(Climb or Dive), 조종사의 프로펠러 컨트롤로 인한 스피더 스프링 장력 값의 변화(예, 조종사의 다른 RPM 선택) 등으로 깨질 수 있다.

7.6.2 저속 상태(Underspeed Condition)

엔진이 조종사가 설정한 회전수 이하로 동작하고 있을 때, 조속기는 저속 상태(Underspeed Condition)에 놓이게 된다. 저속 상태가 되면 평형추의 회전이 느려지고, 원심력이 작아져 안쪽으로 오므라든다. 이때, 스피더 스프링의 힘으로 파일럿 밸브는 밑으로 내려가 열리는 위치가 되며, 오일 양이 증가하면서 프로펠러는 저피치가 되고 엔진 RPM은 증가한다. 저속 상태는 항공기의 전방이 들려있거나 프로펠러 깃 각이 높아 엔진에 부하를 주게 되면 프로펠러가 속도가 늦춰진다. 프로펠러가 저피치가 되면 RPM이 회복되어 다시 정속 회전 상태에 도달한다. 프로펠러가 저속 회전 상태에 놓이게 되면 위와 같은 방법에 의하여 항상 일정한 회전 속도를 유지한다. (그림 7-17)

7.6.3 과속 상태(Overspeed Condition)

(그림 7-18)에서와 같이, 엔진이 조종사가 설정한 회전수 이상으로 작동하고 있을 때, 조속기는 과속 상태(Overspeed Condition)에 놓이게 된다. 과속 상태가 되면 평형추의 회전이 빨라져 원심력에 의해 밖으로 벌어진다. 이때, 파일럿 밸브는 위로 당겨 올라가 프로펠러의 피치 조절은 실린더로부터 윤활유가 배출되며, 프로펠러는 고피치가 된다. 고피치가 되면 프로펠러 회전 저항이 커지기 때문에 회전속도가 증가하지 못하고 정속 회전 상태로 돌아오며, 조속기의 상태도 중립이 된다.

7.6.4 정상속도 상태(On-speed Condition)

(그림 7-19)에서와 같이, 엔진이 조종사에 의해 설정한 엔진 회전수로 작동하고 있을 때, 조속기는 정상속도(On-speed Condition)로 작동하고 있다.

정상속도 상태에서는 평형추의 원심력과 스피더 스프링의 장력이 서로 균형을 이루고 있고, 파일럿 밸브가 중앙 위치에 놓여 가압된 오일이 들어가거나 나가지 않기 때문에 프로펠러 깃 각이 움직이지 않고 피치가 변화하지 않는다.

그러나 항공기가 하강을 하거나 상승을 하거나, 조종사가 새로운 엔진 회전수를 설정하게 되면, 이러한 균형이 깨어지면서 과속(Overspeed) 또는 저속(Underspeed) 상태에 놓이게 될 것이다. 프로펠러의 정속 회전 상태를 변경시키려면 프로펠러 피치레버를 조작하여 평형추를 누르고 있는 스프링 강도를 조절하거나 항공기 고도를 변경하면 된다. 속도 감지장치로서의 조속기는 항공기 고도와는 상관없이 어느 정도는 설정된 프로펠러 RPM을 유지해준다. 스피더 스프링의 제어 한계는 약 200 RPM으로 제한되어 있으며, 이 한도를 넘게 되면 조속기는 더 이상 정확한 RPM을 유지할 수 없다.

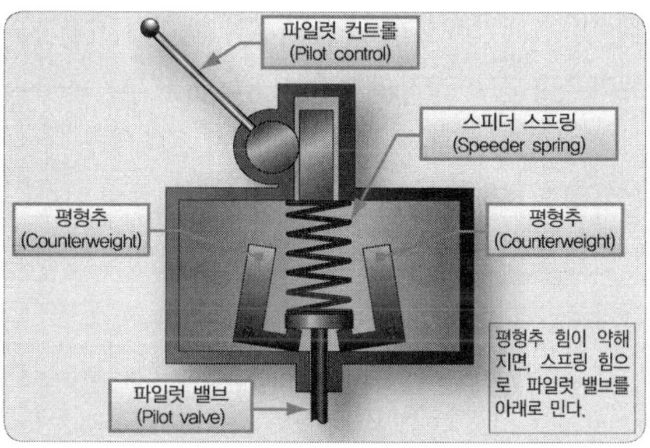

[그림 7-17] 저속 상태(Under-speed condition)

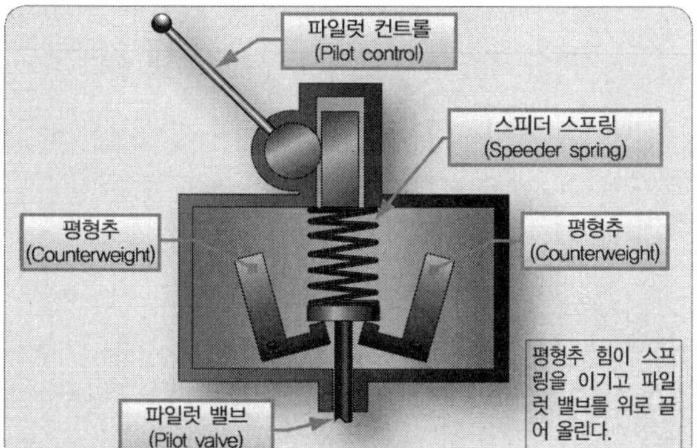

[그림 7-18] 과속 상태 (Overspeed condition)

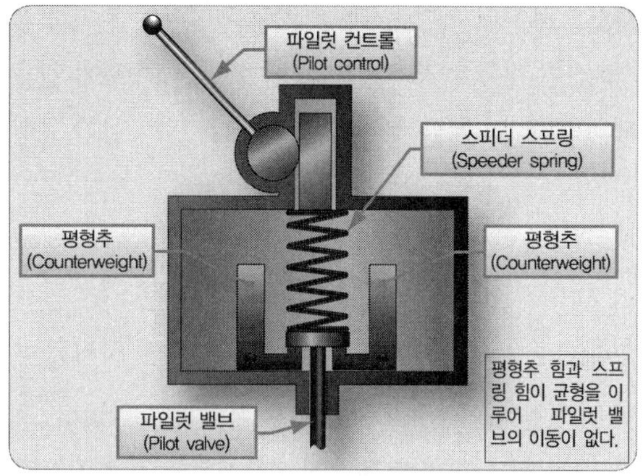

[그림 7-19] 정상 속도 (On-speed condition)

7.6.5 조속기의 작동 (Governor System Operation)

(그림 7-17)에서와 같이, 만약 엔진 회전속도가 조속기에서 설정된 RPM 이하로 떨어지면, 조속기 평형추의 회전력이 감소하게 되며 스피더 스프링이 아래쪽 방향으로 파일럿 밸브를 움직이게 한다. 아래쪽 방향에 있는 파일럿 밸브에서, 오일은 기어형 펌프로부터 프로펠러에 있는 통로를 통해 흐르고, 실린더를 바깥쪽 방향으로 이동시켜 깃 각을 감소시키고 엔진은 정상속도(On-speed)로 돌아온다.

만약 엔진 회전속도가 조속기에서 설정된 RPM 이상으로 증가한다면, 평형추는 회전력이 증가하면서 스피더 스프링 힘을 이기고 파일럿 밸브를 위쪽으로 움직여 프로펠러에 있는 오일이 조속기 구동축(Governor Drive Shaft)을 통하여 배출된다. 오일이 프로펠러를 빠져나오면, 평형추에 작용하는 원심력은 깃을 높은 각으로 변환시키고 엔진 RPM는 감소한다.

엔진이 정확히 조속기에 의해 설정된 RPM에 있을 때, 평형추의 원심작용은 스피더 스프링의 힘과 균형을 이루고, 파일럿 밸브에 있는 오일은 프로펠러로부터 공급도, 배출도 되지 않는다. 이 상황에서 프로펠러 깃 각은 변하지 않는다. RPM 설정은 스피더 스프링에서 압축력(Amount of Compression)의 변화에 의해 이루어짐을 기억하라. 스피더 랙(Speeder Rack, 그림 7-15 참조)의 위치는 오직 수동으로만 조절 가능하며 그 외의 다른 작동은 조속기 내에서 자동적으로 제어된다.

7.7 비행기에서의 프로펠러 적용 (Propellers used on General Aviation Aircraft)

항공기의 수가 점점 증가하면서 경항공기에도 정속 프로펠러 기능을 가지게 되었다. 그러나 아직도 많은 항공기가 여전히 고정피치(Fixed-Pitch) 프로펠러를 사용하고 있다. 경량 항공기(Light Sport Aircraft)는 복합소재의 다중 깃(Multi-blade) 고정피치 프로펠러를 사용하며, 중형 터보프롭 항공기는 여기에 역피치(Reversing Pitch) 기능을 더한 프로펠러를 사용한다. 대형 수송용 및 터보프롭 화물기는 다중 기능 조속기에 차압 피치변환 기능의 프로펠러를 사용한다.

7.7.1 목재 고정피치 프로펠러(Fixed-pitch Wooden Propellers)

목재로 만든 프로펠러는 고정피치이며, 제작한 후에는 피치 변화를 할 수 없다. 프로펠러 깃 각의 선택은 엔진 최대 효율, 수평 비행, 프로펠러 정상상태를 기준으로 한다. 목재 고정피치 프로펠러는 가볍고, 단단하고, 생산이 쉽고 경제적일 뿐 아니라 교환하기도 용이하여 소형 항공기에 잘 맞는다.

목재 프로펠러의 재료로는 서양 물푸레나무, 자작나무, 벚꽃나무, 마호가니, 호두나무, 흰 껍질 떡갈나무 등이 사용되고, 각각의 층은 약 3/4 inch 두께의 5~9겹 분리된 층이 사용되었다. 몇 개의 층은 방수, 수지 접착제로 함께 접착되었다. 그리고 프로펠러 모양이 완성된 후에 바깥쪽 12~15 inch 부분은 천으로 덮고 접착시킨다. (그림 7-20)

(그림 7-21)에서와 같이, 착륙, 활주, 또는 이륙 시에 공기에 있는 날아다니는 입자에 의해 발생하는 손상으로부터 프로펠러를 보호하기 위해 각각의 깃 앞전의 대부분과 깃의 끝은 금속판 엣지를 부착(Metal Tipping)하고 목재 나사 또는 리벳으로 고정한다.

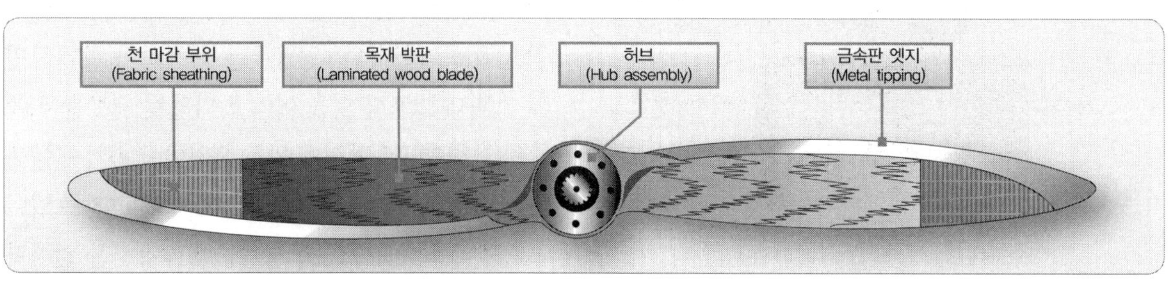

[그림 7-20] 목재 고정 피치 프로펠러 (Fix-pitch wooden propeller assembly)

나사가 풀리지 않도록 끝을 땜납(Soldered)하고, 절단된 면이나 고르지 않는 면에는 땜납을 넣거나 연결하여 부드럽게 한다. 깃의 끝단에 있는 금속과 목재 사이에 수분이 응결될 수 있으므로 회전 시 원심력으로 배출될 수 있게 작은 구멍(Drain Hole)을 만든다. 항상 배출 구멍이 막히지 않도록 하는 것이 중요하다.

마감 사항으로 목재는 수분에 약하고 얼면 접합면이 벌어지거나 수축 등 변형될 수 있으므로 수분이 침투하지 않게 보호용 도료(Protective Coating)를 적용한다. 최종적으로는 흔히 사용하는 바니쉬(Varnish)와 같은 방수(Water-repellent)용제로 깨끗이 도장을 한다.

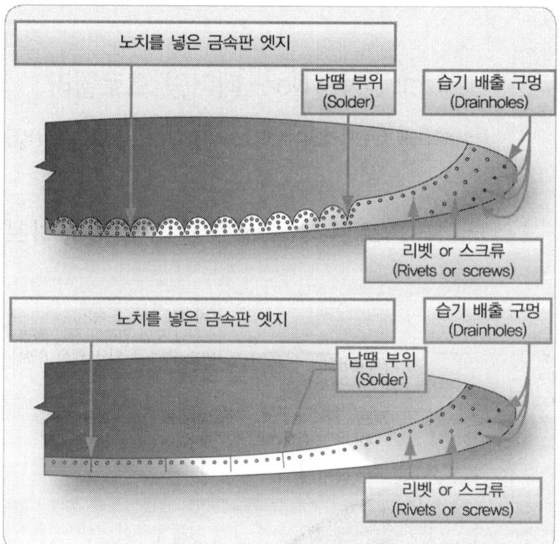

[그림 7-21] 금속 재료 부착과 마감
(Installation of metal sheath and tipping)

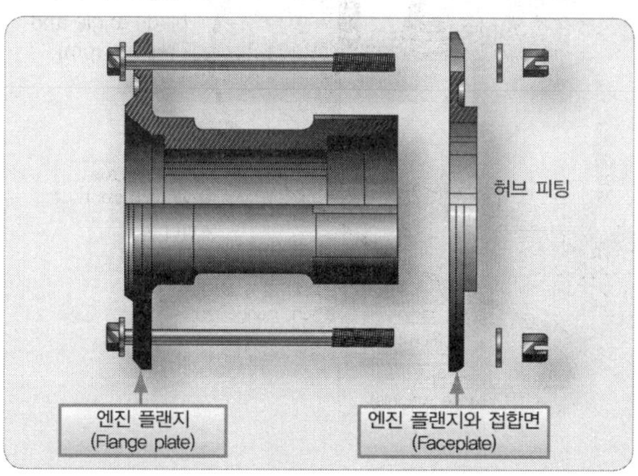

[그림 7-22] 엔진과 허브 연결 (Hub assembly)

목재 프로펠러에는 중앙에 철재 피팅(Steel Fitting)을 끼워 넣은 허브(Hub)를 사용한다. 프로펠러 장착은 엔진 프로펠러축에 있는 철재 플랜지(Flange Plate)와 허브의 앞면의 철재 원판(Faceplate)을 볼트를 고정하게 되어 있고, 추가하여 플랜지 디스크 외부와 허브의 중앙 내부(Bore)가 서로 스플라인(Spline)으로 정밀 결합되도록 된 경우도 있다. (그림 7-22)

7.7.2 금속재 고정피치 프로펠러 (Metal Fixed-pitch Propellers)

금속으로 된 고정피치 프로펠러는 깃이 얇은(Thinner) 점을 제외하면, 목재 프로펠러와 일반적인 외관에서 유사하다. 금속재 고정피치 프로펠러는 여러 경항공기와 경량항공기(LSA, Light Sport Aircraft)에 폭넓게 사용된다. 수많은 초기의 금속재 프로펠러는 단조 두랄루민(Forged Duralumin)의 통판으로 제작되었다. 목재 프로펠러와 비교하면, 그들은 깃-고정장치(Blade-clamping)가 불필요하여 무게가 가벼워졌고, 통판으로 만들어졌기 때문에 정비 비용이 보다 싸고, 유효피치를 허브에 더 가까이 할 수 있어 냉각 효율이 좋다. 그리고 깃과 허브 사이에도 접합 부분이 없기(No joint between Blade and Hub) 때문에 프로펠러의 피치는 한도 내에서 깃이 약간 뒤틀리는 조절도 가능하다.

이 형식의 프로펠러는 요즘에는 양극 처리된 알루미늄합금 통판(One-piece Anodized Aluminum Alloy)

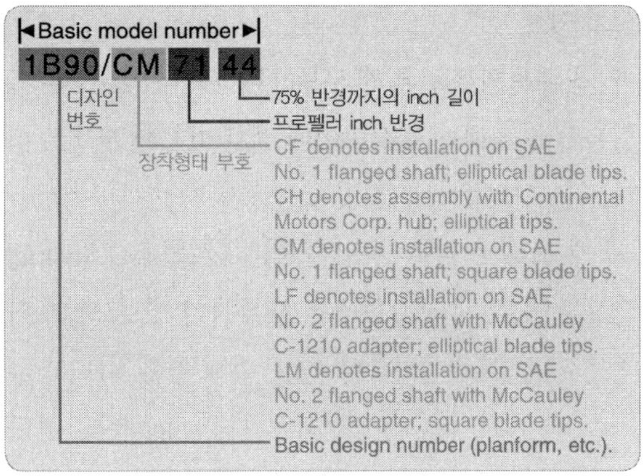

[그림 7-23] 프로펠러 모델번호 구성
(Complete propeller model numbers)

으로 제작된다. 일련번호, 모델번호, 미연방항공청 형식증명번호(Type Certificate Number), 제작증명번호(Production Certificate Number), 그리고 프로펠러의 수리 횟수가 프로펠러 허브에 표시되어 있다. 프로펠러의 모델번호는 기본 모델번호, 그리고 프로펠러 직경과 피치를 표시하는 숫자의 조합으로 되어 있다. (그림 7-23)에서는 McCauley IB90/CM 프로펠러의 예로 한 모델번호에 대한 설명이다.

7.8 정속 프로펠러 (Constant-speed Propellers)

7.8.1 Hartzell 정속, Non-페더링 프로펠러 (Hartzell Constant-speed, Non-feathering)

Hartzell 프로펠러는 성형된 알루미늄허브

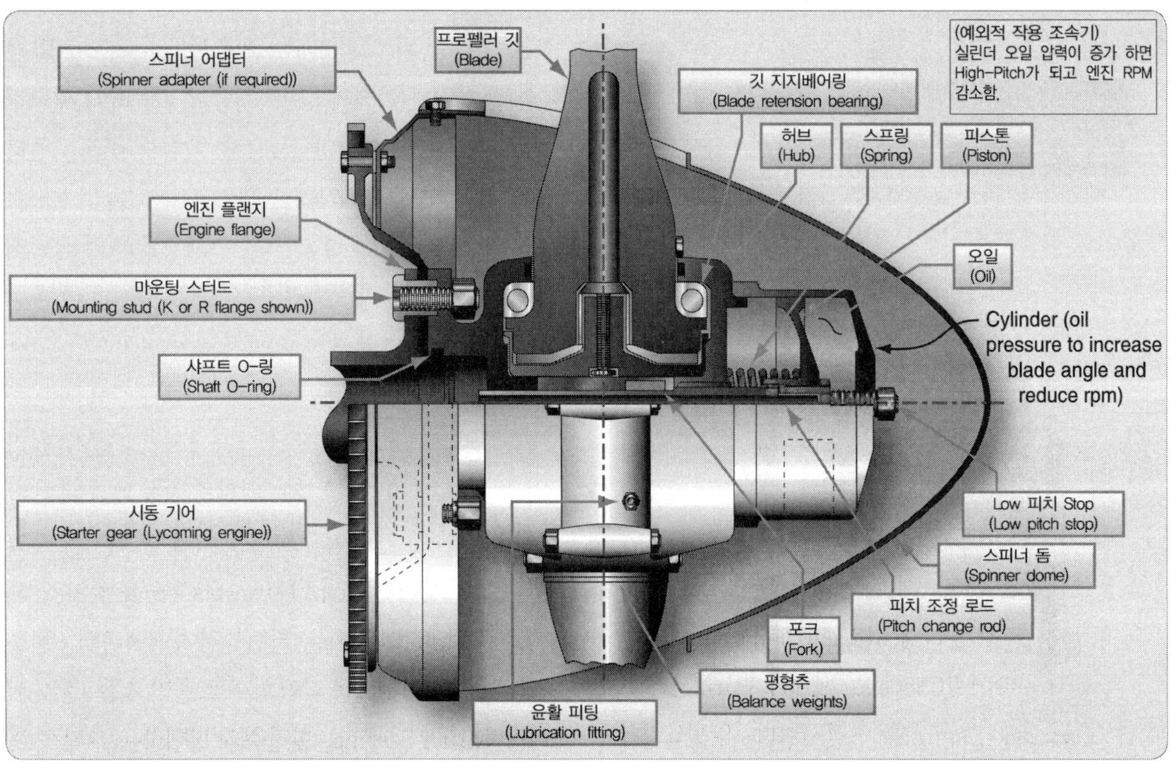

[그림 7-24] 정속 Non-페더링 프로펠러 (Constant-speed non-feathering propeller)

(Aluminum Hub)와 스틸허브(Steel Hub)로 구분된다. Hartzell 성형된 알루미늄허브는 새로운 개념으로 가벼운 무게와 설계의 단순함, 그리고 튼튼한 구조를 가지고 있다. 부품의 대부분을 알루미늄합금 단조를 활용하고 허브는 가능한 한 작게 제작되었다. 두 부분으로 제작된 허브 셀(Hub Shell)은 회전면을 따라 함께 볼트로 조여진다. 이 허브 셀(Hub Shell) 내부에 피치 변환장치와 깃뿌리가 위치한다. 피치 변환용 동력을 공급하는 유압실린더(Hydraulic Cylinder)는 허브 앞쪽에 설치된다. 프로펠러는 엔진의 플랜지에 장착된다.

페더링이 되지 않는 어떤 알루미늄허브 정속 프로펠러는 조속기로부터 오는 오일 압력으로 깃을 고피치(Low RPM)로 변환한다. 깃의 원심 비틀림 모멘트(Centrifugal Twisting Moment)는 조속기의 오일 압력이 없을 경우에 저 피치(High RPM)로 깃을 변경시킨다. 이것은 대부분의 알루미늄허브 모델과 페더링 모델과는 예외적으로 다른 점이다. (그림 7-24)

Hartzell 프로펠러 알루미늄허브와 스틸허브 모델의 대부분은 깃 피치를 증가시키기 위해 깃 평형추(Blade Counterweight)에 작용하는 원심력과 저피치를 위한 조속기 오일 압력을 이용한다. 많은 종류의 경항공기는 2-깃(Two-bladed)에서 6-깃(Six-bladed)까지 조속기 조절식 정속 프로펠러를 사용한다. 이들 프로펠러는 페더링이 안 되거나 페더링과 역추력이 가능한 것도 있다. 스틸허브는 깃뿌리 안쪽으로 확장 튜브와 함께 알루미늄 깃을 지탱하는 '삼발이(Spider)'가 중심에 장착되어 있다. 깃 클램프(Blade Clamp)는 깃을 유지하는 깃 지지베어링(Blade Retention Bearing)과 함께 깃 생크(Blade Shank)를 연결시킨다. 유압실린더는 피치 작용을 위하여 깃 클램프에 연결된 회전축에 설치된다.

깃과 허브의 조립은 전 모델 공통 사항으로, 깃은 각도 조절을 위해 허브 삼발이에 설치된다. 약 25 ton 이나 되는 깃의 원심력은 깃 클램프를 거쳐 볼베어링을 통하여 허브 삼발이에 전달된다. 프로펠러 추력과 엔진 토크는 깃 생크 안쪽에 부싱을 통하여 깃으로부터 허브 삼발이까지 전달된다.

깃의 피치를 제어하기 위해, 유압피스톤 실린더(Piston-cylinder)의 구성요소는 허브 삼발이의 앞쪽에 설치된다. 피스톤은 페더링이 되지 않는 모델(Non-feathering Model)에서는 슬라이딩 로드(Sliding Rod)와 포크 시스템(Fork System)에 의하여, 그리고 페더링 모델(Feathering Model)에서는 슬라이딩 로드와 연결장치(Link System)에 의하여 깃 클램프에 부착된다. 조속기로부터 공급된 오일 압력은 평형추에 의해 발생된 상대적 힘을 이기고 피스톤을 앞쪽 방향으로 작동한다. 경항공기에 사용되는 Hartzell와 McCauley 프로펠러의 작동은 서로 유사하다. 하지만, 제작사 규격과 특정한 모델에 대한 정보는 반드시 제작사 정비교범을 참조해야 한다.

7.8.2 정속 페더링 프로펠러 (Constant-speed Feathering Propeller)

(그림 7-25)에서와 같이, 페더링 프로펠러는 유압으로 작동하는 단일 압력으로 깃 각을 변경시킨다. 이 프로펠러는 다섯 날개깃(Five-bladed)을 갖고 있으며 주로 Pratt & Whitney 터빈엔진에 사용된다. 두 조각의 알루미늄허브는 각각의 프로펠러 깃은 추력 베어링(Thrust Bearing, 회전축과 평행하는 추력을 흡수하는 베어링)에 의해 지지된다. 실린더는 허브에 부

착되어 있고 페더링 스프링과 피스톤이 장착되어 있다. 유압으로 작동하는 피스톤은 피치조정로드(Pitch Change Rod)와 각 깃의 포크(Fork)를 통해 선형운동(Linear Motion)을 전달하여 깃 각을 조절한다.

프로펠러가 작동 중일 때 상시 작용하는 힘들은 다음과 같다.

(1) 스프링 힘(Spring Force)
(2) 평형추 힘(Counterweight Force)
(3) 각 깃의 원심 비틀림 모멘트(Centrifugal Twisting Moment)
(4) 깃 공력 비틀림 힘(Aerodynamic Twisting Force)

스프링과 평형추 힘은 깃 각이 커지는 쪽(Higher Angle)으로 깃을 회전하도록 하고, 반면에 각각의 깃에 작용하는 원심 비틀림 모멘트는 깃 각이 작아지도록(Lower Angle) 한다. 깃의 공력학적 비틀림력은 다른 힘과 비교하면 아주 작고, 깃 각을 증가 또는 감소를 시킬 수 있다.

정리하면, 전방으로 향하는 프로펠러의 힘은 피치가 크지는 방향(High Pitch, Low RPM)으로, 다른 여러 형태의 방향 힘은 피치가 적어지는 방향(Low Pitch, High RPM)으로 작용한다. 여러 형태의 힘 중 하나는 조속기로부터의 오일 압력이다. 피스톤 내에 오일 양이 많아지면 실린더가 깃 각이 적어지는 방향으로 움직여 프로펠러 RPM을 증가시킨다.

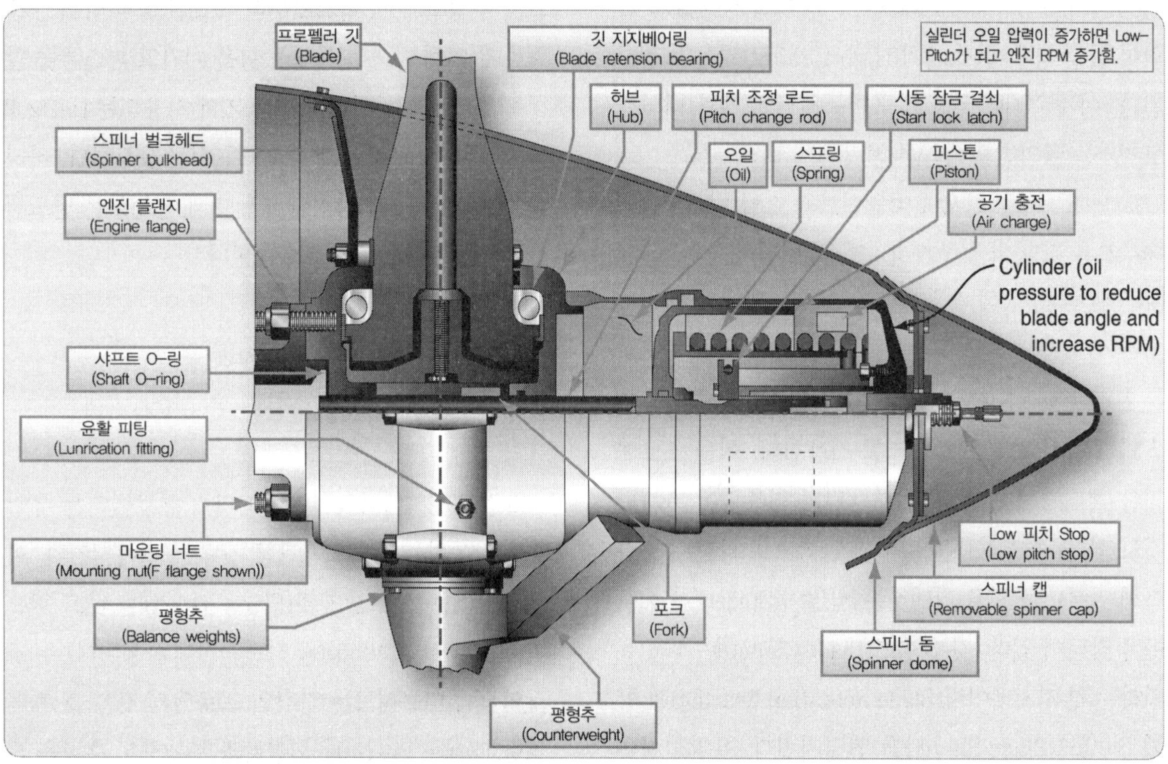

[그림 7-25] 정속 페더링 프로펠러 (Constant-speed feathering propeller)

페더링(Feathering)은 오일을 배출하여 프로펠러 피치가 증가하는데, 이를 넘어 페더 위치(Feather Stop Point)에 도달할 때 까지 피스톤 내의 오일을 배출(Drain Out)시키는 과정이다. 비행 중의 페더링은 엔진 이상을 발견하고 조종사가 프로펠러 컨트롤 레버를 빠르게 페더 멈춤(Feather Detent) 또는 맨 아래 위치로 당기면, 조속기 내의 오일이 엔진 섬프로 배출되면서 발생한다. 지상에서의 엔진 정지과정도 페더링과 유사하나, 프로펠러 600~800 RPM 이하에서 페더링스프링(Feathering Spring)의 작용으로 High-pitch Stop을 걸어 더 이상 페더링으로 넘어가지 않게 한다. High-pitch Stop에서 정상적으로 정지한 엔진은 차기 시동 시 엔진 오일 압력이 상승하면서 자동적으로 프로펠러를 저피치 위치로 되돌려 엔진에 부하가 걸리지 않도록 한다.

페더링에 소요되는 시간은 조속기 내 오일 통로의 크기와 평형추와 스피더 스프링의 장력 정도에 따라 다르나, 통상적으로 3~10초 소요되며 페더링 과정에서 엔진도 정지된다.

7.8.3 언-페더링(Un-feathering)

페더링 이후 언-페더링(Un-feathering)은 다음의 몇 가지 방법에 의해서 이루어질 수 있다.

(1) 정상 시동: 엔진을 시동하면, 오일 압력이 올라가고 조속기는 프로펠러로 오일을 보내 피치를 감소시킨다. 프로펠러의 페더링 사례가 흔하지 않기 때문에 대부분의 쌍발 경항공기에서는 이 과정을 고려한다. 엔진을 시동할 때와 프로펠러가 페더링(Feather)에서 벗어나기 시작할 때 진동이 발생할 수 있다.

(2) 축압기(Accumulator) 장착: 프로펠러가 페더링 되었다가 RPM이 정상으로 돌아오면 페더링에서 빠져나갈 수 있도록, 공기 · 오일 차단 밸브가 장착된 축압기를 장착하고 조속기와 연결한다. 이 장치는 매우 짧은 시간에 프로펠러가 언-페더링(Un-feathering)될 수 있고 이어서 바람에 의한 자연적인 회전(Windmilling)을 시작하기 때문에 훈련기용으로 사용된다.

(3) 언-페더링 펌프(Un-feathering Pump) 장착: 프로펠러를 신속히 저피치로 복원해 줄 수 있도록 엔진오일압력을 공급하는 언-페더링 펌프를 장착한다.

페더링은 비행중 항공기 추진계통에 이상이 발생했을 때 실시하는 비정상절차의 하나이다. 비행을 마친 후에 지상에서 페더링을 하게 된 원인과 페더링과정에서 발생한 문제 여부를 점검하고 문제가 해결된 후에 언-페더링을 하는 것이 정상적인 절차이다. 그러나 위의 (2), (3)과 같은 언-페더링 장치를 부착하고 사용하는 데에는 특별한 목적과 사용할 수밖에 없는 상황이 입증되어야 한다.

비행 중의 언-페더링 작동은 조종사가 프로펠러 컨트롤 레버를 다시 정상 비행(통제 가능) 범위 위치에 두었을 때 이루어 질 수 있다.

일반적으로, 터보프롭엔진에서는 프로펠러 재시동(Re-starting)과 언-페더링(Un-feathering), 그리고 축압기의 언-페더링으로 나뉜다. 많은 항공기에서 프로펠러를 빠르게 언-페더링 하는 장치로 오입압력을 저장하는 축압기를 사용하기도 한다. 축압기 내의 고압 공기(또는 질소)는 축압기 내 다른 공간에 있는 저장 오일을 밀어내어 프로펠러 피스톤으로 오일을 공급한다. 피스톤이 움직이고 프로펠러 깃 각이 페더링에서 낮은 각으로 전환되면, 공중에서는 Windmilling 시작, 엔진을 시동할 수 있다. 언-페더링 펌프(Un-feathering Pump)를 사용하는 경우, 펌프 압력으로 프로펠러를 움직여 낮은 각으로 전환되면 시동할 수 있다. 시동이후 엔진 오입 압력이 정상으로 되면 언-페더링 펌프의 역할은 종료된다.

7.9 프로펠러 보조계통 (Propeller Auxiliary Systems)

7.9.1 결빙제어계통(Icing Control Systems)

프로펠러 깃의 결빙은 프로펠러 단면 형상을 거칠게 하여 프로펠러 효율을 저하시키는 원인이 된다. 얼음은 프로펠러 깃에 비대칭적으로 형성되어 진동을 발생시키고, 무게를 증가시킨다.

7.9.1.1 방빙계통(Anti-icing Systems)

(그림 7-26)에서와 같이, 전형적인 방빙계통은 방빙액 저장 탱크가 있고, 펌프에 의해 방빙액이 각 프로펠러로 이송되며 필요한 방빙액 양은 프로펠러의 상황에 따라 다르다. 각 프로펠러의 깃 후면에 노즐이 있는 슬링거 링(Slinger Ring)이 설치되어 있고, 펌프가 가동되면 방빙액이 원심력에 의해 슬링거 링의 노즐로부터 나와서 프로펠러 깃 생크(Blade Shank)에 뿌려진다. 뿌려진 방빙액은 주위를 흐르는 공기흐름에 의해 흩어지기 때문에 추가로 피드슈(Feed Shoe)가 깃 앞전에 설치되어 있으며, 피드슈는 깃 생크에서 대략

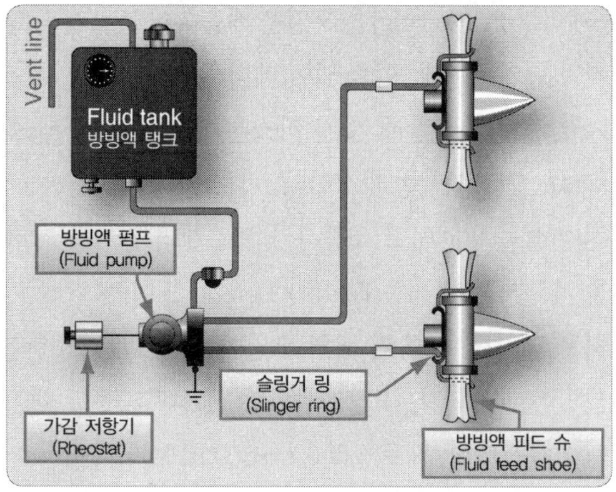

[그림 7-26] 프로펠러 방빙 계통
(Typical propeller fluid anti-icing system)

반경 75%까지 연장된 길이에 고무로 만든 좁은 띠 모양으로 깃에 내장되어 있다. 군데군데 피드슈 구멍에서 흘러나온 방빙액은 원심력을 받아 앞전을 타고 깃 끝단으로 흐른다.

방빙액으로는 확보가 용이하고 가격이 저렴한 이소프로필알코올(Isopropyl Alcohol)을 사용한다. 인산염 혼합물(Phosphate Compound)은 방빙 기능으로 볼 때 이소프로필알코올과 대등하고 화염감소능력이 조금 우세하나 가격이 비싸 많이 사용되지 않는다. 그러나 이러한 시스템은 필요한 종류가 많아 무게가 증가하고 용액 탑재 이후 사용 시한이 제한되는 단점이 있다. 그래서 현대 항공기에는 이러한 시스템을 사용하지 않고 전기적으로 방빙을 한다.

7.9.1.2 제빙계통(De-icing systems)

(그림 7-27)에서와 같이, 전기식 프로펠러 방빙장치(Electric Propeller-icing Control System)는 전원, 저항전열선(Resistant Heating Element), 제어계통(System Controls) 그리고 필요한 배선으로 구성된다. 전열선은 프로펠러 스피너(Propeller Spinner)와 깃의

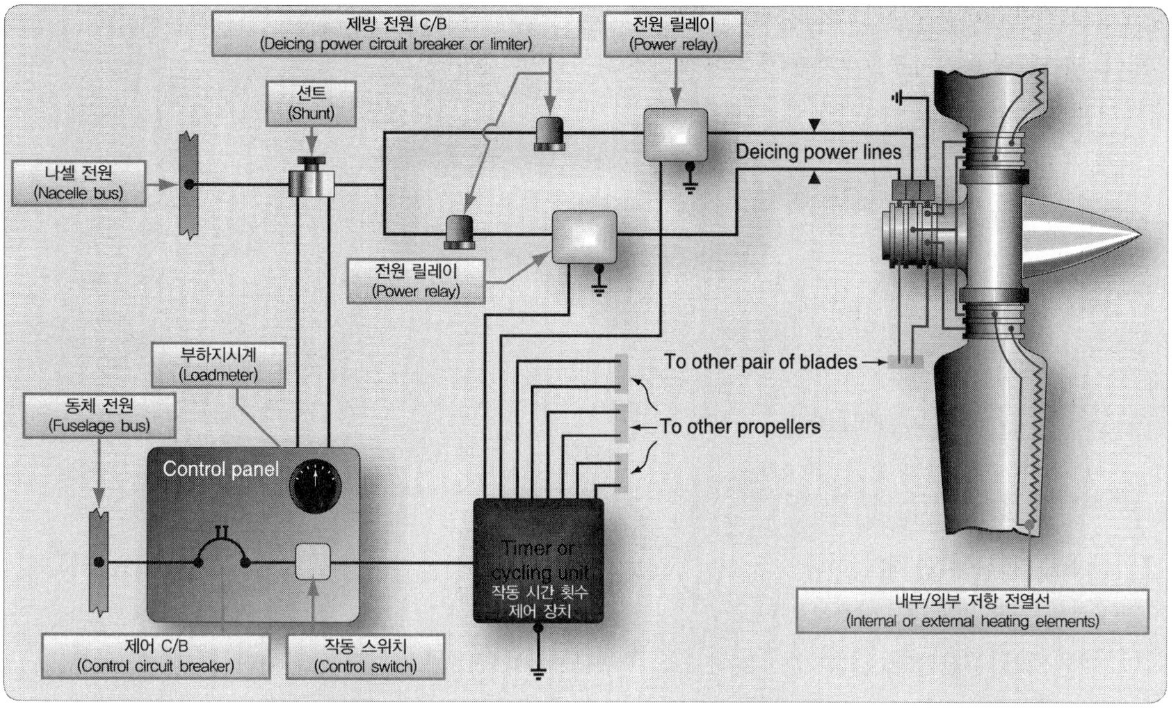

[그림 7-27] 전기식 제빙 계통도(Typical electrical de-icing system)

내부 또는 외부에 설치된다. 전력은 항공기 전기 계통으로부터 슬립링(Slip Ring)과 브러시(Brush)에 연결된 전기도선을 통하여 프로펠러 허브로 보내진다. 잘 구부러지는 커넥터(Connector)는 허브로부터 깃 요소로 전력을 전달하는 데 사용된다.

제빙계통(De-ice System)에는 마스터 스위치(Master Switch)와 각 프로펠러별 작동 스위치(On-off Switch)가 있어 조종사가 필요한 스위치를 On하여 제어한다. 어떤 시스템은 선택 스위치(Selector Switch)가 있어 Icing Condition에 따라 선택(Light or Heavy)하거나 자동으로 선택할 수도 있다. 시간횟수 제어장치(Timer or Cycling Unit)는 어떤 프로펠러 깃을 제빙하고 또 제빙 시간 등을 정하거나, 제빙 부츠, 부츠 일부, 순서대로 또는 전부 다 등으로 대상 별 횟수를 적용할 수도 있다.

(그림 7-28)에서는 슬립링(Slip Ring)과 브러시(Brush) 장치를 보여 준다. 브러시는 프로펠러 바로 뒤 엔진에 장착되고 슬립링으로 전력을 전달한다. 슬립링은 프로펠러와 함께 회전하고 깃 제빙부츠(De-ice Boot)에 회로를 형성한다. 슬립링 전선 다발은 터미널 연결 스크루에 슬립링을 전기적으로 연결시켜 주기 위한 것으로 일부 허브에 사용된다. 제빙용 전선 다발로 슬립링과 제빙부츠는 전기적으로 연결된다.

(그림 7-29)에서와 같이, 제빙부츠에는 내부 전열선(Internal Heating Element) 또는 이중열선(Dual Element)이 장착되어 있다. 부츠는 접착제로 각각의 날개깃의 앞전에 단단히 부착된다.

전기식 제빙계통은 얼음이 과도하게 축적되기 이전에 미리 제거하기 위해, 간헐적으로 짧게 작동되도록 설계되었다. 가장 적절한 가열 방법은 얼음이 생성되

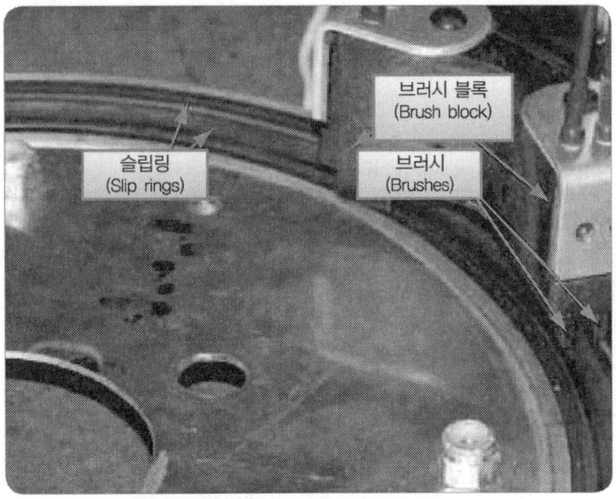

[그림 7-28] 제빙 브러시와 슬립 링
(De-icing brush block and slip ring assembly)

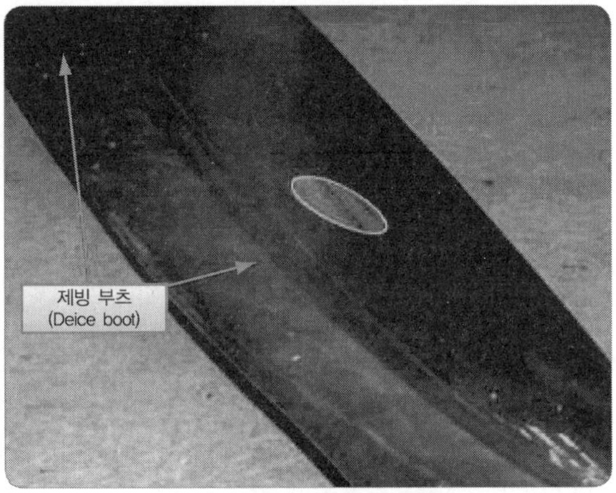

[그림 7-29] 전기식 제빙 부츠
(Electric deice boot)

기 이전에 충분히 녹이면 되지만, 만일 필요한 정도 보다 과도하게 적용되어 생성된 수분이 다 증발하지 못하면, 다른 차가운 구역(Unheated Zone)으로 수분이 옮겨 가는 현상(Runback)이 생길 수 있다. 이렇게 되면 제어하지 않았던 구역에서도 얼음이 생성되는 어려움이 따른다. 타이머(Cycling Timer)를 사용하여 시간을 제어하며, 열선의 가동은 15~30 초 주기로 반복하되 한 번에 2분 정도 계속한다.

7.9.2 프로펠러 동기화 및 상동기화(Propeller synchronization and Synchro-phasing)

대부분의 다발 항공기에 프로펠러 동기장치(Propeller Synchronization Systems)가 장착되어 있다. 동기장치는 엔진 회전수를 제어하여 동기화한다. 동기화는 동기화되지 않은 프로펠러 작동에 의한 진동(Vibration)을 줄이고 불편한 소음(Unpleasant Beat)을 제거한다.

(그림 7-30)과 같이 전형적인 동기위상조정장치(Synchro-phasing System)는 전자장치에 의해 제어된다. 그것은 양쪽 엔진 회전수를 일치시켜 주는 기능을 하며 객실 소음을 줄이기 위해 왼쪽과 오른쪽 프로펠러 사이에 깃 위상관계(Blade Phase Relationship)를 확립한다.

동기화장치는 스로틀 쿼드런트(Throttle Quadrant)의 앞쪽에 위치한 2상 스위치에 의해 제어된다. 스위치를 ON 하면 전자제어박스(Electronic Control Box)로 직류전원(DC)이 공급된다. 프로펠러 회전수

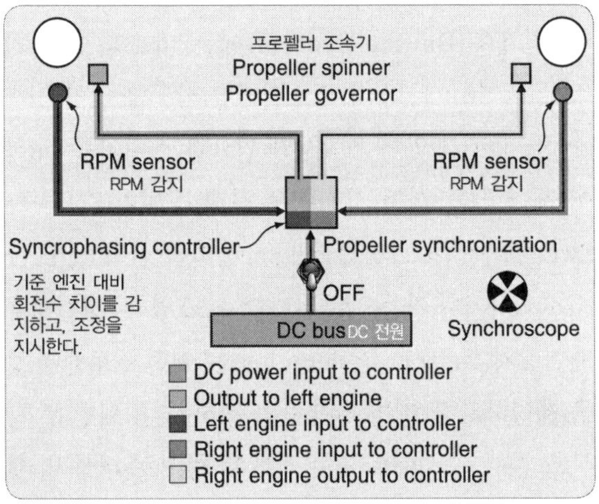

[그림 7-30] 상동기화 계통(Synchro-phasing system)

를 나타내는 입력신호는 각각의 프로펠러에서 자장 변화(Magnetic Pickup)로 감지된다. 계산된 입력신호(Computed Input Signal)는 명령신호(Command Signal)로 수정되고, 느린 엔진의 프로펠러 조속기에 위치한 회전수 트리밍코일(RPM Trimming Coil)로 보내진다. 그 결과 이 회전수는 다른 프로펠러의 회전수에 맞춰 조정된다.

7.9.3 자동페더링계통 (Auto-feathering systems)

자동페더링 계통(Auto-feathering System)은 보통 이륙, 진입(Approach), 그리고 착륙 시에만 사용된다. 자동페더링계통은 만약 어느 한쪽의 엔진 동력이 상실되었다면, 자동적으로 프로펠러를 페더링 시키기 위해 사용된다. 이 계통은 만약 2개의 토크 스위치(Torque Switch)가 엔진으로부터 저토크(Low Torque)를 감지하면 솔레노이드밸브를 통해 프로펠러 실린더로부터 오일 압력을 배출함으로써 프로펠러가 페더링 되게 한다. 이 계통은 자체 점검 스위치(Test-off-arm Switch)를 가지고 있다.

7.10 프로펠러 점검 및 정비(Propeller Inspection and Maintenance)

프로펠러는 주기적으로 검사되어야 한다. 프로펠러 검사를 위한 점검 주기는 프로펠러 제조사가 특정 프로펠러 형식별로 제시한다.

일반적으로 일일검사는 프로펠러 깃, 허브, 조정장치(Controls)에 대한 육안점검과, 다른 부품(Accessory)들이 안전하게 장착되었는지 등에 대한 일반적인 점검이다. 깃의 육안검사는 흠집(Flaw)또는 결점(Defect)을 찾을 수 있을 만큼 매우 신중하게 수행해야 한다. 25시간, 50시간, 또는 100시간 등의 일정 시간마다 수행되는 검사는 다음의 육안점검을 포함한다.

(1) 날개깃, 스피너(Spinner), 외부 표면에 과도한 오일 또는 그리스 흔적(Grease Deposit) 여부 점검.
(2) 깃과 허브의 접합 부분(Weld and Braze Section)에 대한 손상 흔적 점검.
(3) 날개깃, 스피너, 허브의 찍힘(Nick), 긁힘(Scratch), 흠집(Flaw)이 있는지 점검하며 필요하다면 확대경을 사용하여 검사.
(4) 스피너 또는 돔 셀(Dome Shell)이 나사못으로 꽉 조여 있는지 검사.
(5) 필요에 따라 윤활 및 오일 수준(Oil Level) 점검.

감항성 개선명령(AD, Airworthiness Directive) 준수는 법률적으로 항공기의 감항성을 유지하기 위해 필요하지만, 정비 회보(SB, Service Bulletin)를 수행하는 것도 중요하다. 감항성 개선 명령 준수와 정비 회보 수행을 포함하여, 프로펠러에서 수행된 모든 작업은 프로펠러 업무일지(Propeller Logbook)에 기록되어야 한다. 특정한 프로펠러의 정비 정보는 반드시 제작사 정비교범을 참고한다.

7.10.1 목재 프로펠러의 점검 (Wood Propeller Inspection)

목재 프로펠러는 감항성을 보장하기 위해 자주 검사해야 한다. 균열(Crack), 패임(Dent), 뒤틀림(Warpage), 접착제 손상(Glue Failure), 박리 결함(Delamination)이 있는지 검사하고, 장착볼트가 풀려 프로펠러와 플랜지 사이에 목재의 탄화현상(Charring) 같은 결함이 생겼는지 검사한다. 금속판 엣지(Metal Sleeve) 근접한 목재부에는 깃에서 바깥쪽 방향으로 진행되는 균열이 있는지 검사한다. 균열은 나무나사(Lag Screw)의 끝단에서 발생하고 목재의 내부 균열로 나타난다. 헐거움(Looseness), 벗겨짐(Slipping), 납땜 이음의 분리(Separation of Solder Joint), 풀린 스크루(Loose Screw), 헐거워진 리벳(Loose Rivet), 깨진 곳(Break), 균열(Crack), 침식(Erode), 부식(Corrosion)과 같은 결함을 검사한다. 금속제 앞전과 캡(Cap) 사이가 분리되었는지 검사한다. 이 현상은 변색(Discoloration)과 헐거워진 리벳으로 나타난다.

균열은 보통 날개깃의 앞전에서 시작된다. 습기 구멍(Moisture Hole)이 열렸는지를 검사한다. 직물 또는 플라스틱에서 나타나는 가는 선(Fine Line)은 목재에 있는 갈라진 균열일 수도 있다. 프로펠러 깃의 뒷전의 접합(Bonding), 분리(Separation), 또는 손상(Damage)이 있는지 검사한다.

7.10.2 금속재 프로펠러의 점검 (Metal Propeller Inspection)

금속재 프로펠러와 깃에의 예리한 찍힘(Sharp Nick), 절단(Cut), 그리고 긁힘(Scratch) 등은 응력의 집중(Stress Concentration)을 만들고 이로 인한 피로파괴(Fatigue Failure)에 영향을 미친다. 스틸(Steel)로 만든 것은 육안검사나 형광침투검사(FPI), 또는 자분탐상검사(MPI) 등으로 검사한다. 만약 스틸로 만든 깃에 엔진오일 또는 녹 방지 화합물(Rust-preventive Compound)이 발라져 있다면 육안검사가 용이하다. 앞전과 뒷전의 전체 길이(특히 Tip 근처)에 걸쳐, 깃 생크에 홈(Groove)이 있는지, 모든 패임(Dent)과 흠은 확대경으로 정밀하게 점검하여야 한다.

회전속도계(Tachometer) 검사는 전체의 프로펠러 검사 중 매우 중요한 검사이다. 회전속도계의 부정확한 작동은 제한된 엔진 작동과 높은 응력으로 손상을 초래하게 될 것이다. 이것은 깃 수명을 단축시킬 수 있으며 치명적인 손상으로 진행될 수 있다. 만약 회전속도계가 부정확하면, 허용된 속도보다 훨씬 빠르게 회전할 수 있고 추가적인 응력이 발생한다. 엔진 회전속도계의 정밀도는 100 시간 주기 검사 또는 1년 주기 검사 중에서 먼저 해당되는 시기에 점검하여야 한다. Hartzell 프로펠러는 ±10 rpm 이내로 정확하고, 적절한 보정 주기를 갖는 회전속도계 사용을 권고한다.

7.10.3 알루미늄 프로펠러의 점검 (Aluminum Propeller Inspection)

알루미늄 프로펠러와 깃에 균열(Crack)과 흠집(Flaw)이 있는지 주의하여 검사한다. 크기에 관계없이 가로 방향의 균열 또는 흠집은 허용되지 않는다. 앞전과 깃 면(Face of Blade)에 깊은 찍힘(Nick)과 홈(Gouge)은 허용되지 않는다. 프로펠러의 균열은 염색 침투액(Dye Penetrant) 또는 형광 침투액(Fluorescent Penetrant)을 사용하여 검사한다. 검사에서 나타난 결함에 대한 조치는 제작사의 기준을 참조한다.

7.10.4 복합소재 프로펠러의 점검 (Composite Propeller Inspection)

(그림 7-31)에서와 같이, 복합재료 깃(Composite Blade)은 찍힘(Nick), 홈(Gouge), 자재의 풀림(Loose Material), 침식(Erosion), 균열(Crack)과 접착 부위 결함(Debond), 그리고 낙뢰(Lightning Strike)에 대한 육안검사가 필요하다. 복합소재로 된 깃은 금속 동전(Metal Coin)으로 해당 부위를 두드려 박리(Delamination)와 접착 부위 결함(Debond)에 대해 검사한다. (그림 7-32)에서 보는 것과 같이, 동전으로 두드렸을 때 만약 속이 빈 소리(Sounding Hollow), 또는 맑지 않은 소리(Sounding Dead)가 들린다면 접착 부위가 떨어졌거나 또는 박리를 예상할 수 있다. 커프(Cuff)를 합체시킨 깃은 동전을 두드리면 다른 울림을 낸다. 소리의 혼동을 피하기 위해, 동전은 커프 구역과 깃, 그리고 커프와 깃 사이의 전이 지역(Transition Area)을 각각 두드린다. 더 정밀한 검사가 필요할 때는 상배열검사(Phased Array Inspection), 초음파탐상검사(UI) 등과 같은 비파괴검사를 수행한다.

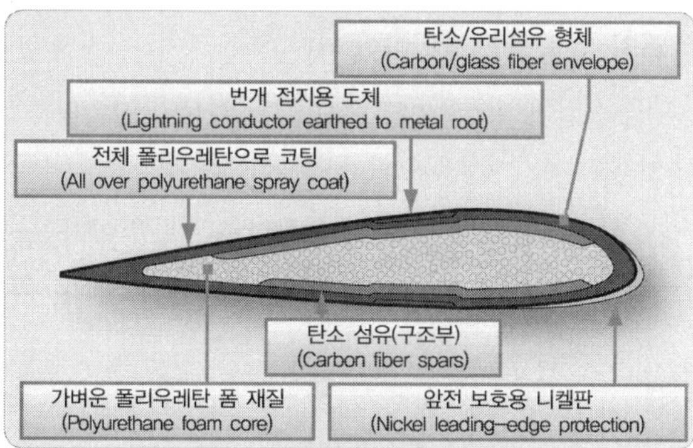

[그림 7-31] 복합소재 깃 구조 (Composite blade construction) lightning

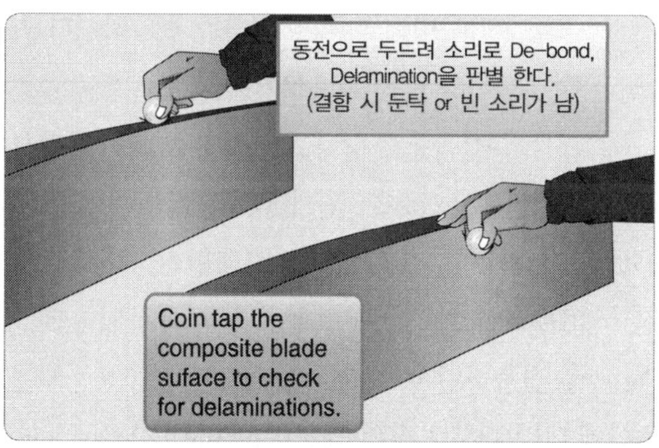

[그림 7-32] 동전 탭 테스트(Coin-tap test to check for de-bonds and delamination)

프로펠러의 수리는 소(小)수리(Minor Repair)로 제한된다. 인증된 작업자라도 프로펠러의 대(大)수리(Major Repair)는 허용되지 않는다. 대수리는 인증된 프로펠러 수리 공장(Certified Propeller Repair Station)에서 이루어져야 한다.

7.11 프로펠러의 진동 (Propeller Vibration)

프로펠러의 진동(Propeller Vibration)은 원인이 너무 다양하여 고장탐구가 쉽지 않다. 만약 프로펠러에 균형(Balance), 각도(Angle) 또는 궤도(Track)의 문제로 인해 진동이 발생한다면, 비록 진동의 강도가 회전수에 따라 변화한다고 할지라도, 진동은 전체 엔진 작동 범위(Entire RPM Range)에서 발생한다. 진동이 특정한 회전수에서, 예를 들어 2,200~2,350 RPM과 같은 제한된 회전수 범위 내에서 일어난다면, 진동은 프로펠러 문제만이 아니라 엔진과 프로펠러의 부조화(A Poor Engine-propeller Match) 문제로 인한 것이다.

만약 프로펠러 진동이 의심되지만 확신할 수 없다면, 이상적인 고장탐구 방법은 가능하다면 감항성이 입증된 프로펠러를 가지고 일시적으로 교환하여 항공기를 시험비행 하는 것이다. 깃의 흔들림(Blade Shake)은 진동 발생의 주원인이 아니다. 엔진이 작동 중일 때, 원심력은 깃 베어링을 약 30,000~40,000 Pound 정도로 단단히 깃을 잡아 준다. 객실의 진동은 가끔 크랭크축에서 프로펠러 깃의 위치를 바꿔(Re-indexing Propeller) 개선될 수 있다. 프로펠러를 떼어내서 180° 회전시켜 다시 장착할 수 있다. 프로펠러 스피너(Spinner)는 불균형의 원인일 수 있다. 스피너의 불균형은, 엔진 작동 중에 스피너의 떨림(Wobble)으로 나타난다. 이 떨림은 보통 스피너 전방 지지대의 틈새(Inadequate Shimming), 균열된 스피너, 또는 변형된 스피너에 의해 발생한다.

동력장치에 진동이 발생하였을 때, 엔진의 진동(Engine Vibration)인지 또는 프로펠러의 진동(Propeller Vibration)인지 판단이 어렵다. 대부분의 경우에 진동의 원인은 엔진이 1,200~1,500 RPM 범위에서 회전하는 동안 프로펠러 허브(Hub), 반구형 덮개(Dome), 또는 스피너(Spinner)를 주의 깊게 살펴보고 프로펠러 허브가 완전히 수평면에서 회전하는지, 아닌지에 따라 판단할 수 있다. 만약 프로펠러 허브가 약간의 궤도상 흔들림(Swing in a Slight Orbit)이 보이면 진동은 보통 프로펠러에 의한 것이다. 만약 프로펠러허브가 일정한 궤도로 회전하는 것이 보이지 않으면, 아마도 원인은 엔진 진동에 의한 것일 것이다.

프로펠러 진동이 심한 진동의 원인일 때, 결함은 프로펠러 깃의 불균형(Blade Imbalance), 궤도가 불일치한 깃(Blade not Tracking), 또는 설정된 깃 각의 변화(Variation in Blade Angle)에 의해 발생한다. 진동의 원인이 무엇이든 프로펠러 깃 궤도 점검(Blade Tracking)을 하고, 저피치 깃 각(Low-pitch Blade Angle)의 설정을 재점검한다. 만약 프로펠러 궤도와 낮은 깃 각의 설정이 모두 정상인데 프로펠러가 정적 및 동적으로 불균형하면 교환하거나 제작사의 허용범위 안에서 균형 작업을 다시 한다.

7.11.1 깃의 궤도 점검(Blade Tracking)

깃 궤도 점검(Blade Tracking)은 서로 비교하여 프로펠러 깃 끝의 위치가 회전면상에 있는지 검사하는 것이다. 깃 궤도 점검은 깃의 상대적 위치를 나타낼 뿐 실제 경로는 아니다. 깃은 가능한 한 모든 궤도가 서로 일치해야 한다. 같은 지점에서 궤도의 차이는 프로펠러 제작사에 의해 명시된 오차 허용범위를 초과해서는 안 된다. 프로펠러의 깃 끝 궤도가 적정하도록 프로펠러가 설계 및 제작되어야 한다.

다음은 일반적으로 사용하는 궤도 검사 방법이다.

(1) 항공기가 움직일 수 없도록 받침목을 고인다.
(2) 프로펠러를 돌리기에 수월하고 안전하도록 각 실린더에서 점화플러그를 각각 하나씩 장탈한다.(왕복엔진 해당)
(3) 깃 중 하나가 아래쪽으로 위치하도록 회전시킨다.
(4) (그림 7-33)에서 보여 준 것과 같이, 프로펠러 근처에 카울링의 지시 포인터가 접촉하거나 가깝도록 하고 앞쪽에는 무거운 나무블록을 놓는다. 나무블록은 지상과 프로펠러 끝 사이 간격보다 지면에서 최소한 2 인치(inch) 이상 높아야 한다.
(5) 프로펠러를 천천히 회전시키면서, 차기의 깃(Next Blade)이 블록 또는 포인터에 동일한 지점을 접촉하면서 통과하여 궤도가 일치하는지를 판단한다. 각 깃의 궤도는 반대쪽 깃(Opposite Blade) 궤도와 ±1/16 inch 범위 이내에 있어야

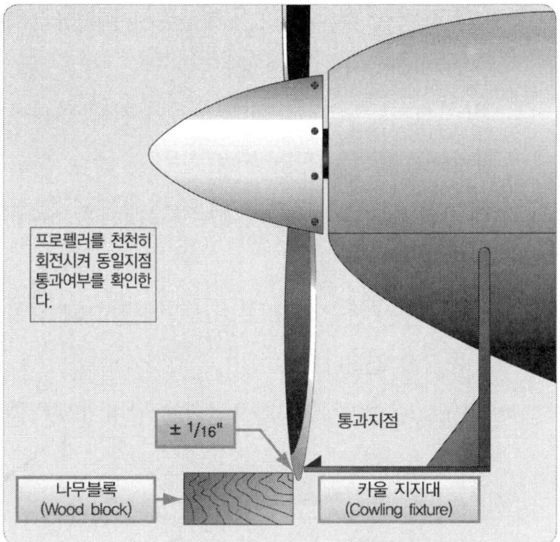

[그림 7-33] 프로펠러 깃 궤도 점검 (Propeller blade tracking)

한다.

(6) 궤도가 이탈된 프로펠러는 구부러진 1개 이상의 프로펠러 깃(Blade being Bent), 구부러진 프로펠러플랜지(Bent Propeller Flange), 또는 프로펠러 장착볼트의 과대토크(Over-torque)나 과소토크(Under-torque)가 원인일 것이다. 궤도 이탈된 프로펠러는 진동의 원인이 되고, 기체와 엔진에서 응력을 발생시키고, 프로펠러 조기 파손의 원인이 되게 한다.

7.11.2 깃 각의 점검과 조절(Checking and Adjusting Propeller Blade Angles)

장착하는 동안에 부적절한 깃 각 설정(Improper Blade Angle Setting)을 발견하거나, 혹은 엔진 성능 점검 중 부적절한 깃 각 설정을 발견했을 때는 다음의 기본 정비 지침에 따른다. 실제로 깃 각 설정과 깃 각의 점검 위치는 해당 프로펠러 제작사의 정비교범에서 알 수 있다.

표면의 긁힘(Surface Scratch)은 언젠가는 깃 파손을 초래하기 때문에, 금속 바늘 같은 뾰족하고 날카로운 도구를 사용하여 프로펠러 깃에 표식을 하려해서 안 된다. (그림 7-35)에서와 같이, 만약 프로펠러가 항공기에서 장탈된 상태이면 벤치-탑 각도기(Bench-top Protractor)를 사용한다. (그림 7-34, 7-35)에서 보여 준 것과 같이, 프로펠러가 항공기에 장착된 상태이거나 나이프-에지 균형 검사대(Knife-edge Balancing Stand)에 장치된 상태이면 깃 각을 점검하기 위해 휴

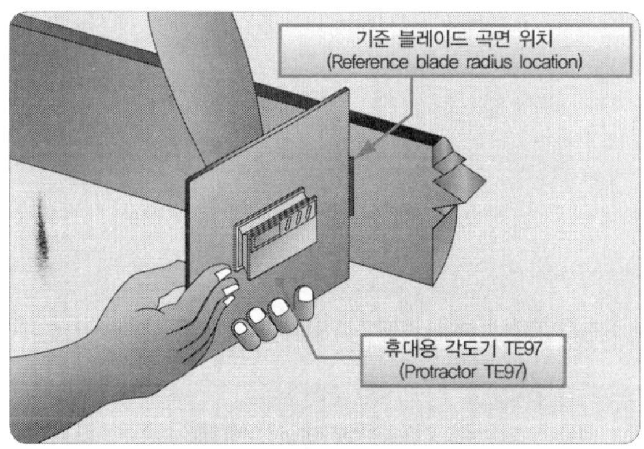

[그림 7-34] 깃 각 측정 (Blade angle measurement)

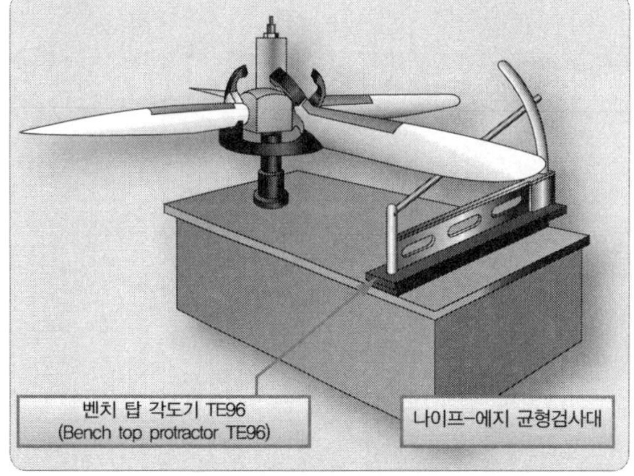

[그림 7-35] 벤치-탑 각도기(Bench top protector)

대용 각도기(Handled Protractor)를 사용한다.

7.11.3 만능 프로펠러 각도기 (Universal Propeller Protector)

만능 프로펠러 각도기(Universal Propeller Protractor)는 프로펠러가 균형 검사대에 있거나, 또는 항공기 엔진에 장착된 상태에서 프로펠러 깃 각(Blade Angle)을 점검 목적으로 사용할 수 있다. (그림 7-36)에서는 만능 프로펠러 각도기의 주요 부분과 조절 방법을 보여 준다. 다음은 엔진에 장착된 프로펠러에 각도기를 사용하는 법이다.

(1) 검사할 첫 번째 프로펠러를 깃의 앞전 위쪽(Leading Edge Up)으로 수평이 되게 돌린다.

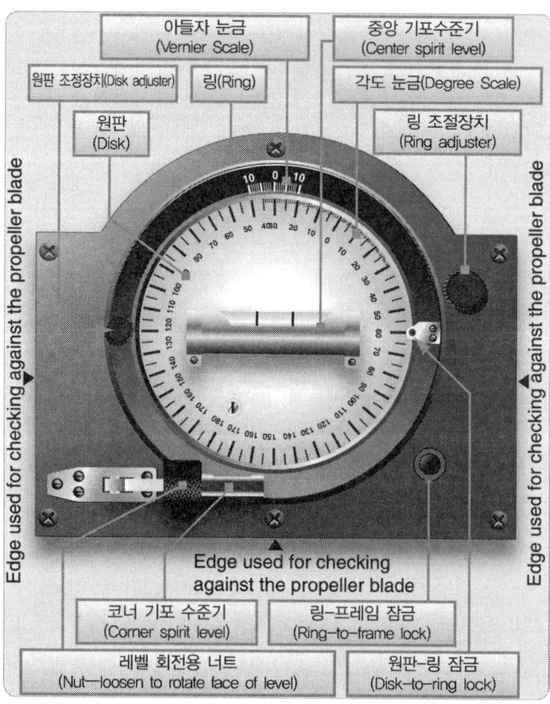

[그림 7-36] 만능 각도기 (Universal protector)

(2) 각도기의 면과 직각이 되게 코너 기포 수준기(Corner Sprit Level)를 놓는다.

(3) 판(Disk)을 링(Ring)에 고정하기 전에 원판조정장치(Disk Adjuster)를 돌려서 각도 눈금(Degree Scale)과 아들자 눈금(Vernier Scale)을 일치시킨다.

(4) 잠금장치는 핀(Pin)으로 스프링에 접속된 위치를 유지시켜 준다.

- 핀(pin)은 바깥쪽 방향으로 잡아당겨서 90° 돌리면 풀린다.

(5) 프레임에서 링-프레임 잠금을 풀고(Ring-to-frame lock, 오른나사 너트) 링을 돌려, 링과 디스크의 '0'이 각도기의 꼭대기에 있게 한다.

(6) 블록의 평편한 쪽(Flat side of the Block Slant)이 회전면으로부터 어느 정도 기울어지는지를 판단하여 깃 각을 점검한다.

(7) 우선, 각도기를 허브너트 끝에 수직으로 설치하거나, 프로펠러 회전면의 인식이 편한 장소에 눕혀 놓는다.

(8) 코너 기포 수준기(Corner Split Level)를 이용하여 각도기를 수직으로 유지하고 수평 위치일 때까지 링 조절장치(Ring Adjuster)를 돌린다.

- 이것은 프로펠러 회전면을 나타내는 지점에서 아들자 눈금(Vernier Scale)의 '0'을 설정한다.
- 그리고 링-프레임 잠금(Ring-to-frame Lock)을 고정한다.

(9) 각도기의 둥근 부분(Curved edge Up)을 손으로 잡고 있는 동안, 디스크와 링을 연결해 주는 원판-링 잠금장치(Disk-to-ring Lock)를 풀어 준다.

(10) 두 번째 프로펠러를 깃을 제작사의 사용설명서에서 명시한 위치에 깃(먼저 적용한 가장자리의

반대쪽 가장자리)을 전방 수직(Forward Vertical Edge)으로 놓는다.

(11) 코너 기포 수준기(Corner Sprit Level)를 이용하여 각도기를 수직으로 유지하고, 원판조정장치(Disk Adjuster)를 돌려 기포수준기를 수평 위치가 되게 한다.

(12) 프로펠러 깃 각 측정 시 유의해야 할 점은 다음과 같다.

- 두 '0' 사이의 각도와 10등분 한 각도는 깃 각을 지시한다.
- 깃 각을 결정할 때는, 아들자 눈금(Vernier Scale)상의 '10' 지점이 각도 눈금(Degree Scale)상의 '9' 지점과 같다는 것을 기억하라.
- 아들자 눈금(Vernier Scale)은 각도기 눈금 증가 방향으로 증가한다.
- 필요한 깃 조정 작업을 한 후, 바른 위치에 고정시킨다.

(13) 프로펠러의 나머지 깃에 대해서도 같은 작업을 반복한다.

7.12 프로펠러의 균형 조절 (Propeller Balancing)

항공기에서 진동의 원인이 되는 프로펠러의 불균형(Propeller Unbalance)은 정적(Static) 또는 동적(Dynamic) 불균형이다. 프로펠러의 정적 불균형(Static Imbalance)은 프로펠러의 무게중심(CG)이 회전축(Axis of Rotation)과 일치하지 않을 때 일어난다. 프로펠러 동적 불균형(Dynamic Unbalance)은 깃(Blade) 또는 평형추(Counterweight)와 같은, 프로펠러 구성요소(Element)들의 무게중심(CG)이 회전면을 벗어났을 때 발생한다.

엔진 크랭크축의 연장선에 있는 프로펠러 어셈블리의 길이는 프로펠러의 직경과 비교할 때 짧고, 프로펠러 회전 시 축에 대한 수직 평면상에 놓이도록 허브(Hub)에 고정되기 때문에, 궤도 오차 허용범위 안에만 있다면 부적절한 질량 분배의 결과로서 일어나는 동적 불균형(Dynamic Unbalance)은 무시할 수 있다.

프로펠러 불균형의 다른 형태인 공력학적 불균형(Aerodynamic Unbalance)은 깃의 추력이 동일하지 않을 때 일어난다. 이 불균형은 깃 외형의 점검(Checking Blade Contour)과 깃 각 설정(Blade Angle Setting)을 통해 크게 개선될 수 있다.

7.12.1 정적 평형(static balancing)

(그림 7-37)에서와 같이, 2개의 견고한 스틸 엣지(Steel Edge)를 가지고 있는 스틸엣지 스탠드(Knife-edged Test Stand)는 날(Edge) 사이에 조립된 프로펠러가 자유롭게 회전할 수 있도록 설치되었다. 스틸엣지 스탠드는 실내에 설치하거나 공기의 영향을 받지 않는 곳에 설치하고, 심한 진동의 영향을 받지 않아야 한다.

프로펠러 어셈블리(Propeller Assembly) 평형 점검(Balance Check)을 위한 표준방법(Standard Method)은 다음의 순서로 한다.

(1) 프로펠러의 엔진축 구멍에 부싱(Bushing)을 끼운다.

(2) 부싱을 통해 심축(Arbor or Mandrel)을 삽입한다.

(3) 심축의 끝단(End)이 평형스탠드(Balance Stand)

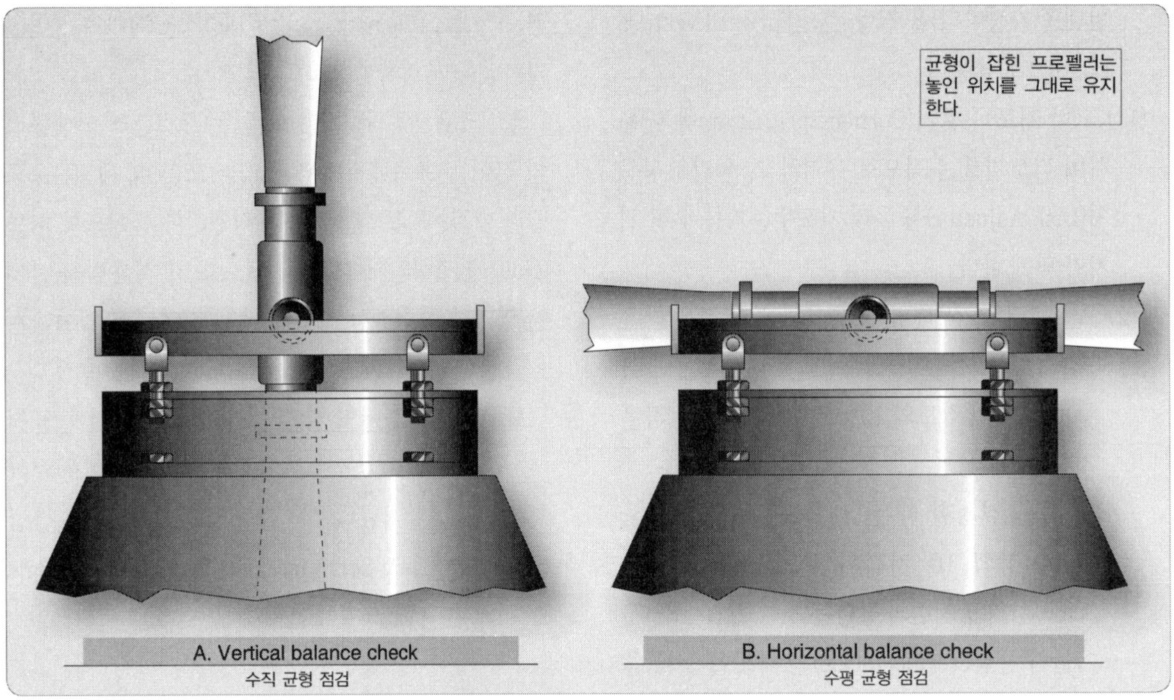

[그림 7-37] 2-깃 프로펠러 정적 평형 점검(Position of two-bladed propeller during a balance check)

나이프 엣지(Knife-edge) 위쪽에 지지되도록 프로펠러 어셈블리(Propeller Assembly)를 놓는다. 프로펠러는 회전이 자유로워야 한다.

(4) 만약 프로펠러가 정적으로 적절한 균형이 잡혔다면, 프로펠러는 놓인 위치를 그대로 유지한다.

(5) 2깃 프로펠러를 점검할 때: 먼저 깃을 수직 위치(Vertical Position)에서 점검한 다음, 수평 위치(Horizontal Position)에서 점검한다.

(6) 깃의 위치를 반대로 놓은 상태(위와 아래 교체)에서 수직 위치에서의 점검을 반복한다.

(그림 7-38)에서는 3깃 식(Three-bladed) 프로펠러 어셈블리의 점검으로, 각각의 깃을 아래쪽 수직 위치

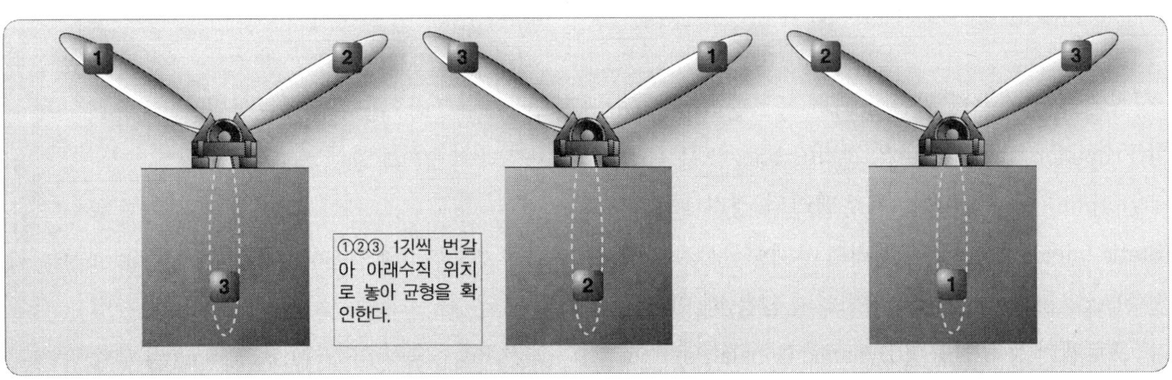

[그림 7-38] 3-깃 프로펠러 정적 평형 점검(3-Position of three-bladed propeller during balance check)

(Downward Vertical Position)에 놓은 것을 보여 준다.

프로펠러의 정적 평형(Static Balance)을 점검하는 동안, 모든 깃은 똑같은 깃 각(Same Blade Angle)에서 점검되어야 한다. 평형점검을 진행하기 전에, 각각의 깃이 똑같은 깃 각으로 세팅되었는지 검사한다. 프로펠러 제조사(Propeller Manufacturer)에서 특별히 언급된 사항이 없다고 해도, 프로펠러 어셈블리가 이전에 설명했던 어느 위치에서도 회전하려는 경향이 없어야 한다. 만약 프로펠러가 위에서 행했던 모든 위치에서 균형이 잡혔다면, 또한 중간 위치에서도 완전히 균형이 잡혀야 한다. 필요하면 중간 위치에서도 평형점검을 하여 최초 위치에서의 점검결과를 확인해야 한다. (그림 7-39)

프로펠러 어셈블리의 정적평형을 점검할 때 회전하려는 경향(Tendency to Rotate)이 있다면, 추가 교정을 하여 불균형(Unbalance)을 제거해야 한다.

[그림 7-39] 프로펠러 정적 평형
(Static propeller balancing)

(1) 프로펠러 어셈블리 또는 주요 부분의 전체 무게가 허용한계 이하일 때 허용되는 장소에 영구적인 고정 추(Weight)를 추가.
(2) 프로펠러 어셈블리 또는 주요 부분의 전체 무게가 허용한계와 똑같을 때 허용되는 장소에서 고정 추(Weight)를 제거.
(3) 프로펠러 불균형 교정을 위해 추를 제거 또는 추가할 수 있는 장소는 프로펠러 제조사에서 결정한다.

7.12.2 동적 평형(Dynamic Balancing)

프로펠러와 스피너 어셈블리(Propeller & Spinner Assembly)의 진동을 줄이기 위해 분석 장비(Analyzer Kit)를 이용하여 동적 평형(Dynamic Balance)을 맞출 수 있다. 평형 장치가 구비되지 않은 일부 항공기에는 평형 작업하기 전에 배선계통이나 감지기(Sensor)와 케이블 설치가 필요한 경우가 있다. 추진 장치의 평형은 객실로 가는 진동과 소음의 전달을 실제적으로 감소시킬 수 있고, 항공기와 엔진 구성품에 대한 심각한 손상을 감소시킬 수 있다.

동적 불균형(Dynamic Imbalance)은 여러 종류의 불균형(Mass Imbalance) 또는 공기역학전인 불균형(Aerodynamic Imbalance)에 의해 발생한다. 동적 불균형(Dynamic Imbalance)의 개선 여부는 오직 추진 장치의 외부 회전 구성품(External Rotating Components)의 동적 균형 상태에 달려있다. 만약 엔진 또는 항공기가 노후한 상태(Poor Mechanical Condition)에 있다면, 평형 작업으로는 진동이 감소하지 않는다. 부품의 결함(Defective)이나 마모(Worn), 또는 부품이 풀려(Loose) 있을 경우에는 균형을 맞추기 어렵다.

몇몇의 제조사들이 동적 프로펠러 평형장비(Balancing Equipment)를 제작했는데, 그 장비 작동은 서로 다를 수 있다. 전형적인 동적 평형 장치(Dynamic Balancing System)는 프로펠러에 가까운 엔진에 부착된 진동 감지기(Vibration Sensor), 그리고 무게와 평형추의 위치를 계산하는 분석 장치(Analyzer Unit)로 이루어진다.

7.12.3 평형 조절 절차(Balancing Procedure)

항공기를 바람(최대 20 knot) 방향과 정면으로 두고 바퀴에 받침목을 고인다. 분석 장치를 장착하고, 낮은 순항 회전수로 엔진을 돌려주는데 동적 분석기(Dynamic Analyzer)는 각각의 깃에서 요구되는 평형추를 계산한다. 평형추를 장착한 후, 다시 엔진을 시운전하여 진동 수준의 감소 여부를 확인한다. 이 과정은 만족스런 결과를 얻을 때까지 여러 번 반복한다.

동적 평형 조절에서 평형 절차를 수행할 때 항상 해당 항공기 정비교범과 해당 프로펠러 정비교범을 참고한다. 동적 평형은 동적 불균형의 양(Amount)과 위치(Location)를 정밀하게 파악하여 수행한다. 장착된 평형추의 수는 프로펠러 제조사가 명시한 한도를 초과 하면 안 된다. 프로펠러 제조사의 특정서(Specifications) 및 동적 평형 장비제작사 지침서(Equipment Manufacturer's Instructions)를 따른다.

대부분의 장비는 회전수 감응에 반사테이프(Reflective Tape)를 감지하는 광학적 방법(Optical Pickup)을 사용한다. 또한 초당 움직이는 거리(ips, inches per second)로 진동을 감지하는 가속도계(Accelerometer)가 엔진에 설치되어 있는 경우도 있다. 동적 평형 작업 전에 먼저 프로펠러를 육안검사 한다.

새로운(New) 또는 오버홀된(Overhauled) 프로펠러를 처음 시운전하면 깃(Blade)과 스피너 돔의 내부 표면(Inner Surface)에서 소량의 그리스(Grease)가 남아있을 수 있다. 깃 또는 스피너 돔 내부 표면의 그리스를 완전히 제거하려면 스토다드 솔벤트(Stoddard Solvent) 등을 사용한다. 프로펠러 깃에 그리스 누출의 흔적이 있는지 육안검사 한다. 또, 스피너 돔(Spinner Dome)의 내부 표면에 그리스 누출 흔적이 있는지 육안검사 한다. 만약 그리스 누출의 흔적이 없다면, 정비교범에 따라 프로펠러에 윤활 작업을 한다.

만약 그리스 누설이 발견되면 위치를 명확히 식별하고 윤활 및 동적 평형 작업 전에 수정해야 한다. 동적 평형 작업 전에, 모든 평형추의 수와 위치를 기록한다. 정적 평형 작업은 오버홀 또는 대수리가 수행되었을 때 프로펠러 수리 시설에서 이루어진다.

동일한 간격으로 열두 곳에 평형추를 장착한다. 항공기용 10/32 또는 AN-3 형식(type) 스크루 또는 볼트를 사용하여 평형추를 장착한다. 스피너 격벽(Spinner Bulkhead)에 부착된 평형추 스크루는 자동잠금너트(Self-locking Nut)나 너트플레이트(Nut Plate) 밖으로 최소 1개에서 최대 4개의 나사산이 나와 있어야 한다. 엔진 제작사 또는 기체 제작사가 특별히 명시한 사항이 없으면, Hartzell은 진동이 0.2 ips 이하가 되도록 권고하고 있다. 반사테이프는 동적 평형 작업 완료 후 즉시 제거한다. 동적 평형추(Dynamic Weight)의 수와 위치, 정적 평형추(Static Weight)의 수와 위치(변경되었을 경우) 관련 사항은 프로펠러 업무일지(Logbook)에 기록한다.

7.13 프로펠러의 장탈 및 장착 (Propeller Removal and Installation)

7.13.1 장탈(Removal)

다음은 일반적인 프로펠러 장탈 절차이며, 실제 프로펠러를 장탈 및 장착할 때에는 항상 제작사 정비교범을 참조한다.

(1) 스피너(Spinner) 장탈 절차에 따라 스피너 돔(Spinner Dome)을 떼어낸다. 안전 결선이 있으면, 프로펠러 장착 스터드(Mounting Stud)에서 안전결선을 제거한다.
(2) 슬링(Sling)으로 프로펠러를 지지한다. 만약 프로펠러가 재장착 되었고 동적 평형이 수행되었다면, 동적 불균형 방지와 재장착 시의 편의를 위해 프로펠러 허브와 엔진플랜지의 동일한 위치에 표시(ID Mark)를 해 둔다.
(3) 엔진 부싱(Bushing)에서 4개의 장착 볼트를 푼다. 엔진 부싱으로부터 2개의 장착 너트와 부착된 스터드를 푼다. 만약 프로펠러를 오버홀 간격 중에 떼어냈다면 장착 스터드, 너트, 그리고 와셔는 손상 또는 부식되지 않았을 경우에 재사용할 수 있다.

CAUTION 프로펠러 장착 스터드가 손상되지 않게 주의하면서 슬링을 이용하여 플랜지로부터 프로펠러를 장탈한다.

(4) 이동용 보관대(Cart)에 프로펠러를 내려놓는다.

7.13.2 장착(Installation)

(1) 프로펠러 플랜지(Propeller Flange)에는 4 inch 원에 배치된 6개의 스터드를 갖고 있다. 그중 2개의 스터드는 위치 표시(Dowel Pin)가 있고 엔진 크랭크축에서 프로펠러에 토크를 전달한다. 이 두 스터드가 장착되어야 할 위치는 프로펠러 허브에 표시가 되어 있다. 스피너 장착 전에 필요 절차가 있으면 수행하고, 빨리 마르는 스토다드 솔벤트(Stoddard Solvent), 또는 메틸에틸케톤(MEK, Methyl Ethyl Ketone)으로 엔진 플랜지와 프로펠러 플랜지를 세척한다. 허브 내부에 있는 O-ring 홈(Groove)에 O-ring을 장착한다.

NOTE 프로펠러를 공장으로부터 수령할 때, O-ring은 통상 장착되어 있다. 프로펠러를 지지할 수 있는 크레인 호이스트(Crane Hoist) 등을 이용하여 조심스럽게 프로펠러를 항공기 앞으로 이동한다.

(2) 엔진 플랜지에 프로펠러를 장착한다. 엔진 장착 플랜지의 구멍과 프로펠러 플랜지의 맞춤 스터드(Dowel Stud)가 일치되도록 한다. 프로펠러는 주어진 위치 또는 180° 회전 위치로 엔진 플랜지에 장착하게 된다. 프로펠러의 정확한 장착 위치는 항공기 정비교범 및 엔진 정비교범을 참조한다.

CAUTION 장착 부품들은 장착 플랜지에 과도한 예비하중(Preload)이 걸리지 않도록 깨끗하게(Clean) 하고 건조(Dry)시켜야 한다.

(3) 스페이서(Spacer)와 함께 프로펠러 장착용 너트를 체결한다. 항공기 정비교범에 규정된 값으로 너트를 토크한다. 만약 안전결선이 필요하면 프로펠러 장착 플랜지의 뒤쪽에서 복선식으로 안전결선(Pair Safety Wiring)을 한다.

CAUTION 허브 손상을 방지할 수 있도록 지그재그 방향으로 균등(Crisscross Torque)하게 너트를 조인다.

7.14 프로펠러의 서비스 작업 (Servicing Propellers)

프로펠러 서비스 작업(Propeller Serving)에는 세척(Cleaning), 윤활(Lubricating), 윤활유의 보충(Replenishing)을 포함한다.

7.14.1 프로펠러 깃의 세척 (Cleaning Propeller Blades)

알루미늄과 강재 프로펠러 깃, 그리고 허브는 보통 솔(Brush) 또는 헝겊(Cloth)을 사용하고 적절한 세척제(Solvent)를 사용하여 세척한다. 산성(Acid) 또는 부식성(Caustic)이 있는 재료는 사용하지 않는다. 깃의 긁힘 등의 손상을 초래하는 동력 버퍼(Power Buffer), 강모(Steel Wool), 강철 솔(Steel Brush) 등은 사용해서는 안 된다.

만약 고광택(High Polish)이 필요하면 적합한 등급의 공업용 금속광택제(Metal Polish)를 사용할 수 있다. 광택 작업을 완료한 후 광택제의 흔적은 즉시 제거하고, 깃이 깨끗한 상태에서 엔진오일로 깨끗하게 피막을 입힌다.

목재 프로펠러 세척에는 솔 또는 헝겊, 그리고 따뜻한 물과 자극성이 없는 비누(Mild Soap)를 사용한다. 어떤 재질의 프로펠러든지 만약 소금물에 접촉하였다면 소금이 완전히 제거될 때까지 깨끗한 물로 씻어 내고 완전히 말린 다음, 엔진오일 또는 동등한 것으로 금속 부분에 피막을 입힌다.

프로펠러 표면으로부터 그리스(Grease) 또는 오일(Oil) 흔적을 제거하려면 깨끗한 헝겊에 스토다드 솔벤트(Stoddard Solvent)를 적셔서 주요 부분을 깨끗하게 닦아 낸다. 또 비부식성 비누액(Non-corrosive Soap Solution)을 사용하여 프로펠러를 세척할 수도 있다. 그런 다음 물로 충분히 헹구고 건조한다.

7.14.2 프로펠러 에어돔의 충전 (Charging the Propeller Air Dome)

다음은 일반적인 절차이므로 정확한 것은 항상 해당 프로펠러 제작사의 정비교범을 참조해야 한다.

프로펠러가 시동 록(Start Lock)에 위치되어 있는지, 적절하게 조절되었는지를 확인한 후 건조공기(Dry Air) 또는 질소(Nitrogen)로 실린더를 충전한다. (그림 7-40)에서는 실린더에 있는 공기 충전 밸브(Air Charge Valve)를 보여 준다. 가능하면 질소를 충전하는 것을 권고한다. 정확한 충전 압력은 부착된 도표로 확인하며, 온도에 상응하는 허브 공기압을 파악할 수 있다.

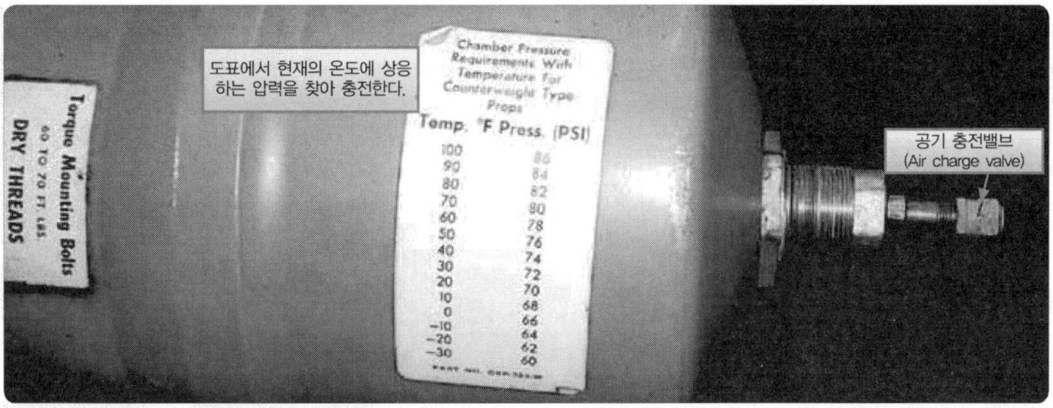

[그림 7-40] 프로펠러 에어 충전(Servicing air charge in propeller)

7.14.3 프로펠러의 윤활(Propeller Lubrication)

엔진오일로 조종되는 유압식 프로펠러(Hydromatic Propeller)와 일부 밀폐식 프로펠러(Sealed Propeller)는 별도의 윤활을 필요로 하지 않는다. 전기식 프로펠러(Electric Propeller)는 허브 윤활(Hub Lubrication)과 피치변환구동장치(Pitch Change Drive Mechanism)에 오일과 그리스를 필요로 한다. 오일과 그리스 규격, 그리고 윤활 방법은 제작사가 발행한 정비교범에 설명되어 있다.

사례를 분석해 보면, 어떤 모델(Model)은 수분이 프로펠러 깃 베어링에 있는 경우도 있었다. 따라서 프로펠러 제작사가 권고하는 주기적인 그리스 주입(Grease Lubrication)은 작동 부위의 적절한 윤활과, 부식에 대한 보호를 위함이다. 프로펠러에서 대부분의 결함은 외부 부식이 아니라 볼 수 없는 내부 부식이기 때문에 오버홀 기간 중에 반드시 점검해야 한다.

프로펠러와 허브 사이에는 이질 금속(Dissimilar Metals) 부식이 발생하는데, 적절한 검사를 위해서는 분해를 해야만 한다. 과도한 부식은 깃과 허브의 강도를 심하게 감소시킬 수 있다. 심지어 외관상 심각하지 않은 부식이라도 검사할 때 깃과 허브에 손상으로 나타날 수 있다. 심한 경우 깃 이탈(Blade Loss) 등과 같이 안전성에 영향을 미치기 때문에, 이 부분은 주의 깊게 관찰해야 한다.

부식 때문에 윤활 주기의 적용은 매우 중요하다. 통상 프로펠러는 100시간 또는 12개월 중에서 먼저 도래하는 시기에 윤활 작업을 한다. 그러나 항공기의 운영시간이 년 100시간 보다 훨씬 적다면 윤활 주기는 6개월로 단축해야 한다. 항공기가 높은 습도, 소금기와 같은 불리한 대기 조건에서 작동하거나 또는 보관되면, 윤활 주기는 6개월로 단축해야 한다. Hartzell은 새것(New) 또는 새롭게 오버홀된(Newly Overhauled) 프로펠러에서는 원심력으로 그리스가 축적되거나 재분배되어 프로펠러의 불균형을 초래할 수 있기 때문에 첫 번째 1~2시간의 작동 후에 윤활하도록 권장한다. 그리스의 부족은 습기가 모일 수 있는 깃 베어링에서 발생할 수 있다. (그림 7-41)에서처럼 엔진 쪽 허브 반쪽(Engine-side Hub Half) 또는 실린더 쪽 허브 반쪽(Cylinder-side Hub Half)으로부터 윤활 피팅(Fitting)을 장탈한다. 어느 쪽으로든 남아있는 윤활 피팅에 그리스 건(Grease Gun)을 이용하여 그리스를

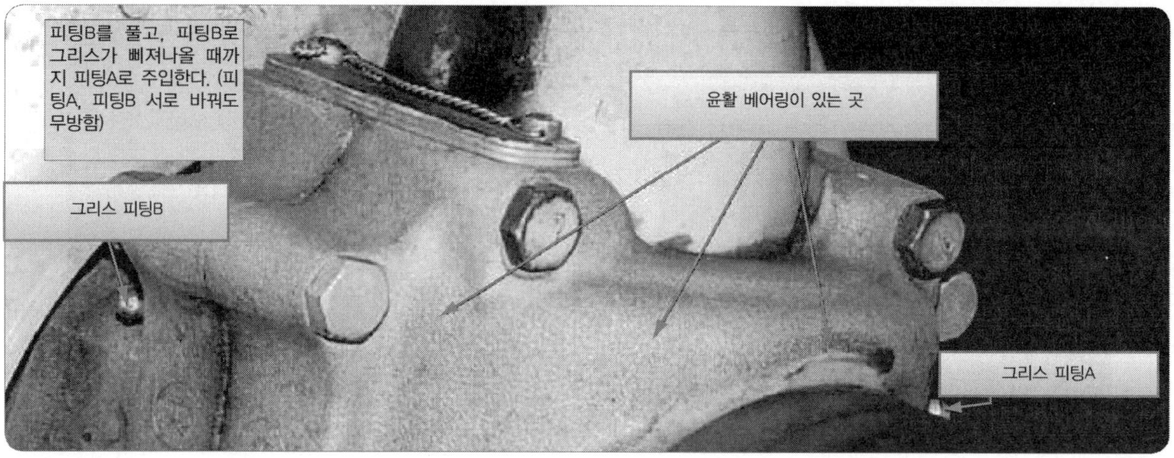

[그림 7-41] 프로펠러 베어링 윤활 (Lubricating propeller bearings)

주입하는데, 피팅이 제거된 구멍으로 그리스가 빠져나올 때까지 1 fluid once(30 ㎖)를 보급한다.

NOTE 1 액량온스(fluid once : 30 ㎖)는 수동 그리스 건으로 약 6회 펌핑에 해당하는 량이다. 떼어낸 윤활 피팅을 다시 장착한 후 조인다. 각 윤활 피팅의 볼(ball)이 적절하게 안착되었는지를 확인한다. 각 윤활 피팅에 윤활 피팅 캡(Lubrication Fitting Cap)을 장착한다. 제작사 정비교범에 따라 부착된 압력 피팅을 통해 그리스를 교체한다.

7.15 프로펠러 오버홀(Propeller Overhaul)

프로펠러 오버홀(Propeller Overhaul)은 해당되는 최대 시간(Maximum Hour) 또는 달력 시간(Calendar Time) 중에서 먼저 도래하는 시기 내에서 이루어져야 한다. 오버홀 준비사항으로 먼저 프로펠러 장탈 수령 즉시, 향후 수행될 오버홀 과정 전체에 걸쳐서 프로펠러 구성 부분 관련 서류를 검토한다. 오버홀 과정에 함께 진행할 수 있는 감항성 개선 명령(AD), 현재의 명세서, 그리고 제작사의 정비 회보(SB) 등을 검토한다. 일련번호가 맞는 지를 반복 확인하고 프로펠러의 일반적인 상태에 관하여 작업지시서(Work Order)에 설명을 달아 준다.

프로펠러 입고 후 첫 번째 사항으로 모든 구성 부분이 분해되고 세척된 후, 관련된 주요 부분에 대하여 예비검사(Preliminary Inspection)를 수행한다. 검사 결과에 따라 발견된 손상 정도, 수리가 필요한 부품, 그리고 교체해야할 부품 등을 그 사유와 함께 부품번호별로 기록한다. 소수의 예외사항(제작사 재허용 품목)을 제외하고 분해 시 떨어지는 대부분의 소모품 등급의 볼트, 너트, 와셔, 씰 등은 폐기하고 교체한다. 프로펠러를 분해하고 정상적으로 조립하기 위해서는 특정한 장비와 지지대가 필요하다. 이러한 장치는 대체로 15-feet Torque Adapter Bar 에서부터 허브 위치 표시(Dowel Pin)용 100-ton 압축기까지 해당 프로펠러 모델별로 다양하다. 프로펠러 깃, 허브와 같은 주요 부품은 3차원 치수 검사(Dimensional Inspection)를 통하여 변형된 부분, 마모된 부분을 확인하고 수리

방법을 찾는다. 수리방법이 없으면 새로운 부품으로 교체하거나 수리대기 상태로 남는다. 수리와 검사가 끝나고, 알루미늄 부품은 아노다이징(Anodizing), 스틸 부품은 카드뮴 처리(Cadmium Plating)부식 방지 작업을 하게 되면 재사용 가능한 상태가 되고, 조립 대기 상태로 넘어간다.

7.15.1 허브(The Hub)

허브 및 구성품으로 분해한 후 페인트와 양극 처리된 피막을 제거하고 다음에 해당되는 비파괴 검사를 실시한다.

(1) 비철 허브(Non-ferrous Hub) 및 구성품에는 형광침투탐상검사(FPI, Fluorescent Penetration Inspection)로 균열을 검사한다.
- 식각(Etch)하고, 헹구어 내고, 건조시킨다.
- 형광침투용액(FPI)에 부품을 담가 놓는다.
- 침투제에 흠뻑 적신 후 다시 헹구고 건조시킨다.
- 표면에 균열 또는 결함을 포착하는 현상액(Developer)을 뿌린다.
- 자외선 형광램프 아래에서 검사를 하면 손상된 부위에는 침투제가 명확히 확인된다.

(2) 특정 모델의 허브에는 고응력 부위(High-stress Area)에 와전류검사(Eddy- current Inspection)를 한다.
- 와전류탐상시험은 전도성 재료를 통해 전류를 통과시키는데, 즉 균열이나 결함이 있으면 지시계 또는 모니터에 변화된 파동이 나타난다.
- 이 검사 방법은 눈에는 보이지 않는 재료의 표면 아래쪽에 있는 결함을 검출할 수 있다.

(3) 자분탐상검사(MPI)는 강재 부분에 있는 결함의 위치를 찾을 때 적용된다.
- 프로펠러의 스틸로 된 부분에 강력한 전류를 통과시키면 자화된다.
- 형광산화철분말(Fluorescent Iron Oxide Powder)의 용제를 부품에 분사한다. 자화되는 동안, 부품 표면에 있는 유체 내의 입자는 곧바로 불연속(Discontinuity)으로 정렬된다.
- 블랙라이트 아래에서 검사할 때, 균열은 밝은 형광 선(Bright Fluorescent Line)으로 나타난다.

7.15.2 깃(The Blade)

프로펠러 깃의 오버홀 첫 단계는 정밀 치수 검사(Precise Dimensional Inspection)를 통하여, 폭(Width), 두께(Thickness), 면 맞춤(Face Alignment), 깃 각(Angle), 길이(Length) 등을 확인하는 일이다. 기록한 수치를 해당 모델의 제작사 오버홀 매뉴얼(Overhaul Manual)에서 명시하는 각 항목별 최소 허용 수치와 비교하고 수리 가능한 경우는 수리에 들어간다. 수리방법이 없으면 새로운 부품으로 교체하거나 수리대기 상태로 남는다.

각 프로펠러 깃 별로 필요한 수리에는 표면 연마(Surface Grinding), 피치 재설정(Re-pitching), 펴기(Straightening) 등이 있다. 이러한 작업은 특별히 고안된 장비와 정밀 측정 장비를 사용해야 한다. 피치 재설정은 특별 장비를 사용해도 0.1 degree 이내만 허용된다. 표면 연마는 표면에 있는 부식(Corrosion), 긁힘(Scratch), 흠(Flaw) 등을 제거하며, 작업 후 잔류 스트레스(Stress)가 남지 않아야 한다.

모든 응력 요인(Stress)과 결함(Fault)을 완전히 제거한 후, 최종적으로 깃 측정을 수행하고 깃 각각의 검사 결과를 기록한다. 프로펠러 깃의 균형을 맞추어서 조합하고 장기간 방식 처리를 위해 그들을 양극 처리(Anodizing)하고 페인트(Painting)를 칠한다.

7.15.3 프로펠러 재조립(Propeller Reassembly)

프로펠러 허브와 깃의 오버홀 과정이 완료되면 조립 과정으로 들어간다. 조립 준비과정으로는 오버홀 과정을 기록한 서류와 실물 부품번호를 대조 확인하고 부품별로 필요한 윤활 작업을 한다.

프로펠러 허브와 깃을 조립한 후에는 정속 프로펠러(Constant-speed Propeller)인 경우 깃의 저피치(Low-pitch)와 고피치(High-pitch) 각을 점검하고, 깃 각을 움직여 전 범위 내에서 적절히 작동하는지, 공기압력의 누설이 없는지를 확인한다. 그리고 프로펠러 어셈블리의 정적 평형(Static Balance)을 점검한다. 정적균형 점검 결과 필요하면 허브의 한 위치에 평형추(Counterweight)를 부착할 수도 있다.

최종 검사에서 오버홀을 수행한 기록(AD 수행, SB 수행, 수리기록, 정밀점검 등)을 검토하고 하자가 없는지를 확인하고 서명하면, 항공기에 장착할 수 있다. 그리고 동적 평형(Dynamic Balance)점검은 이후 항공기 엔진에 장착 후 수행하게 된다.

7.16 프로펠러의 고장탐구 (Troubleshooting Propellers)

다음의 사례는 일반적인 고장탐구의 경우이며, 실제 항공기에서의 고장탐구는 해당 항공기의 정비교범을 따라야 한다.

7.16.1 난조(Hunting) 와 서징(Surging)

난조(Hunting)는 요구되는 속도 부근에서 엔진 회전속도가 주기적으로 변화하는 특징이 있다. 서징(Surging)은 엔진 속도가 큰 폭으로 증가 또는 감소하는 특성을 가지고, 1~2회 나타난 후 원래의 속도로 복귀한다. 만약 프로펠러가 난조되고 있다면, 다음을 점검해야 한다.

(1) 조속기(Governor)
(2) 연료제어장치(Fuel Control)
(3) 상동기화장치(Phase Synchronizer) 또는 동기장치(Synchronizer)

7.16.2 고도에 따른 엔진 속도 변화 (Engine Speed varies with Flight Altitude)

엔진 회전속도에서 작은 변화는 정상이다. 페더링이 되지 않는 프로펠러에서 항공기 속도가 증감하는 동안 엔진 회전속도가 증가하는 경우는 다음 사항의 관련일 수 있다.

(1) 조속기가 프로펠러의 오일 체적을 증가시키지 못할 경우(Not Increasing Oil Volume)
(2) 엔진 전달 베어링의 과도한 누설(Excessive Leaking)
(3) 깃 베어링 또는 피치변환장치에서의 과도한 마찰(Excessive Friction)

7.16.3 페더링 불능 또는 느린 페더링 (Failure to feather or Feathers slowly)

페더링이 안 되거나 느릴 경우(Failure to Feather or Slow Feathering)에는 자격을 갖춘 정비사가 다음 사항을 수행해야 한다.

(1) 만약 공기 충전이 안 됐거나 충전도가 낮다면, 정비교범의 공기 충전 부분(Air Charge Section)을 참조한다.
(2) 프로펠러 조속기 조종 연결장치(Control Linkage)가 적절하게 작동하는지, 그리고 장착 상태, 리깅 등을 점검한다.
(3) 조속기의 배출 기능(Drain Function)을 점검한다.
(4) 깃 베어링(Blade Bearing) 또는 피치변환장치(Pitch-change Mechanism)에서 과도한 마찰을 초래하는 잘못된 조절(Misalignment), 또는 내부 부식(Internal Corrosion)이 있는지 점검한다. 본 사항은 반드시 인가된 프로펠러 수리 시설에서 수행되어야 한다.

[그림 7-42] 터보프롭 항공기 (Turboprop Commuter)

[그림 7-43] PT6 터보프롭엔진
(Pratt & Whitney PT6 engine)

[그림 7-44] P&W150 터보프롭엔진
(Pratt & Whitney 150 turboprop engine)

7.17 터보프롭엔진과 프로펠러 조정계통 (Turboprop Engines and Propeller Control Systems)

(그림 7-42)에서 보는 바와 같이, 터보프롭엔진은 수많은 단발, 쌍발, 근거리(Commuter) 항공기에서 사용되고 있다. (그림 7-43)에서와 같이, PT-6과 같은 소형 터보프롭엔진(Small Turboprop)은 동력이 500~2,000 축마력 범위의 단발 엔진 설계와 쌍발 엔진 설계에 사용되고 있다. (그림 7-44)에서와 같이, 대형 근거리항공기에는 최고 5,000 축마력을 전달할 수 있는 P&W150과 AE2100과 같은 중대형 터보프롭엔진(Mid to Large Turboprop)을 사용한다. 터보프롭프로펠러는 감속기어장치(Reduction-gear Assembly)를 통해 가스터빈엔진으로 작동되고 가장 효율적인 동력원임이 입증되었다. 프로펠러, 감속기

어장치, 그리고 터빈엔진의 조합을 터보프롭 동력장치라고 한다.

터보팬엔진(Turbofan)은 추력을 직접 생산하는 반면, 터보프롭엔진(Turboprop)은 추진동력을 압축기 및 터빈에서 프로펠러로 공급하면, 프로펠러가 항공기 추진동력의 대부분을 생산하기 때문에 간접적으로 추력을 생산한다. 터보프롭 연료 조절(Fuel Control)과 프로펠러 조속기(Governor)는 서로 연결되고 상호 작용한다.

출력레버(Power Lever)는 엔진으로부터 설정된 출력이 발생하도록 조종석에서 연료계통으로 신호를 보낸다. 연료조절장치와 프로펠러 조속기는 요구된 동력을 제공하기 위해 회전수, 연료량, 충분한 프로펠러 추진력을 얻기 위한 깃 각의 조합을 조정한다.

프로펠러 제어계통(Propeller Control System)은 비행중 운영(Flight Operation)과 지상운영(Ground Operation)의 2가지로 나뉜다. 비행중 운영(Alpha Range)은 프로펠러 깃 각과 연료 공급량이 출력레버의 설정에 맞도록, 사전에 정해진 운영한계 내에서, 자동으로 조정된다. 그러나 "Flight Idle(비상시 빠른 시간 내 최대출력으로 증가될 수 있는 출력)"이하의 출력위치에서는 엔진의 효율성 측면의 엔진 RPM과 깃 각의 연결은 작동하지 않게 된다. 지상 운영에서는 스로틀 쿼드런트(Throttle Quadrant)의 Beta 영역(Beta Range)으로 프로펠러 깃 각은 조속기가 관여하지 않고 출력레버에 의해 조정된다. 그리고 출력레버를 더 아래인 시동 위치로 하고 역피치기능을 선택하면 항공기 착륙시 역추력을 낼 수 있다.

터보프롭엔진 출력변화의 실제 특성은 엔진 속도(RPM)가 아니라 터빈입구온도(TIT)와 관련된다. 비행 중에는 정속 프로펠러(Constant-speed Propeller)를 유지한다. 이때의 속도(RPM)는 엔진 정격의 100%이며, 가장 엔진 효율이 좋은 이상적인 속도와 가깝다. 일반적으로 터빈엔진의 출력은 연료공급량의 영향을 받아 변화하며, 연료량이 증가하면 터빈입구온도가 상승하고 그래서 터빈 에너지가 증가하는 것이다. 터보프롭에서는 증가된 터빈 에너지는 프로펠러로 전달되고 프로펠러는 증가된 토크(Torque)를 깃 각을 증가시켜 이를 흡수한다. 그래서 추력은 증가되지만 엔진 속도(RPM)은 정속을 유지하게 되는 것이다.

7.17.1 감속기어어셈블리 (Reduction Gear Assembly)

감속기어 어셈블리(Reduction Gear Assembly)의 기능은 엔진으로부터 나오는 높은 회전수를 최대 프로펠러 끝 속도(Propeller Tip Speed)가 음속 이하로 유지되도록 프로펠러의 회전수를 줄이기 위함이다. (그림 7-45)에서와 같이, 대부분의 감속기어 어셈블리는 유성기어 감속장치(Planetary Gear Reduction)를 이용한다. 추가 동력은 프로펠러 조속기, 오일펌프, 그리고 다른 보조 부품 구동에 이용된다.

[그림 7-45] 감속기어장치 (Reduction gearbox)

프로펠러 제동기(Propeller Brake)는 기어박스 내에 합체되어 있다. 프로펠러 제동기는 프로펠러가 비행 중에 페더링(Feathering)되었을 때 바람에 의한 자연적인 회전(Windmilling)으로부터 프로펠러를 보호하고, 지상에서는 엔진이 정지한 후 프로펠러가 완전 정지할 때까지의 시간을 줄여 주도록 설계되었다.

7.17.2 터보-프로펠러 어셈블리 (Turbo-propeller assembly)

터보-프로펠러는 비행 중(Alpha Range)에 어떤 상황에서도 효율적이고 유연하게 엔진의 동력을 사용할 수 있도록 한다. (그림 7-46 참조) 지상 작동과 역추력 영역(Beta Range)에서는 프로펠러는 '0'(zero)이거나 또는 역추력을 제공하도록 작동할 수 있다. 프로펠러어셈블리의 주요 부품은 배럴(Barrel), 반구형 덮개(Dome), 저피치정지 어셈블리(Low-pitch Stop Assembly), 과속 조속기(Overspeed Governor), 피치 조종장치(Pitch Control Unit), 보조 펌프(Auxiliary Pump), 페더링 밸브(Feather & Un-feather Valve), 토크모터(Torque Motor), 스피너(Spinner), 제빙 타이머(De-ice Timer), 되먹임장치(Beta Feedback Assembly) 그리고 프로펠러 전자식 제어장치(Propeller Electronic Control)로 구성되어 있다.

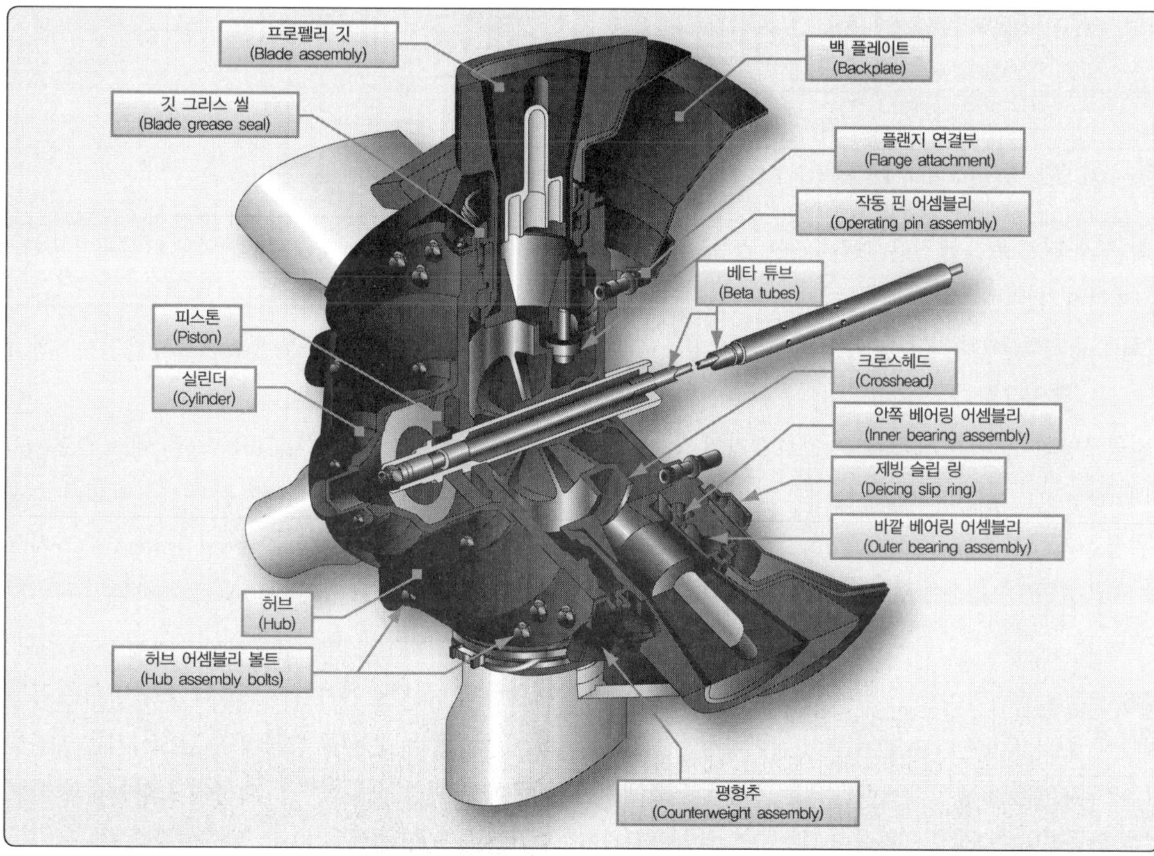

[그림 7-46] 터보프롭 프로펠러(Turboprop propeller)

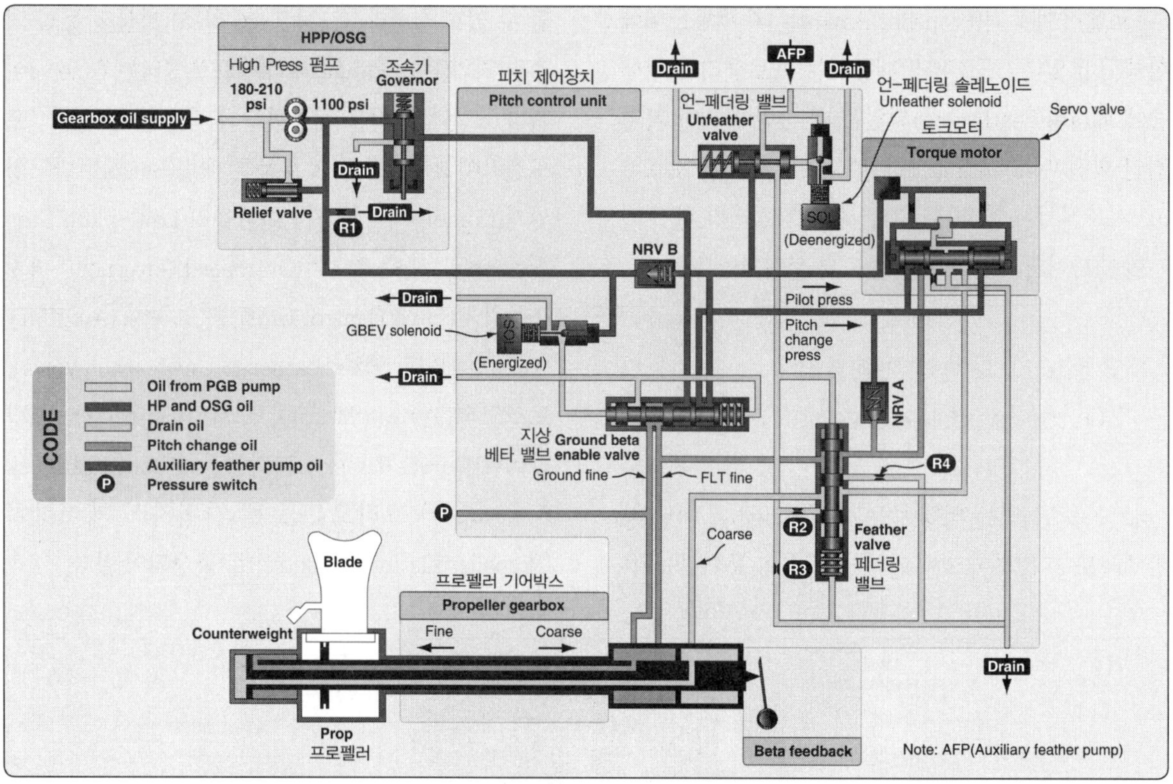

[그림 7-47] 유압식 프로펠러 컨트롤 계통도 (Propeller control system schematic)

최근의 터보프롭엔진은 엔진과 프로펠러 모두를 제어하기 위해 "이중 완전통합 전자식 엔진제어장치(Dual FADEC, Full Authority Digital Engine Control)"를 사용한다.

원뿔모양의 스피너(Spinner)는 프로펠러에 장착되어 돔(Dome)과 배럴(Barrel)을 덮어 항력을 감소한다.

위상동기장치(Synchrophasing)는 지정된 마스터 프로펠러(Master Propeller)와 종속 프로펠러(Slave Propeller) 사이에 미리 설정된 연관 각(Preset Angular)을 유지하도록 설계되었다. 프로펠러는 조종석 출력레버(Power Lever)와 비상 엔진정지핸들(만약 하나의 엔진이 정지 상태라면)과는 기계적 연결에 의해 작동되며, 또 상호 연관하여 작동하기 위해 프로펠러 컨트롤 레버(Control Lever)와도 연결되어 있다.

또 전자 출력 조절장치(Electronic Throttle Control)를 사용하는 새로운 형식은 통합전자식 엔진제어장치(FADEC)와 연결되어 있다.

터보 프로펠러 조종장치(Turbo-propeller Control)는 엔진이 비행 중에 운전 정지될 때 프로펠러를 수평으로 하는 페더링 장치(Feathering System)를 가지고 있다. 프로펠러 조종장치는 비행 중 엔진 재시동이 필요하면 언-페더링(Un-feathering) 시킬 수도 있다. 대형터보프롭엔진에서의 프로펠러 조종 방식은 유압으로 프로펠러 깃 각을 증가 또는 감소시키는 방법을 사용하는 이중 작동식이기 때문에 소형엔진과 다르다. (그림 7-47)

08 엔진 장탈 및 교환

Engine Removal and Replacement

8.1 서론
8.2 엔진의 장탈 사유
8.3 엔진 장탈 및 장착 절차
8.4 파워플랜트 외부 점검 및 교환
8.5 가스터빈엔진 장탈 및 장착
8.6 터보팬 파워플랜트 장탈
8.7 터보팬 파워플랜트 장착
8.8 리깅, 검사 및 조절
8.9 터보프롭엔진 장탈 및 장착
8.10 엔진마운트
8.11 엔진의 저장정비 및 저장
8.12 엔진 저장정비 및 환원
8.13 엔진 수송컨테이너
8.14 저장 엔진에 대한 검사
8.15 가스터빈엔진에 대한 저장정비 및 저장해제정비

8 엔진 장탈 및 교환

Engine Removal and Replacement

8.1 서론(Introduction)

항공기 엔진의 교환 절차는 항공기와 엔진의 형식에 따라 다를 뿐 아니라 또 모든 엔진에 적용시킬 수는 하나의 절차가 마련되어 있지도 않다. 그래서 본 장에서는 가스터빈엔진의 대표적인 장탈 및 장착 절차를 선정하여 설명하고자 한다.

가스터빈엔진의 공통적인 사항으로는 일반적으로 장착할 엔진을 준비하고 저장정비와 보관하는 등의 엔진 관리 사항과 엔진 교환 시 분리하고 다시 연결해야 하는 전기, 유압 및 연료공급 라인 등, 그리고 공기 흡입구와 배기구 부품 및 엔진컨트롤, 엔진마운트 등의 엔진 장탈 및 장착 작업 사항이 있다.

항공기 엔진에는 위와 같은 공통적인 사항도 있지만 엔진모델 마다의 특수성이 있기 때문에, 실제 엔진 교환 시는 반드시 관련 제작사의 해당 정비교범을 참고해야 한다.

8.2 엔진의 장탈 사유 (Reasons for Removal of Engines)

가스터빈 엔진은 고속으로 회전하면서 출력을 얻는 장치이므로, 높은 에너지를 갖고 있어 항상 위험 요인이 내재하고 있다. 엔진자체의 요인은 그렇다손 치더라도 엔진 외부물질이 엔진 내로 들어가 엔진을 손상시키는 사례도 적지 않은 만큼 엔진을 잘 관리하기는 쉽지 않은 일이다. 상용항공기 운영에서는 엔진 관리 차원에서 다음과 같이 엔진 교환을 계획 장탈(Planned Removal)과 비계획 장탈(Unplanned Removal)로 나눈다.

(1) 계획 장탈: 계획 정비(Hot Section Inspection, Cold Section Inspection, or Overhaul) 시기 도래, 엔진 회전부품(Life Limit Part)의 수명 도래, 특정 결함부위 점검 시기 도래, 엔진 운영시간 관리(Time Staggering) 등으로 사전에 장기 또는 단기적으로 계획된 교환

(2) 비계획 장탈: 계획되지 않은 엔진 교환, 즉 운영 중 결함이 발생하여 더 이상 운영할 수 없는 상황에서의 교환을 말하며, 비계획 장탈 건수를 엔진 운영시간으로 나눈 비계획 장탈율은 엔진 운영의 품질을 대표하는 지표로 활용한다. 운영 중 엔진 정지 현상, 터빈온도가 한계치를 넘는 경우, 오일 소모량이 한계치를 넘는 경우, 오일계통에서 금속입자가 검출된 경우, 터빈 엔진 내부 부품이 손상되어 계속 사용할 수 있는 범위를 초과하는 경우 등 운용한계 초과 사례가 대부분이다. 그 외에도 계통 결함이 있으나 현장에서 처치할 수 없는 경우 등으로 장탈하는 사례도 있다.

이와 같이 엔진을 장탈해야 하는 경우가 발생하면,

장탈하는 엔진을 대신할 예비 엔진을 준비해 두어야 단시일 내 항공기 운항이 가능하나, 미처 준비하기도 전에 다수의 엔진을 교환해야할 상황이 발생하는 경우도 있다. 항공기가 기술적인 문제로 비행할 수 없는 상황을 AOG(Aircraft on Ground)라고 하며, 그 어떤 경우이든 항공기에 장착할 엔진이 준비되지 않은 상황(엔진 AOG)이 발생하지 않도록 최우선적으로 조치해야 한다.

8.2.1 엔진 또는 부품 수명 한계 도래 (Engine or Component Lifespan Exceeded)

엔진의 수명은 실제적으로 제작사 품질, 항공기의 운영 여건, 정비 품질과 같은 그 운영 조건에 따라 많은 차이가 발생한다. 그래서 감항당국의 정책에 따라 초기에는 제작사가 오버홀(Overhaul) 주기를 설정하고 그 후 운영 조건과 실적에 따라 부분적으로 연장하는 방식을 적용해 오고 있다. 그 후 터보팬엔진 시대가 도래하고 엔진운영상태를 관리할 수 있게 되면서 오버홀 대신 On Condition(OC) 개념을 적용하고 있다. OC 개념은 운영 중인 엔진의 주요 지표들을 지속적으로 관리하고 엔진별 성능 감쇄 정도를 감안하여 적절한 주기에 장탈하여 경제적인 정비를 수행하게 하는 것이다. HSI(Hot Section Inspection), CSI(Cold Section Inspection) 등은 엔진에 내재된 결함과 성능 감쇄 정도에 따라 정비를 해주어야 부분을 구분하여 선별적으로 적용하는 사례이다. 상용항공기 운영자에게는 기간을 정하여 엔진의 상태와 운영 실적을 분석하여 경제적이면서도 안전성을 유지할 수 있는 적절한 정비 주기를 설정하게 하고, 검토한 자료는 감항당국에 제출하여 인가를 받도록 하고 있다.

고속으로 회전하는 가스터빈엔진의 압축기, 터빈의 부품과 연소실(Combustion Liner) 등은 운영 중에 가해진 고열과 고압의 스트레스가 가장 심한 부분으로 고열과 고압상태가 반복되면서 금속 피로(Metal Fatigue)가 누적되고 있는 상황이다. 더구나 고속 회전 부품에서는 고열과 고압상태가 지속되면 원심력의 영향으로 금속격자가 늘어지는 현상(Metal Growth)이 발생한다. 이와 같이 금속 피로가 누적되고 금속격자가 변화하면 금속 고유의 강도가 급격히 감소하고 균열이 발생하기 때문에 사용 시간 또는 회수를 제한해야 안전성을 확보할 수 있다. 그래서 감항당국은 제작사로 하여금 터빈엔진의 회전부품(Disk, Blade, Airseal, Shaft 등)과 특정 부품(Combustion Liner 등)의 수명을 제한하도록 하고, 상용항공기 운영자에게는 특정 부품의 수명을 엔진 정비 주기에 반영하게 하고 이를 확인하고 있다.

실제로 터빈엔진을 운영하는 상용항공기 운영에서는 엔진에 들어갈 특정 부품들의 잔여 수명(총수명에서 그간의 사용 시간/회수를 차감한 수치)을 고려하고 향후 예상되는 운영시간 등을 고려하여 엔진 생산계획을 세우고, 엔진별 이러한 특정 부품의 현황을 별도로 관리하고 있다.

8.2.2 엔진 정지(Sudden Stoppage)

엔진 정지 현상은 엔진 외적인 영향으로 엔진 회전이 갑자기 정지 또는 회전수 0(Zero)에 이르는 현상이다. 운항중 항공기 자세가 잘못되면서 프로펠러가 지상과 부딪치는 경우, 항공기 전방 착륙장치(Nose Landing Gear)가 손상되면서 굽혀지는 등의 항공기 사고에 의한 경우 대부분이다. 터보 팬 엔진에서는 운항 중 대형 조류 또는 조류 떼가 흡입(Bird Strike)되면서 엔진 정지에 이르는 경우가 있다.

엔진 정지는 높은 회전 에너지가 내부 부품으로 전달된 상황으로 회전체가 편심 되면서 회전 부품(Bearing, Disk, Blade, Rotor Shaft 등), 고정 부품(Case 등) 및 기어(Gear) 등이 심하게 손상되기 때문에 필히 엔진을 장탈하여 오버홀에 준하는 정비를 해야 한다. 실제로 엔진 제작사가 발행한 해당 엔진 형식에 맞는 엔진 정지현상에 대한 지침서(정비교범)가 있으며, 이를 적용해야 한다.

8.2.3 엔진 급감속 (Sudden Reduction in Speed)

엔진 급감속 현상은 엔진 외적인 영향으로 엔진 회전이 일시적으로 감속되었다가 다시 정상으로 회복되는 현상이다. 저속에서 프로펠러가 지상과 부딪치거나 약하게 부딪치고는 엔진 정지 없이 원상되는 경우, 터보 팬 엔진의 경우 지상에서 엔진 내부로 공구(Tool) 등이 들어가면서, 또는 운항 중 조류가 흡입(Bird Strike)되면서 잠시 엔진이 감속되었다가 장애 요인이 사라지면서 다시 정상으로 회복되는 경우가 있다.

엔진 급감속에 따른 영향은 발생 시기가 고회전 상태(높은 에너지 상황)일수록 손상이 심하며, 발생 정도와 경과 시간(초 단위)에 따라 후속 조치가 다르기 때문에, 그대로 정지하기 전에 발생 당시의 사실 자료(발생 당시의 회전 속도, 경과 시간 등) 및 현재의 계기 자료를 확보해 두는 것이 도움이 된다. 그리고 엔진 제작사가 발행한 해당 엔진 형식에 맞는 엔진 급감속 현상에 대한 지침서(정비교범)에 따라 후속 조치를 해야 한다.

일반적인 조치로는 터보 팬 엔진의 경우 마운트(Mount) 상태, 엔진 흡입구와 배출구 등을 통한 이상 여부 확인, 로터(Rotor)를 손으로 돌렸을 때 걸리는 부분이 없이 회전하는지(Free Rotation) 등을 점검한다. 또한 오일필터 점검 및 오일 배출부로부터 오일을 추출하여 금속입자 여부를 점검한다. 발견된 금속 입자가 덩어리(Heavy Metal Particle) 일 경우는 엔진을 장탈하고, 이전과 동일한 미세한 금속(Fine Filing)일 경우 엔진을 돌려 오일계통을 회전시킨 다음 금속입자의 재검출 여부를 확인해야 한다.

그리고 전체적으로 이상이 없다고 판단되면 엔진을 시동하고 엔진 구동 소리가 부드러운지 진동이 있는지 출력은 정상 범위인지를 확인한다. 모든 게 정상이면 엔진을 정지하고, 다시 한 번 오일계통의 금속입자 검출 여부 점검하고 재삼 확인한다.

터보샤프트 엔진의 경우 손상된 프로펠러를 장탈하고 프로펠러 구동축(Propeller Drive shaft)의 정렬불량(Mis-alignment) 여부와 프로펠러 구동축의 플랜지(Propeller Flange)부분의 진원도(Run Out)를 점검한다. 최종적으로는 새로운 프로펠러를 장착하고 프로펠러 끝단에 대한 궤도 점검(Tracking Check)을 실시한다. 프로펠러 회전면은 구동축과 직각이어야 하고 궤도 검사 결과는 허용 범위 내에 있는지를 확인한다.

8.2.4 오일계통의 금속입자 (Metal Particle in the Oil)

엔진 오일 필터 또는 MCD(Magnetic Chip Detector)에서 금속입자가 검출되었다면 이는 엔진 내부에 부분적인 손상이 있는 것으로 간주할 수 있다. (그림 8-1

[그림 8-1] 자석식 칩 검출기(Magnetic Chip Detector)

참고)

카본(Carbon Seal)은 엔진 내부에서 회전체와 닿기 때문에 닳거나 조각으로 떨어져 나오며 그 조각은 금속 모습으로 보일 수 있다. 그러므로 엔진 오일필터 또는 MCD에서 이물질이 검출되었다면, 엔진 내부 손상이라고 속단하여 엔진 장탈을 결정하기 전에, 자석을 이용해서 검출된 물질이 철금속 입자(Ferrous Metal)인지 여부를 판단할 필요가 있다.

철금속 입자가 오일필터에서 검출되면 신중하게 판단해야 하나, 엔진 중정비(OVHL급 정비)후에 장착된 엔진에서 검출되는 소량의 비철금속 입자(Non-ferrous Metal)은 때때로 정상적인 것으로 간주할 수 있다. 예를 들어, 줄밥(Filing)과 유사한 이물질이 소량 발견되었다면, 오일을 모두 배유한 후 재보급한다. 그리고 엔진을 시동 후 오일필터와 MCD를 다시 검사하여 이물질이 더 이상 발견되지 않는다면, 엔진을 계속해서 사용할(제작사 정비 교범을 적용한다) 수 있으나 그 후에도 당분간은 어떤 비정상 징후가 발생하는지를 관찰해야 한다.

8.2.5 분광식 오일 분석 프로그램(SOAP: Spectrometric Oil Analysis Engine Inspection Program)

분광식 오일 분석 프로그램(SOAP)은 오일 샘플을 채취하고 분석하여 소량일지라도 오일 내에 존재하는 금속 성분을 탐색하는 오일 분석 기법이다.

오일은 엔진 전체를 순환하면서 윤활하는 동안 오일은 마모금속(Wear Metal)이라고 불리는 미량의 금속 입자(Microscopic Particles of Metallic Elements)를 함유하게 되는데, 엔진 사용 시간이 늘어남에 따라 오일 속에는 이러한 미세한 입자는 누적된다.

SOAP 분석을 통해 이런 입자를 판별하고 무게를 백만분율(PPM: Parts per million)로 알아낸다. 분석된 입자들을 마모 금속(Wear Metals)이나 첨가제(Additives)와 같이 범주로 나누고, 각 범주의 PPM 수치를 제공하면 분석 전문가는 이 자료를 엔진의 상태를 알아내는 많은 수단 중 하나로 사용한다. 특정 물질의 PPM이 증가한다면 부분품의 마모나 엔진의 고장이 임박했다는 징조일 수 있다.

시료를 채취할 때 마다 마모 금속의 양은 기록된다. 마모 금속의 양이 통상적인 범위를 넘어 증가했다면, 운영자에게 즉시 알려 수리나 권고된 특정 정비를 하거나 점검이 이루어지도록 한다. SOAP는 엔진이 고장나기 전에 문제를 알아내므로 안전성을 높일 수 있다. 또한 엔진이 더 큰 결함이나 작동 불능이 되기 전에 문제점을 미리 알려 줌으로써 비용 절감에도 기여한다. 이러한 절차는 터빈엔진, 왕복엔진을 막론하고, 당면하고 있는 엔진의 결함 상태를 진단하는 방법으로 사용되고 있다.

8.2.6 터빈엔진 건강상태 진단 프로그램 (Turbine Engine Condition Monitoring Programs)

대부분의 가스터빈엔진은 운영되는 동안 건강상태 진단 프로그램에 의해 건강상태를 모니터링하고 있다.

이것은 경향 분석 성능 감시(Trend Analysis Performance Monitoring)라고도 부를 수 있으며 엔진의 배기가스온도, 연료량, 회전수, 진동수, 오일 소모량 등 주요 파라미터(Parameter)를 매일 점검하여 엔진의 성능 변화 및 경향을 정밀 모니터링 하는 프로그램이다. (그림 8-2 참고)

특히 중요한 엔진 파라미터의 변화는 엔진 내부의 상태 악화나 성능 저하의 징후로 해석될 수 있기 때문에 파라미터가 허용한계에 이르기 전에 엔진이 수리될 수 있도록 세심하게 관찰하여 장탈 계획을 수립해야 한다.

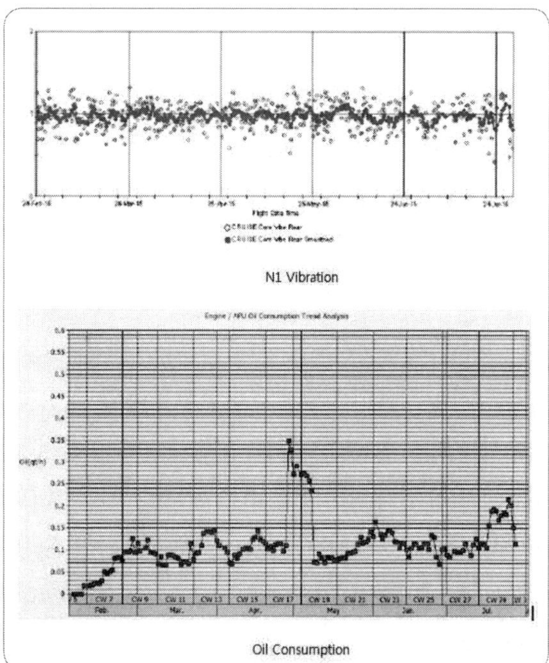

[그림 8-2] 엔진 상태진단 (Engine Condition Monitoring)

8.2.7 엔진 작동상 문제점 (Engine Operation Problems)

엔진 작동 중에 아래와 같은 결함이나 문제점이 지속적으로 나타나면 장탈해서 적절한 조치를 취해야 한다.

(1) 과도한 엔진의 진동(Vibration): 특히 터빈엔진에 해당

(2) 역화(Backfiring) 또는 점화 실패(Misfiring): 터빈엔진 연료/시동계통 결함 지속, 다른 기계적 결함으로 간헐적으로 또는 지속되는 경우

(3) 터빈 엔진 운용한계 초과, 사용 한계 품목(Life Limited Part)의 한계 초과

(4) 저출력: 터빈엔진의 성능 감쇄 또는 압축기 내부 결함

8.3 엔진 장탈 및 장착 절차 (General Procedures for Engine Removal and Installation)

8.3.1 장착 준비(Preparation of Engines for Installation)

엔진 장탈이 결정되면 엔진 교환을 준비해야 한다.

정비 절차와 방법은 엔진에 따라 다르지만 최고의 정비 효율과 신속하게 엔진을 교환하는 방법으로 QECA(Quick Engine Change Assembly)를 활용한다. 상용 항공기에서는 준비된 엔진에 추가하여 항공기 제작사 관할 부품(Aircraft-furnished Accessory: 발전기 및 배선, 유압펌프 및 유압 호스, 공압 부품류 및

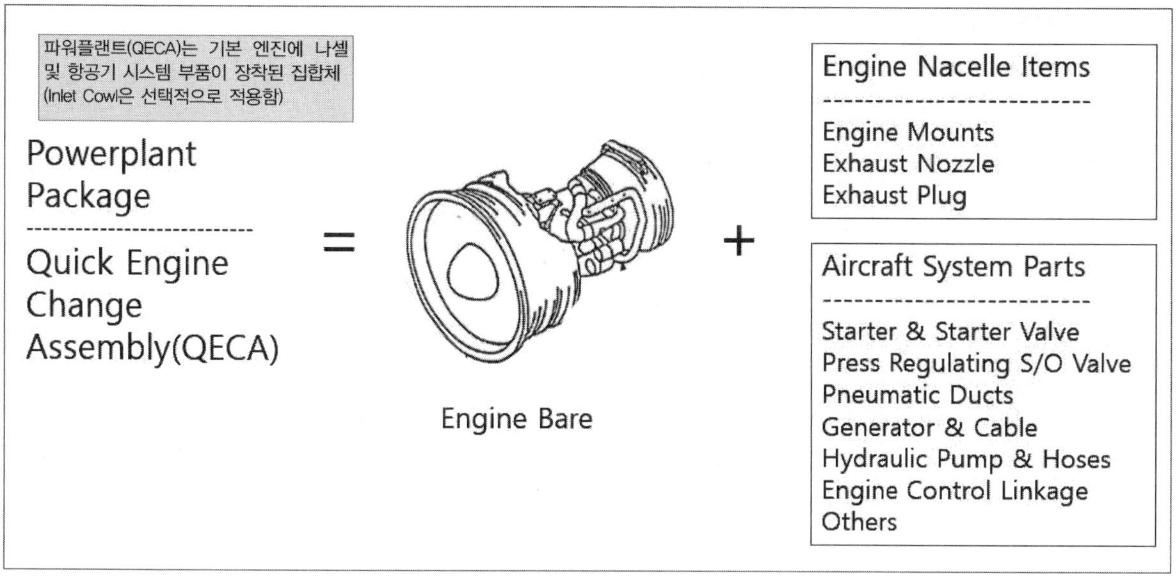

[그림 8-3] 엔진과 파워플랜트 관계 (Engine and QECA, Powerplant Package)

덕트류, 시동기, Engine Control Linkage 및 Mounts 부품 등)들이 모두 장착되어 있는 상태(Powerplant Package)를 QECA 로 불린다.

8.3.2 엔진 교환을 위한 QECA 조립(QECA Buildup Method for changing of Engines)

QECA 개념(Boeing 개념이며, Airbus 에서는 EBU/Engine Buildup Unit라고 한다)은 상용항공기의 대형 터보 팬 엔진 운용에 널리 사용하고 있으며, 이를 적용하는 절차는, QECA 조립 절차(Buildup Procedure: 준비된 엔진에 항공기에서 필요한 부품을 장착하여 QECA를 만드는 절차)와 조립된 QECA를 항공기에 장착하는 절차(Installation Procedure)로 나뉘어져 있다. (그림 8-4)은 엔진에 장착된 QECA의 일반적인 구성품을 보여 주고 있다.

대부분의 항공기 엔진은 항공기 날개 밑에 위치한 유선형 나셀(Nacelle)의 내부에 장착되며, 나셀은 윙나셀(Wing Nacelle)과 엔진나셀(Engine Nacelle)로 구분된다.

윙나셀은 항공기의 날개 구조물에 장착된 나셀(Fan Cowl, Reverser Cowl)로 엔진 외부에 장착된 오일계통, 연료계통, 유압계통, 공압계통의 도관과 부품 등, 그리고 엔진 작동을 위한 삭종 링키지(Linkage)와 제어장치(Controls) 등을 감싸는 역할을 한다. 엔진나셀은 항공기 날개 구조물로부터 분리되어 조립된 부분으로 일반적으로 엔진 전방(Inlet Cowl)과 후방(Exhaust Nozzle & Plug)에 장착된 나셀을 말한다. (그림 8-5)

저장 중에 있던 엔진과 그 엔진에 장착되어 있는 액세서리들은 항공기에 장착되기 전에 절차에 따른 저장해제정비(De-preservation)와 적절한 점검이 이루어져야 한다.

만약 엔진이 압력이 작용하는 금속 컨테이너에 저장되어 있었다면, 공기밸브를 열어 공기압을 제거해야 하며 공기압 제거는 밸브의 크기에 따라 다르지만 30

[그림 8-4] 카울을 열고 들여다본 QECA 구성품 모습
(Open cowling view of a typical power package)

분 이내에 마무리될 수 있을 것이다.

금속 컨테이너를 열고 엔진 호이스트(Hoist) 연결부(통상 2곳)에 호이스를 연결(그림 8-20 참조)하고 조심스럽게 들어 올려 엔진을 작업장에 내려놓는다. 엔진 외부에 부착되어 있는 탈수제(Dehydrating Agent) 또는 방습제(Desiccant) 및 습도계를 제거한다.

또한 컨테이너 내부에 별도로 보관되어 있는 액세서리(Accessory, 컨테이너 용적문제로 또는 작업 순서상 차후에 장착할 부품들을 별도로 하여 컨테이너 내부에 넣어 같이 수송함) 등은 항공기에 장착 시 엔진에 장착될 것이므로 안전하게 챙겨 둔다.

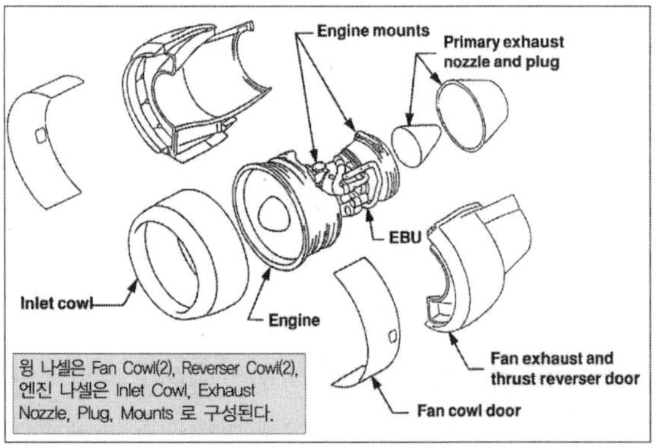

[그림 8-5] 엔진과 나셀 구성도
(Engine and Nacelle Integration /P&W Data)

8.4 파워플랜트 외부 점검 및 교환 (Inspection and Replacement of Powerplant External Units and Systems)

나셀의 형태는 항공기에 따라 다르지만 기본적으로 내부에 엔진이 장착된 상태에서 별도 장탈이 가능한 카울링(Cowling) 구조물(Framework)로 되어 있으며, 검사 전에는 반드시 세척해야 한다. 또한 이는 항공기에 장착되어 있으며 엔진과 기체를 격리시키는 방화벽 역할도 한다.

엔진과 여러 계통들을 잇는 배선(Wiring), 배관(Tubing), 및 링키지(Linkage) 등과 제어장치들이 이 방화벽을 통과하여 서로 연결된다.

나셀에 대해서는 구조물, 판금, 그리고 나셀에 리벳으로 부착된 금속판(Plate)에 대한 전반적인 상태를 점검하며, 엔진 마운트 프레임(Mounting Frame)에 대해서는 철배관(Steel Tubing)의 휘어짐, 찌그러짐, 찍힘, 부식 발생 및 균열 여부 등을 점검한다. 균열, 기공 부분 또는 기타 결함의 존재 여부를 확인하기 위해서 침투탐상검사(Dye Penetrant Inspection)를 이용하기도 한다.

엔진 마운팅 볼트(Mounting Bolt)는 일반적으로 자분탐상검사(Magnetic Particle Inspection) 또는 다른 인가된 방법으로 상태를 점검하며, 볼트가 장탈된 상태에서 볼트 구멍(Hole)의 편 마모(Elongation, 부적절하게 조여진 볼트의 움직임으로 발생하는 결함) 여부를 점검하고 확인해야 한다. 상용 항공기 운영에 있어서는 엔진 마운트 부품(Bolt, Nut, Support 등)들은 매우 중요하기 때문에 별도로 결함 여부가 확인된 부품으로 장착하고, 장탈한 엔진의 마운트 부품은 엔진과 함께 공장으로 입고된다.

노출된 배선의 외부 표면에 대해서는 꺾임(Break), 벗겨짐(Chafing) 또는 기타 손상 등에 대해 점검해야 하며, 크림프(Crimped) 또는 연납땜된(Soldered) 케이블 끝단의 견고함 등을 점검한다. 추가해서 연결 소켓(Connector plug)의 전반적인 상태를 점검하여 손상 정도에 따라 수리하거나 교체해야 한다.

엔진을 장착하기 전에, 나셀의 모든 배관(Tubing)에 대해 굽힘(Dent), 찍힘(Nick), 긁힘(Scratch), 벗겨짐(Chafing), 또는 부식(Corrosion) 여부를 점검한다. 여러 가지의 엔진계통에 사용되는 호스(Hose)들도 피복 상태, 보강재 손상 등을 세심히 검사하여 피복이 벗겨졌거나 떨어져 나간 경우는 손상된 길이만큼 교체할 수도 있다. 클램프(Clamp)의 압력에 의해 발생된 깊고 영구적인 호스의 변형을 콜드 플로우(Cold-flow)라 칭하는데 이러한 현상이 과다하면 호스를 교체해야 한다. 컨트롤 로드(Control rod)의 경우에도 강도에 영향을 미칠 만큼 충분히 깊은 찍힘(Nick) 또는 제거할 수 없는 정도의 부식(Corrosion)이 발생되었으면 교체해야 한다.

구형항공기에서는 조종계통에 사용되고 있는 풀리(Pulley)의 움직임도 점검해야 한다. 케이블이 풀리 주위를 운동하면서 케이블이나 풀리에 마모가 발생하면 케이블이 미끄러지기(Sliding) 때문에, 운동이 자유롭지 못하므로 풀리의 결함 여부는 쉽게 확인할 수 있다. 또한 풀리의 베어링은 케이블 장력을 제거한 상태에서 풀리를 움직였을 때 풀리의 과도한 유격이나 흔들림 등을 점검하여 검사할 수 있다. 케이블은 또한 부식과 부러진 가닥에 대해 검사하며, 천을 감아 케이블을 닦아 가면서 부러진 가닥의 위치를 찾아낼 수 있다.

터미널 끝단(Terminal End)의 청결 상태나 부착 상태를 가볍게 흔들어 가며 점검하고 완전한 결속여부 확인하는 전기저항 점검은 제작사 정비규범에 명시된 저항값을 초과하지 않아야 한다.

배기노즐(Exhaust Nozzle), 콜렉터 링(Collecting Ring), 그리고 테일파이프(Tail Pipe)에 대해서는 균열, 부식, 견고함 등을 검사하며, 이들 중 항공기에 엔진을 장착하기 전에 미리 엔진에 장착해야 하는 것들도 있다.

공압 배관(Air Duct)에 대해서는 일반 상태, 찌그러짐(Dent) 여부와 배관이 교차하거나 클램프가 장착되는 곳에 있는 천(Fabric) 또는 고무(Rubber)로된 채핑 방지용 스트립(Anti-chafing Strip)의 장착 상태를 점검한다. 찌그려진 부분은 두드려 펼 수 있으나, 교차부위가 견고하지 않으면 쉽게 헐거워지기 때문에 채핑방지용 스트립을 교환해야 한다.

엔진오일계통을 꼼꼼히 점검하고, 엔진을 장착하기 전에 수행해야 할 특별한 정비 사항이 있으면 수행한다. 엔진이 정상 작동 후 결함 없이 장탈되었다면 엔진오일계통에 대해서는 단지 오일을 교체하는 것으로 충분하다.

그러나 엔진이 내부 손상에 의해 장탈되었다면 통상 오일탱크, 오일냉각기와 온도조절기를 포함한 엔진 오일계통의 부품들은 공장으로 보내 완벽한 점검 및 수리가 이루어져야 한다. 또한 엔진오일 압력을 이용하여 작동되는 프로펠러 조속기(Governor)와 페더링 펌프(Feathering Pump)의 경우도 교환되어야 한다.

8.5 가스터빈엔진 장탈 및 장착(Turbine Engine Removal and Installation)

터보팬엔진의 일반적인 장탈 및 장착 절차의 방향기준은 엔진을 뒤쪽에서 앞쪽을 향한 상태에서 오른쪽과 왼쪽 그리고 시계 방향과 반시계 방향을 정의한다.

8.5.1 APU 장탈 및 장착(Removal and Installation of an Auxiliary Power Unit)

상용항공기에 장착된 보조동력장치(APU)의 장탈 및 장착에 대한 일반적인 절차는 다음과 같다.

8.5.1.1. APU 장탈(Removal APU)

(1) 보조동력장치 구역(Compartment) 도어(Door)의 잠금(Latch)을 풀고 도어를 연다. 열린 도어를 지지대(Door Support Rod)로 고정하고 필요하다면 회로 전원 차단기(Circuit Breaker)와 스위치(Switch)를 개방한다. (그림 8-7 참고)

(2) 하부 서포트 슈라우드(Support Shroud)를 장탈한다.

(3) 상부 슈라우드의 소켓(Receptacle)으로부터 APU 배선, 시동기 모터 그리고 발전기 플러그를(Plug) 분리한다.

(4) 상부 슈라우드에 있는 소켓으로부터 APU 발전기 컨트롤 플러그를 분리한다.

(5) 상부 슈라우드에 있는 소켓으로부터 EGT 지시장치 플러그를 분리한다.

(6) 상부 슈라우드에 있는 피팅(Fitting)으로부터 블리드 로드 컨트롤 에어 라인(Bleed Load Control Air Line)을 분리한다.

(7) 저압 연료필터의 엘보우(Elbow)로부터 연료호스를 분리한다.

(8) 상부 슈라우드에 있는 소켓으로부터 화재경보센

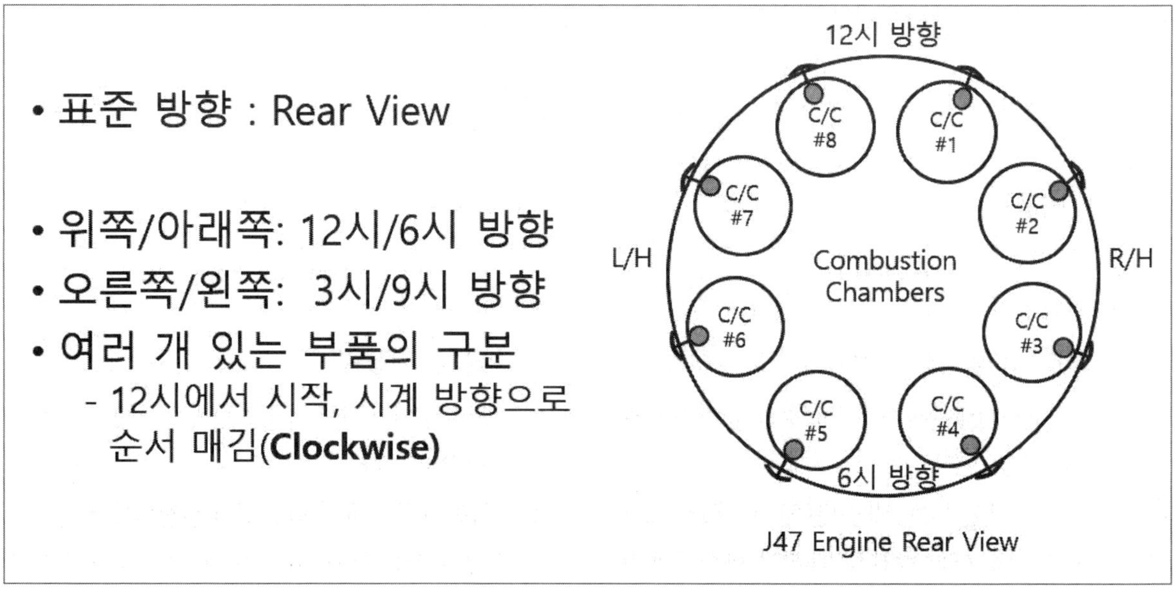

[그림 8-6] 엔진 표준 위치 및 순서(Engine Standard Position & Numbering)

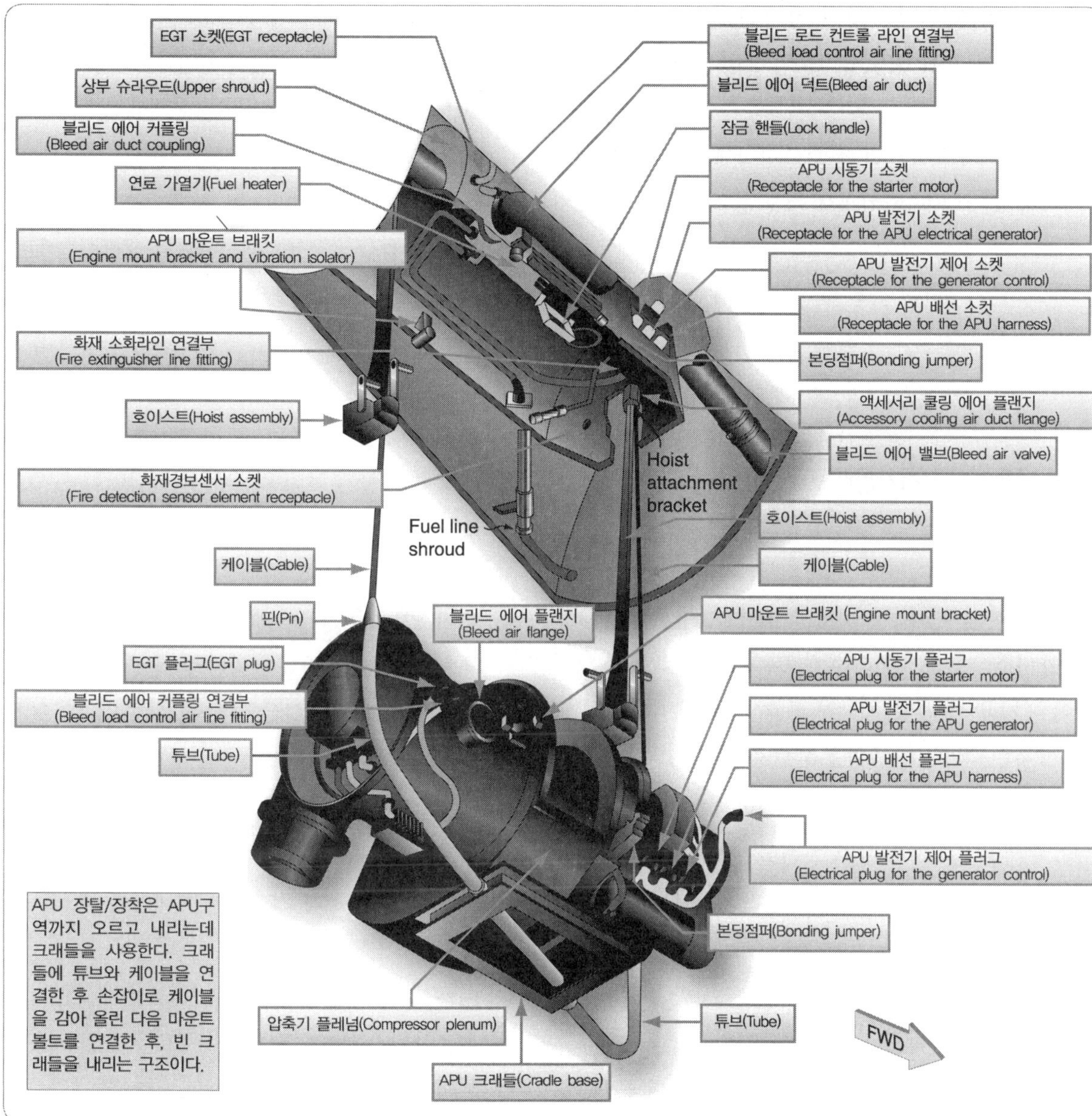

[그림 8-7] APU 장착 (APU engine installation)

서 플러그를 분리한다.

(9) 상부 슈라우드 본딩점퍼(Bonding Jumper)를 APU에서 분리한다.

(10) 블리드 에어 덕트 커플링(Bleed Air Duct Coupling)을 터빈 플레넘 블리드 에어플랜지(Turbine Plenum Bleed Air Flange)에 부착하는 클램프를 장탈한다.

(11) 블리드 에어 덕트 커플링을 바깥쪽 방향으로 최대한 밀어 준다.

(12) 압축기 공기 유입 덕트 잠금 손잡이를 바깥쪽으로 밀어 캠의 힐(Heel)이 스프링 암으로부터 떨어지게 한다.

(13) 압축기 플레넘(Compressor Plenum)의 압축공기입구를 돌려 상부 슈라우드에 있는 공기 유입 덕트로부터 분리시킨다.
(14) 호이스트 어셈블리(Hoist Assembly)를 APU 구역에 있는 브래킷(Bracket)에 핀을 이용하여 장착한다.
(15) 크래들(Cradle) 사용 시, 크래들 베이스(Cradle Base)에 튜브를 삽입하고 핀을 이용하여 고정시킨다.
(16) 호이스트 케이블을 크래들 어셈블리 튜브에 핀을 이용하여 고정시킨다.
(17) 크래들 베이스를 APU에 장착하고 핀을 이용하여 고정시킨다.
(18) 호이스트 케이블을 천천히 당겨 올려 APU 엔진의 하중이 호이스트로 옮겨가게 한다.
(19) 엔진마운트 브래킷에서 마운트 캡을 고정시켜주는 너트, 와셔, 그리고 볼트를 장탈한다. 캡과 마운트 브래킷 힌지 볼트는 장탈하지 않는다.
(20) 주변의 블리드 에어 덕트 커플링, 연료 라인, 그리고 항공기 구조물과 닿지 않도록 유의하면서 APU를 천천히 내린다.
(21) APU를 운반용 돌리(Dolly)에 안착시킨 후 호이스트 케이블을 느슨하게 한다.
(22) 핀을 빼고 튜브로부터 호이스트 케이블을 분리한다.

8.5.1.2. APU 장착(Install APU)

(1) APU를 크래들 베이스에 장착한 상태로 APU 구역 아래에 위치시킨다.
(2) 핀을 이용하여 튜브에 호이스트 케이블을 연결한다.
(3) 플레넘에 있는 압축공기입구를 아래쪽을 향하도록 회전시킨 후 항공기 구조물과 충돌하지 않도록 주의하면서 APU를 천천히 올린다.
(4) APU를 제 위치에 자리 잡은 상태에서 냉각공기 유입 덕트의 씰(Seal)이 냉각 팬 플랜지에 닿는지 확인한다.
(5) 마운트 캡을 닫고 30~40 [pound-inch]로 볼트, 와셔, 그리고 너트를 장착한다.
(6) 압축공기입구를 상부 슈라우드에 있는 공기 유입 덕트에 맞추기 위해 압축기 플레넘을 회전시킨다.
(7) 캠의 Heel이 스프링 암의 뒤쪽으로 위치할 때까지 압축기 공기 유입 덕트 잠금 손잡이를 안쪽으로 돌려 잠금 스크류와 너트를 이용하여 잠금 손잡이를 고정시킨다.
(8) 호이스트 케이블을 느슨하게 하고 핀을 제거하여 튜브로부터 케이블을 분리한다.
(9) 크래들 베이스와 APU 고정 핀을 제거하고 크래들을 분리한다.
(10) 호이스트와 APU 구역 브래킷 고정 핀을 제거하고 호이스트를 분리한다.
(11) 블리드 에어 덕트 커플링을 최대한 안쪽으로 밀어 이동시킨다.
(12) 블리드 에어 덕트 커플링과 터빈 플레넘 블리드 에어 플렌지 연결 클램프를 장착하고 클램프 커플링 너트를 45~55 [pound-inch]로 조인다.
(13) 연료호스를 저압연료 필터의 엘보우에 연결한다.
(14) 화재경보센서 플러그를 상부 슈라우드에 있는 소켓에 연결한 후 안전결선을 한다.
(15) 블리드 로드 컨트롤 에어 라인을 상부 슈라우드에 있는 피팅에 연결한다.
(16) EGT 지시시스템 플러그를 상부 슈라우드에 있는 소켓에 연결하고 안전결선을 한다.

(17) APU 발전기 컨트롤 플러그를 상부 슈라우드에 있는 소켓에 연결하고 안전결선을 한다.

(18) APU 배선, 시동기 모터, 발전기 플러그를 상부 슈라우드에 있는 소켓에 연결하고 커넥터(Connector)에 안전결선을 한다.

(19) 상부 슈라우드 본딩점퍼를 APU와 연결한다.

(20) 모터링(Motoring)을 수행하여 연료 시스템에 대해 저장정비해제(De-preserve or Purge) 작업을 한다.

8.6 터보팬 파워플랜트 장탈 (Turbofan Powerplant Removal)

파워플랜트(Powerplant Package)를 항공기로부터 장탈하는 방법에는, 1) 엔진 돌리를 사용하여 파워플랜트를 나셀로부터 내리는 방법, 2) 호이스트와 특별한 슬링을 이용하여 파워플랜트를 이동식 엔진스탠드로 내리는 방법이 있다. 위 어느 경우에나 적용할 수 있는 파워플랜트 장탈에 대한 일반적인 내용을 소개한다.

(1) 바퀴굄목(Wheel Chock) 또는 타이다운(Tie Down) 방법으로 항공기를 적절하게 고정시킨다. 항공기를 지상과 접지(Ground Wiring)시킨다.

(2) 나셀 도어를 열고 스트러트(Strut)로 열린 상태를 지탱하게 한다. 항공기 외부 전원을 차단하고 전원 스위치를 OFF 한다.

(3) 나셀 구조물의 양쪽에 있는 마운트 플레이트(Mount Access Plate: 작업용 Hoist 연결부)를 장탈한다.

(4) 작업의 편의를 위하여 일부 공압덕트를 장탈한다.

(5) 엔진 전기 배선과 열전쌍 도선(Thermocouple Lead)을 분리한다. (그림 8-8 참고)

(6) 호스 플렌지로부터 볼트를 장탈하여 연료 라인을 분리한다. (그림 8-9 참고)

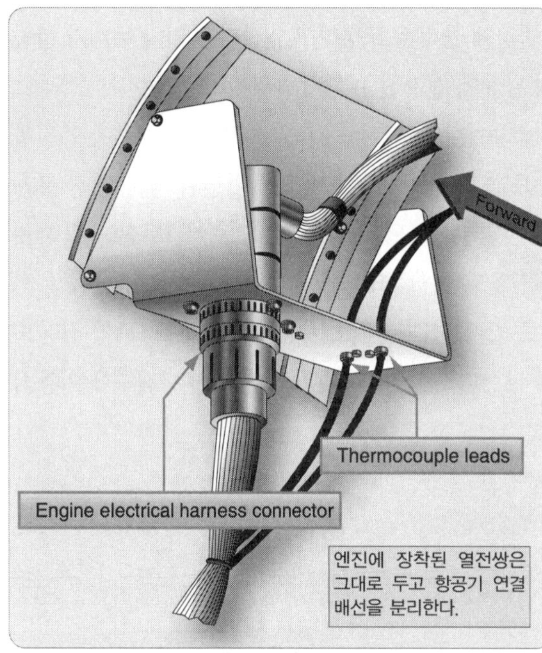

[그림 8-8] 전기배선 분리(Electrical disconnect)

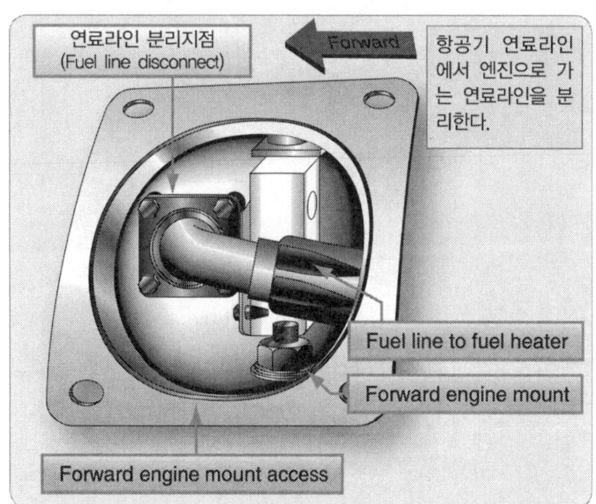

[그림 8-9] 연료라인 분리(Fuel line disconnect)

(7) 유압 라인과 유압 연결부를 분리한다. (그림 8-10 참조)

엔진마운트(Engine Mount)를 제외하고 엔진의 모든 연결부가 분리된 후, 엔진 장탈에 사용될 돌리(Empty Dolly)를 엔진 아래쪽에 위치시킨다.

엔진에 돌리를 고정하고 엔진과 돌리의 무게가 항공기 날개에 전가될 때까지 돌리를 끌어올린다. 만약 호이스트를 사용한다면, 파일론(Pylon) 양측에 엔진마운트 호이스트를 연결하고 케이블을 당겨 엔진 무게가 파일론으로 전가되게 한다. 호이스트를 이용하여 엔진을 내릴 때, 케이블에 가해지는 장력이 전후 및 좌우로 일정하게 유지될 수 있도록 호이스트를 작동시켜야 한다. 엔진을 내리기 전에 엔진 아래쪽에 이동식 엔진스탠드(Movable Engine Stand)를 위치시킨다. 엔진스탠드가 제 위치에 놓여 있고 호이스트 또는 돌리가 부착되었으면 엔진을 내릴 준비는 완료되었다고 할 수 있다.

전방 및 후방 엔진마운트의 볼트, 부싱, 너트와 와셔를 장탈한 후 주변의 나셀 구조물과 접촉되지 않도록 주의하며 엔진을 내린다. 엔진을 지상에 있는 돌리 또는 스탠드에 위치하고 고정한다. 호이스트를 사용한 경우 엔진에서 분리한다.

모든 라인이나 호스 등 개방된 부분은 이물질의 유입을 방지하기 위해 캡(Cap) 또는 플러그(Plug)로 막고 장탈된 엔진의 파워 컨트롤 로드(Power Control Rod), 크랭크 어셈블리(Crank Assembly)의 베어링 상태, 그리고 나셀 부분의 구조적 손상 여부에 대해 검사한다.

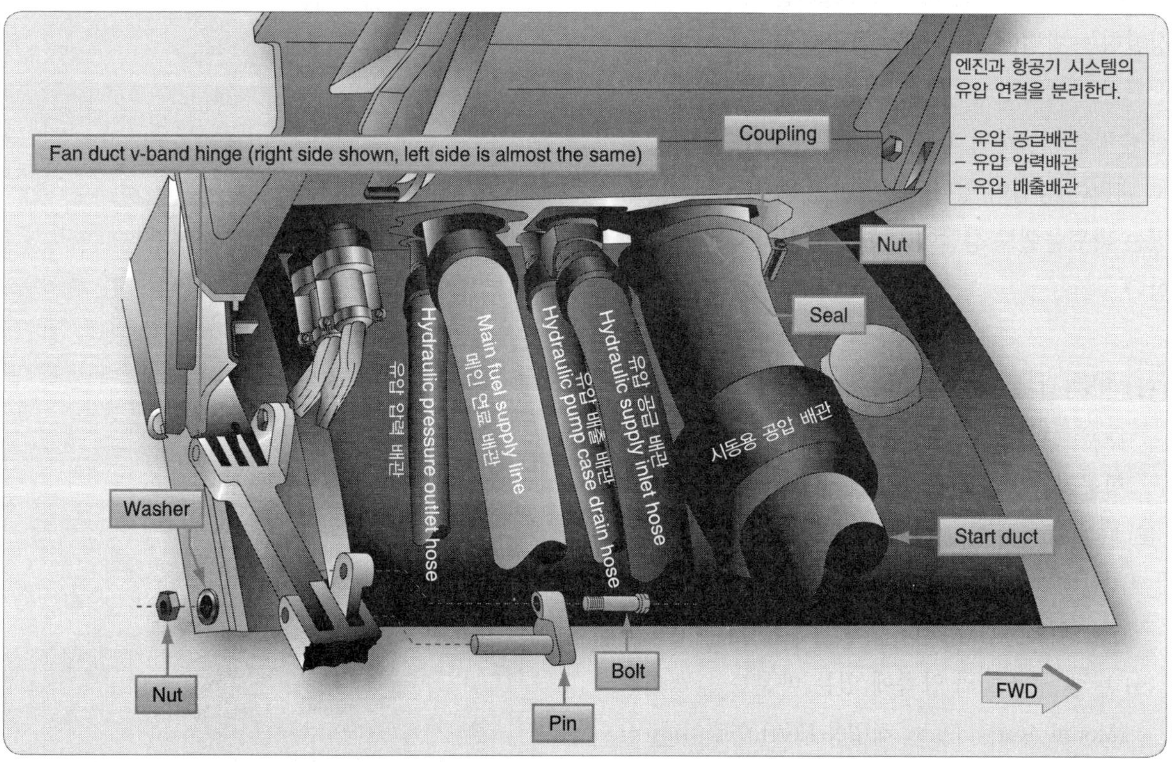

[그림 8-10] 유압배관 연결부 (New hydraulic connections, Boeing)

8.6.1 QECA 악세서리 장탈 (Removal of QECA Accessories)

엔진이 장탈된 후 항공기 제작사 관할 부품(QECA, Aircraft-furnished Accessory)은 장탈하여 오버홀을 위해 공장으로 보내거나 또는 필요에 따라 장착할 엔진에 재장착할 수 있다. 실제는 작업의 혼란을 방지하기 위해 엔진교환 작업전에 모든 부품의 위치와 상태를 점검하고 그 처리 방향을 기록해 둔다.

제작사 관할 부품 부품을 오버홀하거나 저장하기 위해 다른 곳으로 보내고자 할 때는 제작사 정비교범에 따라 저장정비를 수행하고 필요한 자료를 기록한 기록부(Tag)를 부착한다. 이들 부품 처리가 완료되면 장탈 엔진은 노출된 모든 구동 장치와 입출구는 적절하게 커버를 씌워 외부 물질의 유입을 방지하고 제작사 정비교범에 따라 선적, 저장, 또는 분해 등을 위해 필요한 조치를 준비한다.

8.7 터보팬 파워플랜트 장착 (Installation of Turbofan Powerplant)

8.7.1 돌리를 이용한 장착 (Installation with Dolly)

다음은 돌리를 사용하여 터보팬엔진을 장착하는 일반적인 절차에 대한 설명이며 장비에 따른 특별한 사용법은 돌리에 게시된 절차를 따른다.

(1) 돌리의 유압 기능을 작동하여 엔진 엔진마운트 부착 피팅(Engine Mount Attaching Fitting)까지 주의하면서 위로 올린다.

(2) 마운트 부착 피팅과 후방 엔진마운트를 정렬시킨다.

(3) 엔진마운트볼트를 장착하고 명시된 토크 값(Specified Torque)으로 조인다.

8.7.2 케이블 호이스트를 이용한 장착 (Installation with Cable Hoist)

(그림 8-11)는 일반적인 케이블 호이스트를 사용하여 장착되고 있는 엔진을 보여 준다.

(1) 나셀 아래에 엔진(Powerplant Package)을 위치시킨다.

(2) 엔진 슬링을 엔진에 부착한다.

(3) 모든 호이스트(통상 3개)를 동시에 천천히 작동하여 엔진마운트가 제 위치에 도달되도록 엔진을 끌어올린다.

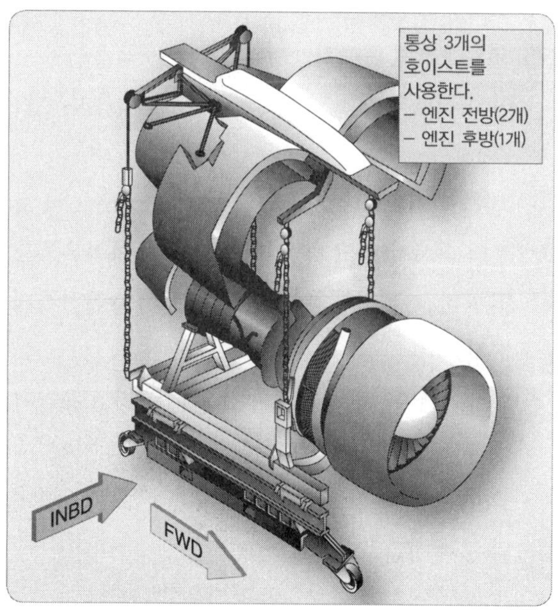

[그림 8-11] 엔진 장탈/장착용 호이스트 연결
(Hoisting a typical turbine fan/Boeing)

8.7.3 장착 마무리 (Completing the Installation)

다음은 일반적인 엔진의 최종 장착 절차에 대한 설명이다.

(1) 엔진의 후방마운트와 후방마운트 부착 피팅(Attaching Fitting)내부에 부싱을 장착한 후 그 부싱을 통하여 마운트 볼트 및 너트를 장착하고 코터핀으로 그것을 고착시킨다.
(2) 각 전방마운트 볼트에 와셔(Chamfered Washer & Flat washer)를 넣고 너트를 장착하고 명시된 토크 값으로 조인다.
(3) 엔진의 압축기 블리드 에어 덕트(Bleed-air Duct)를 파일론의 공압덕트(Pneumatic Duct)와 연결하고 덕트 연결부를 명시된 토크 값으로 조인다.
(4) 돌리 또는 슬링과 관련된 호이스트 장비를 엔진으로부터 장탈한다.
(5) 연료호스의 플렌지와 파일론 연료관의 플렌지 사이에 새로운 개스킷(New Gasket)을 사용하여 연결한다.
(6) 엔진 전기배선 소켓과 열전쌍(Thermocouple) 소켓의 나사산에 고착방지(anti-seize) 콤파운드를 엷게 바른 후 전선을 연결하고 커넥터를 안전하게 고정한다.
(7) 터빈 컨트롤 접속부, 전기 접속부, 그리고 공압덕트를 연결한다.
(8) 파워 컨트롤 로드를 목적에 맞게 연료 컨트롤이나 전기 접속부에 연결한다.
(9) 장착된 엔진에 대해 최종 점검을 수행한다.
(10) 열린 점검 덮개를 재장착 한다.
(11) 연료 컨트롤 링키지를 조정하고 필요에 따라 미세 조정(Trim)을 한다.

8.8 리깅, 검사 및 조절(Rigging, Inspections, and Adjustments)

다음은 연료 컨트롤(Fuel Control), 연료 선택(Fuel Selector), 그리고 연료 차단밸브(Fuel Shutoff Valve)에 대한 리깅(Rigging)이나 조절(Adjusting)을 위한 기본적인 절차 및 검사 방법이다.

(1) 벨 크랭크(Bell Crank)의 헐거움, 균열, 또는 부식 여부를 검사한다.
(2) 로드 엔드(Rod End) 나사산의 상태와 최종 조절 후 남아 있는 나사산의 수에 대해 검사한다.
(3) 케이블 드럼(Cable Drum)의 마모 상태 및 케이블 가드(Cable Guard)의 위치와 장력의 적정성에 대해 검사한다.

연료 선택, 파워 컨트롤, 그리고 연료 차단밸브 링키지에 대한 리깅을 수행하고자 할 때는 특정 항공기 형식에 해당하는 제작사의 절차 하나 하나를 따라 해야 한다.

케이블은 리깅 핀(Rigging Pin)을 이용하여 적당한 장력이 유지될 수 있도록 조절되어야 한다. 리깅 실시 후 핀은 아무런 걸림 없이 자유롭게 장탈되어야 하지만, 만약 핀 장탈이 용이하지 않다면 케이블이 적절하게 리깅되지 않았으므로 다시 점검되어야 한다. 출력 레버(Power Lever)는 공회전(Idle) 과 최대파워(Full-power) 위치에서 적당한 쿠션을 갖추어야 하며 연료 컨트롤 지시계는 허용범위 이내에 있어야 한다.

8.8.1 파워 컨트롤 리깅 (Rigging Power Controls)

전통적인 터보팬엔진은 다양한 출력레버 컨트롤 시스템(Power Lever Control Systems)을 사용해 오고 있으며 가장 보편적인 형식 중 한 가지는 케이블 및 로드 시스템(Cable and Rod System)이다. 이 시스템은 벨 크랭크(Bell Crank), 푸시풀 로드(Push-pull Rod), 드럼(Drum), 페어리드(Fairlead), 플렉시블 케이블(Flexible Cable) 및 풀리(Pulley) 등을 사용한다. 따라서 수많은 부품들이 컨트롤 시스템을 구성하고 있으므로 시시 때때로 조절해 주어야 한다.

단발항공기의 출력레버 컨트롤 리깅은 출력레버의 움직임과 연료 컨트롤의 움직임이 허용범위 내에서 이루어지고 있음을 확인하는 정도이므로 비교적 간단하다. 그러나 다발터보제트항공기에서는 모든 엔진의 출력이 서로 맞도록(Align) 출력레버가 리깅 되어야 한다.

컴퓨터로 엔진을 제어하게 되면서 조종실에서 엔진까지 전자 연결(Electronic Connection)이 가능해지면서 케이블(Cable)이나 링키지(Linkage)의 사용이 필요 없어 졌다. 컴퓨터 제어 시스템에서는 컴퓨터가 조종사의 명령을 와이어(Wire) 또는 버스(Bus)를 통해 전자 정보를 연료 컨트롤에 전달한다.

그러나 전통적인 항공기의 경우는 조종실로부터 파일론과 나셀까지의 출력레버 컨트롤 케이블과 푸쉬풀 로드는 구성 부품이 교환되었을 때를 제외하고, 일반적으로 엔진 교환 시에도 리깅이 필요하지 않으나, 파일론에서 엔진까지의 컨트롤 시스템은 엔진 교환이나 연료 컨트롤 교환 시에는 반드시 리깅되어야 한다. (그림 8-12)는 상부 파일론에 있는 벨 크랭크에서 연료 컨트롤까지의 컨트롤 시스템을 보여 준다.

엔진의 파워 컨트롤을 조정하기 전에, 출력레버와 컨트롤은 콘솔(Console) 내에서 걸림이 없이 자유롭게 이동할 수 있어야 하나, 그렇지 않으면 항공기체 시스템을 점검하여 결함을 수정해야 한다. 모든 조정이 완료되면 출력레버의 전 과정을 작동시켜 보고 여러 가지의 푸쉬 풀 로드와 튜브 사이에 적당한 간격 등에 대해 면밀히 검사하여 모든 잠금 너트와 코터핀 등 안전장치로 마무리해야 한다.

8.8.2 연료 컨트롤 조절 (Adjusting the Fuel Control)

전통적인 항공기 터보팬엔진의 연료조정장치(Fuel Control Unit)는 유압기계식 장치(Hydro-mechanical Device)로 엔진으로 공급되는 연료의 양을 조절하여

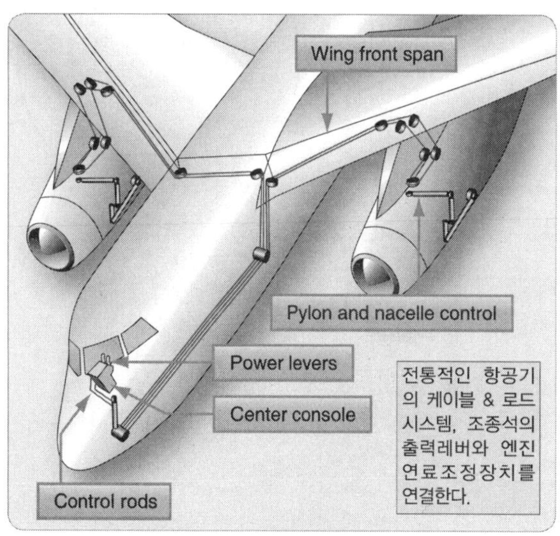

[그림 8-12] 파워 컨트롤 계통 (Power lever control system)

필요한 추력을 확보한다.

추력의 정도는 조종석에 있는 출력레버의 위치와 특정 엔진의 성능에 따라 정해진다. 다시 말하면 엔진의 추력과 터빈의 회전수는 연료량에 의해 정해진다.

엔진의 연료조정장치(FCU)는 필요시 최대추력을 얻을 수 있도록 조절되어야 하며, 최대추력의 성능을 발휘하지 못하거나, 연료조정장치 교환 또는 엔진 교환 후, 그리고 출력 레버(Power Lever)와 차이가 있으면 반드시 엔진을 재조정(Re-trim)해야 한다.

항공기 엔진 트리밍(Trimming)은 풍속과 습기에 영향을 받기 때문에 가급적 화창하고 무풍 상태에서 수행하는 것이 바람직하지만 풍속이 어느 정도 되면 정풍 상태를 유지해야 좋은 결과를 얻을 수 있다. 배풍 상태에서는 엔진에서 배출된 뜨거운 공기가 다시 흡입될 수 있으므로 엔진 트리밍을 해서는 안 된다. 또 역효과가 발생하는 Icing Condition(외기 온도 10℃ 이하에서 비, 눈 또는 지상에 물기가 있는 상태)에서는

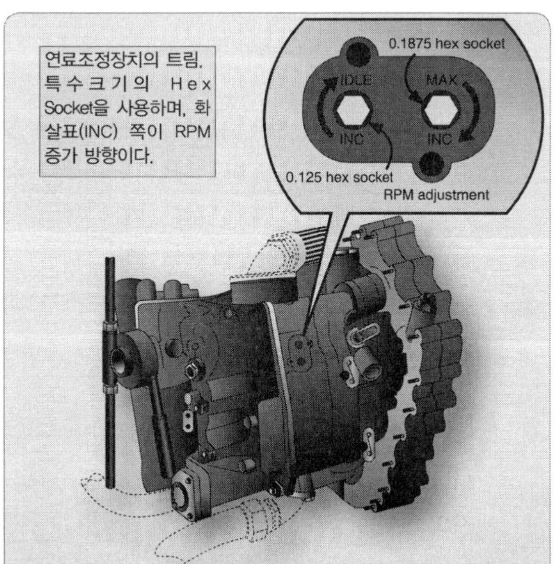

[그림 8-13] 유압기계식 연료조정장치의 트리밍
(Typical fuel control adjustments)

절대로 엔진 트리밍을 해서는 안 된다.

항공기를 정풍 방향으로 한 상태에서, 후방 배기 지역에 장애물이 없음을 확인하고 터빈의 배기압력 라인에 있는 T-피팅에 엔진 트림 게이지를 장착한다.

엔진을 시동하고 연료 컨트롤을 조정하기 전에 최소 5분 이상은 엔진을 안정시켜야 하고, 트리밍의 상세한 절차는 해당 항공기 정비교범을 참조한다. 트리밍 시 온도와 압력에 대해 보정시키며 만약 유압기계식(Hydro-mechanical) 연료 컨트롤이 허용범위를 벗어나면 (그림 8-13)에서 보는 것과 같이 적절한 방향으로 INC. MAX 스크류를 돌려(한 번에 1/8 회전) 원하는 값이 얻어질 때까지 반복한다.

엔진 트리밍 후 공회전 회전수(Idle RPM)를 조절한다. 공회전 회전수는 INC. IDLE 스크류를 필요한 방향으로 돌려(한 번에 1/8 회전) 원하는 값을 얻은 다음, 출력레버를 올렸다 다시 내려서 공회전 회전수를 재확인한다.

전자식으로 작동되는 전자 연료조정장치(Electronic FCU)가 장착된 엔진의 트림 점검 시 각종 파라미터는 온도 및 압력에 대해 보정되어야 하며 그 파라미터를 열거하면 다음과 같다.

(1) Minimum Idle(% N2)
(2) Approach Idle(% N2): 항공기 하강시 출력(또는 Flight Idle)
(3) 2.5 Bleed Open(% N1)
(4) 2.5 Bleed Close(% N1)
(5) Takeoff EPR
(6) 95% Takeoff EPR
(7) 90% Thrust EPR

ASSUME

1. Ambient temperature: OAT = 12 °F
2. Barometric pressure = 29.0 inches of mercury

SELECT TRIM TARGETS FOR THE FOLLOWING

1. Minimum idle (%N2) is 57.7 (+1.5/−0.5)%N2
2. Approach idle (%N2) is 67.6 ±0.5 %N2
3. 2.5 bleed open inc (%N1) 60.4 ±0.5 %N1
4. 2.5 bleed closed inc (%N1) is 63.5 ±0.5 %N1
5. Takeoff (EPR) is 1.50 +0.01/−0.00 EPR
6. 95% takeoff thrust (EPR) is 1.46 EPR
7. 90% thrust change deceleration (EPR) is 1.04 EPR

DAT °F (°C)	Trim targets	대기압 − Barometer (inches of mercury)									
		31.0	30.0	29.0	28.0	27.0	26.0	25.0	24.0	23.0	22.0
12 (−11) 외기 온도	MIN IDLE (%N2)	57.6	57.6	57.7	58.0	58.3	58.6	58.9	59.5	60.2	60.9
	APP IDLE (%N2)	67.5	67.5	67.6	67.7	67.8	67.9	68.0	68.3	68.8	69.0
	2.5 BLEED OPEN INC (%N1)	60.4	60.4	60.4	60.4	60.4	60.4	60.4	60.4	60.4	60.4
	2.5 BLEED CLOSED INC (%N1)	63.5	63.5	63.5	63.5	63.5	63.5	63.5	63.5	63.5	63.5
	TAKEOFF (EPR)	1.45	1.48	1.50	1.51	1.53	1.54	1.56	1.57	1.59	1.61
	95% TAKEOFF THRUST (EPR)	1.42	1.45	1.46	1.47	1.48	1.50	1.51	1.52	1.53	1.54
	90% THRUST CHANGE DECEL (EPR)	1.03	1.03	1.04	1.04	1.04	1.04	1.04	1.04	1.04	1.04
16 (−9)	MIN IDLE (%N2)	57.9	57.9	58.0	58.2	58.5	58.8	59.2	59.8	60.4	61.2
	APP IDLE (%N2)	67.8	67.8	67.9	68.0	68.1	68.2	68.3	68.6	68.9	69.3
	2.5 BLEED OPEN INC (%N1)	60.6	60.6	60.6	60.6	60.6	60.6	60.6	60.6	60.6	60.6
	2.5 BLEED CLOSED INC (%N1)	63.8	63.8	63.8	63.8	63.8	63.8	63.8	63.8	63.8	63.8
	TAKEOFF (EPR)	1.45	1.48	1.50	1.51	1.53	1.54	1.56	1.57	1.59	1.61
	95% TAKEOFF THRUST (EPR)	1.42	1.45	1.46	1.47	1.48	1.50	1.51	1.52	1.53	1.54
	90% THRUST CHANGE DECEL (EPR)	1.03	1.03	1.04	1.04	1.04	1.04	1.04	1.04	1.04	1.04
20 (−7)	MIN IDLE (%N2)	58.1	58.1	58.2	58.5	58.8	59.1	59.4	60.0	60.7	61.4
	APP IDLE (%N2)	68.1	68.1	68.2	68.3	68.3	68.5	68.6	68.9	69.2	69.6
	2.5 BLEED OPEN INC (%N1)	60.9	60.9	60.9	60.9	60.9	60.9	60.9	60.9	60.9	60.9
	2.5 BLEED CLOSED INC (%N1)	64.0	64.0	64.0	64.0	64.0	64.0	64.0	64.0	64.0	64.0
	TAKEOFF (EPR)	1.45	1.48	1.50	1.51	1.53	1.54	1.56	1.57	1.59	1.61
	95% TAKEOFF THRUST (EPR)	1.42	1.45	1.46	1.47	1.48	1.50	1.52	1.52	1.53	1.54
	90% THRUST CHANGE DECEL (EPR)	1.03	1.03	1.04	1.04	1.04	1.04	1.04	1.04	1.04	1.04

[그림 8-14] 엔진트림 목표값 자료 (Trim check data, Boeing)

실제 트리밍 작업시 온도와 압력을 보정해주는 방법은 (그림 8-14)에서와 같이 그날의 온도와 압력 값을 반영한 표(Chart)를 항공기 제작사 정비교범에서 찾아 각각의 트리밍을 적용할 목표 값을 얻는다. 그리고 얻은 목표 값에 허용 공차를 반영하여 범위 내에 들어가도록 조정하면 된다. 예를 들면 Minimum Idle 57.5 (+1.5/−0.5)% N2 의 경우는 허용 공차(+1.5/−0.5)를 반영하여 57%(57.5−0.5)~59%(57.5+1.5) 범위를 적용한다.

8.9 터보프롭엔진 장탈 및 장착(Turboprop Engine Removal and Installation)

대부분의 터보프롭 파워플랜트에 대한 장탈 및 장착 절차에도 QECA 개념(Base Engine에 항공기 제작사 관할 부품들이 모두 장착된 상태)을 적용한다. 터보프롭 파워플랜트에 대한 장탈 및 장착 절차는 터보프롭 프로펠러 관련 시스템을 제외하면 앞서 설명한 터보제트엔진의 내용과 유사하다.

엔진 옆쪽 패널(Engine Side Panel)을 열고 나셀 패널을 장탈한다. 터미널 보드에서 열전쌍 도선을 분리한다. 연료, 오일, 그리고 유압유 라인을 분리하기 전에 관련 밸브는 닫혀 있어야 하며, 분리하고 나서는 모든 라인에 이물질 유입방지 플러그를 부착한다. 엔진과 기체 사이의 방화벽에서 블리드 에어 덕트(Bleed-air Duct) 고정 클램프를 장탈하고 전기 커넥터 플러그, 엔진 브리더 및 벤트 라인, 그리고 연료 라인, 오일 라인 및 유압 라인을 분리한다.

엔진 출력레버와 프로펠러 컨트롤(Propeller Control) 로드 또는 케이블을 분리한다. QECA 리프트 지점(Lift Point)의 덮개를 장탈하고, QECA 슬링(Sling)을 부착하고, 호이스트를 이용하여 케이블을 팽팽한 상태로 유지한다. 엔진이 손상되지 않게 슬링의 호이스팅 아이(Eye)를 적절히 조절하여 QECA의 무게중심을 맞춘다.

이제 엔진마운트볼트를 장탈하면 QECA를 장탈할 수 있다. 하지만 엔진을 장탈하여 움직이기 전에 모든 분리 지점의 분리 상태를 재확인해야 한다. 마운트 볼트를 풀고 엔진을 나셀 구조 앞쪽으로 밀어 항공기로부터 분리시킨다. QECA를 내려 QECA 스탠드에 위치시키고 고정한 다음 엔진 슬링을 장탈한다.

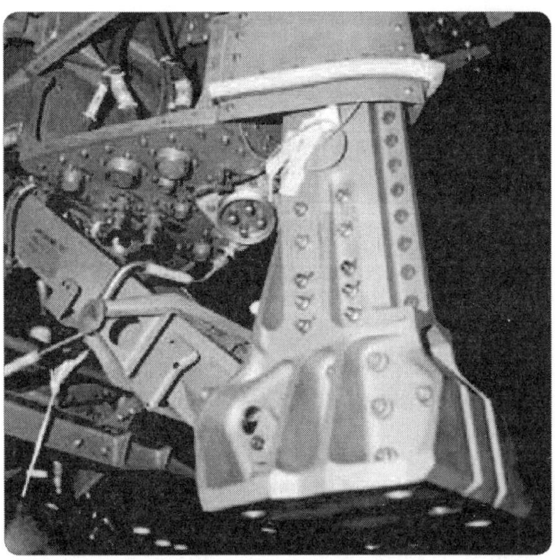

[그림 8-15] 항공기에 있는 전방 엔진마운트
(Turbine engine front mount)

장착 절차는 기본적으로 장탈 절차의 역순이다. 장착할 QECA를 호이스트로 들어 항공기 나셀 구조 내부로 이동시키고 엔진마운트볼트 홀(Hole)과 방화벽에 정렬시킨다.

마운트볼트를 장착하고 정격 토크 렌치 어뎁터를 사용하여 제작사 정비교범에 명시된 토크 값으로 마운트볼트를 조인다. 슬링을 장탈하고 리프트 지점에 덮개를 장착한다. 장탈 절차의 역순으로 각종 라인과 커넥터를 연결한다. 반드시 새로운 O-ring 씰(Seal)을 사용해야 하며 제작사 정비교범에 명시된 토크 값을 참조하여 클램프와 볼트를 체결한다.

장착 후에는 필히 엔진을 런-업(Run-up)하여 엔진 및 관련 시스템의 작동 점검을 실시한다. 제작사 정비교범에 따라 각각의 조건에 맞는 엔진 작동의 적합성을 평가하기 위해 몇 가지 종류의 기능 점검이 수행된다.

8.10 엔진마운트(Engine Mounts)

8.10.1 터보팬엔진의 마운트 (Mounts for Turbofan Engines)

항공기 파일론(Pylon) 구조물에 있는 엔진마운트는 엔진을 지탱하고 엔진에 의해 발생된 추력을 항공기 구조물에 전달하는 기본적인 기능을 수행한다. 대부분의 터빈엔진마운트는 스테인리스 스틸(Stainless Steel)로 만들어지며, (그림 8-15)와 같은 형태를 이루고 있다.

8.10.2 터빈엔진의 진동 감쇠 마운트(Turbine Vibration Isolation Engine Mounts)

진동 격리(Vibration Isolation) 엔진마운트는 전방과 후방에서 파워플랜트를 지탱해 주고 엔진의 진동으로부터 항공기 구조물을 격리시키는 기능을 한다.

전방(Forward) 진동 격리 마운트는 엔진의 수직하중, 가로하중, 그리고 추력하중을 담당하고 있으며 엔진의 열팽창을 흡수한다. 후방(Rear) 진동 격리 마운트는 수직하중과 가로하중 및 엔진의 열팽창을 흡수한다. (그림 8-16) 및 (그림 8-17) 참조

진동 격리는 금속 케이스에 둘러싸인 탄성재로 이루어져 있으며, 엔진 진동이 일어나면 진동이 항공기에 전해지기 전에, 탄성체가 미세하게 수축하면서 진동을 감쇠(Damping)시킨다. 탄성체가 없어지더라도 본체는 남아서 엔진을 계속 지탱한다.

8.11 엔진의 저장정비 및 저장 (Preservation and Storage of Engines)

엔진 장탈 후 오버홀(Overhaul) 입고 대기 중에 있거나 오버홀을 수행했지만 사용 대기 중에 있는 엔진에는 매일 매일 부식 여부를 관리하고 조치를 해야 한다. 또한 저장 중이거나 장기간 비행하지 않는 엔진은 습기에 의해 부식될 수 있으므로 엔진의 정상적인 수명 유지가 불가능하다. 따라서 주기적이고 적절한 저장정비를 수행해야 한다.

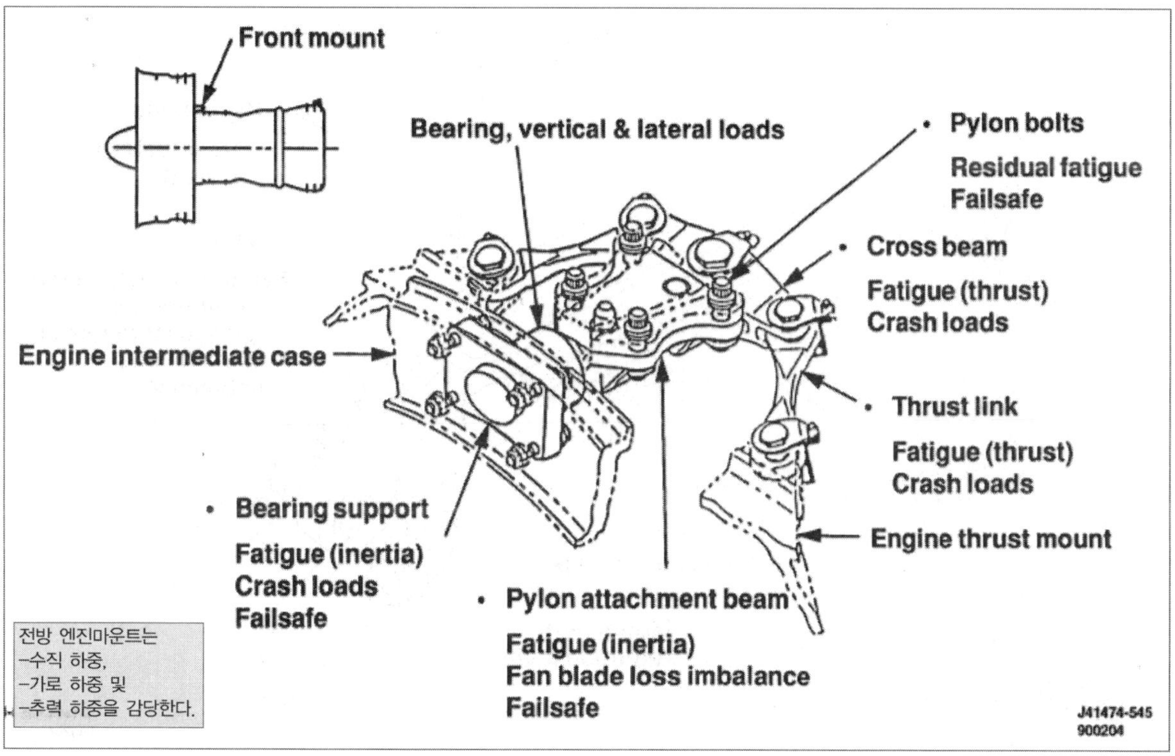

[그림 8-16] 전방 엔진마운트 (Forward Engine Mount Structural Design, P&W Data)

특히 해안, 호수, 강 및 기타 다습한 지역에 인접해서 운항하는 항공기는 건조한 지역에서 운용되는 엔진보다 부식 방지에 각별히 신경을 써야 한다.

엔진 저장 관리에는 단기 저장(Active Storage), 중기 저장(Temporary Storage) 그리고 장기 저장(Indefinite Storage)의 3가지 방법이 있다. 단기 저장은 엔진 오일계통을 온도 165~200 ℉로 1시간 연속 유지한 후 보관 기간이 30일을 넘지 않는 경우를 말하며, 30일 이상 90일 기간의 보관은 중기 저장, 90일 이상을 장기 저장으로 분류한다. 30일 이상 저장하기 위해서는 엔진 오일을 배출하고 저장용 오일(MIL-C-6529 Specifications)로 교체하고 오입 압력을 관리한다. 그 어떤 경우에도 저장의 핵심은 덮개를 하고 습기가 적은(30% 이하) 장소에 두고 지속적으로 습도를 관리하는 일이다.

일반적으로 장기 저장이 예상되면 미리 엔진 장탈 전에 엔진오일을 저장용 오일로 교체한 후 오일 압력을 유지 관리 한다. 수리 후 성능 시험을 끝낸 엔진도 장기 저장이 예상될 경우도 같은 방법으로 관리한다.

8.11.1 방식제(Corrosion-preventive Materials)

사용 중인 엔진은 연소에 의한 열이 엔진의 내부와 주위에서 습기를 증발시키고 엔진 내부에서 순환되는 윤활유는 일시적으로 그것이 접촉하는 금속에 보호피막을 형성하기 때문에 부식의 우려는 거의 없으나, 만

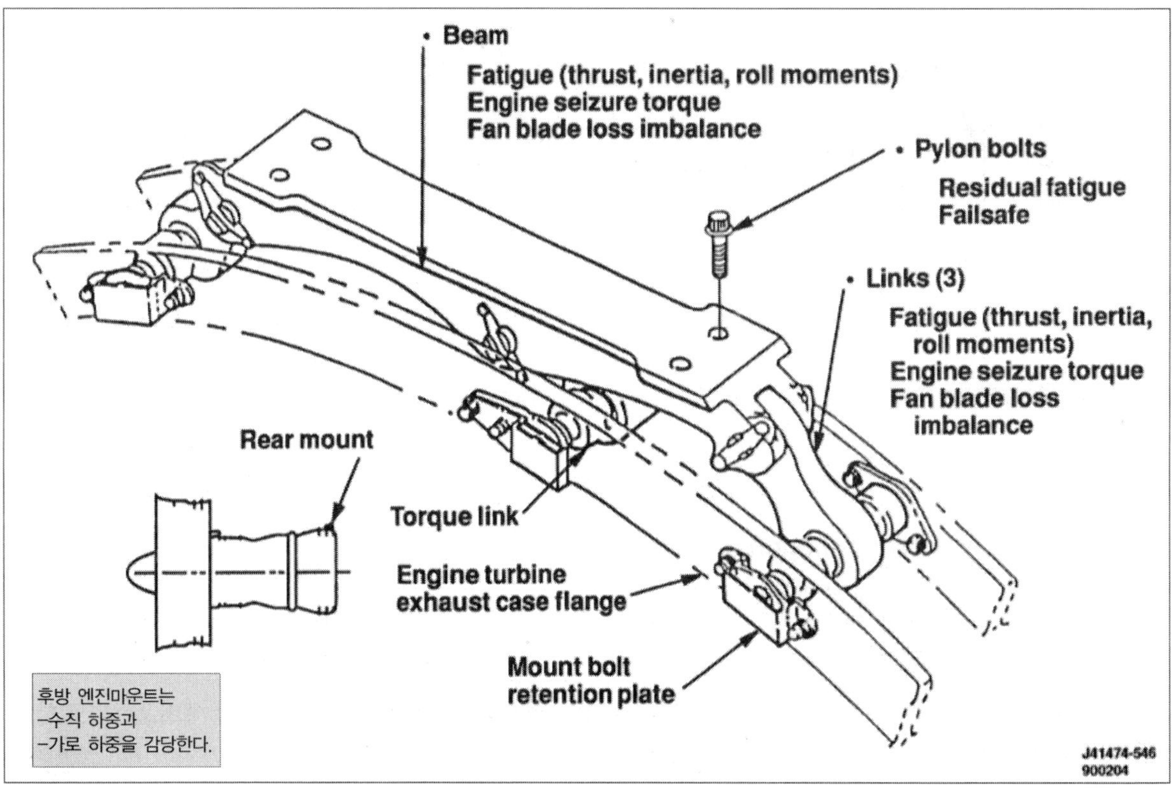

[그림 8-17] 후방 엔진마운트 (Rear Engine Mount Structural Design, P&W Data)

약 엔진이 일정 기간 동안 운영하지 않는다면 엔진의 운영 정지 기간에 따라 적절한 방식제를 이용하여 엔진을 보관해야 한다.

8.11.2 방식 콤파운드 (Corrosion-preventive Compounds)

저장정비 물질(Preservation Material)은 모든 형식의 엔진 저장에 사용이 가능하며 방식 콤파운드(Corrosion-preventive Compound)는 그들이 발라진 금속 위에 왁스 같은 피막을 형성하는 석유계 제품이다.

다양한 용도에 맞추기 위해 여러 규격의 방식 콤파운드가 생산되고 있으며, 엔진오일을 배출하고 방식 콤파운드로 교체한 후 온도 상승과정에서 엔진오일과 쉽게 섞이고 상대적으로 묽은 방식 콤파운드 혼합물(Light Corrosion-preventive Mixture)로 된다. 이러한 물질은 미군사규격(MIL-C-6529, MIL-L-22851)의 적용을 받는다.

적용시 엔진 오일과 섞여 필연적으로 만들어지는 혼합물(Corrosion-preventive Mixture) 농도는 미리 그 정도(Heavy or Light) 예상하고 별도로 미리 준비해야 한다. 한 번 만들어진 혼합물에 콤파운드를 추가하여 농도를 맞추려 해서는 안 된다.

한편 저장했던 엔진 부품을 다시 사용하고자 할 때는 솔밴트(Commercial Solvent), 케로젠 스프레이(Kerosene Spray) 등을 사용하면 부품의 표면에 있는 방식 콤파운드(Corrosion -preventive Compound)를 제거할 수 있다.

비록 방식 콤파운드는 습기를 차단하는 작용을 하지만, 습도가 과도하면 콤파운드도 분해되고 부식이 발생할 수밖에 없다. 콤파운드의 주성분이 기름이기 때문에 시간이 경과함에 따라 점차적으로 증발하게 되며 이에 따라 결국 건조된다. 그러므로 엔진 저장 시에는 필히 일정량의 탈수제(Dehydrating Agent)를 엔진에 비치하여 주변 공기로부터 습기를 흡수하지 못하도록 한다.

8.11.3 탈수제(Dehydrating Agents)

공기 중의 습기를 흡수하는 물질(Desiccant)에는 여러 가지가 있으나, 그 중에서 실리카 겔(Silica-gel)은 물기를 머금어도 용해되지 않기 때문에 방습제로 많이 사용되고 있으며, 이를 자루에 넣어 저장 중인 엔진의 여러 군데에 분산, 배치시킨다. 또한 스파크 플러그 홀(Spark Plug Hole)과 같은 엔진의 열린 부분 안으로 끼워 넣을 수 있도록 깨끗한 플라스틱 플러그에 담아 탈수 플러그(Dehydrator Plug)로 사용하기도 한다.

실리카 겔이 들어 있는 탈수 플러그에 염화코발트(Cobalt Chloride)를 첨가하면 공기 중 상대습도에 따라 실리카 겔의 색깔이 변화하는데, 낮은 상대습도(30% 이하)에서는 밝은 파란색(Bright Blue)을 유지하며, 상대습도가 증가하면(60% 이상) 핑크색(Pink)으로 변하게 되어 부식 가능성 여부를 시각적으로 확인할 수 있다. 색깔이 변환 실리카 겔에 열을 가하여 건조시키면 원래의 색깔로 되돌려 재사용도 가능하다. (그림 8-18, 그림 8-19 참조)

또 동일하게 염화코발트 처리된 실리카 겔을 투명 봉투에 넣어 저장 중인 엔진의 컨테이너에 있는 조그만 점검창을 통하여 습도를 검사하는데 사용하기도 한다.

8.12 엔진 저장정비 및 환원 (Engine Preservation and Return to Service)

엔진을 저장하기에 앞서 오일 시스템을 방식 혼합물(Corrosion-preventive oil mixture)로 채워진 상태에서 엔진을 작동하면 엔진 내부 부품이 혼합물로 코팅되게 하여 부식을 억제한다. 엔진 오일을 배유하고 저장정비 오일 혼합물로 채운 후 정상 작동 온도에 도달할 때까지 1시간 이상 엔진을 작동시킨다.

일반적으로 저장정비 오일을 채운 터보 팬 엔진의 경우는 엔진 스탠드(Stand) 또는 돌리(Dolly) 위에 고정된 상태에서 다음과 같이하여 지붕 있고 통풍이 잘되는 장소에 두고, 매일 상태를 관리한다.

- 외부에 노출되지 않게 엔진 전체를 덮는다.
- 방습제가 든 자루는 엔진의 여러 군데에 분산, 배치시킨다.
- 오일 및 연료 압력을 관리 유지한다.

저장 중에 있는 터보 팬 엔진을 재사용할 때 저장정비를 환원하는 사항은 다음과 같다.

- 엔진 전체를 덮었던 덮개를 제거 한다.
- 저장 중의 온도/습도 유지 상태 확인
- 저장 중의 오일 및 연료 압력 유지 상태 확인
- 여러 군데 있던 방습제 상태 확인 및 제거
- 엔진 오일, 연료, 유압, 공압 관련 계통 부품 및 필요 부품 장착
- 저장 오일을 배출하고 엔진 오일로 교체(항공기에 장착 후 성능시험 전에 실시)

터보사프트 엔진 관련 사항으로 엔진과 같이 저

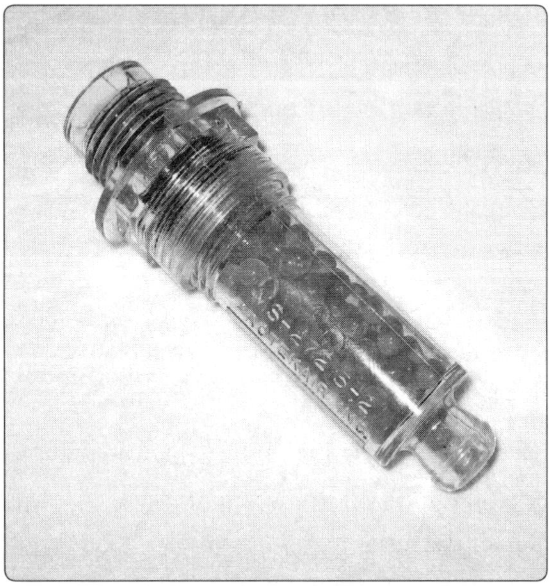

[그림 8-18] 수분을 다량 함유한 핑크색 탈수제 (Dehydrator plug "pink"showing high humidity, Sacramento Sky Ranch)

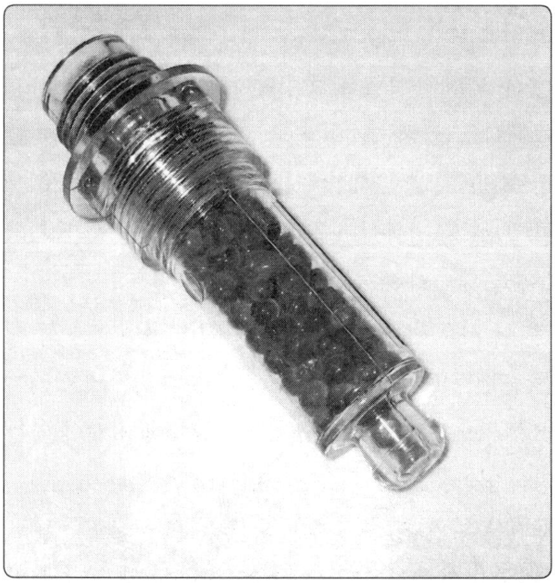

[그림 8-19] 수분이 없는 청색 탈수제 (Dehydrator plug "blue" showing low humidity, Sacramento Sky Ranch)

장되는 상황이면 엔진은 방식처리 되지 않았더라도, 프로펠러축(Propeller Shaft)과 프로펠러축의 트러스트 베어링(Thrust Bearing)은 반드시 방식 콤파운드(Corrosion-preventive Compound)로 코팅(Coating)되어야 한다. 그리고 프로펠러축 주위를 플라스틱 슬리브(Plastic Sleeve) 또는 습기에 강한 종이(Moisture-proof Paper)로 감싸고 프로펠러 고정 너트산(Retaining Nut Thread)에는 나사산 방지 캡(Thread Protector Cap)을 덮어야 한다.

엔진 컨테이너에는 엔진(Bare Engine)만 들어갈 수 있는 맞춤 공간이기 때문에 엔진의 기본 부품이 아닌 항공기 관할 부품(Propeller Hub attaching Bolts, Starter, Generator, Vacuum Pump, Hydraulic Pump, Propeller Governor, Engine Driven Fuel Pump 등 부품들)은 장탈해야 엔진을 컨테이너에 넣을 수 있다.

8.13 엔진 수송컨테이너 (Engine Shipping Containers)

(그림 8-20)에서 보는 것과 같이, 사용 중인 수송용 컨테이너는 목재형(Wooden Shipping Case)과 금속형(Pressurized Metal Container)이 있다. 컨테이너에 들어가는 엔진은 보호용 플라스틱 비닐팩(Plastic or Foil Envelope)으로 밀폐하고 컨테이너 바닥의 마운팅 플레이트에 위치시킨 후 볼트를 이용하여 엔진을 컨테이너에 고정시킨다.

엔진 주위에 필요한 양의 방습제(Silica-gel)를 넣고 내부를 건조한 공기(Dehydrated Air)로 채운 다음 비닐팩의 공기를 한 곳으로 빼면서 밀봉(Sealing)한다.

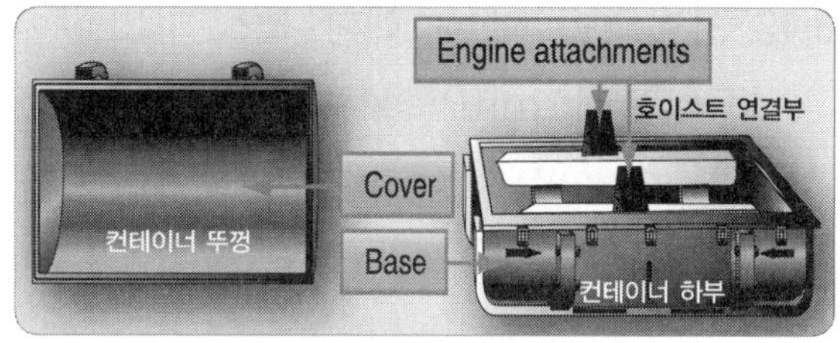

[그림 8-20] 터빈 엔진 수송용 컨테이너
(Turbine engine shipping container)

컨테이너 커버를 닫기 전에, 습도계의 장착 상태와 기타 필요한 모든 것이 컨테이너 속에 동봉되었는지 확인한 후 커버를 닫고 고정시킨 후 저장정비 날짜 및 엔진의 사용 가능성 여부(Serviceability)를 기록한다. 금속 컨테이너의 경우 잠근 후 상부에서 내부로 건조한 공기를 주입하여 약 5 psi 정도의 압력을 주어 외부로부터 습기가 침투하지 못하게 할 수 있기 때문에 주기적으로 압력을 확인하면서 장기간 저장이 가능하다.

8.14 저장 엔진에 대한 검사 (Inspection of Stored Engines)

대부분의 엔진 수리 공장은 저장 중인 엔진에 대한 검사 프로그램을 구축하여 저장된 엔진의 습도와 압력을 정해진 주기로 검사하고 있다.

만약 목재 수송컨테이너에 있는 습도계가 30% 이상의 상대습도 색깔로 나타난다면, 모든 건조제를 교체해야 한다.

금속 컨테이너 내의 습도가 30% 이하이나, 컨테이너 내부 압력이 1 psi 미하로 낮아진 경우는 건조한 공기(Dehydrated Air)를 불어 넣어 주면 되나, 습도가 높은 경우는 개봉하여 엔진 저장정비를 다시 해야 한다.

8.15 가스터빈엔진에 대한 저장정비 및 저장해제정비(Preservation and De-preservation of Gas Turbine Engines)

가스터빈엔진의 저장정비와 저장해제정비 절차는 저장 기간 및 사용된 방부제의 종류 등에 따라 다르다. 왕복엔진에 소개된 부식 방지에 대한 기본적인 많은 내용은 가스터빈엔진에도 적용이 가능하나 방부제의 종류와 사용 방법은 다르다.

엔진 오일계통은 일반적으로 배유하고 저장용 오일로 교체 하지만, 연료 계통도 저장용 오일로 교체하는 경우도 있다.

엔진을 사용 가능한 상태로 환원하는 방법은 모터링하여 오일계통 또는 연료 시스템으로부터 저장정비 오일을 씻어내고(Flushing) 정상적인 오일 및 연료로 채운다음, 시스템을 블리딩(Bleeding)한다. 그리고 엔진을 시동하여 상태를 점검한다.

그러나 실제는 항상 제작사 정비교범에 따라 저장 정비(Preservation) 또는 저장해제정비(De-preservation) 작업을 해야 한다.

09
화재방지 계통

Fire Protection System

9.1 서론
9.2 엔진 소화시스템
9.3 화재감지시스템 정비
9.4 화재감지시스템 고장탐구
9.5 소화시스템 정비
9.6 보잉777 항공기 화재 감지 및 소화 시스템
9.7 APU 화재 감지 및 소화시스템

9 화재방지 계통

Fire Protection System

9.1 서론(Introduction)

화재(Fire)는 항공기에서 중대한 위협 중 하나이기 때문에, 현재 생산되는 모든 다발 항공기의 화재 발생 가능 구역(Potential Fire Zone)에는 고정형 화재방지 장치(Fixed Fire Protection System)가 설치되어 있다. 'Fire Zone'이라 함은 화재 발생 가능 구역으로서 화재 감지 및 소화 장비와 높은 수준의 내화성을 갖출 수 있도록 제작사가 지정한 항공기의 특별한 구역을 뜻한다.

14 CFR(Title 14 of Code of Federal Regulations) Parts 23 및 25에 따라, 다발 터빈엔진항공기, 터보차저(Turbo-charger)가 장착된 다발 왕복엔진항공기, 조종실에서 엔진의 위치가 잘 보이지 않는 항공기, 정기운송 항공기, 그리고 보조 엔진(APU)이 장착된 항공기 등의 APU 격실에 화재방지장치(Fire Protection System)를 필수적으로 장착해야 한다.

항공기 운영 특성상 일반적인 결함이나 손상은 터빈 엔진의 과열이나 화재를 유발할 수 있으며 이들로 인한 터빈의 파손에는 크게 열역학적(Thermodynamic) 형태와 기계적(Mechanical) 형태의 결함으로 나눌 수 있다.

열역학적(Thermodynamic)으로는 냉각 공기를 적절히 사용하여 터빈 부품이 견딜 수 있게 연소온도를 낮추도록 되어 있으나, 냉각 사이클이 적절하게 작동하지 못하면 터빈 블레이드가 녹아서 갑작스러운 추력 손실이 유발될 수 있다. 압축기 흡입구(Inlet Screen or Inlet Guide Vane)에 얼음이 급속하게 형성 및 축적되는 경우에도 심각한 과열 상태를 초래할 수 있으며, 이 경우 터빈 블레이드(Turbine Blade)가 녹거나 절단되어 외부로 떨어져 나갈 수도 있다. 이러한 파손은 테일 콘(Tail Cone)을 손상시키거나, 항공기 구조물, 연료 탱크, 또는 터빈 근처에 있는 장비실을 관통하는 등 심각한 상황을 초래할 수 있다. 일반적으로, 대부분의 열역학적인 파손은 얼음이나 블리드 공기(Bleed Air) 과도한 배출 또는 누출, 또는 제어장치의 고장으로 인한 압축기 실속 또는 연료의 과다 분사가 그 원인으로 나타나 있다.

기계적(Mechanical)으로는 부서지거나 떨어져 나간 블레이드 또한 과열이나 화재를 야기할 수 있다. 떨어져 나간 블레이드는 테일 콘을 관통하고 과열을 초래할 수 있다. 다단계 터빈의 전방 단계에서 파손이 일어난다면 훨씬 심각한 상태가 발생한다. 왜냐하면, 떨어져 나간 블레이드가 터빈케이싱(Turbine Casing)을 관통할 수 있으며 이것이 만약 인화성 유류가 흐르는 도관이나 부품을 관통시킨다면 곧 화재로 연결될 수 있기 때문이다.

화재발생 엔진 중에는 부적절한 연료 조절로 인해 많은 량의 연료가 흘러 들어가 테일 콘까지 태워버리는 경우처럼, 가끔은 연료가 배기관 파이프까지 흘러가 엔진 화재가 발생하기도 한다.

9.1.1 구성품(Components)

화재 방지 시스템은 화재 감지(Fire Detection)와 소화 장치(Fire Protection)를 포함한다. 화재나 과열 상태를 감지하기 위해서, 과열감지기(Overheat Detector), 온도상승률감지기(Rate-of-temperature-rise Detector), 그리고 화염감지기(Flame Detector) 등과 같은 감지기를 여러 구역에 장착하여 감시한다.

이러한 방법들 이외에, 엔진 화재를 감지하는 것은 아니지만 항공기 화재 방지 시스템으로 수하물 구역이나 화장실 같이 연소 속도가 느린 물질이 있는 곳이나 연기가 발생하는 장소에는 연기감지기(Smoke Detector), 일산화탄소감지기(Carbon Monoxide Detector)등도 사용된다.

최근 생산되는 항공기의 화재방지 시스템은 화재감지의 첫째 방법으로 승무원의 관찰에 의존하지 않는다. 이상적인 화재감지장치는 아래와 같은 특징을 가능한 한 많이 포함한다.

(1) 어떠한 비행 및 지상 조건에서도 허위 경고(False Warning) 발생이 없을 것
(2) 신속하고 정확하게 화재 위치(Fire Location)를 알려줄 것
(3) 화재가 소화되었을 때 정확히 알려줄 것(Indication of Fire out)
(4) 화재가 재점화되었을 때 알려줄 것(Indication of Re-ignition)
(5) 화재가 지속되는 동안 계속 그 상태를 지시할 것(Continuous Indication)
(6) 조종실에서 감지장치를 전기적으로 점검할 수 있는 방법(System Test)이 있을 것
(7) 감지기가 오일, 물, 진동, 극한 온도에의 노출 및 취급 등에 대해 내구성(Resistance)이 있을 것
(8) 감지기가 무게가 가볍고, 어느 위치에서도 쉽게 장착(Light and Easy Adaptable)이 가능할 것
(9) 인버터 없이 항공기 동력으로 바로 작동(Direct Operation)할 수 있는 감지기 회로일 것
(10) 화재 지시를 하지 않을 때 최소의 전류 소모량(Minimum Current)을 가질 것
(11) 각 감지장치는 화재 장소를 지시하는 경고등을 켜고 청각경고장치(Light Indication and Audible Alarm)를 작동시킬 수 있을 것
(12) 엔진별 각각 독립적인 감지기(Separate Detector)가 있을 것

9.1.2 엔진 화재감지시스템 (Engine Fire Detection System)

엔진 화재를 감지하기 위해 항공기에는 여러 가지 종류의 화재감지장치가 장착되어 있다. 보편적으로 국부 감지기(Spot Detector)와 연속적 루프 장치(Continuous Loop System)가 사용된다.

국부 감지기는 각각의 센서(Sensor)를 이용하여 화재 지역을 감시하는 것으로 열스위치장치(Thermal Switch), 열전쌍장치(Thermocouple System), 광학화재감지장치(Optical Fire Detection System), 그리고 공압 열적화재감지장치(Thermal Fire Detection System)가 대표적이다. 연속적 루프 장치는 운송용 항공기에 일반적으로 장착되어 있으며 여러 개의 루프 형태의 센서(Loop-type Sensor)를 사용해서 더욱 완벽한 화재 감지 기능을 제공한다.

9.1.2.1 열 스위치 시스템 (Thermal Switch System)

다수의 감지기(Detector)나 센서(Sensing Device)를 이용하며 구형 항공기에서 열스위치장치(Thermal Switch System), 또는 열전쌍장치(Thermocouple System)로 활용하고 있다.

열스위치장치는 항공기 동력으로부터 에너지를 받아 라이트들의 동작을 제어하는 열스위치를 가지고 있다. 이러한 열스위치들은 열에 민감하여 특정 온도에서만 회로를 형성한다. 그들은 서로 병렬로 연결되어 있지만, 지시등과는 직렬로 연결되어 있다. 이 회로의 어느 부분에서 온도가 설정된 값 이상으로 상승하게 되면, 그 열스위치가 닫히면서 회로를 형성하여 화재나 과열 상태를 지시하게 된다.

열스위치의 수량은 필요에 따라 정해진다. 여러 개의 열스위치가 하나의 지시등에 연결된 경우(그림 9-1)도 있고 열스위치마다 별도의 지시등이 있는 경우도 있다.

어떤 경고등은 버튼을 눌러서 테스트(Push-to-test)하는 것들도 있으며, 전구를 눌러 시험 회로의 상태를 점검할 수 있다. (그림 9-1)에서와 같이 시험회로(Test Relay)를 작동시키면 회로가 완성되어 전체에 대한 회로 및 전구를 점검할 수 있다. 그리고 조명제어 회로(Dimming Relay)를 작동시켜 저항을 변화시키면 경고등의 밝기를 조절할 수 있다.

9.1.2.2 열전쌍 시스템(Thermocouple Systems)

열전쌍 화재 경고 장치(Thermocouple Fire Warning System)는 열 스위치 장치(Thermal Switch System)와는 전혀 다른 원리로 작동한다.

열전쌍은 온도 상승률(Rate of Temperature Rise)에 의존하기 때문에 엔진의 과열 속도가 느리거나 단락회로(Short Circuit)가 발생될 때는 경고를 발생시키지 않는다. 이 장치는 릴레이 박스, 경고등 그리고 열전쌍으로 이루어진다. (그림 9-2)와 같이 이러한 장치는 (1)감지회로(Detect Circuit), (2)경고회로(Alarm Circuit), (3)시험회로(Test Circuit)로 나누어진다.

릴레이박스(Relay Box)에는 센서티브 회로(Sensitive Relay)와 슬레이브 회로(Slave Relay), 그리고 열적 시험기(Thermal Test Unit)가 있으며 회로들이 경고등을 제어한다.

Chromel(크롬+니켈 합금), Constantan(동+

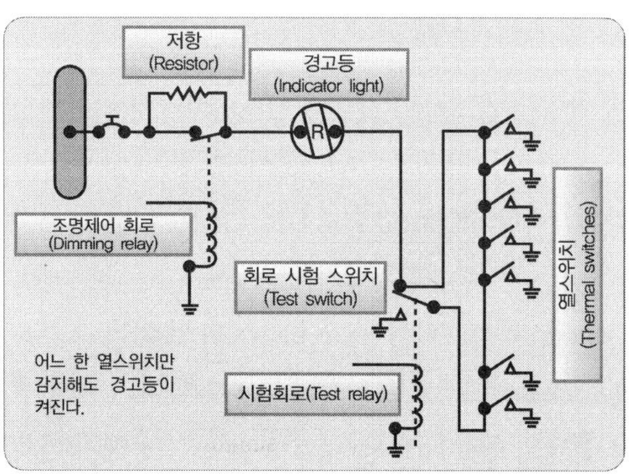

[그림 9-1] 열스위치 회로(Thermal switch fire circuit)

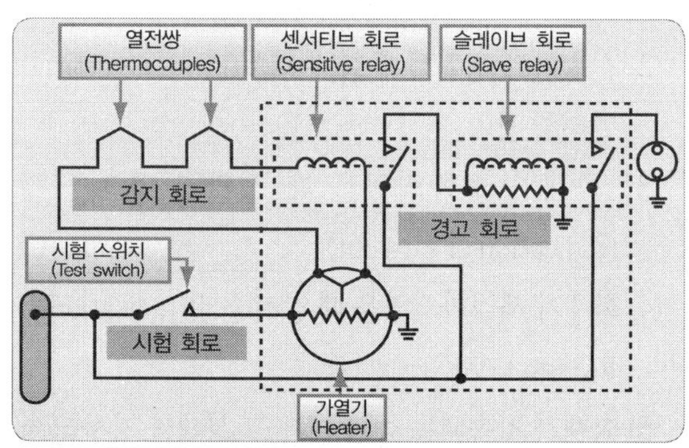

감지회로로부터 미세한 전류를 받아 센서티브 회로가 작동하고 이어서 슬레이브 회로가 작동하여 경고등이 켜진다.

그림 9-2] 열전쌍 화재경고 회로 (Thermocouple fire warning circuit)

니켈 합금) 2개의 이질 금속으로 구성된 열전쌍(Thermocouple)은 고온에 노출되어 있으면서 온도가 빠르게 상승하게 되면, 절연부(Reference Junction)과 고열노출부(Hot Junction) 간의 온도 차이로 인한 전압이 생성되어 전류가 흐르게 되어있다.

일반적으로 엔진 격실에는 엔진 작동에 따라 점진적인 온도의 상승이 발생하는데, 이것이 완만하기 때문에 두 접합체(Junction)가 같은 속도로 가열되어 경고 신호가 발생되지 않게 된다. 하지만 만약 화재가 발생할 경우, 고열노출부(Hot Junction)가 절연부(Reference Junction)보다 더 빨리 가열되며, 이로 인하여 발생되는 전압에 의해 감지회로에 전류(최소 0.004 Ampere)가 흐르게 되면 센서티브 회로(Sensitive Relay), 슬레이브 회로(Slave Relay) 순으로 닫히고 화재 경고등에 불이 들어오게 된다.

(그림 9-2)에 보이는 것처럼, 회로에는 두 개의 저항이 있다. 슬레이브 회로 터미널 사이로 연결되어 있는 저항은 코일의 자기유도전압(Self-induced Voltage)을 흡수하여 센서티브 회로의 아킹(Arcing)을 방지한다. 또한 코일 터미널사이에 있는 저항은 센서티브 회로가 Open 되었을 때 코일에 생성되는 자기유도전압을 흡수하여 센서티브 회로를 보호한다. 센서티브 회로의 접점은 매우 약해서 아킹이 발생하면 타거나 녹아 버린다.

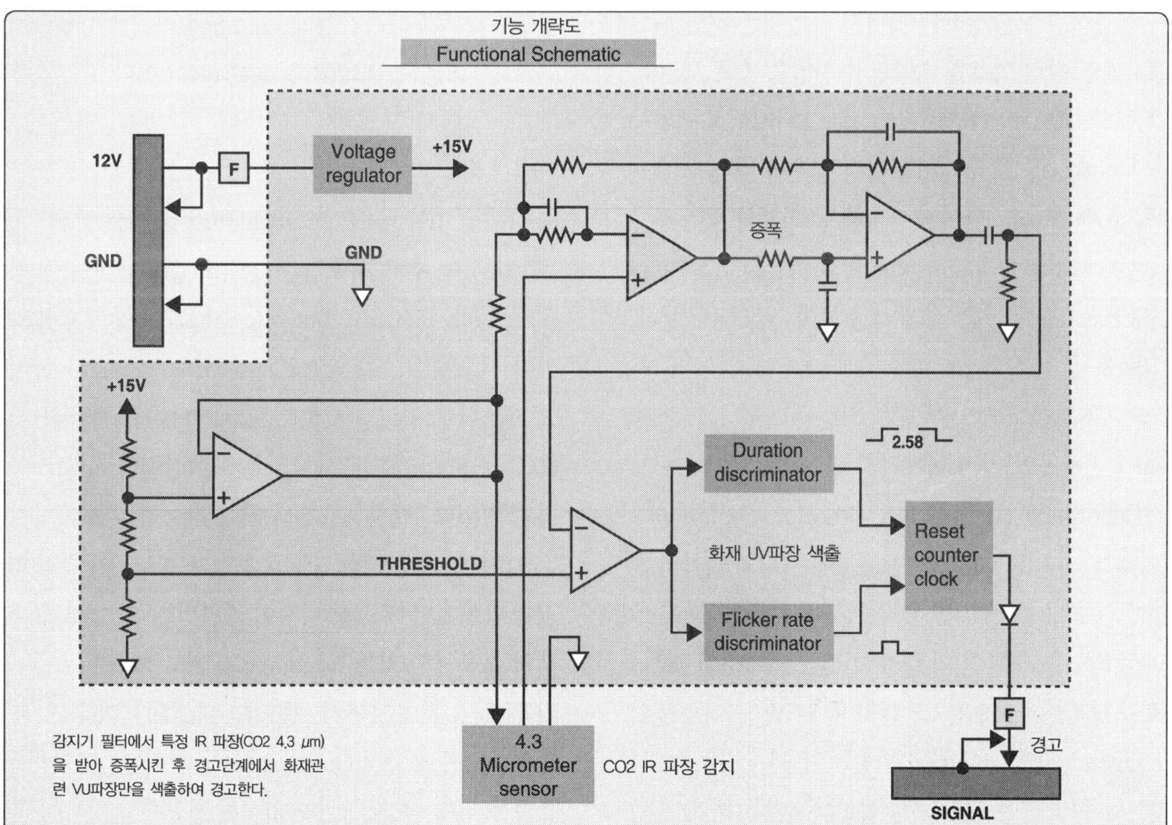

[그림 9-3] 광학 화재감지 회로 (Optical fire detection system circuit)

9.1.2.3 광학 화재감지시스템 (Optical Fire Detection Systems)

'화염감지기(Flame Detector)'라고도 불리는 광학 센서(Optical Sensor)는 탄화수소화염으로부터의 특정 방사선 방출(Radiation Emission)을 감지하여 경고음이 울리도록 설계되어 있으며, 적외선(IR: Infrared)과 자외선(UV: Ultraviolet) 형태의 광학 센서가 활용된다.

탄화수소화염(Hydrocarbon Flame)에서 방출되는 방사선외에도 공간에서 떠도는 많은 방사선이 화염감지기에 감지되더라도 감지기 필터에서 특정 IR 파장(화재 시 발생되는 CO2 기체의 공명 주파수 4.3~4.4 μm)의 방사선만을 통과하게 한다. 특정 방사선이 관통하면서 발생하는 에너지로 미세한 전압을 발생시키면 여러 회로를 거치면서 전압을 증폭 시킨다. 최종적으로 Alarm Sensitivity Level 단계에서 백열등(Incandescent Light), 태양 파장 같은 허위 경고 요원(False Alarm Sources)을 제거하고, 화재와 직접 관계되는 UV 파장(3-4 milliseconds with a time delay of 2-3 seconds)을 정밀하게 색출하여 경고하게 한다. (그림 9-3) 참조.

9.1.2.4 공압 열적 화재감지시스템 (Pneumatic Thermal Fire Detection Systems)

공압감지기(Pneumatic Detector)는 기체 법칙의 원리에 그 기초를 두고 있다. 감지부(Sensing Element)는 헬륨으로 가득 찬 막힌 튜브(Helium-filled Tube)로 구성되어 있으며, 그 한쪽 끝이 반응 어셈블리(Responder Assembly)와 연결되어 있다. 그 감지부가 가열되면 튜브 내의 기체 압력이 상승하게 되며 경고 수준까지 압력이 상승하면 내부 스위치가 작동되어 조종실에 경고를 보내게 된다. 한편 공압의 손실을 감지하는 경우는 공압감지기에 가해지던 압력이 일정이하로 낮아지면 내부 스위치가 Open 되면서 Fault Alarm을 하게 되고 누출(Leak)로 간주한다.

9.1.2.5 지속적인 루프 시스템 (Continuous-loop Systems)

대부분의 상용 항공기는 감지 성능이 우수하고 감지 범위가 넓으며 현대의 터보팬엔진의 가혹한 운용 환경에서도 신뢰성이 좋은 '지속적 열 감지 시스템(Continuous-loop System)'을 사용한다.

지속 루프 시스템은 열스위치장치(Thermal Switch System)의 또 다른 형태이며, 널리 사용되는 지속 루프 시스템의 두 가지 종류는 펜월 시스템(Fenwal System)과 키드 시스템(Kidde System)이다.

9.1.2.5.1 펜월 지속 루프 시스템 (Fenwal Continuous-Loop System)

펜월 지속 루프 시스템은 열적으로 민감한 공융염(Thermally Sensitive Eutectic Salt)과 중앙의 니켈와이어 전도체(Nickel Wire Center Conductor)가 합쳐진 가느다란 인코넬 튜브(Inconel Tube)를 사용한다. (그림 9-4) 이러한 감지 요소는 제어장치와 직렬로 연결되어 있다. 전원으로부터 직접 작동하는 제어장치는 감지 요소에 낮은 전압을 흐르게 한다. 이 부품의 길이 방향에서 어느 한 지점이 과열되면, 감지 부품 내부의 공융염의 저항(Resistance of the Eutectic Salt)이 급격이 저하되면서, 중앙의 니켈와이어(Center Conductor)와 외피(Outer Sheath) 사이가 통하여 전류가 흐르게 된다. 제어장치는 이 전류를 감지하여 출력 회로(Output Relay)를 작동시켜 신호를 보내게 된다.

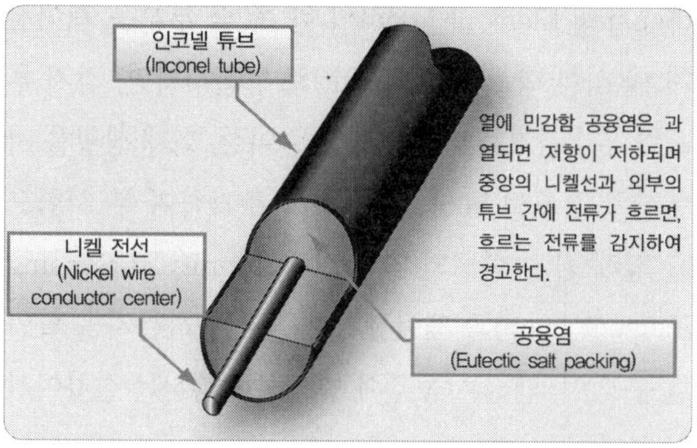

[그림 9-4] 팬월 감지기 (Fenwal sensing element)

화재가 소화되거나 온도가 임계점 이하로 내려가면, 펜월 지속 루프 시스템은 자동으로 대기 상태로 돌아가며, 다시 화재나 과열 상태를 감지할 수 있는 상태가 된다.

9.1.2.5.2 키드 지속 루프 시스템 (Kidde Continuous-Loop System)

(그림 9-5)와 같이, 키드 지속 루프 시스템에는 두 개의 전선이 서미스터 재료(Thermistor Core Material)로 채워진 인코넬 튜브(Inconel Tube)에 끼워져 있다. 이 두 개의 전도체가 중심부의 길이 방향으로 지나가게 되는데, 하나의 도체는 튜브에 접지(Ground)되어 있고 다른 하나의 도체는 화재감지제어장치(Fire Detection Control Unit)로 연결되어 있다.

중심부의 온도가 상승하면 전기저항이 감소한다. 화재감지제어장치는 이 저항을 감시하여 저항이 허용한계(Overheat Set Point)이하로 감소되면 조종실로 과열 신호를 보낸다. 일반적으로 과열 신호는 10초의 시간 지연(10-second time delay)이 설정되어 있으며 저항값이 화재 수준(Fire Set Point)이하로 계속 감소하면 화재 경고를 발생시킨다. 화재나 과열 상태가 사라지면, 저항값이 상승하고 조종실의 지시등이 꺼진다.

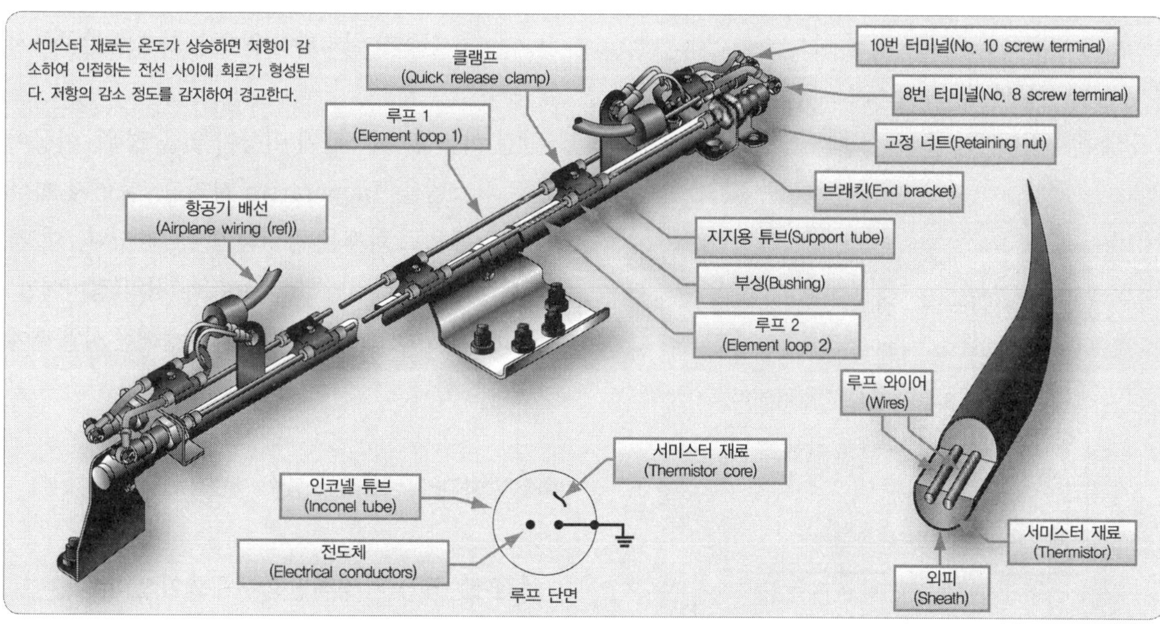

[그림 9-5] 키드 지속-루프 시스템(Kidde continuous-loop system)

9.1.2.5.3 화재와 과열 경고의 결합
(Combination Fire and Overheat Warning)

같은 구역의 화재감지장치로부터 연속하여 화재 및 과열 신호를 받은 제어장치는 다음과 같이 2단계로 대응하게 된다.

첫 단계로 과열경고(Overheat Warning/낮은 단계의 화재 경보)를 발생한다.

엔진 구역에서 뜨거운 블리드 공기 또는 연소실 가스가 누출되면서 온도가 상승하고 있으므로, 조종사로 하여금 엔진 구역의 온도를 낮추는 조치를 취하도록 하는 조기 경고와 같다.

두 번째 단계로 화재경고(Fire Warning)를 발생하여 화재에 대응한 조치를 하게 한다.

9.1.2.5.4 시스템 시험 작동(System Test)

지속적인 루프 시스템(Continuous-loop Systems)을 점검하는 방법의 하나로 시스템 시험 작동(System Test) 방법이 있다.

시험 방법은 조종실에서 해당 시스템에 대해 전원을 공급한 상태에서 Test Switch를 작동한다. (그림 9-6)에서와 같이 Test Switch를 작동하여 감지 루프

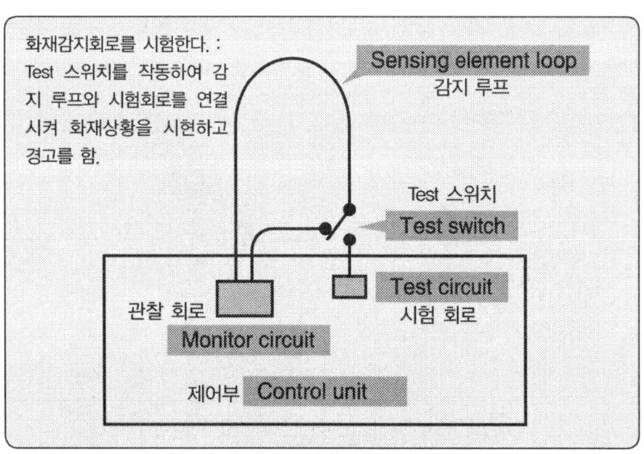

[그림 9-6] 지속-루프 시험회로(Continuous-loop fire detection system test circuit)

(Sensing Element Loop)의 한 쪽 끝 부분을 제어장치 내 시험 회로(Test Circuit)로 연결시키면, 감지 루프가 부러지거나 단절되지 않은 이상, 화재 상황을 시현하고 경고를 발생할 수 있다. 추가하여 본 시험으로 화재 감지 회로의 연결성(Continuity of Sensing Element Loop)과 제어장치가 잘 작동하는지를 확인할 수 있어, 엔진 시동 전에 반드시 수행하는 절차이기도 하다.

9.1.2.5.5 이중 루프 시스템(Dual-Loop System)

이중 루프 시스템은 허위 화재경고를 최대한으로 줄이고 신뢰성을 높이기 위해 같은 구역에 각 독립적인 화재 감지 장치를 이중으로 장착한 것으로, 실제로 상업용 항공기에 적용하고 있다.

이중 루프 시스템에서 각각의 루프 시스템을 System A, System B라고 칭할 때, 같은 구역으로부터 System A/화재, System B/화재 신호가 나왔을 때 〈화재 발생〉으로 간주하는 "AND"논리를 적용하며, System A와 System B 신호가 일치하지 않으면 화재로 간주하지 않는다.

만일 어느 한 시스템에 이상이 있을 경우, 이상이 있는 시스템을 "Inoperative"시키고, 나머지 하나의 시스템으로 화재를 감지하게 할 수 있다. 이 경우 비행은 가능하지만 "Inoperative"처리(정비이월: Maintenance Deferred)된 시스템은 정해진 시일 내에 해소해야 한다.

9.1.3 화재 구역(Fire Zones)

엔진에는 몇 곳의 정해진 화재 구역이 있다.

(1) 엔진동력구역(Engine Power Section)
(2) 엔진보기구역(Engine Accessary Section)
(3) 엔진동력구역과 엔진보기구역 사이에 분리 장치가 없는 원동기 격실 구역 (Powerplant Compartment)
(4) APU 격실(APU Compartment)
(5) 연료연소가열기, 그리고 기타 연소 장비 설비(Fuel-burning Heater, Combustion Equipment)
(6) 터빈엔진의 압축기와 보기구역(Compressor and Accessary Sections)
(7) 인화성이 있는 유류 또는 기체를 운반하는 라인이 통과하거나 부분품을 포함하는 터빈엔진 설비의 연소실, 터빈 및 테일파이프 구역(Combustor, Turbine & Tailpipe Sections)

(그림 9-7)은 대형 터보팬엔진에서의 화재방지장치의 위치를 나타낸다.

다발항공기에는 엔진 및 나셀 구역 이외에 수하물 격실, 화장실, APU, 연소가열기 설비, 그리고 다른 위험구역에도 화재 감지 및 방지 시스템이 설치되어 있다.

9.2 엔진 소화시스템 (Engine Fire Extinguishing System)

14 CFR(Code of Federal Regulations) Part 23에 의하여 형식 증명된 정기운송항공기(Commuter)는 최소한 일회용 소화시스템을 장착해야 하고, 14 CFR Part 25에 의하여 형식 증명된 모든 운송용 항공기(Transport Category)는 두 개의 방출기를 구비해야 하며, 각각의 방출구는 소화용제를 적절하게 방출시킬 수 있도록 위치되어야 한다. 그러나 APU, 연료연소 가열기(Fuel Burning Heater), 연소 장비 설비는 독립적인 일회용 소화 장비를 사용할 수 있으나, 그 외의 화재구역은 두 개의 방출기를 구비해야 한다. (그림 9-8 참고)

9.2.1 소화용제(Fire Extinguishing Agents)

대부분의 엔진 화재방지시스템에 사용되는 고정형 소화기 시스템은 연소를 방해하는 비활성기체(Inert Agent)이며 이는 대기를 희석시키는 방식으로 설계되어 있다. 대부분의 시스템은 구멍이 뚫린 튜빙이나 분

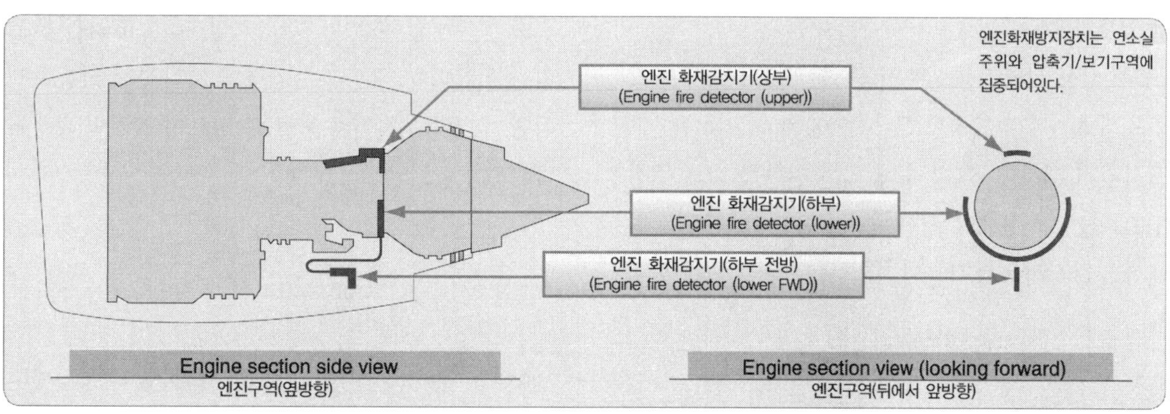

[그림 9-7] 터보팬 엔진 화재구역(Large turbofan engine fire zones)

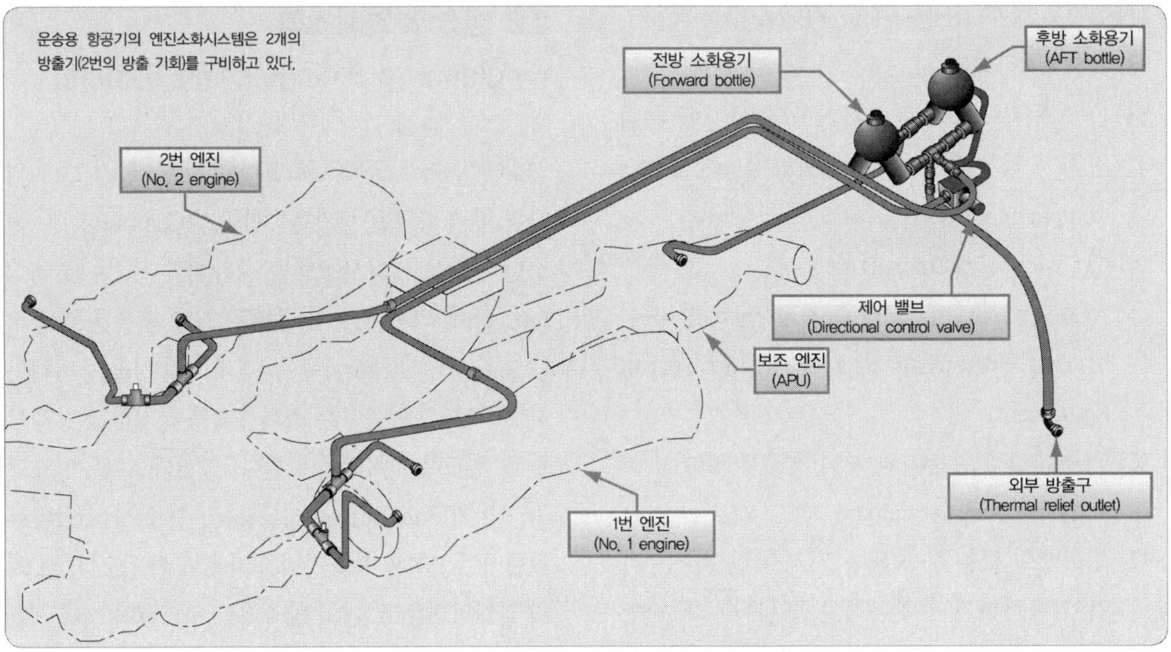

[그림 9-8] 화재 소화 시스템 (Typical fire extinguishing system)

사노즐을 사용하여 소화용액을 분사한다. 대용량 소화장치(HRD, High Rate of Discharge)는 1~2초 내에 다량의 용액을 분사하기 위하여 끝부분이 개방된 튜브들을 사용한다. 뛰어난 화재 진압 능력과 비교적 낮은 독성 때문에 소화용액으로 Halon 1301을 가장 많이 사용한다. Halon 1301은 비부식성으로, 그것에 접하는 물질에 영향을 미치지 않으며, 방출되어도 세척할 필요가 없다.

현재 상용 항공기용으로 사용하는 Halon 1301은 소화용제로는 우수하지만 오존 층(Ozone Layer)을 고갈시키기 때문에, 개발 중에 있는 친환경 대체 물질(HCL-125: 군용으로 시험 사용 중)의 개발이 완료될 때까지 한시적으로 시용되고 있다.

9.2.2 터빈엔진 지상 화재 예방(Turbine Engine Ground Fire Protection)

많은 항공기의 경우 압축기, 테일파이프, 또는 연소실로 쉽게 접근할 수 있는 방법이 있어야 하며, 주로 해당 구역의 근접 도어를 사용한다. 엔진 작동 중지(Shutdown) 또는 비정상 시동 시(False Start)에 발생하는 엔진 테일파이프 화재는 시동기를 이용하여 엔진을 모터링하여 불어내면 화재를 진압할 수 있다. 만약 화재가 진압되지 않는다면, 소화용제를 테일파이프로 방출시킬 수 있다. 그렇지만, 냉각 효과를 갖고 있는 이산화탄소나 다른 용제를 과다하게 사용하게 되면, 터빈하우징이 수축될 수 있으며 엔진의 강성이 약해진다.

9.2.3 용기(Containers)

대용량 소화용기(HRD Bottle)는 보통 스테인레스강으로 제작되며 그 내부에 액체 할로겐 소화용제

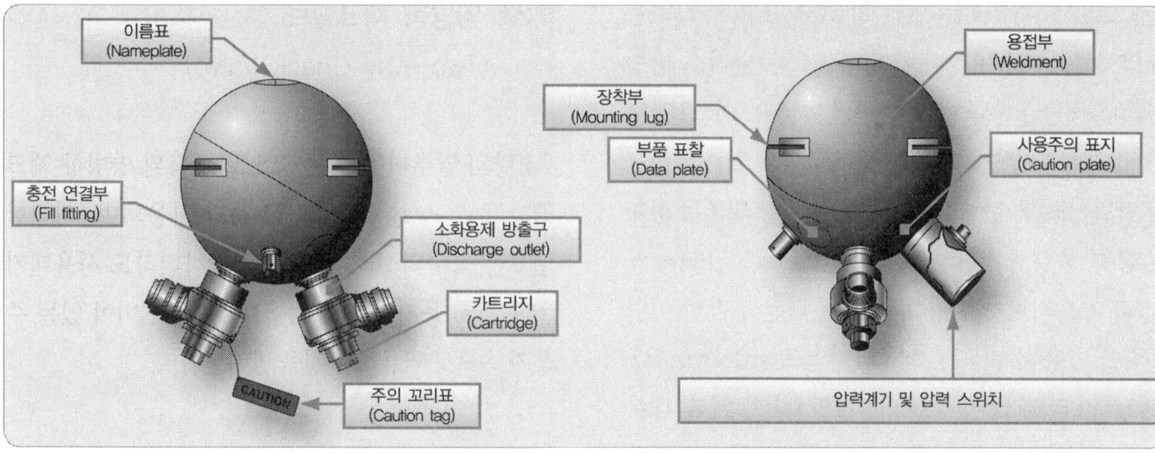

[그림 9-9] 대용량 화재 소화용기 (Fire extinguisher containers, HRD bottles)

(Halon Extinguishing Agent)를 넣고 질소(N2 Gas)로 가압된다. 설계상의 필요에 따라, 티타늄을 포함하는 다른 대체 재질을 사용할 수 있지만 용기는 미국 운수부의 규격(DOT, Department of Transportation Specification)을 충족해야 한다.

대부분의 항공기 용기는 무게를 가볍게 할 수 있는 구 형태로 제작(Spherical Design)되지만, 공간적 제약을 고려해야 하는 경우는 실린더 형태도 사용한다. 각 용기에는 온도/압력 감지의 안전격막이 있어서, 용기가 과도한 온도에 노출되는 경우 용기의 허용압력을 넘지 않도록 방지해 준다. (그림 9-9)

9.2.4 방출밸브(Discharge Valves)

방출밸브는 소화용기에 장착되어 있으며 (그림 9-10)과 같이, 방출밸브의 출구에 카트리지(Cartridge or Squib)와 충격에 부서지도록 되어 있는 원반형(Disk-type) 밸브가 장착되어 있다. 솔레노이드(Solenoid) 또는 수동으로 작동되는 시트형(Seat-type) 방출밸브를 사용하는 경우도 있다.

[그림 9-10] 방출 밸브(좌)와 카트리지(우) [Discharge valve[left) and cartridge, or squib(right)]

카트리지 디스크를 릴리스(Disk-release)하는 방법에는 두 가지 형태가 있다. 표준 릴리스 방법(Standard-release-type)은 폭발 에너지로 조그만 덩어리(slug)를 발사하여 도관을 가로막고 있는 디스크를 파열시킨다. 다음으로 고온이나 진공 밀폐된 장치의 경우, 폭발에 의한 직접 충격식(Explosive Impact-type) 카트리지가 사용되는데, 분리된 조각이 이미 응력을 받은 내부식성 스틸 다이어프램(Corrosion-resistant Steel Diaphragm)을 파열시키게 된다. 대부분의 용기에는 방출 이후의 수리가 용이하도록 전통적으로 금속 개스킷(Metallic Gasket)이 사용된다.

9.2.5 압력 지시(Pressure Indication)

소화용제의 충전 상태를 확인하기 위하여 다양한 종류의 방법이 사용된다. 그중 간단하게 시각적으로 확인할 수 있는 것으로 진동에 강한 헬리컬 보돈 형태(Helical Bourdon -type)의 지시기다. (그림 9-9 참고)

복합 계기 스위치는 실제 용기 압력을 시각적으로 확인 가능하게 하며, 또한 용기 압력이 빠지면 전기적 신호를 통해 방출되었음을 알린다. 통상적으로 밀폐 용기(Hermetically-sealed Container)에는 지상에서 확인 가능한 다이어프램 압력 스위치(Diaphragm-type Low-pressure Switch)가 사용된다. 키드 시스템(Kidde System)에는 진공 밀봉된 기준형 챔버(Chamber)에 온도보정압력스위치(Temperature-compensated Pressure Switch)를 사용하여 온도에 따른 용기의 압력 변화를 반영해준다.

9.2.6 양방향 체크밸브 (Two-Way Check Valve)

경량의 알루미늄 또는 강으로 제작된 양방향 체크밸브(Two-way Check Valve)가 사용되며, 이러한 밸브는 복수의 소화 용기를 결합하더라도 사용대기(Reserve) 용기(압력이 높음)의 용제가 비어 있는 주 용기 속으로 역류하는 것을 방지한다.

9.2.7 방출 지시계(Discharge Indicators)

방출 지시계는 (그림 9-11)와 같이 시스템에서 소화용제가 방출되었음을 시각적으로 알려주는 장치로서, 열 형식(Thermal-type)과 방출 형식(Discharge-type) 등 두 종류의 지시계가 사용된다. 이들 지시계는 접근이 용이하도록 항공기 외부에 장착되어 있다.

9.2.7.1 열 방출 지시계 (붉은 원반) (Thermal Discharge Indicator(Red Disk))

열 방출 지시계는 소화 용기에서 방출된 소화용제가 도관을 통과하여 외부로 배출되면서 빨간 원판(Red Disk)을 밀어내어 소화용제가 방출되었음을 시각적

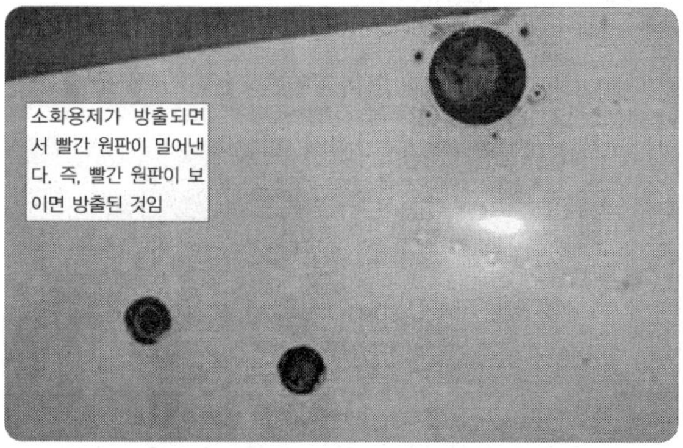

[그림 9-11] 방출 지시계 (Discharge indicators)

으로 보여준다. 이로써 차기 비행 전에 소화용기가 교환될 수 있도록 운항 승무원 및 정비사에게 알려주게 된다.

9.2.7.2 노란 원반 방출 지시계 (Yellow Disk Discharge Indicator)

운항 승무원이 소화시스템을 작동시키면, 항공기 동체 외피에 노란 원판(Yellow Disk)이 드러난다. 이것은 소화시스템이 운항 승무원에 의해 작동되었음을 암시하는 것으로 차기 비행 전에 소화용기가 교환될 수 있도록 정비사에게 알려주게 된다.

9.2.8 화재 스위치(Fire Switch)

화재 스위치는 주로 조종실의 중앙 오버헤드 계기판(Center Overhead Panel) 및 중앙 콘솔(Center Console)에 장착되어 있다 (그림 9-12 참고) 화재 스위치가 작동되면, 연료 공급을 중단시켜 엔진이 정지되고, 엔진이 항공기 시스템으로부터 차단되며, 소화

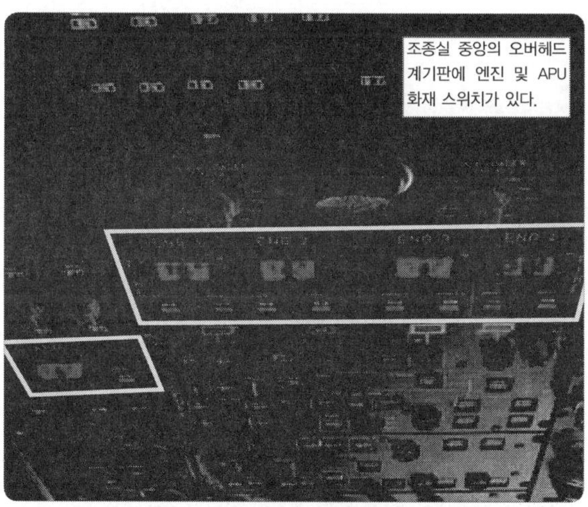

[그림 9-12] 조종실 엔진/APU 화재스위치
(Engine and APU fire switch on the cockpit center overhead panel)

시스템이 작동된다. 항공기의 화재 스위치의 작동 방법에는 당긴 후 돌려서 시스템을 작동시키는 방법과 씌워져 있는 보호판을 올리고 누르는 형태의 스위치를 눌러서 작동시키는 방법이 있다.

화재 스위치를 실수로 작동시키는 것을 방지하기 위하여 잠금장치(Lock)가 장착되어 있는 경우도 있는데, 이것은 화재가 감지되는 경우에만 화재 스위치를 작동하게하기 위함이다. 이 잠금장치는 화재감지시스템에 고장이 있는 경우 운항 승무원이 수동으로 작동할 수 있게 되어있다. (그림 9-13)

9.2.9 경고시스템(Warning Systems)

엔진 화재경고시스템은 경적 소리와 경고등 등으로 엔진 화재가 감지되었음을 운항 승무원에게 알려서 적절한 조치를 취할 수 있게 하며, 화재가 소화되면 이러한 지시들은 중지된다.

9.3 화재감지시스템 정비(Fire Detection System Maintenance)

화재감지기 구성품은 엔진 주위에서 화재 가능성이 높은 지역에 설치된다. 그러한 구성품들의 장착 위치가 특이하고 그 부품들의 크기가 작기 때문에 정비 시 쉽게 손상될 수 있다. 따라서 지속 루프 시스템 점검 및 정비 프로그램에는 아래의 점검이 포함되어야 한다.

(1) 점검판, 카울패널, 또는 엔진 구성품 사이에서의 압착으로 인해 발생한 균열, 깨짐 여부 확인

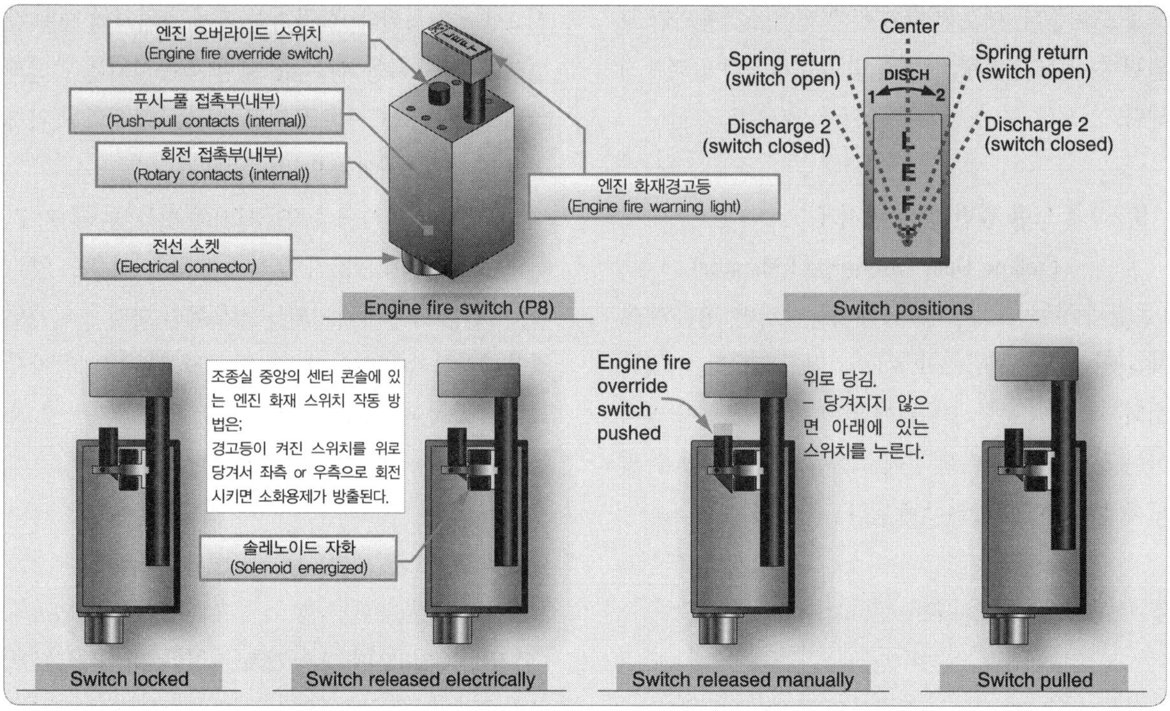

[그림 9-13] 엔진 화재 스위치 작동 (Engine fire switch operation)

(2) 카울링, 보기류 및 구조물의 마모 여부 확인

(3) 탐지 단자(Spot-detector Terminal)를 쇼트 시킬 수 있는 안전결선이나 금속 조각의 방치 여부 확인

(4) 오일에 노출됨으로써 약해지거나 과도한 열로 인해 경화될 수 있는 장착 클램프의 고무 그로멧(Rubber Grommet) 손상 여부 확인

(5) 탐지부품(Sensing Element) 부위의 굽힘 또는 꺾임 여부 확인 (그림 9-14)의 Tubing 그림 참조).

[주의] 탐지 부품의 굽힘 또는 꺾인 정도, 배관 윤곽의 부드러움 정도는 제조자 정비교범을 참조해야 함. 배관이 받는 응력으로 파손될 수 있으므로, 정비교범에서 허용하는 정도라면 굽힌 또는 꺾인 배관을 바르게 펴려는 시도를 해서는 안 됨.

(6) 탐지부품의 끝에 있는 너트들이 견고하게 조여져 있는지, 그리고 안전결선이 정상적으로 체결되어 있는지 여부 확인 (그림 9-15)

[주의] 풀린 너트는 제작사 정비교범에 명시된 값으로 다시 조여야 함. 어떤 감지 부품은 조립 시 구리성분의 개스킷(Copper-crush Gasket)을 사용하기도 하는데, 이런 개스킷은 1회용으로 언제나 연결이 분리 되었을 때 교체해야 함.

(7) 도선의 Shield 바깥 면이 닳거나 풀어진 것이 없는지 확인 (Shield 형태의 연성 도선이 사용되었을 경우).

[주의] Shield 바깥 면은 내부절연선을 보호하기 위해 여러 가닥의 금속선으로 짜인 것으로, 사용하면서 케이블이 여러 차례 굽혀지거나 또는 거

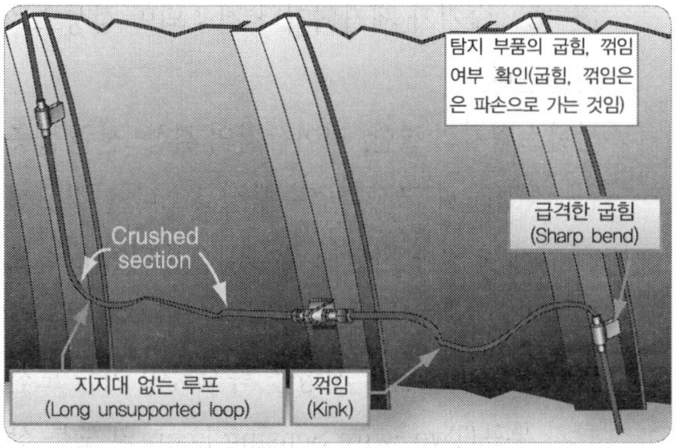

[그림 9-14] 감지기 손상 사례 (Sensing element defects)

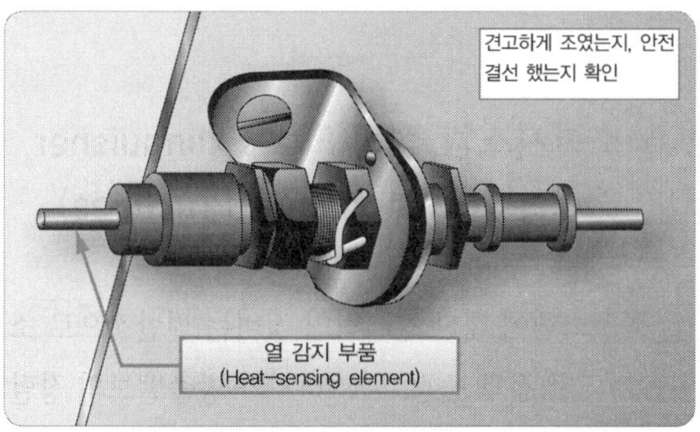

[그림 9-15] 열탐지부품(Connector joint fitting attached to the structure)

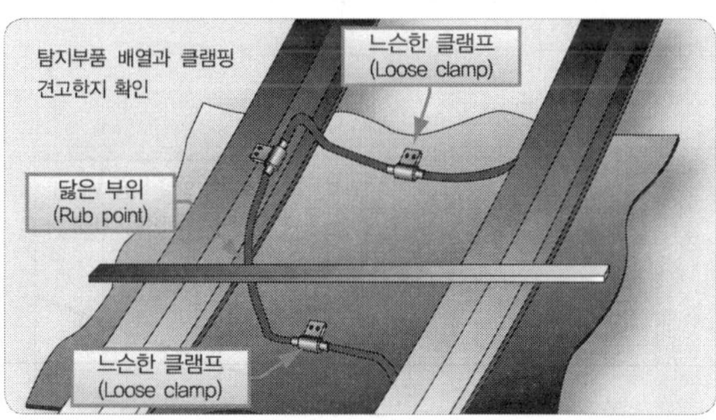

[그림 9-16] 감지부품 간섭 사례(Rubbing interference)

칠게 취급하면 특히 Connector 근처에 이들 가는 금속선을 끊어지게 할 수 있으니 유의해야 한다.

(8) 탐지부품의 배열이나 클램핑이 견고히 되어 있는지 여부 확인 (그림 9-16). 지지간격이 길어 잘 지탱되지 않을 경우 진동이 발생하며, 파손의 원인이 될 수 있다. 클램핑 간격은 제작사 정비 규범에 명시되어 있으며, 직선 배선의 경우 보통 약 8~10 inch 정도이다. 연결부 끝단에서부터 첫 번째 지지 클램핑는 보통 끝단 연결부 조립으로부터 4~6 inch 위치한다. 대개의 경우, 굽힘이 시작되기 전에 1 inch 정도는 직선으로 유지하게 해야 하며, 최적 굽힘 반지름은 3 inch 정도이다.

(9) 카울 지지대와 감지 부품 간의 간섭은 마찰로 인한 마모와 쇼트를 초래할 수 있으므로 간섭 여부 확인 (그림 9-16)

(10) 그로멧(Grommet)의 중심에 클램프가 위치해 있는지, 분리되어 있는 그로멧의 끝이 잘 처리되어 있는지 여부 확인. (그림 9-17) 클램핑과 그로멧은 탐지부품을 편하게 감싸는 듯이 고정되도록 해야 한다.

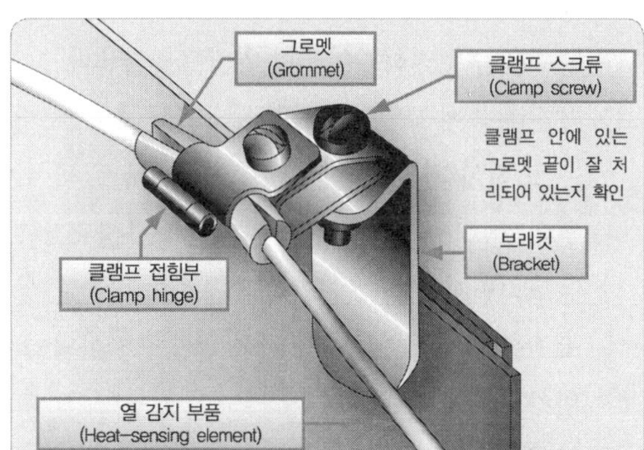

[그림 9-17] 화재 감지-루프 점검 사례 (Inspection of fire detector loop clamp)

9.4 화재감지시스템 고장탐구(Fire Detection System Troubleshooting)

엔진 화재감지시스템의 일반적인 고장탐구 절차는 아래와 같다.

(1) 감지시스템 도선에서 간헐적으로 쇼트가 발생되면 간헐적인 경고가 나타난다. 이러한 쇼트는 느슨한 도선이 주위의 단자에 접촉되거나 외피가 벗겨진 도선이 구조물과의 마찰에 이은 마모에 의해 발생된다. 간헐적인 결함은 도선을 움직여서 쇼트 상태를 재현하여 그 위치를 찾아낼 수 있다.

(2) 엔진의 화재나 과열 상태가 존재하지 않더라도 화재 감지가 발생하기도 한다. 이러한 오작동은 제어장치에서 엔진 탐지 루프 연결을 분리하여 그 결함 위치를 찾을 수 있다. 해당 탐지 루프가 분리되었을 때 그 오작동이 멈춘다면 결함은 바로 그 분리된 탐지 루프에 있는 것이며, 어딘가의 굽어진 부분이 엔진의 뜨거운 부분과 닿아 있지 않은지 점검해 보아야 한다. 굽어진 부분이 없는 경우는 전체 루프에서부터 순차적으로 연결부위를 분리하면서 결함 위치를 찾아낸다.

(3) 탐지 부품에 꼬임이나 심한 굴곡이 존재하면, 내부 도선이 외부 튜빙에 간헐적으로 쇼트 될 수 있다. 이런 결함은 의심되는 지역의 구성요소를 두드리면서 저항 측정기를 사용하여 탐지 구성요소를 점검함으로써 그 결함 위치를 찾아낼 수 있다.

(4) 탐지시스템은 습기에 의한 오작동은 거의 발생하지 않는다. 그러나 습기에 의해 경고가 발생되더라도, 습기가 제거되거나 건조되면 정상으로 환원된다.

(5) 시험스위치의 결함, 제어장치의 결함, 전원 불충분, 경고등의 고장, 탐지 구성요소나 연결도선의 틈새로 인해 시험스위치가 작동되어도 경고신호가 발생하지 않는 경우가 있다. 이 경우는 회로를 분리하면서 저항을 측정하여 이중 도선 탐지 루프(Two-wire Sensing Loop)의 도통 상태를 점검해야 한다.

9.5 소화시스템 정비(Fire Extinguisher System Maintenance Practices)

소화시스템에 대한 정기적인 정비는 일반적으로 소화용기의 점검과 충전, 카트리지와 방출밸브의 장탈 및 재장착, 방출튜브 누출 시험, 그리고 전기도선 도통 시험과 같은 항목들이 포함된다.

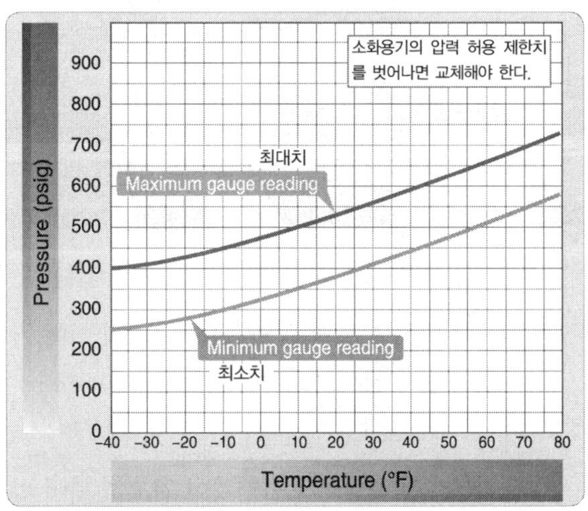

[그림 9-18] 화재소화용기의 압력-온도 변화도(Fire extinguisher container pressure-temperature chart)

소화용기는 주기적으로 점검하여 그 압력이 허용 제한치 사이에 있는지를 확인해야 한다. 대기 온도에 따른 압력의 변화도 허용 제한치 이내에 들어와야 한다. (그림 9-18)은 압력-온도 곡선에서의 최대 및 최소 지시값을 보여 주고 있다.

만약 소화용기의 압력이 허용 제한치를 벗어난다면, 그 소화용기는 교체되어야 한다. 소화기 방출 카트리지의 사용 가능 기간은 카트리지의 앞면에 붙어 있는 제작사의 확인 날짜로부터 계산된다. 카트리지의 수명은 제작사에 의해 설정되는데 일반적으로 5년 정도이다.

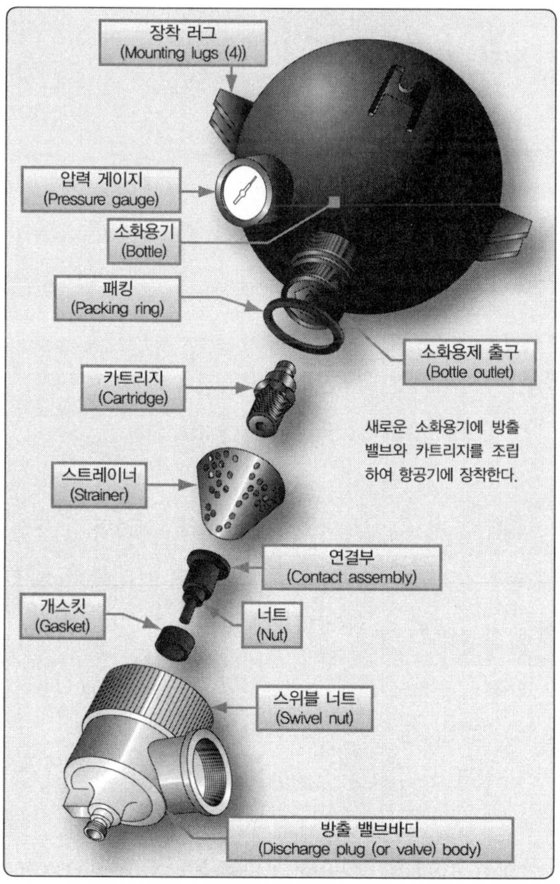

[그림 9-19] 화재소화용기 구성품
(Components of fire extinguisher container)

대부분의 새로운 소화용기는 그 카트리지와 방출밸브가 분리된 상태로 제공되기 때문에 항공기에 장착하기 전에 카트리지를 방출밸브에 적절히 조립한 후, 방출밸브를 용기에 연결한다. (그림 9-19)

9.6 보잉777 항공기 화재 감지 및 소화 시스템(Boeing 777 Aircraft Fire Detection and Extinguishing System)

각 엔진은 두 개의 화재감지루프(Two Fire Detection Loops), 즉 "Loop 1" 과 "Loop 2"를 갖고 있다. 시스템 카드 파일에 있는 화재감지카드가 각 루프의 화재, 과열 상태 그리고 결함의 존재 여부를 감시한다. 화재감지카드는 엔진 당 하나씩 있다.

9.6.1 과열 감지(Overheat Detection)

화재감지루프가 과열 상태를 감지하면, 화재감지카드는 AIMS(Aircraft Information Management System) 및 경고전자장치로 신호를 보내 조종실에 아래와 같은 상황을 발생시킨다.

- Master Warning Light 경고등 점등
- Caution Aural 경적 작동
- 해당 엔진 과열 메시지 경고(Caution Message) 시현

9.6.2 화재 감지(Fire Detection)

화재가 발생하면 화재감지카드가 AIMS 및 경고전자장치로 신호를 보내 경고메시지를 시현시키고 조종실

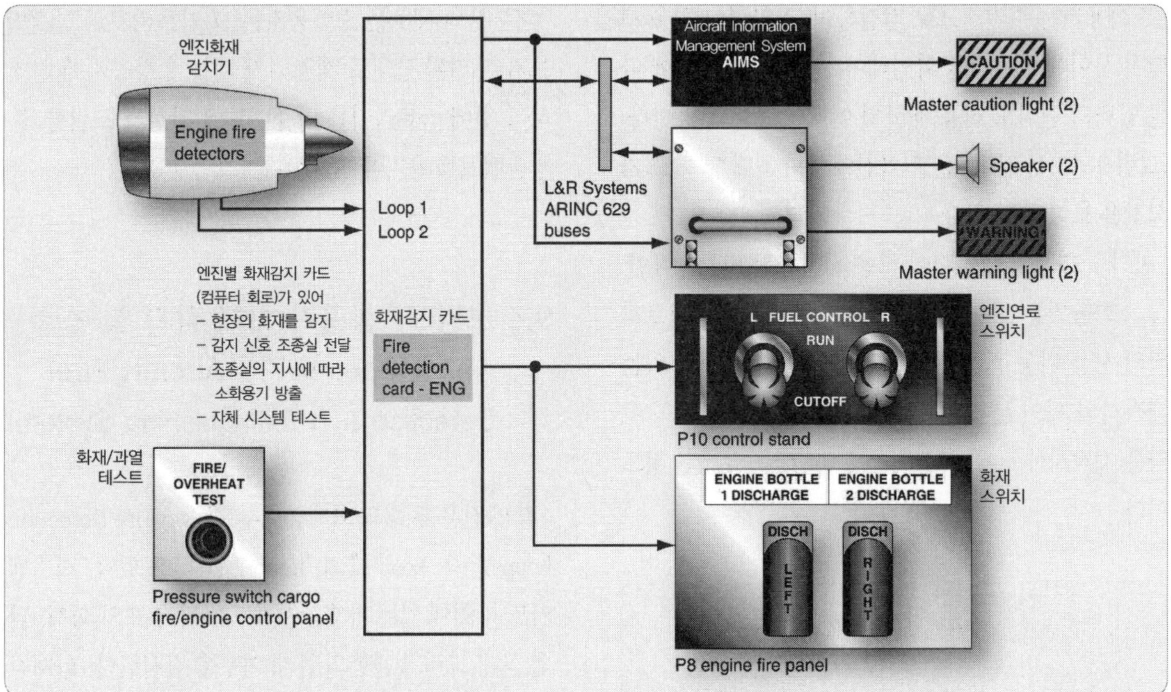

[그림 9-20] 엔진화재 감지 계통도(Engine fire detection system)

에 아래와 같은 상황을 발생시킨다.

- Master Warning Light 경고등 점등
- Warning Aural 경적 작동
- 해당 엔진 화재경고메시지(Firing Warning Message) 시현
- 해당 엔진 화재경고등(Firing Warning Light) 점등
- 해당 연료 제어스위치에 화재경고등 점등

9.6.3 나셀온도 기록 (Nacelle Temperature Recording)

화재감지카드는 루프의 평균온도를 감지하며 이 자료는 시스템의 디지털 데이터버스(ARINC 629 Bus)를 통하여 AIMS로 전달되고 항공기 상태 감시시스템에 기록된다.

9.6.4 지속적인 결함 감시 (Continuous Fault Monitoring)

화재감지카드는 두 개의 루프(Two Loops)와 각 도선의 결함 여부를 지속적으로 감시하여 아래에서 설명하는 단일/복수 루프의 원리에 따라 작동된다.

9.6.5 단일/복수 루프 작동 (Single/Dual Loop Operation)

화재감지카드는 각 루프에 결함이 있는지 감시한다. 정상적인 (Two Loops) 작동 시, 두 개의 루프가 동일

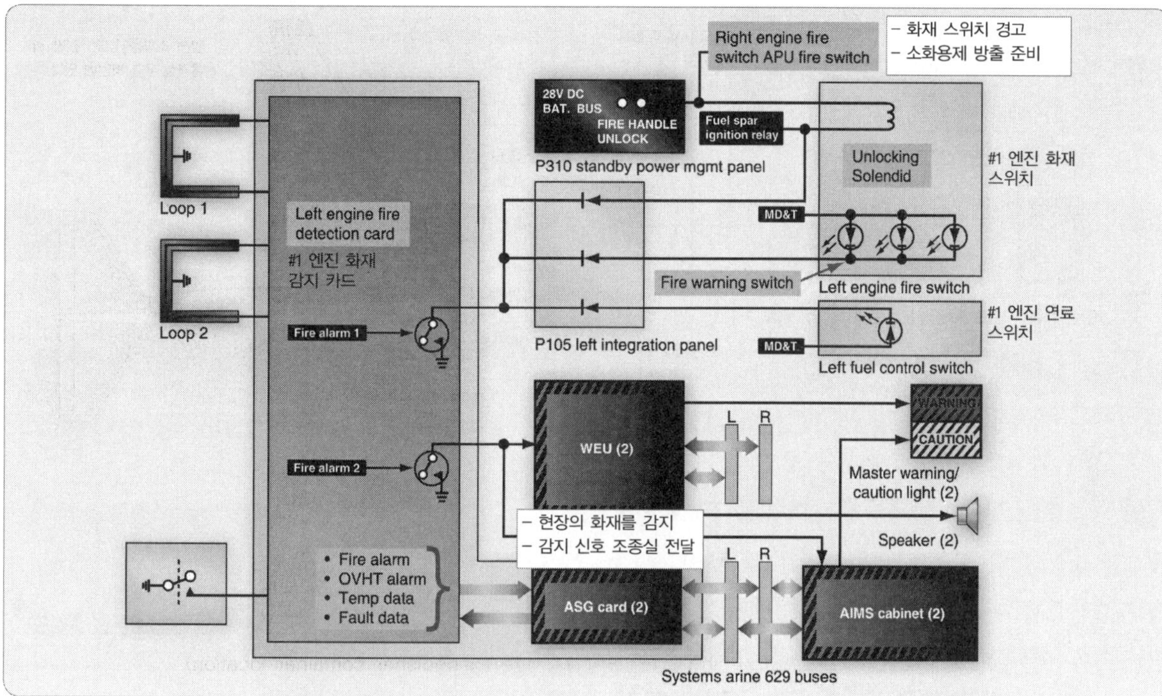

[그림 9-21] 엔진 화재 감지 시스템 개요(Engine fire detection system functional description)

하게 화재나 과열 상태를 감지해야 조종실에 그 상태가 지시된다.

만약 하나의 감지루프에 문제가 생기면, 그 카드는 그 고장 정보를 AIMS로 보내서 Status Message(Warning 〉Caution 〉Advisory 다음 순위 메시지)를 나타나게 하며 그 카드는 단일 루프 작동 상태로 변경된다. 만약 두 개의 감지루프가 모두 고장 나면, Advisory Message(Warning 〉Caution 다음 순위 메시지) 및 Status Message 가 나타나고 화재감지시스템은 작동하지 않는다.

9.6.6 시스템 테스트(System Test)

내장형 시험장비(BITE, Build in Test Equipment)는 아래의 조건에서 엔진 화재감지시스템의 테스트를 수행한다.

- 시스템에 처음으로 전원이 연결될 때
- 전원이 차단된 후
- 작동 중 매 5분마다 (그림 9-20, 9-21 참조)

9.6.7 보잉777 소화시스템 (Boeing 777 Fire Extinguisher System)

9.6.7.1 소화용기(Fire Extinguisher Containers)

B777 항공기에는 질소로 가압된 할론 소화용제를 담은 두 개의 소화용기가 장착되어 있다. 이 소화용제를 방출시키기 위해서는 조종실에 있는 해당되는 엔진 화재스위치(Fire Switch)를 당겨서 회전시킨다. 소화용기의 압력이 낮아지면 EICAS(Engine

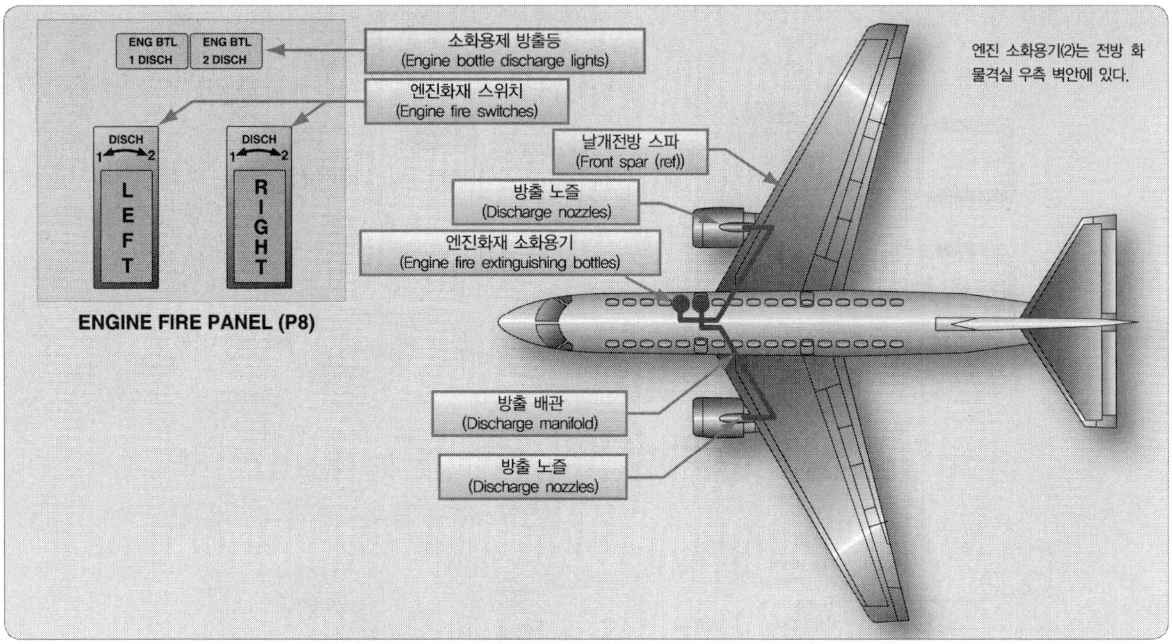

[그림 9-22] B777 소화용기 위치도 (Boeing 777 fire extinguisher container location)

Indicating and Crew Alerting System) 메시지 및 Status Message가 시현되며 해당 부분의 지시등이 점등된다. 엔진 소화용기는 전방 화물 격실의 오른쪽 옆벽 즉, 화물 격실 문 뒤에 설치되어 있다.(그림 9-22)(그림 9-24)

두 개의 소화용기는 서로 동일하며 각 용기에는 아래의 부품들이 장착되어 있다.

- 세이프티 릴리프 및 충전포트(Safety Relief & Fill Port)
- 장탈 및 장착을 위한 손잡이(Handle)
- 압력스위치(Pressure Switch)
- 방출어셈블리(Discharge Assembly) 2개
- 부품 명찰(Identification Plate)
- 장착러그(Mounting Lug) 4개 (그림 9-23, 9-24, 9-25 참조)

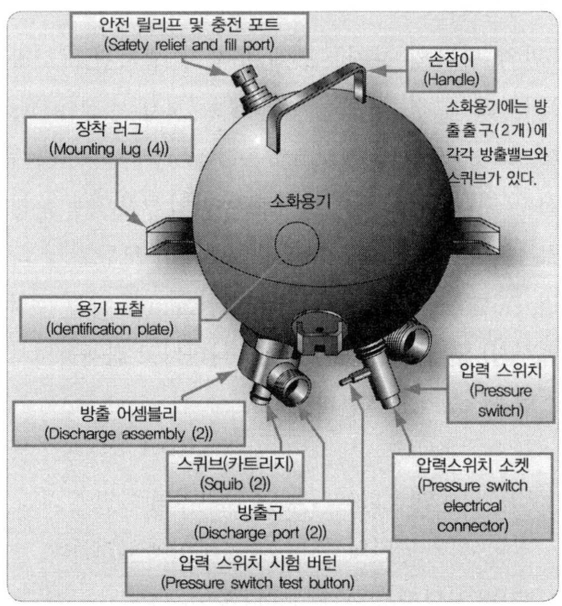

[그림 9-23] 화재 소화용기 구성품
(Fire extinguishing bottle)

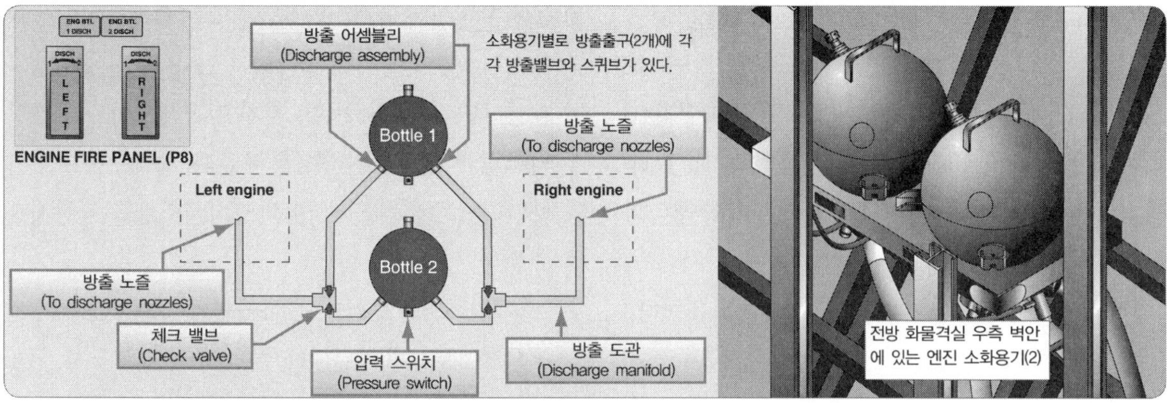

[그림 9-24] 화재 소화용기 위치도 (Location of fire extinguishing bottles)

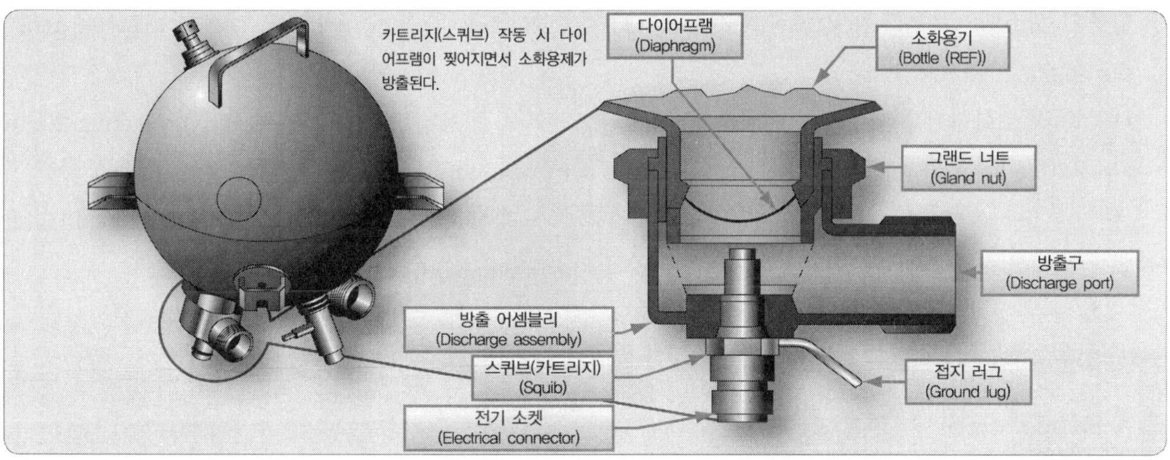

[그림 9-25] 소화용기 카트리지 구조 (Squib or cartridge)

소화용기에는 질소로 가압된 할론 소화용제가 충전되어 있다. 소화용기 내부의 압력이 너무 높아지면, 안전밸브 및 주입구가 열려서 압력을 강하시켜 소화용기의 폭발을 방지한다. 방출어셈블리에는 폭발 스퀴브(Squib)가 있으며, 소화회로에 전류가 흐르면 이 스퀴브를 터트리게 된다. 이렇게 할론이 방출포트로부터 분사되면 소화용기 내의 압력이 낮아짐에 따라 압력스위치가 연결되면서 이를 조종실에 알려준다.

9.6.8 스퀴브(Squib)

스퀴브는 전기적으로 작동되는 일종의 폭약장치로서 이는 소화용기의 아래쪽에 있는 방출어셈블리 내부에 장착되어 있다. 각 소화용기는 엔진 당 하나씩, 총 두 개의 스퀴브가 있다. 스퀴브가 작동되면, 덩어리(Slug)를 발사하여 도관을 막고 있는 원판(Disk)을 파괴하고, 소화용기 내부의 질소압력으로 방출구를 통해 할론을 분사시킨다. 스퀴브는 화재 스위치를 당겨 회전시켰을 때 폭발하게 된다. (그림 9-25)

9.6.9 엔진 화재스위치(Engine Fire Switch)

엔진 화재 계기판(Engine Fire Panel)은 조종실의 P8 스탠드(Aisle Stand)에 있으며, 각 엔진에 하나씩 화재스위치(Fire Switch)가 있고, 각 소화용기 당 하나의 방출 표시등이 있다. (그림 9-26)

엔진 화재스위치는 아래와 같은 네 가지 기능을 한다.

- 해당 엔진 화재 지시(Engine Fire Indication)
- 해당 엔진 정지(Engine Stop)
- 항공기 시스템으로부터 해당 엔진 분리(Isolate the Engine from A/C System)
- 해당 엔진 소화시스템 제어(Control the Engine Fire Extinguishing System)

운항 승무원이 실수로 화재스위치를 당기더라도 작동되지 않도록 화재스위치를 잠그는 솔레노이드가 화재스위치 어셈블리에 장착되어 있다. 엔진에 화재가 발생하면, 화재경고등이 켜지고 솔레노이드가 자화되어 잠겨 있는 스위치를 풀어 준다. 솔레노이드가 자화되면 스위치를 당겨 엔진 소화시스템을 작동시킬 수 있다.

화재스위치가 당겨지면, 아래의 항공기 시스템이 해당 엔진으로부터 차단된다.

- 연료 스파밸브 잠금(the Fuel Spar Valve Close)
- FMU 차단 솔레노이드 비자화(FMU Cutoff Solenoid De-energizing)
- 엔진 유압펌브 차단밸브 잠금(Hydraulic Pump Shutoff Valve Close)
- 엔진 구동 유압펌프밸브 감압(Engine Driven Pump De-pressurizing)

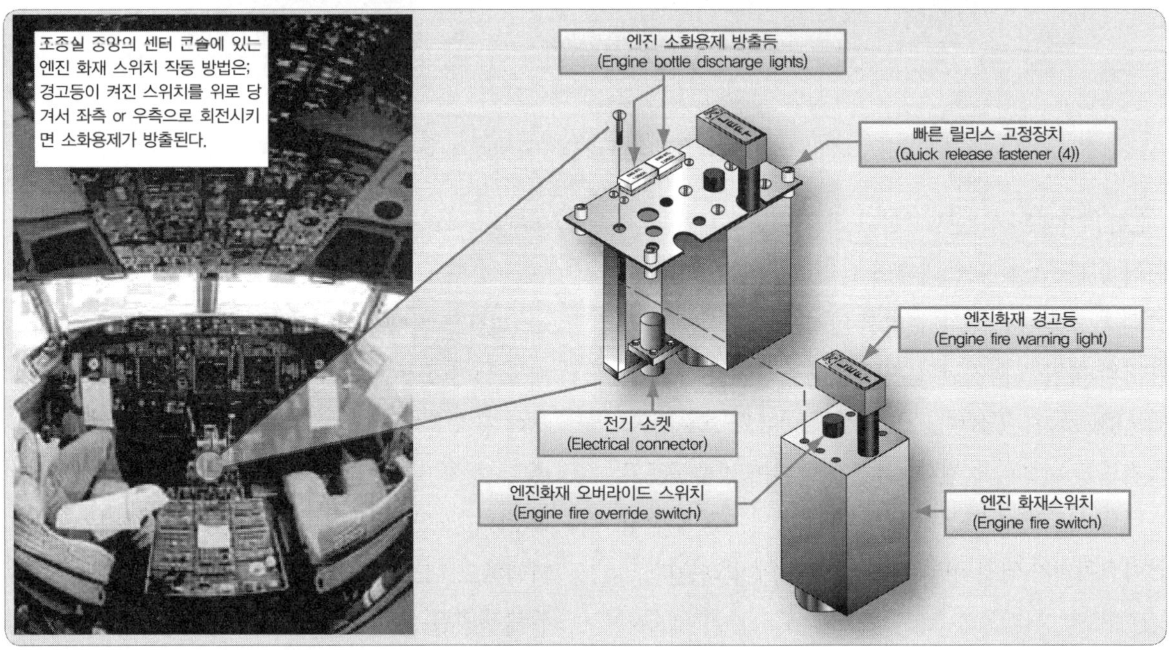

[그림 9-26] 화재 스위치 구성도 (Fire switch)

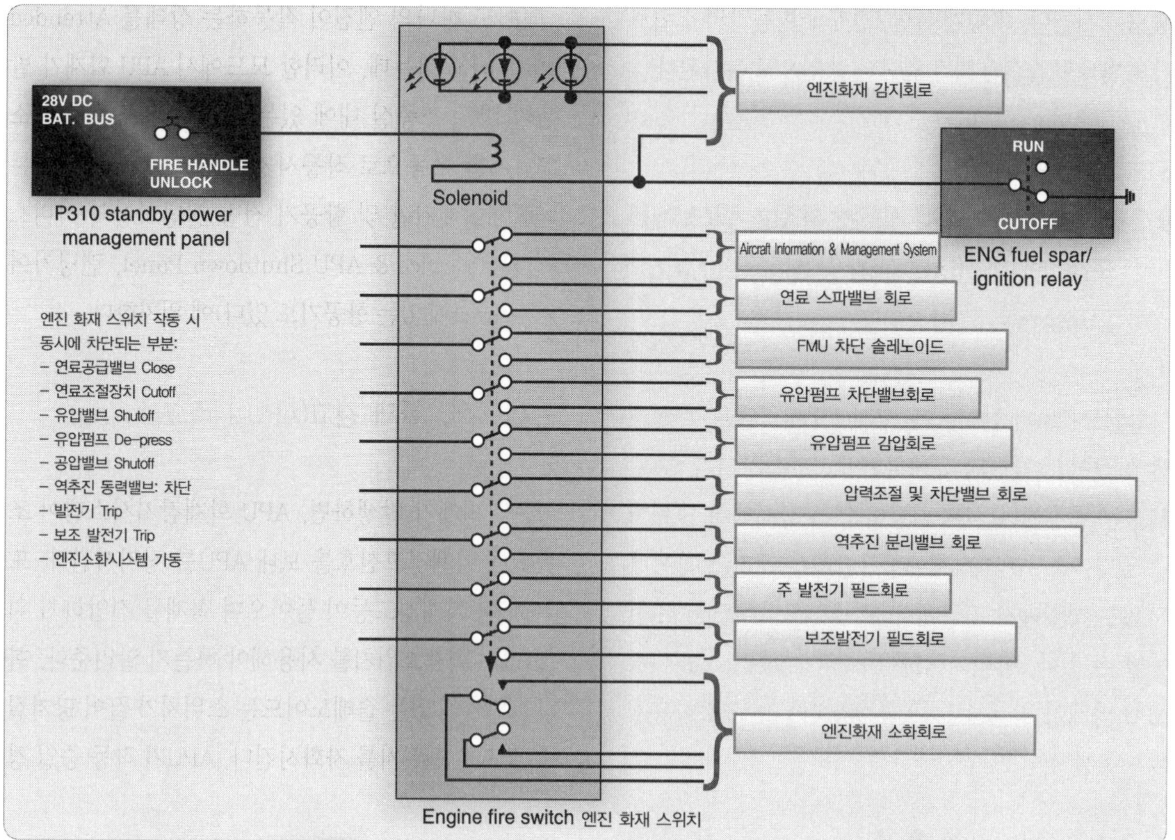

[그림 9-27] 엔진 화재 스위치 회로 (Engine fire switch circuit)

- 압력조절 및 차단밸브 잠금(Pressure Regulator & Shutoff Valve Close)
- 역추력장치 분리밸브의 동력 제거(T/R Isolation Valve Power Removal)
- 발전기 필드 트립(Generator Field Trip)
- 보조발전기 필드 트립(Back-up Generator Field Trip) (그림 9-27)

9.6.10 엔진 화재 작동 (Engine Fire Operation)

엔진에 화재가 발생하면, 엔진 화재감지시스템이 조종실에 화재경고신호를 보내 엔진 화재경고등을 점등시키며, 이를 통해 화재를 진압하기 위하여 어떤 화재스위치를 사용해야 되는지 알려준다. 또한 화재스위치에 있는 솔레노이드는 스위치가 작동될 수 있도록 스위치를 자화시킨다. 만약 솔레노이드가 자화되지 않는 경우, 화재 오버라이드 스위치(Fire Override Switch)를 눌러서 화재 스위치어셈블리를 수동으로 풀어 주어야 한다. 화재스위치를 당기면 엔진이 정지되며 엔진을 항공기 시스템으로부터 차단시킨다.

만약 스위치를 당긴 후에도 화재 경고가 사라지지 않는다면, 스위치를 “DISCH 1” 또는 “DISCH 2” 위치(Not-used Position)로 변경한 후 해당 위치에 1초 이상 유지시킨다. 그렇게 하면 2번째 소화용기의 스퀴브가 폭발되어 소화용제가 엔진 나셀 안으로 분사된다.

9.7 APU 화재 감지 및 소화시스템(APU Fire Detection and Extinguishing System)

(그림 9-28)과 같이 APU 화재예방시스템은 설계 개념에 있어서 엔진과 유사하지만, 일부 차이가 있다. APU는 종종 조종실에 사람이 없는 상태에서 작동될 수 있다. 즉, APU 화재예방시스템은 엔진이 작동하지 않는 상황에서 지상에서 Un-attended Mode 로 작동될 수 있다. 만약 이러한 Un-attended Mode에서 APU 화재가 발생하면, 소화기가 자동으로 소화용제를 방출한다.

적어도 하나의 엔진이 작동하는 상태를 Attended Mode 라고 하는데, 이러한 모드에서 APU 화재가 발생할 경우 조종실 내에 있는 정비사나 조종사는 소화용기를 수동으로 작동시켜야 한다. 화재스위치는 엔진제어계기판 및 항공기 전방 랜딩기어의 서비스 계기판(Service & APU Shutdown Panel, 랜딩기어 Wheelwell에 있는 항공기도 있다)에 위치한다.

9.7.1 APU 화재 경고(APU Fire Warning)

APU 화재가 발생하면, APU 화재감지시스템이 조종실에 화재경고신호를 보내 APU를 정지시킨다. 또한 APU 화재경고등이 들어오며 화재를 진압하기 위해 어떤 화재스위치를 사용해야 하는지 알려준다. 화재스위치에 있는 솔레노이드는 스위치가 끌어 당겨질 수 있도록 스위치를 자화시킨다. APU가 작동 중일 경

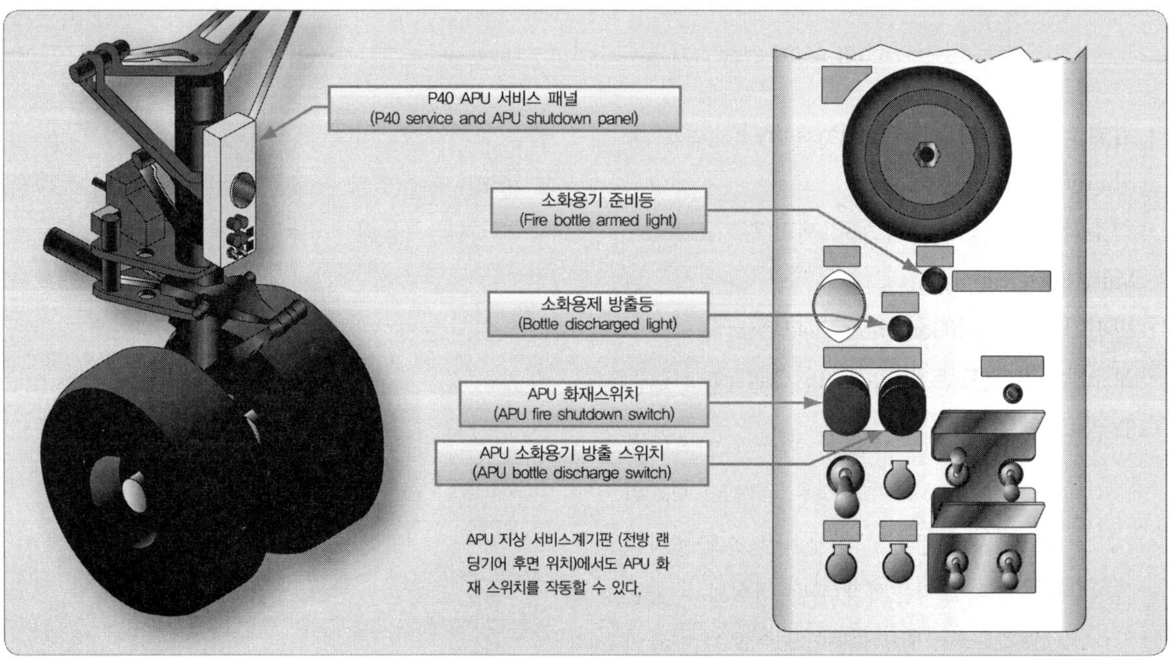

[그림 9-28] APU 지상 서비스계기판 (P40 service and APU shutdown panel)

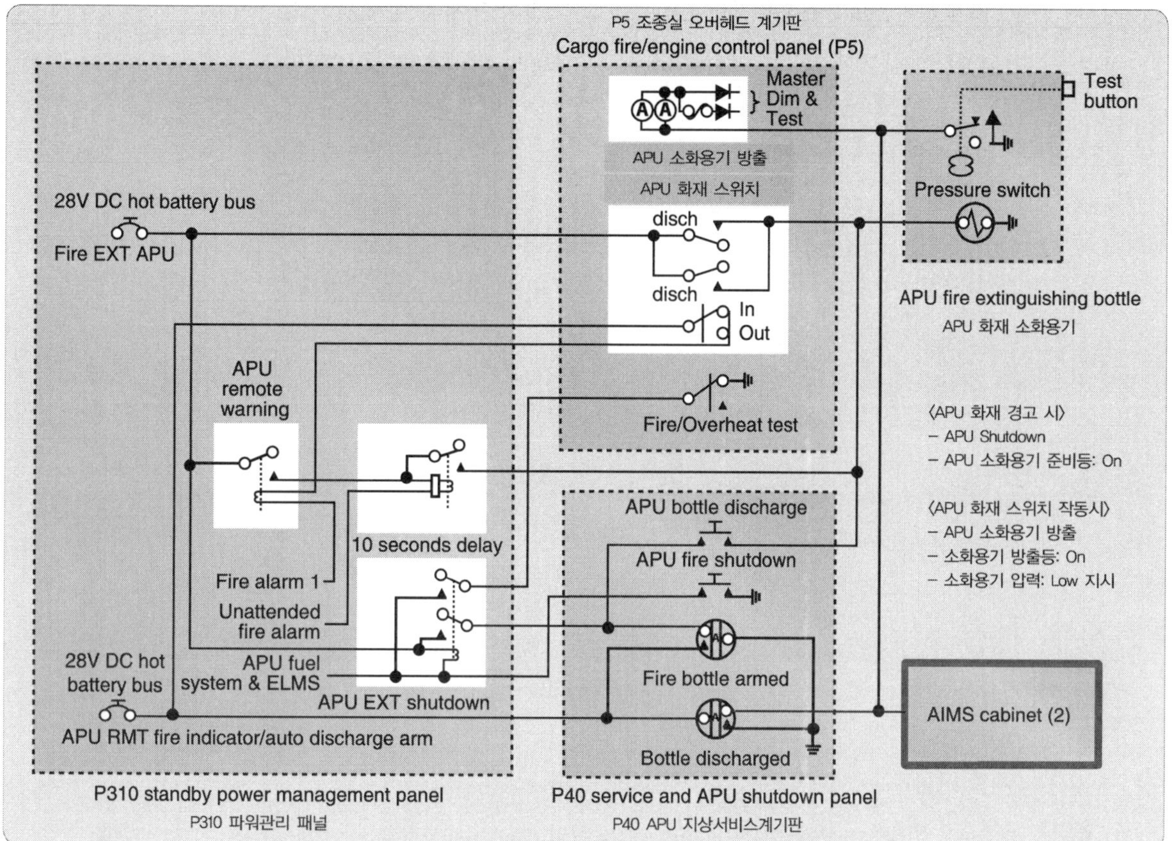

[그림 9-29] APU 화재소화 시스템 개요(APU fire extinguishing system)

우 화재스위치를 당기면 APU는 정지되며 APU를 항공기의 다른 시스템으로부터 차단시킨다.

9.7.2 화재 소화용기 방출(Fire Bottle Discharge)

(그림 9-29)과 같이 만약 스위치를 당겼는데도 화재 경고가 사라지지 않으면, 스위치를 왼쪽 또는 오른쪽 DISCH 위치(소화용기가 복수인 경우)로 놓고 해당 위치에 1초 이상 유지시킨다. 그렇게 하면 소화용기의 스퀴브가 폭발되어 소화용제가 APU 격실로 분사된다. 그리고 APU 소화용제 방출등이 들어오는지 확인한다.

10

엔진 정비 및 작동

Engine Maintenance and Operation

10.1 구조 검사
10.2 터빈엔진 정비
10.3 연소실 및 터빈 부분 검사
10.4 재조립
10.5 엔진의 정격추력
10.6 터빈엔진 계기
10.7 터빈엔진의 작동
10.8 엔진 정지
10.9 터빈엔진의 고장탐구
10.10 터보프롭엔진의 작동
10.11 터빈엔진의 교정
10.12 배기가스 온도계통에 대한 고장탐구
10.13 회전속도계에 대한 고장탐구

10 엔진 정비 및 작동

Engine Maintenance and Operation

10.1 구조 검사(Structural Inspection)

육안검사 결과를 확인하는 최선의 방법으로 염색침투탐상검사(Dye Penetrant Inspection), 와전류검사(Eddy Current Inspection), 초음파검사(Ultrasonic Inspection), 자분탐상검사(Magnetic Particle Inspection), 그리고 엑스레이검사(X-ray Inspection)와 같은 비파괴검사(NDT, Non-destructive Testing)를 활용한다.

알루미늄 부품과 같은 비(非)자성체에 대해서는 자분탐상검사를 제외하고 자성체에 대해 적용 가능한 모든 검사 방법을 활용할 수 있다.

10.1.1 염색침투탐상검사 (Dye Penetrant Inspection)

염색침투탐상검사는 비(非)다공성 재질(Nonporous Material)의 부품 표면에 나타나는 결함을 검출하기 위한 비파괴시험의 한 가지 방법으로 알루미늄, 마그네슘, 황동, 구리, 주철, 스테인리스강, 그리고 티타늄과 같은 금속에서 신뢰성 있는 검사 방법으로 사용된다.

이는 부품 표면의 갈라진 공간에 유입되어 잔류하는 침투액을 사용하는 검사 방법으로 검사 결과를 명확하게 확인할 수 있는 방법이다. 염색침투탐상검사는 침투 재료로 염색제를 사용하며, 형광침투탐상검사(Fluorescent Penetrant Inspection) 는 침투 재료로 형광염료(Fluorescent Dye)를 사용하여 가시도를 증대시킬 수 있다. 형광염료 사용 시, 자외선 원(UV, Ultraviolet Light), 즉 블랙라이트(Black Light)를 사용하여 검사한다.

침투탐상검사의 절차를 요약하면 다음과 같다.

(1) 금속 표면을 철저하게 세척한다.
(2) 침투 검사액(Penetrant)를 도포한다.
(3) 제거유화제(Emulsifier) 또는 세척제(Cleaner)를 이용하여 여분의 침투 검사액을 제거한다.
(4) 부품을 건조시킨다.
(5) 현상액(Developer)을 균일하게 도포한다.
(6) 검사 진행 과정 및 검사 결과를 해석한다.
(7) 검사 완료 후 검사 대상물 부위에 남아 있는 검사액 및 현상액을 세척한다.

10.1.2 와전류검사(Eddy Current Inspection)

코일에 교류전류를 흘려주면 자기장이 발생하게 되는데, 코일을 도체에 가까이 가져갈 때 전자유도에 의해 도체 내부에 생기는 맴돌이 전류를 와전류라 한다. 와전류탐상검사는 시험체에 접촉하지 않는 비접촉식 검사법으로 다른 비파괴검사법에 비해 자동 및 고속 탐상이 가능하며 각종 도체의 물리적 성질을 측정하고 표면 결함을 검출한다. 와류탐상검사는 프라이머(Primer), 페인트, 그리고 아노다이징 필름(Anodized

Film)과 같은 표면 처리가 된 부품 표면을 제거하지 않고도 수행할 수 있어 부품 판정에 대해 신속하고 빠른 의사결정을 하는 데 효과적이다.

10.1.3 초음파검사(Ultrasonic Inspection)

초음파검사는 모든 종류의 재료에 적용이 가능하며 소모품이 거의 없으므로 경제적인 검사 방법이다. 이를 위해서 검사 표준 시험편이 필요하며 검사 대상물의 한쪽 면만 노출되면 검사가 가능하며 판독이 객관적이다.

초음파검사는 탐상 원리에 따라 다음과 같이 분류된다.

(1) 펄스반사법(Pulse-echo Method): 부품 내부로 초음파펄스를 송신하여, 내부나 저면에서의 반사파를 탐지하는 방법으로 내부의 결함이나 재질 등을 조사하는 검사 방법이다.

(2) 투과탐상법(Through Transmission Method): 검사 대상물의 양면에 2개의 탐촉자(Transducer)를 한쪽은 초음파 펄스를 송신하고, 다른 한쪽에서 받은 투과 신호의 변화(결함부위 투과 시 Echo 변함)정도로 판정하는 검사 방법이다. Pulse-echo 방법 보다 감도가 덜하다.

(3) 공진법(Resonance Method): 공진 원리를 이용하여 양면이 매끈하고 평행한 대상물의 두께를 측정하기 위한 방법.

10.1.4 자분탐상검사 (Magnetic Particle Inspection)

자분탐상검사는 강자성체로 된 시험체의 표면 및 표면 바로 밑의 불연속을 검출하기 위하여 시험체에 자장을 걸어 자화시킨 후 자분(Ferromagnetic Particles)을 적용하고, 누설자장으로 인해 형성된 자분의 배열 상태를 관찰하여 불연속의 크기, 위치 및 형상 등을 검사하는 방법이다.

부품 표면에 존재하는 결함을 검출하는 방법으로, 침투탐상검사와 더불어 자분탐상검사가 널리 적용되며 강자성체의 표면 결함 탐상에는 일반적으로 침투탐상검사보다 감도가 우수하다.

자속이 누설된 부분(Magnetic Field Discontinuity)에서는 N극과 S극이 생겨서 국부적인 자석이 형성되고 여기에 강자성체의 분말을 산포하면 자분은 결함부분(Interruption)에 흡착되며 흡착된 자분 모양을 관찰하여 결함을 검출한다.

10.1.5 엑스레이검사(X-ray)

엔진 구성 부분의 구조적 짜임새(Structure Integrity)에 대한 판단이 필요할 때 활용되는 검사 방법으로, 사용되는 엑스레이는 금속 또는 비금속에 대해 불연속점(Discontinuity)을 검출하여 결함을 판단한다. 투과성방사선을 검사하고자 하는 부품에 투영시켜 필름에 잠상(Invisible or Latent Image)을 생기게 하여 물체의 방사선사진(Radiograph), 또는 엑스레이사진(Shadow Picture)을 생성한다. 운반이 자유로운 장점이 있으며, 엔진 구성 부분의 거의 모든 결함의 검출에 활용되고, 빠르고 신뢰도 있는 검사 방법으로 활용된다. 그러나 이 검사 방법은 검사 비용이 비싸며 방사선 안전 등의 해결해야 할 문제점도 있다.

10.2 터빈엔진 정비 (Turbine Engine Maintenance)

가스터빈엔진에 대한 정비 절차는 엔진에 따라 다양하지만 일반적으로 검사를 위한 목적으로 가스터빈엔진을 구분하면 콜드섹션(Cold Section)과 핫섹션(Hot Section) 으로 나눌 수 있다. 그리고 본 장에서의 터빈엔진 정비는 일반적인 개요를 설명하기 위한 목적이며, 실제 터빈엔진 부품에 대한 검사 및 정비행위는 반드시 해당 엔진 제작사의 오버홀매뉴얼을 따라야 한다.

10.2.1 압축기 부분(Compressor Section)

압축기 블레이드의 손상은 엔진 고장의 원인 중에 큰 비중을 차지하기 때문에 압축기 또는 콜드섹션(Cold Section)의 정비는 매우 중요한 사항이다.

대부분의 블레이드 손상은 터빈엔진 공기흡입구 안으로 빨려 들어오는 외부 물질(FOD)에 의해 발생된다. 압축기 안으로 유입된 다량의 공기(특히 지상에 가까운 공기)에 포함된 오물은 원심력에 의해 압축기 바깥부분으로 돌면서 압축기의 케이싱, 베인, 그리고 블레이드의 표면에 퇴적된다. 특히 압축기 블레이드에 퇴적된 물질은 압축기 블레이드의 공기 역학적인 효율을 감소시키고 결과적으로 불충분한 압축비와 높은 배기가스 온도를 유발하는 등 엔진 성능을 저하시키게 된다. 퇴적물에 의한 블레이드의 효율 감소는 결빙 상태의 항공기 날개가 나타내는 양력 감소의 특성과 유사하다.

이런 상황은 압축기 부품에 대한 주기적인 검사, 세척, 그리고 수리 등을 거쳐야만 해소될 수 있다.

10.2.2 검사 및 세척 (Inspection and Cleaning)

축류형(Axial Flow) 엔진에서 압축기 블레이드의 경미한 손상은 수리는 가능하나, 손상부위가 수리 허용한계(Allowable Repair Limit)를 초과하지 않고도 제거될 수 있어야 한다. (그림 10-1)은 전형적인 압축기 블레이드의 수리 허용 한계를 보여 준다.

블레이드의 길이 방향으로 중간 이상(Tip 방향)에서 발견된 둥근 모양의 손상은 엔진매뉴얼의 허용 범위를 초과하지 않는다면 블레이드를 수리하지 않고 재사용이 가능하다. 반면 블레이드의 길이 방향으로 중간 이하(Root 방향)의 손상에 대해 작업할 때는 극도의 주의를 기울여야 한다. 블레이드에 대한 수리는 숫돌, 줄, 또는 사포를 사용하여 블레이드의 길이 방향으로 수행해야 하며 블레이드를 약화시킬 수 있는 전동공구를 사용해서는 안 된다.

압축기 블레이드를 수리한 후에는 자분탐상검사(MPI) 또는 형광침투탐상검사(FPI)를 수행하여 손상이 완전히 제거되었음을 확인해야 한다.

(그림 10-2)와 같이, 모든 수리된 표면은 새로운 블레이드의 표면과 유사하게 매끄럽고 둥근 모양으로 마무리되어야 하며, 균열은 크기와 위치를 불문하고 허용되지 않는다.

원심형(Centrifugal Flow) 엔진은 공기흡입 스크린(Air-inlet Screen)을 장탈하고 압축기 Inducer(Impeller Eye)를 깨끗하게 하고 점검한다. 압축기를 천천히 회전시키면서 가이드(Guide) 및 선회 베인(Swirl Vane), 특히 베인 끝단(Outer Edge, Leading Edge), 등의 균열, 굽힘 여부를 검사한다. 통상 압축기 Inducer는 엔진 외부 물질이 유입되면서 충

Maximum allowable repair limits-inches				
	Steel blades		Titanium blades	
Blade area	Stages		Stages	
	1 through 4	5 through 9	1 through 4	5 through 9
A	5/16 R	1/4 R	5/16 R	1/4 R
B	1/32 D	1/32 D	1/32 D	1/32 D
C	5/32 D	1/8 D	5/32 D	1/8 D
D	.008 D	.005 D	NONE	NONE
E	1/32 D	1/32 D	1/32 D	1/32 D

R—radius D—depth

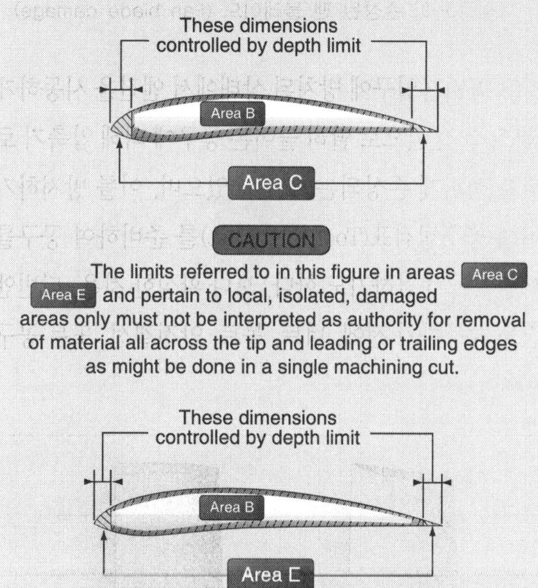

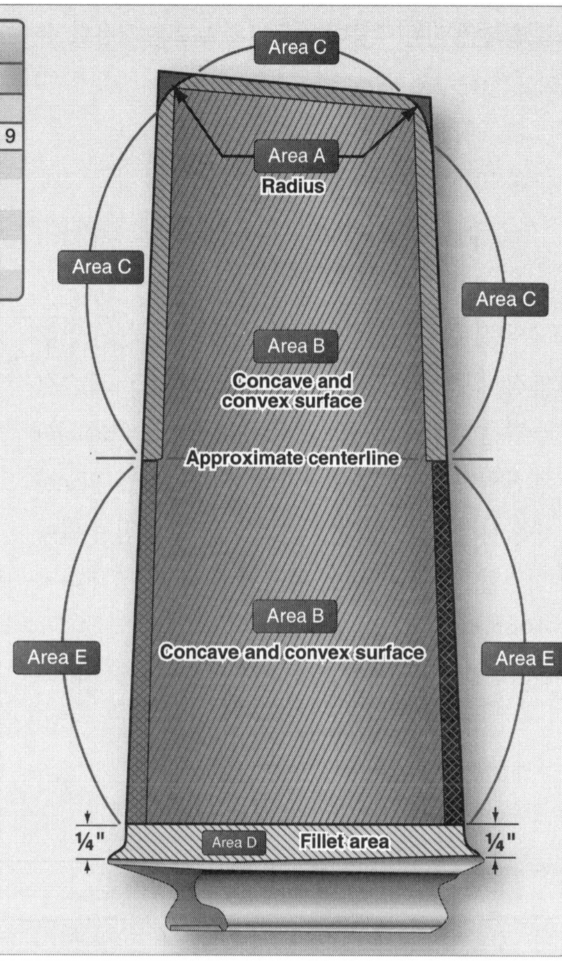

[그림 10-1] 압축기 블레이드 수리 한계(Typical compressor blade repair limits)

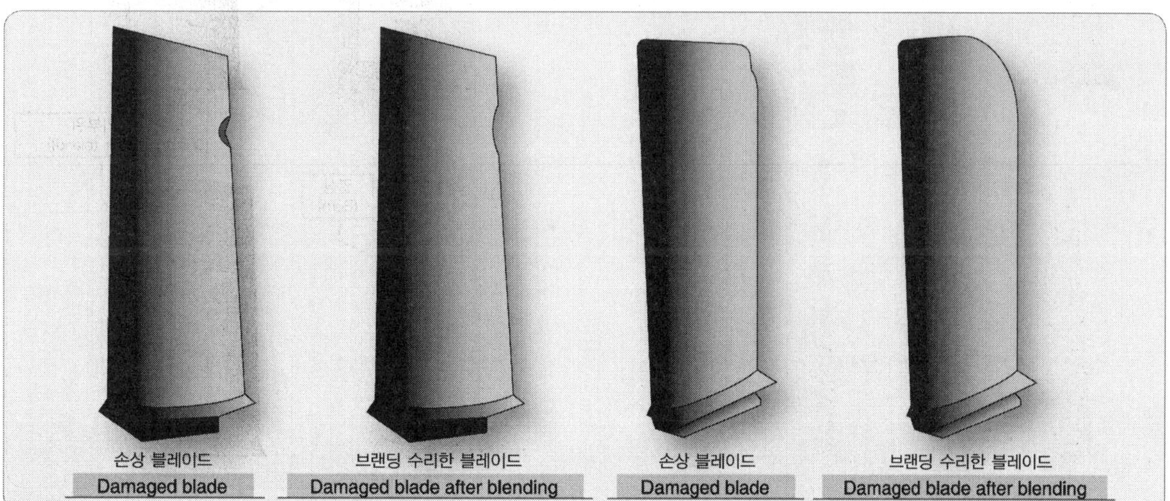

[그림 10-2] 압축기 블레이드 수리 사례(Examples of repairs to damaged blades)

돌로 잘 손상되는 부품이며 균열된 부품은 사용할 수 없다.

10.2.3 블레이드 손상 원인 (Causes of Blade Damage)

고정되지 않고 떨어진 물건들이 실수로 또는 우연찮게 엔진 내로 잘 들어간다. 필기구, 공구, 그리고 손전등과 같은 외부 물질(FOD, Foreign Object Damage)이 엔진 안으로 빨려 들어가면 팬블레이드(Fan Blade)를 손상시킬 수 있으므로 작동 중인 터빈엔진 주위에서 작업할 때는 주머니에 어떤 물건이라도 휴대하지 말아야 한다.(그림 10-3 참고)

[그림 10-3] 손상된 팬 블레이드 (Fan blade damage)

엔진에 대한 정비작업 후 사용했던 공구를 회수하지 않고 공기흡입구에 방치된 상태에서 엔진을 시동하게 되면, 엔진 안으로 빨려 들어온 공구에 의해 압축기 로터가 심하게 손상되는 사례가 있으며, 이를 방지하기 위해 공구점검표(Tool Checklist)를 준비하여 공구를 빠짐없이 점검하기도 한다. 보다 확실한 것은, 터빈엔진을 시동하기 전에, 너트, 볼트, 안전결선, 또는 공구

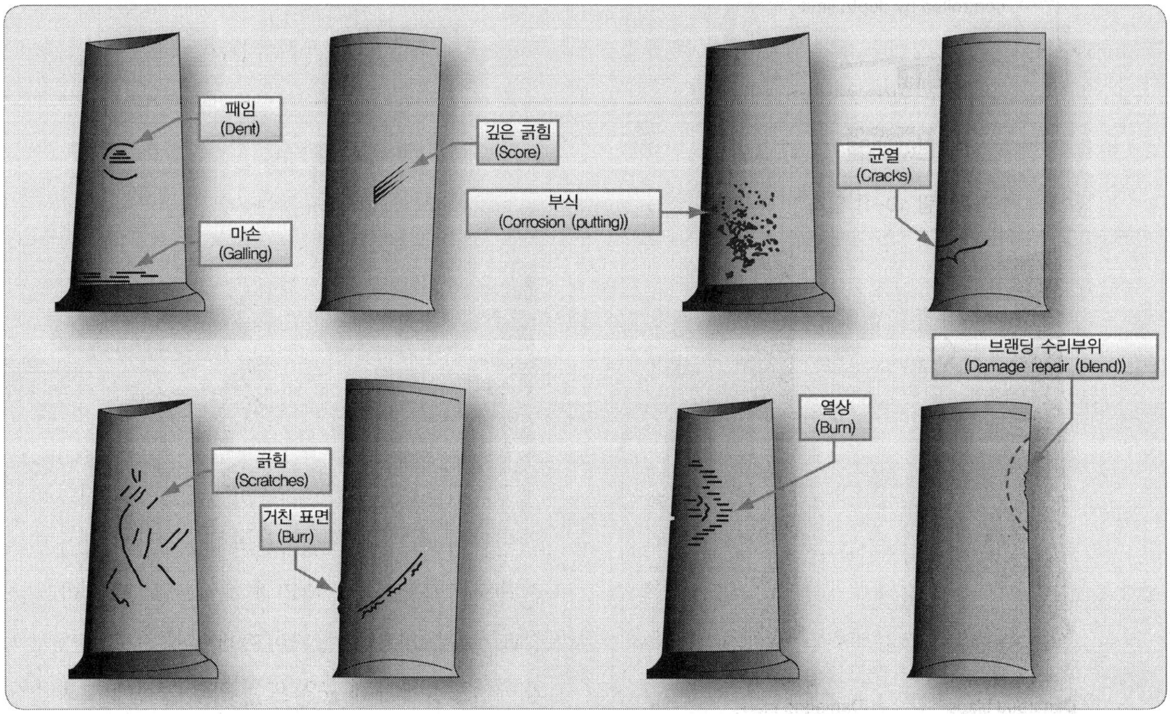

[그림 10-4] 압축기 블레이드 손상 유형 (Compressor blade damage)

[표 10-1] 블레이드 손상의 특징과 원인 (Blade maintenance terms)

관련 용어	특징 (or 결함 현상)	가용한 원인
Blend (브랜드)	끝단 or 표면 형상에 너덜 하게 된 부분을 부드럽고 매끄럽게 수리함	
Bow (휨)	블레이드의 굽힘	외부물질과의 충돌(FOD)
Burning (열손상)	과열의 영향으로 표면이 손상, 변색됨	과열
Burr (거친 표면)	끝단이 까칠하고 너덜하게 됨	연삭 or 커팅 과정에서 발생
Corrosion, Pits (부식)	표면이 붕괴되어 움푹 파인 형태	습기 등으로 인한 부식
Crack (균열)	부분적인 절단(분리)	충격, 초과하중, 잘못된 과정으로 인한 과중한 스트레스 or 자재 결함
Dent (패임)	작고, 매끄럽고 둥근 패임	무딘 물체 등과의 충돌
Gall (마손)	인접 물체와의 마찰 영향으로 상대 물질이 달라붙음	심한 마찰
Gouging (둥근 홈)	물체 표면의 일부가 떨어져 나감. 자르거나 찢어지는 과정의 영향	상대적으로 큰 물체와의 충격 or 충돌
Growth (늘어남)	블레이드가 늘어나고 짤록함	지속적인 과열과 원심력의 영향
Pit (부식)	Corrosion(부식)과 동일함	
Profile (형상)	블레이드 형상 or 표면	
Score (깊은 긁힘)	깊은 스크래치	칩에 의한 표면 손상
Scratch (긁힘)	좁고 얕게 긁힌 흔적	모래 or 고운 외부물질과의 접촉, 부주의한 취급

같은 외부물질이 엔진 공기흡입구에 방치되지 않았음을 확인하는 "1분 검사"(a Minute Inspection)를 습관처럼 수행하는 일이다.

압축기 베인에 대해서는 굽힘을 펴는 행위(Straightening), 경납땜, 용접 또는 연납땜 등의 수행은 금지되며, 연마포나 고운 줄, 혹은 숫돌을 이용하여 표면을 최소로 제거(Blend out)하여 수리한다. 이와 같은 블렌딩(Blending) 수리의 목적은 패임, 긁힘, 혹은 균열의 주변에 집중된 응력을 해소시키는 데 있다.

(그림 10-4)는 축류형 엔진 블레이드 손상의 몇 가지 유형을 소개하며, [표 10-1]은 블레이드 손상의 특징과 원인을 소개한다. 압축기 베인에서의 부식 결함(Corrosion, Pitting) 은 허용범위만 넘지 않으면 그게 문제될 것이 없다.

10.2.4 블렌딩 및 교환 (Blending and Replacement)

속이 빈 베인(Hollow Vane)은 얇은 판과 같은 구조이기 때문에, 앞전(Leading Edge)을 포함하여 오목면(Concave Surface)과 볼록면(Convex Surface) 등 에어포일의 블렌딩 수리에 제한이 있다. 날카롭거나 V-형태가 아닌 둥글고 완만한 작고 얕은 패임은 허용된다. 그렇지만 손상된 부위에 균열 또는 찢겨진 부분이 없어야 한다.

(그림 10-5)에서 소개된 뒷전(Trailing Edge)의 손상은 만약 수리 후 용접 접합선의 1/3 이상이 남아 있다면, 블렌딩(Blending) 수리가 가능하다. 또한 밝은 조명과 거울을 사용하여, 가이드 베인의 뒷전(T/E) 부위와 에어포일에 대해 균열 또는 외부 물질에 의해 발생된 손상 등을 검사한다.

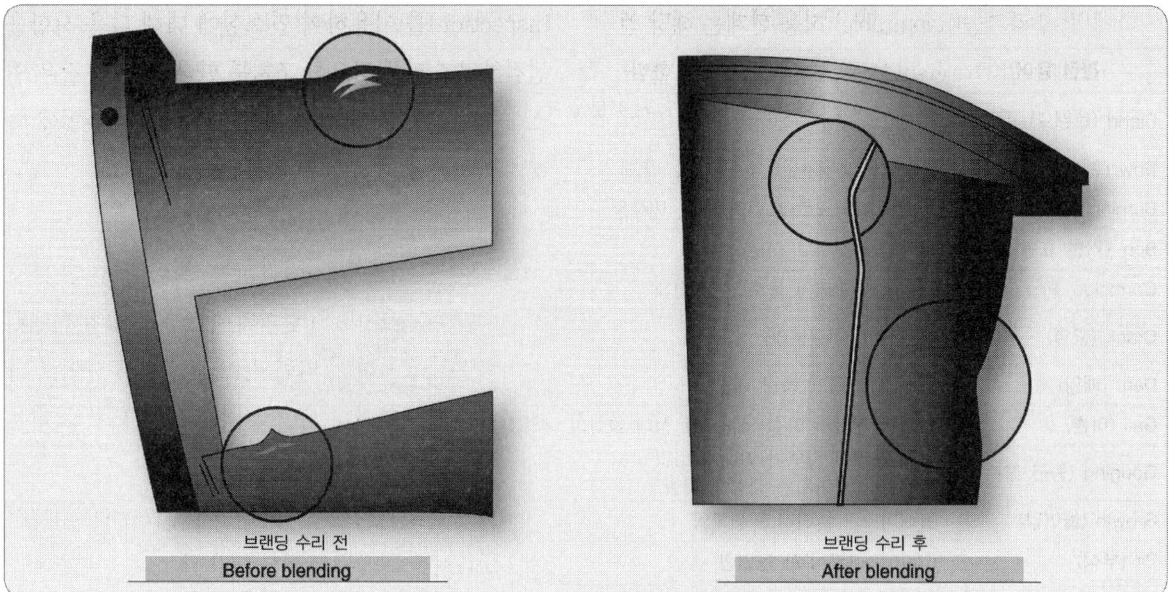

[그림 10-5] 손상된 터빈 가이드 베인(Guide vane trailing edge damage)

엔진 부품은 고가일 뿐 아니라 쉽게 확보할 수 있는 품목이 아니기 때문에 신기술을 적용한 수리방법이 계속 개발되고 있다. 정비사는 압축기 구성 부품에 대한 검사와 수리를 위해 제작사의 최신 기술 정보 및 수리 허용 범위를 참고해서 검사하고 수리해야 한다.

10.3 연소실 및 터빈 부분 검사(Combustion and Turbine Section Inspection)

다음은 터빈 부분과 연소기 부분을 포함하는 핫섹션(Hot Section) 검사에 대한 일반적인 내용이다.

연소실 케이스(Combustion Case)가 분해되기 전에 연소실 외부 케이스에 대해 열점(Hot Spot) 흔적, 배기가스 누설(Exhaust Leak), 혹은 변형 등에 대해 검사한다. (그림 10-6)와 같이, 연소실 외부 케이스가 분해된 후, 연소실에 대해 국부적인 과열, 균열, 또는 마모 등에 대해 검사한다.

연소실 및 터빈 1단계 노즐가이드 베인, 터빈 블레이드에 대해 균열, 뒤틀림(Warping), 또는 외부 물질에 의한 손상(FOD) 등을 검사한다. 터빈엔진의 핫섹션에서 가장 많이 발견되는 결함은 여러 형태로 나타나는 균열이며 이들 균열에 대한 사용가능(Serviceable) 허

[그림 10-6] 연소실 검사 (Combustion case inspection)

용 한계 및 수리가능(Repairable) 허용 한계는 해당 엔진 오버홀매뉴얼(Overhaul Manual)을 참고해야 한다.

엔진 부품은 유화액식(Emulsion-type) 세제 또는 솔밴트를 사용하여 탈지시킬 수 있다. 유화액식 세제는 중성이며 비부식성이기 때문에, 모든 금속에 대해 안전하며 솔밴트에 의해 세척된 부품은 건조한 상태로 보관해야 한다.

연소실 부분과 터빈 부분을 포함하는 핫섹션(Hot Section)은 엔진 형식에 따라 정해진 주기로 검사해야 한다.

10.3.1 연소기 부분품에 대한 마킹(Marking Materials for Combustion Section Parts)

부품을 분해하거나 조립할 때 임의의 표식을 위해 사용되는 재료는 제작사의 권고사항을 따라야 하며, 터빈 블레이드와 디스크, 터빈 베인, 그리고 연소실 라이너와 같이 엔진의 가스 경로(Gas Path)에 직접 노출되는 부품 표식에는 마킹용 염료(Dye) 또는 백묵(Chalk)을 사용한다. 한편 가스 경로에 직접 노출되지 않은 부품 표식에는 흑색연필(Wax Marking Pencil)을 사용한다. 그러나 카본 함유 연필(Carbon Alloy or Metallic Pencil)은 재료 강도의 감소와 균열을 유발하는 입자간 부식을 유발할 수 있기 때문에 사용이 금지되어 있다.

10.3.2 연소실 검사 및 수리(Inspection and Repair of Combustion Chambers)

염색침투탐상검사(Dye Penetrant Inspection) 혹은 형광침투탐상검사(Fluorescent Penetrant Inspection)를 이용하여 연소실에 대해 다음 사항을 점검하고 수리에 필요한 조치를 한다. 다음과 같은 연소실 결함은 반드시 엔진 제작사 오버홀 매뉴얼에 따라 수리하고 결함 해소 여부를 확인해야 한다.

(1) 연소실 라이너(Liner)의 균열, 찍힘, 패임 등 검사
- 연소실 라이너의 양쪽에서 균열(2개)이 진행되면서 교차하게 되면 라이너 조각이 떨어져 나가면서 터빈 손상을 유발할 수 있으므로 허용되지 않음
- 연소실 라이너 전방의 공기 홀(Air Hole)에서 시작한 균열은 조건부 허용됨
- 배플에 있는 분리된 균열은 허용되나, 홀을 연결하는 균열은 허용되지 않음
- 콘(Cone) 부위, 스월베인(Swirl Vane)의 균열은 허용되지 않음
- 중간 연결부(Interconnector) 및 점화 플러그 장착부(Boss)에서의 원주방향 균열은 조건부 허용되며, 장착부를 둘러싸는 균열은 허용 안 됨.

(2) 연소실 하부의 연료 배출구(Fuel Drain Boss)에 대한 부식 여부(Pit or Corrosion) 검사

(3) 부주의로 바닥에 떨어뜨리거나 충격을 받은 연소실은 장시간 사용 시 작은 균열으로 진전되어 위험한 상태에 도달할 수 있으므로 미세한 균열도 철저하게 검사해야 한다.

(4) 연소실의 일부가 집중된 열을 받아 국부적으로 변형된 형태가 나타날 수도 있으나, 그 형태가 구조를 약화시키거나 인접된 용접 부위로 진행되지 않으면 일반적으로 허용된다.

(5) 연소실 라이너의 경미한 좌굴(Buckling)은 라이

너 변형 바로잡기(Straightening)를 하여 수정될 수도 있으나, 라이너가 짧아지거나 경사지는 정도의 심한 좌굴은 수리되어야 한다. 연소실 라이너를 용접하여 수리하면 최대한 원래의 형태로 복원해야 한다.

10.3.3 연료 노즐 및 서포터 (Fuel Nozzle and Support Assemblies)

엔진 제작사에서 인가한 액체 세제를 이용하여 연료 노즐에서 모든 탄소 부착물(Deposit)을 세척하고 여과된 공기를 통과시키면서 부드러운 솔을 이용하여 유연해진 부착물(Softened Deposit)을 제거한다. 여과된 공기로 연료 노즐 어셈블리를 건조시킨 후 각 부분의 손상 여부를 검사한다. 연료 노즐의 분사 특성상(Spray Characteristics) 노즐은 수리 대상이 아니므로 시도해서는 안 된다.

일정한 압력의 액체를 노즐로 흐르게 하고 연료 노즐의 분사패턴(Flow Pattern)을 검사하여 매뉴얼에 따라 적합한 후속 조치를 한다.

10.3.4 터빈 디스크 검사 (Turbine Disk Inspection)

디스크 균열은 어떠한 경우에도 허용되지 않으므로 균열에 대한 검사는 매우 중요하다. 터빈 디스크 & 블레이드(일체형)에 대한 균열검사 시 대부분 육안검사를 수행하지만 침투탐상검사를 수행하는 경우도 있다.

터빈 디스크에서 균열이 발견되면 디스크는 교환해야 하나 이물질의 충돌에 의해 발생된 경미한 긁힘 등은 블렌딩 수리(Blended by Stoning and Polishing)를 통해 처리할 수 있다.

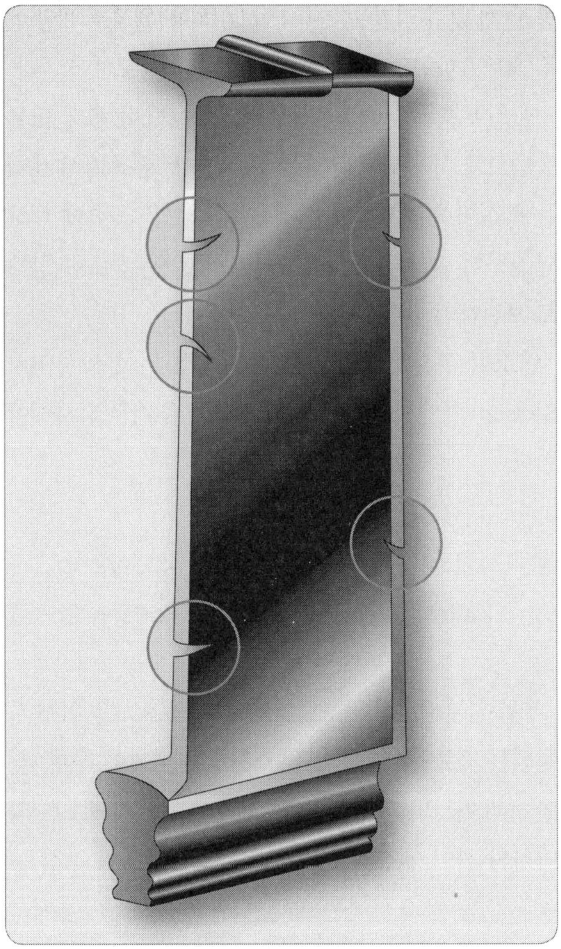
[그림 10-7] 응력파괴균열 (Stress rupture cracks)

10.3.5 터빈 블레이드 검사 (Turbine Blade Inspection)

(그림 10-7, 10-8)과 같이, 터빈 블레이드는 보통 압축기 블레이드와 같은 방식으로 검사되고 세척되지만 터빈 블레이드는 작동되는 고온의 환경 때문에 손상에 취약할 수밖에 없다. 밝은 조명과 확대경을 사용하

여 터빈 블레이드 앞전(Leading Edge)의 응력파괴균열과 변형에 대해 검사한다.

응력파괴 균열은 보통 앞전(Leading Edge) 또는 뒷전(Trailing Edge)에서 길이의 직각 방향으로 미세하게 나타난다.

과열에 의해 발생되는 변형은 파형처럼 나타나거나 혹은 앞전을 따라가면 두께가 변한 것처럼 나타나기도 한다. 블레이드 앞전은 전체 길이를 통하여 곧은 일직선이어야 하고 블렌딩 수리를 한 부분을 제외하면 일정한 두께를 유지해야 한다. 제1단계 터빈 블레이드 앞전의 응력파괴균열이나 변형은 대부분 과열에 의해 발생된다.

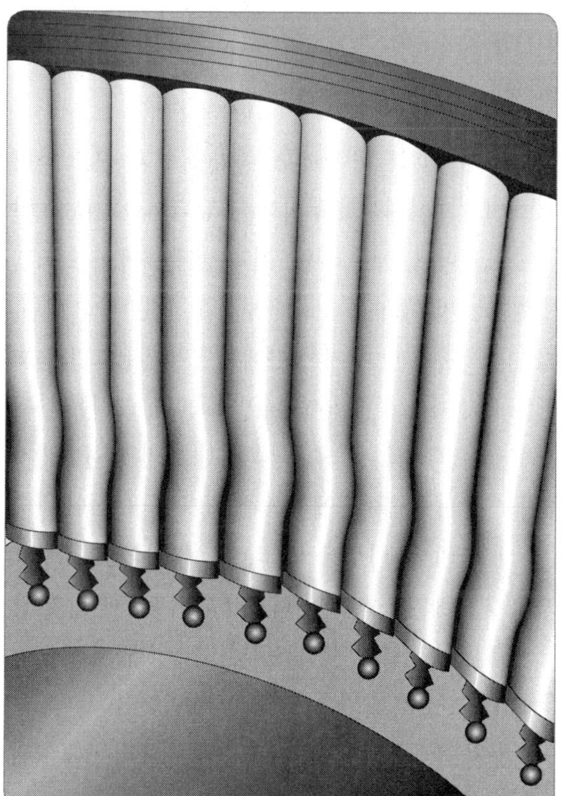

[그림 10-8] 터빈 블레이드 과열 변형
(Turbine blade waviness)

(그림 10-9)에 터빈 블레이드의 검사 내용을 소개한다.

터빈 블레이드 과열 변형이 심하고 중간 부분이 짤록한 경우는 "Over-Temperature Condition"상황을 의심하고 조직 검사를 추가로 실시하고 확인해야 한다.

- 개별 블레이드에 대한 길이 변형(Stretch) 검사
- 해당 터빈 디스크에 대해서는 길이 변형(Stretch)과 경도(Hardness) 검사

[주] 블레이드 조직 검사는 표본 블레이드로 시편을 만들어 현미경으로 격자 조직을 검사하는 것으로, 전문 검사 시설이 없는 경우 표본 부품을 제작사로 보내 검사를 의뢰하고 관련된 부품은 별도 보관하고 있다가 판정 결과에 따라 처리한다.

10.3.6 터빈 블레이드 교환 절차 (Turbine Blade Replacement Procedure)

터빈 블레이드는 일반적으로 모멘트-중량(Moment-weight)을 적용하여 개별적으로 교환하며, 다수의 블레이드를 교환해야 하는 경우는 단계별 또는 전체 로터에 대하여 블레이드 숫자를 제한한다. (그림 10-10) 만약 터빈어셈블리의 검사 결과, 교환 가능한 블레이드 수보다 많은 곳에서 결함이 발견되었다면 전체 터빈어셈블리를 교환한다.

블레이드를 교환하려면 터빈 휠 균형을 유지하기 위해 동일한 모멘트-중량의 블레이드와 교체하여 장착할 수 있다. 교체되는 블레이드의 모멘트-중량이 맞지 않을 경우에는 손상된 블레이드와 정반대(180° 위치)에 위치한 블레이드도 같은 모멘트-중량을 가진 블레이드로 바꾼다.

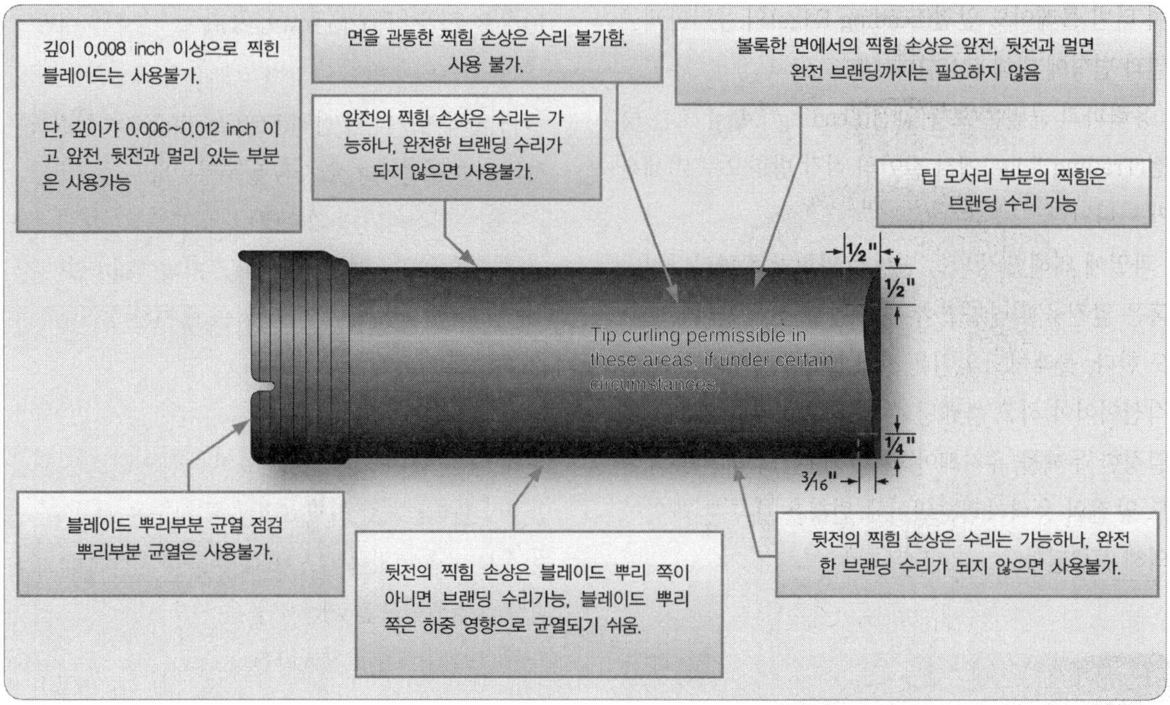

[그림 10-9] 터빈 블레이드 검사 내용 (Typical turbine blade inspection)

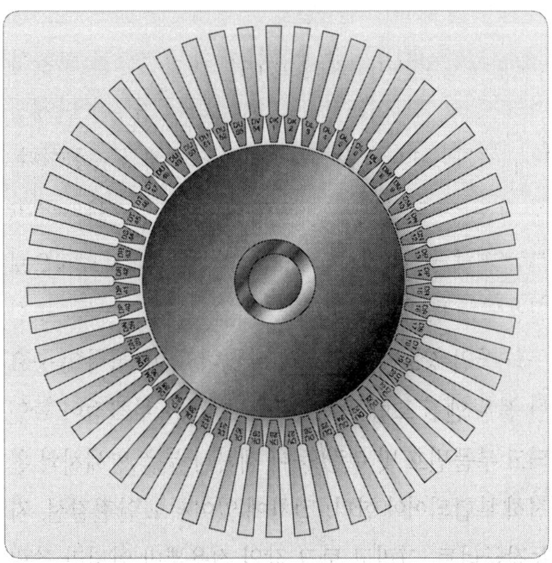

[그림 10-10] 터빈로터 블레이드 모멘트-중량 배분
(Typical turbine rotor blade moment-weight distribution)

각각의 블레이드의 모멘트-중량은 인치-온스 단위로 측정하여 블레이드 뿌리부분(Fir-tree Section) 뒷면에 표기한다. 예를 들면, 전체 54개 블레이드를 뒤에서 보는 방향(Rear View)으로 2열 정렬한다고 하면, 블레이드 중 가장 무거운 블레이드의 쌍을 1번과 28번으로, 그다음 무거운 쌍을 2번과 29번, 그다음 무거운 쌍을 3번과 30번으로, 계속해서 27번과 54번까지 전체 27쌍의 블레이드에 번호를 매긴다. 또한 터빈 디스크의 허브 면에 1번을 표시한다. (그림 10-11)과 같이, 1번 블레이드를 터빈 디스크 1번 슬롯에 맞춰 장착하고 나머지 블레이드를 터빈 디스크에 시계 방향으로 오름차순으로 연속해서 모두 장착한다.

최근에는 터빈 블레이드의 교환에 컴퓨터 프로그램을 활용하여 정확하게 계산한다.

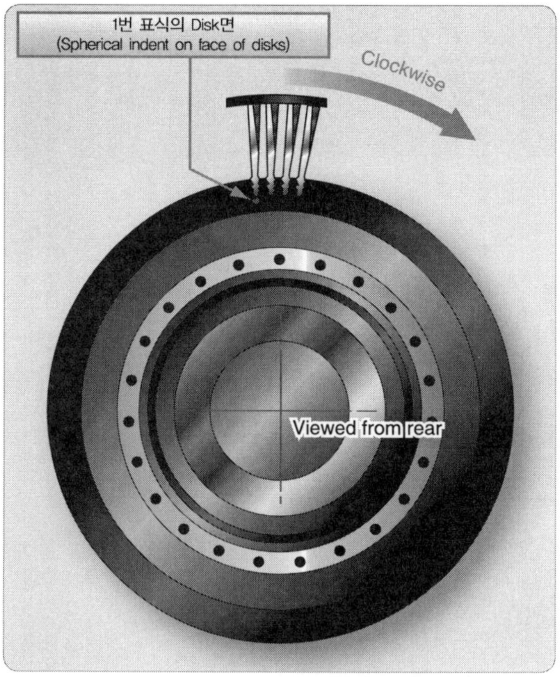

[그림 10-11] 터빈 블레이드 장착 (Turbine blades)

10.3.7 터빈 인렛가이드 베인 검사(Turbine Nozzle Inlet Guide Vane Inspection)

(그림 10-12)는 균열이 주로 발생하는 터빈노즐어셈블리의 위치를 설명한다.

베인의 경미한 찍힘이나 패임은 허용 한도 내에서는 블렌딩 수리를 통해 처리될 수 있다.

터빈 노즐 베인도 터빈 블레이드와 같이 손상된 베인의 수량이 교환 허용 수량을 초과할 경우 베인어셈블리 전체를 교환해야 한다.

엔진이 항공기에 장착된 상태에서도 배기노즐(Exhaust Nozzle)이 장탈된 상태에서는 마지막 단(Stage)의 터빈 블레이드에 대해 균열이나 블레이드의 과열 변형을 검사할 수 있으며, 밝은 조명을 이용하여 블레이드 사이를 통해 노즐 베인도 검사할 수 있다.

10.3.8 팁 간격(Clearances)

터빈블레이드의 팁 간격(Tip Clearance)을 점검하는 것은 터빈 부분 정비 절차의 일부분이다.

이것은 엔진의 성능과 관계가 있으므로 (그림 10-13), (그림 10-14)과 같이 터빈 블레이드의 여러 장소에서 규정된 특수공구를 이용하여 측정한다.

10.3.9 배기 부분(Exhaust Section)

터빈엔진의 배기 부분은 엔진의 연소기 부분, 터빈 부분과 같이 열에 의해 손상, 균열이 발생되기 쉽기 때문에 철저히 검사되어야 한다.

테일 콘(Tail Cone)과 배기노즐(Exhaust Nozzle)에 대해 균열, 비틀림, 좌굴, 또는 열점 등을 검사한다. 테일 콘에서의 열점은 연료 노즐(Fuel Nozzle) 또는 연소실의 부적절한 작동에 의해 발생된다.

10.4 재조립(Reassembly)

재조립을 시작하기 전에, 모든 수리한 부품과 새로운 부품은 세척되고 정리되어야 하며 조립되는 순서로 배열해 놓는다. 엔진 조립을 위해 가장 보편적으로 활용되는 방법은 엔진의 전체 조립을 정비사들이 한 곳의 작업 장소에서 완료하는 것이다. 또 하나의 중요한 점은 엔진 조립 시에 사용될 부품은 무결점이 확인되고 부품번호 및 수량 등이 제작사 부품 명세서와 완전히 부합되어야 한다. 절차에 있어서도 안전결선, 자동잠금너트, 그리고 토크 값의 적용뿐만 아니라 조립 절차와 최종 점검 등 시작부터 끝까지 해당 엔진 오버

[그림 10-12] 터빈 노즐의 균열결함 (Turbine nozzle assembly defects)

[그림 10-13] 터빈 블레이드 팁 간격 측정
(Measuring the turbine blade to shroud(tip) clearance)

[그림 10-14] 터빈휠과 배기 콘 간격 측정(Measuring the turbine wheel to exhaust cone clearance)

홀매뉴얼을 따라야 한다.

특히 터빈 부품에는 작고 많은 냉각용 홀 등 열린 부분이 많으므로 작업 중 다루거나 조립할 때 먼지, 코터핀, 안전결선 조각, 와셔 등 외부물질이 내부로 들어가기 쉬우므로 각별히 주의해야 한다.

그리고 터빈을 조립할 때에는 여러 사용가능 품목 중에서 어떤 부품을 선택하여 조립을 할지를 결정한다. 그 이유는 조립할 엔진의 성능과 향후 운영 기간의 정도가 선택한 터빈 부품에 따라 좌우되기 때문이다. 예를 들면 터빈 디스크의 잔류 시간과 사용횟수, 터빈 블레이드의 상태(신품 또는 수리품 여부), 터빈 베인의 상태(신품 또는 수리품 여부) 등은 향후 운영조건에 크게 영향을 미친다. 터빈 디스크는 회전 부품의 수명한계(Life Limit)를 넘을 수 없으며, 터빈 블레이드와 베인의 수리품은 신품보다 오래 사용하지 못한다. 터빈 블레이드와 베인 수리 시 표면의 열장벽코팅(Thermal Barrier Coating)층을 제거하고 다시 적용하는 과정에서 부품의 표면 두께가 줄어들기 때문에 수리를 했다고 해도 고열에 견디는 정도가 약해진다. 그래서 수리 횟수를 제한하는 경우도 있다. 통상 터빈을 조립할 때는 효율성을 고려하여 신품과 수리품을 섞지 않는 것을 원칙으로 하고 있다. 부득이 필요 수량이 부족한 경우 대부분의 수리품에 약간의 신품으로 구성하며, 가장 피해야하는 경우는 대부분의 신품에 수리품을 추가하는 경우이다.

모든 검사와 수리가 완료되면 엔진 제작사의 오버홀 매뉴얼에 따라 조립하고 엔진 시험운전을 수행한다.

10.5 엔진의 정격추력(Engine Ratings)

터빈엔진의 정격추력(Engine Rating)은 이륙(T/O), 최대연속상승(Max. Continuous Climb), 그리고 순항(Cruise)과 같은 특정한 엔진 운전 조건하에서 엔진 제작사가 설정한 추력 성능(Thrust Performance)을 의미한다.

터빈입구온도(Turbine Inlet Temperature)는 터빈을 작동시키는 데 이용할 수 있는 에너지에 비례하며, 이것은 터빈 부분으로 공급되는 연소가스가 뜨거울수록, 터빈휠에 더 큰 동력이 적용될 수 있음을 뜻한다.

배기가스온도(Exhaust Gas Temperature)는 터빈입구온도와 비례 관계에 있으므로, 배기가스온도가 높으면 더 큰 에너지를 공급받고 터빈은 압축기를 더 빠르게 회전시킬 수 있는 것으로 이해된다.

이러한 개념은 터빈 인렛(가이드)베인(Turbine Inlet Guide Vane)이 고온에 의해 손상되기 시작하는 온도 이전까지는 잘 적용될 것이다. 그래서 배기가스온도는 필요 추력이 공급되는 한, 핫섹션(Hot Section) 부품의 보호를 위해 일정하게 유지되거나 조금 낮게 유지돼야 한다.

고 바이패스 터보팬엔진이 출현되기 이전의 일부 구형엔진은 항공기 이륙 시 추력을 증가시키기 위해 물을 분사하여 Wet Takeoff Thrust를 얻었으며 이것이 이륙을 위한 최대허용 추력(Max. Allowable Thrust)이였다. 그렇지만 실제 사용에 있어 시간제한(Time-limited)과 고도의 제한(Altitude Limitation)을 받아야 했고, 현대에서는 더 이상 사용하지 않는다.

10.6 터빈엔진 계기 (Turbine Engine Instruments)

10.6.1 엔진압력비 지시계 (Engine Pressure Ratio Indicator)

엔진압력비(EPR, Engine Pressure Ratio)는 터보팬엔진에 의해 발생되는 추력을 지시하는 수단이며 많은 항공기에서 이륙을 위한 출력을 설정하기 위해 사용된다.

이것은 터빈배기(Pt_7)의 전압력(Total Pressure)을 엔진입구(Pt_2)의 전압력으로 나눈 값이다.

10.6.2 토크미터(터보프롭엔진) (Torque-meter, Turboprop Engines)

터보프롭엔진(Turboprop Engine)에서 배기가스를 통한 제트 추진력에 의해 획득되는 추력은 엔진 전체 추진력의 10~15%에 불과하다. 따라서 터보프롭엔진은 출력지시 수단으로 엔진압력비(EPR)를 사용하지 않는다.

터보프롭엔진은 터빈엔진의 동력터빈(Power Turbine)과 가스발생장치(Gas Generator)에 의해 회전하는 프로펠러축에 가해지는 토크를 측정하기 위한 토크미터(Torquemeter)를 장착하고 있다. (그림 10-15 참고) 오일 압력을 프로펠러 샤프트 토크(Propeller Shaft Torque)와 비례하도록 만들고 오일 압력을 전기 신호로 변환하여 토크미터로 적용한다.

토크미터는 동력을 설정하기 때문에 매우 중요하며 조종실에는 토크의 단위인 LB-FT 혹은 마력 백분율(Percent Horsepower)로 지시된다.

10.6.3 회전속도계(Tachometer)

가스터빈엔진의 속도는 압축기와 터빈의 조합인 스풀의 회전수(RPM of Rotating Spool), 즉 분당 회전속도(RPM)로 측정된다.

대부분의 터보팬엔진은 서로 다른 속도로 독립적으

[그림 10-15] 터빈 엔진 계기 (Typical turbine engine instruments)

로 돌아가는 2개 이상의 스풀(Spool)을 갖추고 있다. (그림 10-15)와 같이, 회전속도계는 회전수가 각기 다른 여러 종류의 엔진을 동일한 기준으로 비교하기 위해 보통 % RPM으로 보정된다.

터보팬엔진을 구성하는 두 개의 축, 즉 저압축과 고압축을 각각 N1, N2로 표시하며 각 축의 분당 회전수는 회전속도계에 지시되며 이를 통해 엔진의 회전 상황이 정상인지 비정상(Overspeed 등)인지를 확인한다.

10.6.4 배기가스온도계(Exhaust Gas Temperature Indicator)

엔진 운용 중 각 부위에서 감지되는 모든 온도는 엔진을 안전하게 운전하기 위한 제한조건(Operating Limit)일 뿐만 아니라 엔진의 운전 상황(Operating Condition) 및 터빈의 기계적인 상태(Mechanical Integrity)를 감시하는 데 사용된다.

실제로 제1단계 터빈 인렛가이드 베인(Turbine Inlet Guide Vane)으로 들어오는 가스의 온도는 엔진의 많은 파라미터 중에 가장 중요한 인자이지만, 대부분의 엔진에서, 터빈입구온도(Turbine Inlet Temperature)는 너무 높기 때문에 이를 직접 측정하는 것은 불가능하다. 터빈 출구의 온도는 터빈입구 온도 보다는 상당히 낮지만 엔진내부의 운전 상황을 관찰할 수 있으므로, 터빈출구에 열전쌍(Thermocouple)을 장착하여 터빈입구온도와 비교하여 측정한다. 터빈출구 주위에 일정한 간격으로 몇 개의 열전쌍을 장착하고 그 평균값을 조종실에 있는 배기가스온도계(Exhaust Gas Temperature)에 나타낸다. (그림 10-15 참고)

10.6.5 연료유량계(Fuel-flow Indicator)

(그림 10-15)와 같이, 연료유량계는 연료제어장치를 통과하는 연료유량을 시간당 파운드(Pound per Hour)[lb/hr] 단위로 지시한다. 대형터빈항공기에서는 항공 역학적으로 부피(Gallon)보다 무게가 더 중요요인이기 때문에 주요 파라미터인 연료유량을 무게(lb/hr)로 측정한다.

연료유량을 이용하여 엔진의 연료 소모량 및 연료 잔류량을 계산하여 엔진 성능을 점검하는 수단으로도 사용되고 있다.

10.6.6 엔진오일압력계 (Engine Oil Pressure Indicator)

엔진 베어링 및 기어 등에 대한 불충분한 윤활과 냉각으로 발생될 수 있는 엔진 손상을 방지하기 위해 윤활이 필요한 중요한 부위에 공급되는 오일의 압력은 면밀히 감시되어야 한다. 오일압력계는 일반적으로 엔진오일펌프의 배출압력(Discharge Pressure)을 나타낸다.

10.6.7 엔진오일온도계 (Engine Oil Temperature Indicator)

엔진오일의 윤활 능력과 냉각 능력은 대부분 공급되는 오일의 양과 오일의 온도로부터 영향을 받는다. 따라서 오일의 윤활 능력 및 엔진오일냉각기의 올바른 작동 여부를 점검하기 위해 오일의 온도를 감시하는 것은 중요한 사항이다. 오일의 온도는 오일펌프로 들어가는 오일의 온도(Oil Inlet Temperature)를 지시한다.

10.7 터빈엔진의 작동 (Turbine Engine Operation)

터보팬엔진은 오직 하나의 출력조종레버(Power Control Lever)를 갖고 있다. 출력레버(Power Lever) 또는 스로틀레버(Throttle Lever)를 조절하는 것은 연료조정장치가 엔진에 공급되는 연료를 계량하여 추력조건(Thrust Condition)을 조절하는 것이다.

역추력장치(Thrust Reverser)를 갖춘 엔진은 스로틀을 아이들 위치 이하(Below Idle)에서 역추력이 시작된다.

시동하기 전에, 공기흡입구를 육안으로 점검하고, 압축기 & 터빈어셈블리의 회전에 걸림이 없는지를 확인하고, 항공기 앞쪽과 뒤쪽 주기장 지역에 엔진 작동으로 인한 피해 가능성에 대해서도 각별한 주의를 기울여야 한다.

엔진은 외부공기동력원, 보조동력장치(APU), 또는 이미 작동하고 있는 엔진의 압축공기(Cross-feed Bleed Air)를 이용하여 시동될 수 있으나 주로 보조동력장치에 의해 시동된다.

시동 시, 로터의 회전속도, 오일 압력, 그리고 배기가스온도를 긴밀히 감시해야 하며 시동 순서를 간략하게 요약하면 다음과 같다.

(1) 시동기(Starter)로 압축기를 회전시킨다.
(2) 점화(Ignition)한다.
(3) 엔진 연료 밸브(Fuel Valve)를 연다.

성공적인 시동을 최초로 인지할 수 있는 방법은 배기가스온도의 상승이며, 몇 가지 엔진의 비정상적인 작동을 소개하면 아래와 같다.

과열시동(Hot Start)은 엔진 시동 시 배기가스온도가 허용한계치(Starting Temperature Limit)를 초과하는 현상을 말한다. 연료조정장치의 고장이나, 결빙, 그리고 압축기의 실속 등에 의한 압축공기 흐름의 이상에 의해 발생된다. 엔진 시동 시 배기가스온도의 증가를 면밀히 감시해야 하며 과열시동의 징후가 나타나거나 과열시동 발생 시 시동을 중단한다. 엔진 제작사는 과열상태에 대해 초과된 시간과 초과된 온도의 관계에 따라 조치사항의 기준을 명시한다.

결핍시동(Hung Start)은 엔진이 규정된 시간 안에 아이들 회전수(Idle RPM)까지 도달되지 못하고 낮은 회전수에 머물러 있는 현상을 말한다. 이 현상은 배기가스온도가 계속 상승하기 때문에 허용한계온도(Starting Temperature Limit) 도달 전에 시동을 중단시켜야 한다.

시동불능(Not Start)은 엔진이 규정된 시간 안에, 엔진에 따라 다르지만 약 10초간 시동되지 못하는 것을 말한다. 이 현상은 엔진회전수나 배기가스온도가 상승하지 않는 것으로 판단할 수 있다. 시동불능 상황이라고 판단되면 즉시 엔진 연료밸브를 닫아야 한다. 시동불능의 원인으로는 시동기의 고장, 점화계통의 고장, 연료조정장치의 고장, 연료 흐름의 막힘 등을 꼽을 수 있다.

어떤 경우이든 시동에 실패한 후 다시 재시동을 하고자 할 때에는, 반드시 먼저 연료 밸브 OFF 및 점화 장치 OFF 상태에서의 구동(Dry Motoring)을 계속하여 엔진 내에 있을 잔류 연료를 배출한 후 시동을 시도해야 한다.

10.7.1 엔진 화재 시 조치사항 (Ground Operation Engine Fire)

만약 엔진 시동 시 엔진 화재가 일어나거나 화재경고등이 켜지면 연료차단밸브를 OFF 위치로 이동시킨 후 엔진에서 화재가 소멸될 때까지 엔진 크랭킹(또는 Motoring)을 계속한다.

만약 크랭킹으로 화재를 진압할 수 없으면, 엔진이 크랭킹 되는 동안 이산화탄소(CO2)소화액을 인렛덕트(Inlet Duct) 안으로 방출시킬 수는 있으나, 엔진을 손상시킬 수 있으므로 배출 구역에 적용해서는 안 된다.

그래도 화재가 진압되지 않고 계속 이어진다면 모든 스위치를 안전 위치로 해놓고 항공기를 떠난 후 후속 조치를 취해야 한다. 추가로 화재 시 엔진으로부터 연료가 떨어지면 지상으로 화재가 번질 수 있으므로 지상에도 이산화탄소 소화액을 뿌려준다.

10.7.2 엔진 점검(Engine Checks)

터보팬엔진의 올바른 작동 점검은 1) 기본적으로 단순히 엔진계기의 지시치를 확인하고, 2) 확인한 지시치와 주어진 엔진 운전 조건에서의 상황과 맞는지를 비교할 수 있어야 한다.

엔진 시동 후 계기지시치가 안정단계에 이르면, 아이들 회전(Idle Speed) 상태에서 각종 계기의 정상 작동 여부를 점검해야 한다. 즉 오일압력계, 회전속도계, 그리고 배기가스온도 등의 허용 범위를 상호 비교한다.

10.7.3 이륙추력 점검 (Checking Takeoff Thrust)

이륙추력(Takeoff Thrust)은 스로틀을 조종실 내의 EPR계기에 나타나는 예상추력(Predicted Thrust)에 맞춤으로써 확인할 수 있다. 주어진 외기 조건하에서 이륙추력을 나타내는 EPR은 이륙추력곡선(Takeoff Thrust Setting Curve) 혹은 항공기에 탑재된 컴퓨터에 의해 계산된다. (그림 10-16)에서와 같이, 이 곡선은 정적인 상황에서 산정되어졌기 때문에 정확한 추력 점검을 위해서는 항공기는 정지된 상태(Stationary)에서 엔진 조작은 안정된 상태(Stable Condition)에서 이루어져야 한다.

엔진 시운전 시 추력곡선(Thrust Setting Curve)에서 산정된 EPR은 추력을 나타낸다. 통상 추력 점검은 이륙추력 보다 조금 낮은 출력에서 이루어지며 이것을 Part Power로 부른다. Part Power 위치는 항공기의 엔진 제어 케이블과 엔진제어장치에 표식(Part Power Stop)이 되어 있다. 다른 엔진 계기지시치가 정상일 경우, 이 표식을 서로 연결한 상태에서의 엔진출력(EPR)을 주어진 외기조건하에서 산정된 예상 수치와 맞도록 조정한다.

최신 항공기에는 전자식 통합엔진제어(FADEC, Full Authority Digital Engine Control)장치가 엔진을 컨트롤하면서, 조종실에 지시된 결과를 이용하여 스스로 이륙추력을 점검하는 기능도 있다.

10.7.4 주변 환경(Ambient Conditions)

가스터빈엔진은 주어진 환경에서 이륙추력을 계산할 때 압축기입구(Compressor Inlet)의 공기 온도(Air Temperature)와 압력(Air Pressure)에 민감하기 때문에 정확한 값을 확보하기 위해 상당한 주의가 필요하며 중요한 사항은 다음과 같다.

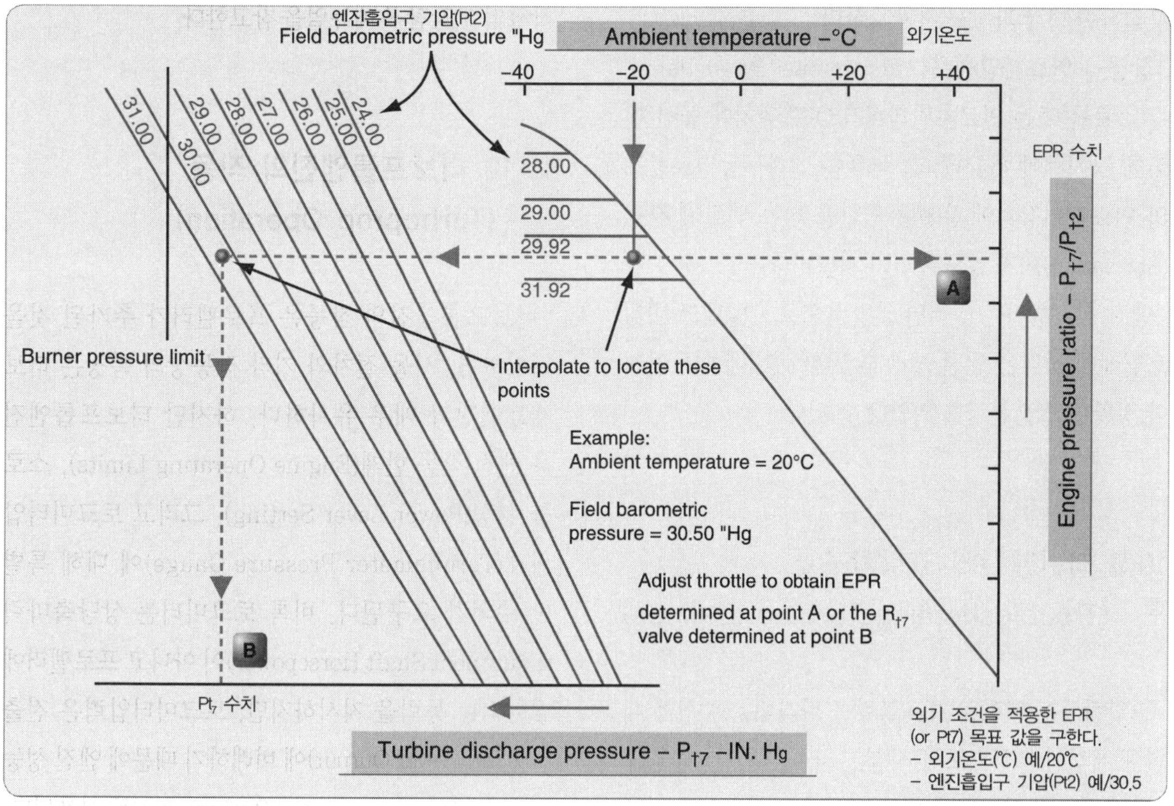

[그림 10-16] 정적상태에서의 이륙출력 설정(Typical takeoff thrust setting curve for static conditions)

(1) 압축기 입구에서 실측된 온도와 압력(True Barometric Pressure)을 감지한다. 관제소에서 예보하는 고도가 보정된 대기압(Corrected Barometric Pressure)과는 다름에 유의해야 한다. FADEC 구비 엔진은 압축기 입구 공기 온도와 압력을 FADEC 컴퓨터가 감지하여 엔진제어 계통으로 전달한다.

(2) 감지된 전온도(TAT, Total Air Temperature)는 엔진제어에 반영된다.

(3) 왕복엔진의 출력에 많은 영향을 미치는 상대습도는 터빈엔진의 추력, 연료유량, 그리고 회전속도에는 거의 영향을 미치지 않으므로 이륙추력 산정 시 고려되지 않는다.

10.8 엔진 정지(Engine Shutdown)

엔진이 작동되는 동안 터빈케이스(Turbine Case)와 터빈휠(Turbine Wheel)은 거의 같은 온도에 노출된다. 그러나 터빈케이스는 상대적으로 얇을 뿐만 아니라 안쪽과 바깥쪽 양쪽에서 냉각되는 반면, 터빈휠은 육중하기 때문에 엔진 정지 시 냉각속도가 느리다.

따라서 엔진을 정지하기 전에 냉각시간이 불충분하면 냉각속도가 빠른 터빈케이스는 빨리 수축되고 계속 회전하고 있는 터빈휠은 수축이 늦어지게 되어 심한 경우 터빈케이스와 터빈휠은 고착될 수도 있다.

이를 방지하기 위해 엔진이 일정 시간 높은 추력으로 작동되었다면 엔진 정지 전에 5분 이상 아이들 상태로

운전하여 냉각 과정을 거쳐야 한다.

항공기 연료가압펌프(Aircraft Fuel Boost Pump)는 스로틀 또는 연료차단레버가 OFF 위치에 놓인 이후에 정지해야 하는데, 그 이유는 엔진구동연료펌프와 연료제어장치에 윤활유 역할을 하는 연료가 결핍(Starvation)되지 않도록 하기 위함이다.

엔진마다 차이는 있지만 일반적으로 오일탱크 내의 오일레벨 점검은 엔진 정지 후 30분 이내에 이루어져야 정확한 오일 분량을 확인할 수 있다.

10.9 터빈엔진의 고장탐구 (Troubleshooting Turbine Engines)

고장탐구는 엔진의 기능 불량을 나타내는 증상에 대한 체계적인 분석으로서, 대부분의

문제점은 엔진계통에 대한 지식과 논리적인 추리를 적용하여 해결한다.

예상되는 모든 고장을 나열하는 것은 비현실적이기 때문에 일반적인 고장 내용과 권고사항을 요약하여 [표 10-2]와 같이 정리한다.

특정한 엔진모델에 관한 정확한 정보에 대해서는 제작사의 고장탐구 매뉴얼을 참고한다.

10.10 터보프롭엔진의 작동 (Turboprop Operation)

터보프롭엔진의 작동은 프로펠러가 추가된 것을 제외하면, 시동 절차와 기타 작동상의 특징은 터보제트엔진과 매우 유사하다. 하지만 터보프롭엔진은 엔진 작동 한계(Engine Operating Limits), 스로틀 설정(Power Lever Setting), 그리고 토크미터압력계(Torquemeter Pressure Gauge)에 대해 특별한 주의가 요구된다. 비록 토크미터는 상당축마력(Equivalent Shaft Horsepower)이 아니고 프로펠러에 공급되는 동력을 지시하지만, 토크미터압력은 전출력(Total Power Output)에 비례하기 때문에 엔진 성능의 척도(Measure of Engine Performance)로 사용된다.

10.10.1 터보프롭엔진의 고장탐구(Troubleshooting Procedures for Turboprop Engines)

[표 10-3]에 감속기어, 토크미터, 그리고 파워섹션

[표 10-2] 터빈 엔진 고장탐구(Troubleshooting turbine engines)

결함 현상	예상 원인	필요 조치 사항
목표 EPR값을 설정했으나, 엔진 RPM/EGT/연료유량이 낮음	엔진 EPR이 실제보다 높게 지시될 수 있음	엔진 흡입구 압력(Pt2)의 누설 여부를 점검한다. 엔진 EPR 감지 및 지시계 계통의 정확성을 점검한다.
목표 EPR값을 설정했으나, 엔진 RPM/EGT/연료유량이 높음	엔진 EPR이 실제보다 낮게 지시될 수 있음 • 터빈배출부의 감지기(Pt7) 이상 (잘못 연결, 균열 등) • Pt7 압력 라인의 누설 • EPR 지시계통의 부정확 • Pt7 압력 라인에 이물질 유입	Pt7 감지기 상태를 점검한다. Pt7 라인에 대한 압력시험을 한다. EPR 지시계통의 정확성을 점검한다.

결함 현상	예상 원인	필요 조치 사항
목표 EPR값 설정에서 엔진 EGT가 높고, 연료유량 높으나, 엔진 RPM이 낮음 • 시동 시 엔진 RPM이 올라가지 않고 걸리는 현상	터빈의 효율 저하 또는 터빈 부품의 손상 가능성	터빈 내부의 손상여부를 확인한다. • 엔진이 감속될 때 이상한 소리가 나는지, 빨리 감속 여부 • 엔진 후부를 통하여 강한 빛으로 터빈 후부 점검
	EGT 는 높으나, 다른 파라미터가 정상이면 EGT 계통 결함일 수 있음	EGT 열전쌍 저항 및 지시계통을 점검한다.
엔진 전 RPM에 걸쳐 진동이 있으나, RPM이 감소하면 진동도 따라 감소함	터빈 내부 손상 가능성	터빈 내부의 손상여부를 확인한다. • 엔진이 감속될 때 이상한 소리가 나는지, 빨리 감속 여부 • 엔진 후부를 통하여 강한 빛으로 터빈 후부 점검
같은 EPR 조건에서 다른 엔진 보다 RPM과 연료유량이 높고, 진동이 있음	압축기 내부 손상 가능성	압축기 내부의 손상여부를 점검한다.
엔진 전 RPM에 걸쳐 진동이 있으며, 순항 및 Idle 출력에서 더 심함	엔진 액세서리 부품의 흔들림	액세서리 부품의 장착 상태를 점검한다. • 발전기, 유압펌프 등
어떤 출력에서 다른 파라미터는 정상이나, 오일 온도가 높음	엔진 메인 베어링 계통 이상 가능성	오일 배유부 필터와 자석식 칩 검출기(MCD)를 점검한다.
이륙, 상승 및 순항 출력에서 EGT, 엔진 RPM, 연료유량이 정상보다 높음	• 엔진 블리드 공기 밸브의 결함 • 터빈배출부의 감지기(Pt7) 이상 (압력 라인 누설 등)	• 엔진 블리드 밸브를 점검한다. • Pt7 감지기 상태와 압력 라인을 점검한다.
이륙 출력 EPR 설정에서 EGT가 높게 지시함	엔진 트림(Trim) 이상 가능성	휴대용 교정시험장치 (Jetcal Analyzer)로 엔진을 점검한다. 필요에 따라 엔진을 트리밍 한다.
엔진 시동 시 및 낮은 순항 출력에서 우르릉 소리가 남	• 연료 여압 및 배출 밸브의 이상 가능성 • 공압덕트의 균열 가능성 • 연료조정장치의 이상	• 연료 여압 및 배출 밸브를 교환한다. • 공압덕트를 수리 또는 교환한다. • 연료조정장치를 교환한다.
시동 시 엔진 RPM이 걸려서 올라가지 못함(Hang-up)	• 영하의 외부 기온 • 압축기 내부의 손상 가능성 • 터빈 내부의 손상 가능성	• 낮은 외부 기온 때문이라면, 통상 시동 시 연료펌프 또는 연료레버를 조금 빨리 올리면 해결됨. • 압축기 내부의 손상여부를 점검 한다. • 터빈 내부의 손상여부를 점검한다.
오일 온도가 높음	• 배유 펌프의 결함 가능성 • 연료 가열기의 결함 가능성	• 윤활 시스템을 점검한다. 배유 펌프 점검 • 연료 가열기를 교환한다.
오일 소모량이 높음	• 배유 펌프의 결함 가능성 • 오일 섬프 압력이 높음 • 액세서리로부터의 오일 누설 가능성	• 오일 배유펌프를 점검한다. • 오일 섬프의 압력을 점검한다. • 외부 배출부에 압력을 가하여 누설여부를 점검한다.
외부로 오일 유실이 있음	• 오일탱크내의 높은 공기흐름 • 오일 거품 또는 오일탱크로의 많은 량의 오일 리턴 가능성	• 과도한 오일거품 여부를 점검한다. • 섬프에 대한 부압 점검(Vacuum check)을 한다. • 오일 배유펌프를 점검한다.

(Power Section)에 대한 기본적인 고장탐구 절차를 원인 및 조치사항 중심으로 정리하고 있다.

10.11 터빈엔진의 교정(Turbine Engine Calibration and Testing)

터빈엔진의 수명에 영향을 미치는 중요한 요소로 배기가스온도(EGT), 항공기 이륙 횟수(Engine Cycle),

그리고 엔진 회전속도(RPM) 등을 꼽을 수 있다.

과도한 배기가스온도(Excess EGT)는 터빈 구성품의 수명을 단축시키지만 낮은 배기가스온도(Low EGT)는 터빈엔진의 효율과 추력을 현저하게 감소시킨다. 따라서 엔진 효율을 증가시키기 위해서 배기가스온도는 엔진의 터빈 부품을 손상시키지 않는 범위에서 가능한 한 높게 유지하는 것이 바람직하다. 한편 과도한 엔진 회전속도(Excessive Engine Speed)는 엔진의 조기 마모를 유발하며 심할 경우 엔진 파손의 원인이 될 수 있다.

(그림 10-17)은 전통적인 항공기의 터빈엔진을 분석하는 데 사용되는 휴대용 교정시험 장치(Jetcal

[표 10-3] 터보프롭 엔진 고장 탐구 (Troubleshooting turboprop engines)

결함 현상	예상 원인	필요 조치 사항
시동시 구동시 되지 않음	시동기를 구동할 공압이 없음 프로펠러 브레이크가 채워져 있음	• 시동기 밸브 솔레노이드와 공압의 공급 여부를 점검한다. • 프로펠러를 손으로 돌려서 브레이크 상태를 확인한다.
시동에 실패함	공압이 부족하여 시동기 속도가 낮을 가능성 배출구로의 연료흔적이 없으면, • 연료선택밸브의 OFF 가능성 • 연료 펌프의 결함 가능성 • 항공기 연료 필터의 막힘 가능성 • 연료조정장치의 Cutoff 밸브 닫힘 가능성	• 시동기 밸브 솔레노이드와 공압의 공급 여부를 점검한다. • 연료선택밸브 작동점검을 실시한다. 필요시 밸브 교환. • 연료 펌프를 점검(구동축의 손상, 내부 손상 등) 한다. • 항공기 연료 필터를 점검한다. • 연료조정장치의 회로를 점검한다. 필요시 연료조정정치를 교환한다.
엔진은 점화되었으나, 엔진 RPM 이 증가되지 않음	연료조정장치의 결함 가능성 • 부족한 연료 공급 • 연료조절밸브의 Stick 현상 • 바이패스밸브의 Open Stick 현상 • 배출 밸브의 Open Stick 현상 • 시동 시 연료 압력 스위치가 높게 설정되어 있음	• 연료계통의 밸브들을 점검한다. • 연료를 Flush 한다. • 연료조정장치를 교환한다. • 배출밸브를 교환한다. • 압력스위치를 점검한다.
시동 시 온도 증가가 너무 빠름	연료조정장치의 결함 가능성 • 바이패스밸브의 Close Stick 현상 • 연료 가속 캠의 잘못된 조정 • 온도조절장치의 결함 연료 노즐의 결함	• 연료를 Flush 한다. • 연료조정장치를 교환한다. • 연료 노즐을 교환한다.
시동 시 온도 증가가 너무 느림	연료조정장치의 연료 가속 캠의 잘못된 조정	연료조정장치를 교환한다.
시동 후 엔진 RPM이 오르고 내림을 반복함	연료조정장치/제어기 작동이 원활하지 않을 수 있음	연료조정장치가 스스로 안정될 수 있게 엔진 운영을 계속한다.
오일 압력이 심하게 떨어짐	• 오일 공급이 적음 • 오일압력계 및 지시계통 결함	• 오일 량을 점검하고 공급한다. • 오일압력계를 점검하고 필요시 교환한다.
액세서리 씰의 오일 누설	액세서리 씰(Seal)의 결함 가능성	액세서리 씰을 교환한다.
엔진 100% RPM으로 올라가지 않음	• 프로펠러 조속기의 결함 가능성 • 연료조정장치의 결함 가능성	• 프로펠러 제어장치를 교환한다. • 연료조정장치를 교환한다.
엔진 진동이 높음	진동 감지기 또는 진동 지시계의 결함 가능성	진동 지시계를 점검한다. 시동 후 출력을 증가시키면서 진동의 증가를 관찰한다. • 감지기 결함이면 감지기 교환 • 계속 높게 지시하면 엔진 교환

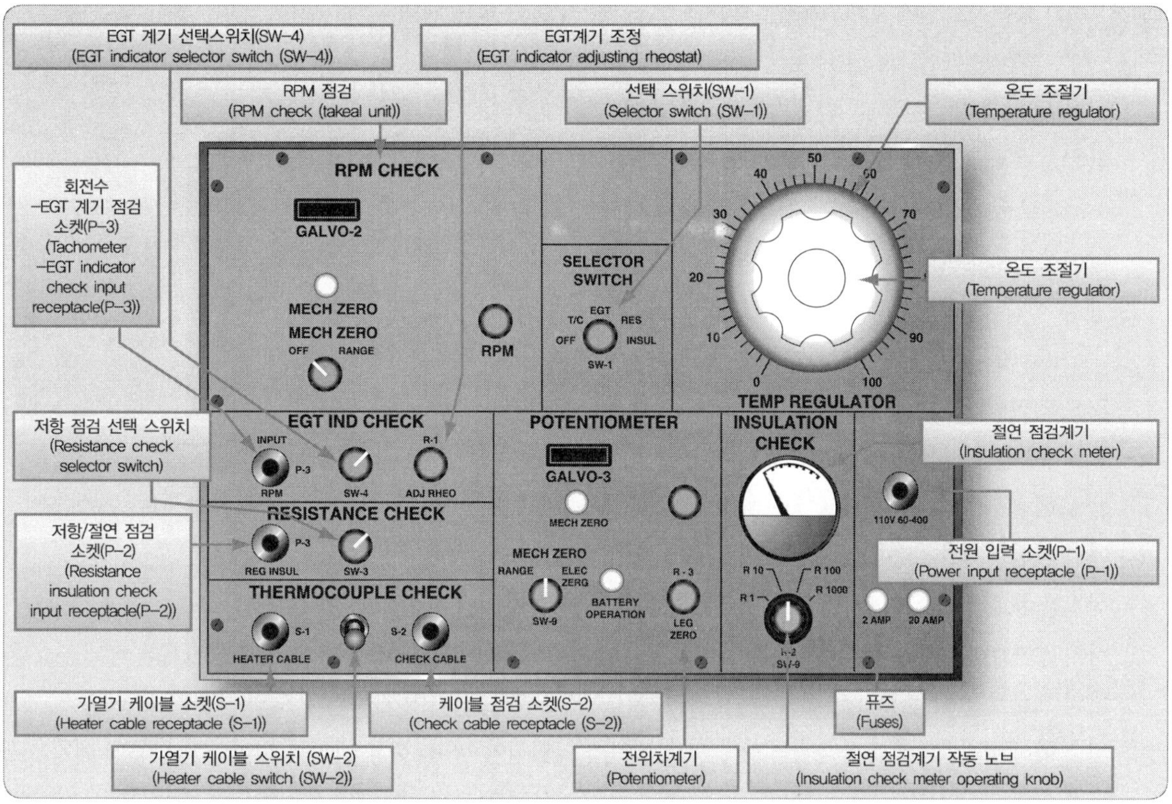

[그림 10-17] 휴대용 교정시험장치(Jetcal analyzer instrument compartment)

Analyzer)이다. 분석기의 주요 구성품은 포텐셔미터(Potentiometer), 온도조절기(Temperature Regulator), 계량기(Meters), 스위치(Switches), 그리고 테스트수행에 필요한 케이블, 프로브(Probes), 그리고 어댑터(Adapters) 뿐만 아니라, 각종 지시계 등으로 이루어져 있다.

10.11.1 터빈엔진 분석기 사용 (Turbine Engine Analyzer Uses)

많은 종류의 분석기가 항공기 시스템을 시험하기 위해 사용되며 일반적인 용도는 다음과 같다.

(1) 엔진을 작동시키지 않고 배기가스온도 지시계통을 기능적으로 점검한다.

(2) 열전쌍의 도통 점검, 저항, 절연, 지시계의 오차 등을 점검한다.

(3) 엔진 테스트 시 엔진회전수의 정확도를 판단하고 추가하여 항공기 회전속도계의 점검 및 고장탐구를 실시한다.

(4) 엔진 작동 시 배기가스온도와 엔진 회전수 사이의 상호 관계를 확인한다.

10.11.2 분석기 사용 시 안전 및 주의사항 (Analyzer Safety Precautions)

엔진분석기 사용 시의 안전 및 주의사항은 다음과 같다.

(1) 전위차계의 도통 점검을 위해 멀티미터(Voltammeter)를 사용하면 검류계(Galvanometer)와 표준 축전지 셀의 손상을 유발하므로 멀티미터를 사용하지 않는다.
(2) 엔진 작동 전에 열전쌍 하니스(Thermocouple Harness)를 점검하여 회로가 정확히 작동하는지를 확인한다.
(3) 교류동력원을 사용할 때는 안전(특히 습한 날씨)을 위해 분석기를 접지한다.
(4) 엔진 열전쌍 테스트용 히터 프로브를 사용 시 분석기를 보호하기 위해 900℃ (1,652 ℉)를 초과하지 않게 한다.
(5) 히터 프로브를 작동 중인 엔진의 배출구역에 두지 않아야 한다.

10.11.3 배기가스온도회로에 대한 기능 점검 (Functional Check of Aircraft EGT Circuit)

분석기를 이용하여 배기가스온도계통(EGT System)에 대한 기능 점검과 열전쌍 하니스(Thermocouple Harness)의 정확한 점검을 위해서는 터빈엔진의 최대 작동온도에서 점검이 이루어질 수 있어야 한다. (그림 10-18 참고)

따라서 해당 엔진매뉴얼을 참고하여 최고 작동온도를 파악한 다음, 배기노즐 또는 터빈 부분에 장착되어 있는 엔진 열전쌍에 열(Heater Probes 등을 사용)을 가하여 엔진의 최대작동온도로 가열한다.

열전쌍의 온도가 증가하면서 항공기의 배기가스온도 지시계에 배기가스온도가 지시되며, 동시에 분석

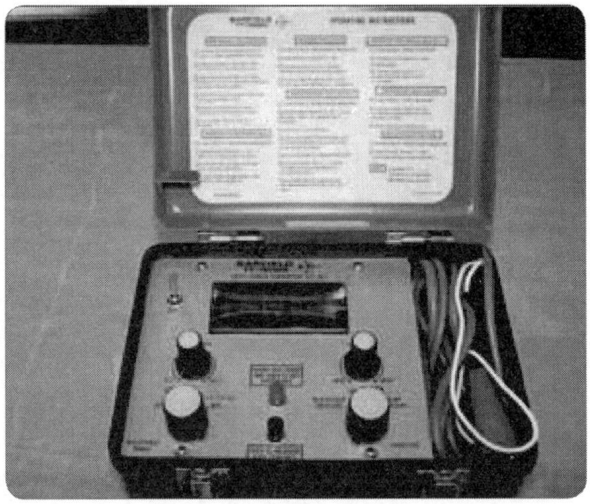

[그림 10-18] 배기가스온도 기능 분석기 (EGT analyzer)

기에도 같은 온도가 감지된다.

항공기 배기가스온도 지시계에 기록된 배기가스 온도와 분석기에 기록된 온도의 차이가 허용 범위 내에 있어야 하며, 허용 범위를 벗어나면 항공기 배기가스 온도 지시계통에 대한 고장탐구를 수행한다.

10.11.4 저항 및 단열 점검 (Resistance and Insulation Check)

열전쌍 하니스에 대한 도통 점검은 배기가스온도계통의 기능 점검 시 이루어진다.

저항의 변화는 회로에서 전류량을 변화시키기 때문에 열전쌍 하니스의 저항은 오차 없이 정밀하게 유지된다.

저항에 변화가 있으면 온도 지시의 오류로 나타낸다. 그래서 항공기 시스템의 오차를 분석하고 고장을 탐구하는데 저항 회로 및 절연 회로의 점검을 활용한다.

10.11.5 회전속도계 점검(Tachometer Check)

구형엔진에서 엔진 회전속도를 ±0.1 % 정확도 이내로 유지시키기 위해서는 회전속도계-발전기(Tachometer-generator)의 주파수를 RPM 분석기(Analyzer)로 측정해야 한다. 회전속도 점검회로(RPM Check Circuit)를 항공기 회전속도계와 병렬로 연결하고 엔진 작동하면 항공기 회전속도계의 정확성을 % RPM으로 비교하고 점검할 수 있다.

하지만 대부분의 최신 엔진에는 (그림 10-19)와 같이, 자석을 통과하는 회전기어에 의해 발생되는 전기적 펄스(Electrical Pulse)를 이용해 엔진의 회전수를 계산한다.

이런 형식의 회전속도 시스템(Magnetic Pickup System)은 회전 기어와 자석 사이의 간격 조절 이외의 정비사항은 거의 없을 정도로 신뢰성이 높다.

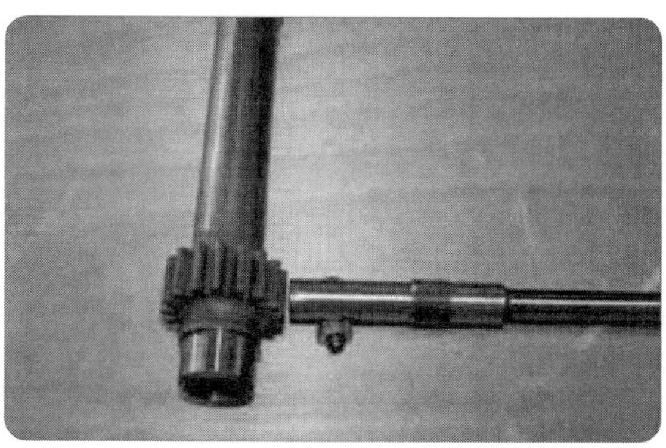

[그림 10-19] 자기 픽업 및 기어
(Magnetic pickup and gear)

10.12 배기가스 온도계통에 대한 고장탐구(Troubleshooting EGT System)

배기가스온도 지시계통의 결함 발생 시 분석기(Test Circuit of Analyzer)를 사용하여 고장을 탐구하며, 주요 결함은 다음과 같다.

(1) 병렬로 장착된 열전쌍의 결함 탐지
(2) 오차 범위를 벗어난 열전쌍 확인
(3) 배기가스온도계의 오차 확인
(4) 허용 오차 범위를 벗어난 회로의 저항 확인
(5) 접지 및 합선 확인

10.12.1 엔진 열전쌍의 특성 변화(Engine Thermocouples Out of Calibration)

엔진에 장착되어 상당 기간을 사용한 열전쌍(Thermocouple)은 공기 중에서 산화(Oxidizing)되면서 원래의 조정 특성(Original Calibration)에서 벗어나는 경향이 있다.

통상 엔진에서 장탈된 열전쌍은 해당 공장으로 보내 개별적으로 Bench Check를 수행하여 원래의 조정 특성으로 환원시켜서 재사용 하게 한다.

10.12.2 저항 회로의 변화(Resistance of Circuit Out of Tolerance)

엔진 열전쌍의 회로 저항이 크게 되면 상대적으로 배기가스온도(EGT)가 낮아지기 때문에 열전쌍 회로 저항의 변화는 매우 중요하며 때로는 위험하기 까지 하다.

엔진은 실제 과열 상황에서 작동하지만 배기가스온도가 낮게 지시되는 일이 없도록 회로의 저항을 자주 점검하고 필요한 정비해주어야 한다.

10.12.3 접지 및 합선(Shorts to Ground/ Shorts Between Leads)

접지 및 합선 결함은 전기저항계(Ohmmeter)로 절연 점검(Insulation Check)으로 발견할 수 있다. 저항 측정 범위(0(zero)~550,000 Ohm) 정도이면 전기저항계에서 범위를 선택하면 점검이 가능하다.

10.13 회전속도계에 대한 고장탐구 (Troubleshooting Aircraft Tachometer System)

회전속도계에 대한 점검은 항공기 회전속도장치를 고장탐구하는 것이다.

분석기의 회전속도 점검회로(Analyzer RPM Check Circuit)는 엔진 작동 시 엔진 회전속도가 ±0.1 %의 정밀도 유지 여부를 확인하기 위해 사용된다. 회전속도 점검을 위해 계기케이블과 항공기 회전속도계장치 도선을 회전속도계에 병렬 연결한다.

그다음에 엔진을 작동하면서 항공기 회전속도계(Aircraft Tachometer Indicator)와 회전속도 분석기(Analyzer RPM)의 양쪽 시스템에서 지시되는 회전속도의 차이를 확인하여 오차가 허용범위를 벗어나면 엔진을 정지한 후 고장탐구한다.

◆ 개정집필위원

* 표시는 대표 집필자임

김천용(세한대학교 항공정비학과)
최세종(한서대학교 항공융합학부)
채창호(중원대학교 항공정비학과)
김맹곤(중원대학교 항공정비학과) *
박희관(초당대학교 항공정비학과)
김건중(초당대학교 항공정비학과)
하영태(호원대학교 국방기술학부)
이형진(청주대학교 항공기계학과)
최병필(경남도립남해대학 항공정비학부)
손창근(세한대학교 항공정비학과)

◆ 감수위원

* 표시는 대표 연구 · 감수진임

김근수(세한대학교)
박기범(대한항공) *
이종희(세한대학교)
황효정(세한대학교)
김사웅(세한대학교)
권병국(아세아항공전문학교)

◆ 기획 및 관리

* 표시는 연구 책임자임

국토교통부

김상수(항공안전정책과장)
차시현(항공안전정책과)
강경범(항공안전정책과)
김은진(항공안전정책과)
홍덕곤(항공기술과)

세한대학교 산학협력단

김천용(항공정비학과장) *
장광일(항공정비학과)
조민수(항공정비학과)
류용정(항공정비학과)

◆ 편집 및 디자인

노드미디어

주소 | 서울특별시 용산구 한강대로341 대한빌딩 206호
TEL | 02-754-1867 FAX | 02-753-1867
등록번호 | 제302-2008-000043호

개정판 항공정비사 표준교재 **항공기 엔진(가스터빈)**

발행일 | 초판 2020년 3월
발행처 | 국토교통부 항공안전정책과(세종특별자치시 도움6로 11)
TEL | 044-201-4311 **FAX** | 044-201-5632 **홈페이지** | www.molit.go.kr
ISBN 978-89-6541-480-3 93550
인쇄처 | 도서출판 진영사 032-505-4207